iCourse·教材

大学物理学习指导

（第二版）

冯艳全　胡海云　李英兰　刘兆龙
缪劲松　石宏霆　吴晓丽　郑少波　编

中国教育出版传媒集团
高等教育出版社·北京

内容简介

本书是与北京理工大学大学物理教学团队编写的《大学物理》(第二版,共四卷)配套的学习指导书。本书按主教材的卷章结构,给出各章的内容提要和习题解答。内容提要重点突出,习题典型、富有启发性,解答简明扼要。本书既是使用主教材学习大学物理课程的重要辅导书,也可作为自学或考研复习的参考书。

为适配《大学物理》教材,本书分为四卷,第一卷名称为力学与热学,第二卷名称为波动与光学,第三卷名称为电磁学,第四卷名称为近代物理。

图书在版编目(CIP)数据

大学物理学习指导 / 冯艳全等编. -- 2 版. -- 北京 : 高等教育出版社, 2025. 2. -- ISBN 978-7-04-063158-6

Ⅰ. O4

中国国家版本馆 CIP 数据核字第 20242278CY 号

DAXUE WULI XUEXI ZHIDAO

策划编辑 马天魁　责任编辑 傅凯威　封面设计 张志奇　版式设计 杜微言
责任绘图 于　博　责任校对 胡美萍　责任印制 高　峰

出版发行	高等教育出版社	网　　址	http://www.hep.edu.cn
社　　址	北京市西城区德外大街 4 号		http://www.hep.com.cn
邮政编码	100120	网上订购	http://www.hepmall.com.cn
印　　刷	北京汇林印务有限公司		http://www.hepmall.com
开　　本	787 mm × 1092 mm　1/16		http://www.hepmall.cn
印　　张	19.5	版　　次	2017 年 2 月第 1 版
字　　数	450 千字		2025 年 2 月第 2 版
购书热线	010 - 58581118	印　　次	2025 年 2 月第 1 次印刷
咨询电话	400 - 810 - 0598	定　　价	38.00 元

本书如有缺页、倒页、脱页等质量问题,请到所购图书销售部门联系调换

物 料 号　63158 - 00

前言

大学物理是理工科大学生的一门必修基础课程。根据高素质创新人才的培养目标，大学物理课程在保证对学生传授物理知识、培养基本技能、打好物理基础的同时，进一步强化对学生的科学思维方法、创新意识和综合应用能力的培养，为提高学生的科学素质发挥积极的作用。在大学物理课程的各个教学环节中，教师一方面可以培养学生独立解决问题的能力、理论联系实际的能力和创新能力，并且使他们了解物理学的发展历史、新进展及物理前沿中的新知识；另一方面可以使学生树立正确的辩证唯物主义世界观和提高学生的科学素质。

要学好大学物理课程，学生除了应该了解物理学的基本概念、基本知识与基本原理外，还要会应用它们来解决具体问题，以培养分析问题与解决问题的能力，加强理论联系实际方面的训练。本书由北京理工大学大学物理教学团队策划设计，与教学团队编写的《大学物理》四卷教材配套。按主教材各卷章的结构对应安排，每一章分为“内容提要”与“习题解答”两部分内容。“内容提要”归纳了本章的基本概念、基本知识与基本原理；“习题解答”则对教材中所有习题一一作了详细解答。各章内容均由主教材相关作者撰写，以便更准确地体现出本章的教学意图与教学要求，便于学生正确理解和掌握教材内容。

学生应该建立高效的学习模式，在认真阅读并掌握每章内容提要的基础上来做习题，做习题不在“多”，而应注重“精”，注意正确运用概念和公式，把握解题的思路与方法，做到举一反三，触类旁通。在解题过程中，我们力求做到物理图像清晰，解法简洁，注重方法介绍，强调基本训练，有的习题还给出多种解法，以引导学生深入理解和灵活运用物理学基本原理和科学思想方法，提高学习效能。

本书编者均为大学物理教学的一线优秀教师，具有多年丰富的教学、教改经验。为第一卷习题撰写指导与解答的老师为：刘兆龙（第1、第2章），石宏霆（第3章），冯艳全（第4、第5章）；为第二卷习题撰写指导与解答的老师为：李英兰（第1、第2章），郑少波（第3—第6章）；为第三卷习题撰写指导与解答的老师为：胡海云（第1、第2章），吴晓丽（第3章），缪劲松（第4章）；为第四卷习题撰写指导与解答的老师为：缪劲松（第1章），胡海云（第2、第3章），冯艳全（第4章），吴晓丽（第5章）。我们感谢北京理工大学的物理学前辈苟秉聪教授等为本书打下了良好基础，感谢北京理工大学教务处、高等教育出版社理科事业部物理分社等对本套教材的编写与出版给予的积极支持。

书中难免出现错误和不妥之处，真诚地希望读者批评指正。

编者于北京理工大学

2023年8月

目录

第一卷 力学与热学

第二卷 波动与光学

第三卷 电 磁 学

第四卷 近代物理

第 一 卷

力学与热学

第1章 质点力学

1.1 内容提要

1. 运动学

（1）参考系

为描述某个物体运动而用来参考的其他物体以及校准的钟.

（2）位置矢量、运动函数和位移

位置矢量 $\boldsymbol{r}$ 是从坐标系原点向物体所在位置所引的有向线段,它是矢量,用以描述质点位置.

运动函数是描述质点位置随时间变化的函数 $\boldsymbol{r}=\boldsymbol{r}(t)$.

位移矢量是从质点初始位置到终止位置的有向线段,等于末态位置矢量减去初态位置矢量,即 $\Delta\boldsymbol{r}=\boldsymbol{r}(t+\Delta t)-\boldsymbol{r}(t)$,它描述了物体在一段时间间隔内位置的变化情况.

位移的大小以 $|\Delta\boldsymbol{r}|$ 表示. 要注意 $|\Delta\boldsymbol{r}|$ 与 Δr 两个物理量的区别.

直角坐标系中

$$\boldsymbol{r}=x\boldsymbol{i}+y\boldsymbol{j}+z\boldsymbol{k}$$

$$\boldsymbol{r}(t)=x(t)\boldsymbol{i}+y(t)\boldsymbol{j}+z(t)\boldsymbol{k}$$

$$\Delta\boldsymbol{r}=\Delta x\boldsymbol{i}+\Delta y\boldsymbol{j}+\Delta z\boldsymbol{k}$$

$$\Delta x=x(t+\Delta t)-x(t),\quad \Delta y=y(t+\Delta t)-y(t),\quad \Delta z=z(t+\Delta t)-z(t)$$

（3）速度与加速度

速度
$$\boldsymbol{v}=\frac{\mathrm{d}\boldsymbol{r}}{\mathrm{d}t}$$

速率
$$v=|\boldsymbol{v}|=\frac{|\mathrm{d}\boldsymbol{r}|}{\mathrm{d}t}=\frac{\mathrm{d}s}{\mathrm{d}t}$$

加速度
$$\boldsymbol{a}=\frac{\mathrm{d}\boldsymbol{v}}{\mathrm{d}t}=\frac{\mathrm{d}^2\boldsymbol{r}}{\mathrm{d}t^2}$$

直角坐标系中

$$\boldsymbol{v}=v_x\boldsymbol{i}+v_y\boldsymbol{j}+v_z\boldsymbol{k}$$

$$v=|\boldsymbol{v}|=\sqrt{v_x^2+v_y^2+v_z^2}$$

$$v_x=\frac{dx}{dt},\quad v_y=\frac{dy}{dt},\quad v_z=\frac{dz}{dt}$$

$$a_x=\frac{dv_x}{dt}=\frac{d^2x}{dt^2},\quad a_y=\frac{dv_y}{dt}=\frac{d^2y}{dt^2},\quad a_z=\frac{dv_z}{dt}=\frac{d^2z}{dt^2}$$

$$\boldsymbol{a}=a_x\boldsymbol{i}+a_y\boldsymbol{j}+a_z\boldsymbol{k}$$

(4) 匀加速运动

质点在运动过程中，其加速度 $\boldsymbol{a}$ 为常矢量. 设 $t=0$ 时，质点的速度和位置矢量分别为 $\boldsymbol{v}_0$、$\boldsymbol{r}_0$（称为初始条件），则

$$\boldsymbol{v}=\boldsymbol{v}_0+\boldsymbol{a}t$$

$$\boldsymbol{r}=\boldsymbol{r}_0+\boldsymbol{v}_0t+\frac{1}{2}\boldsymbol{a}t^2$$

对于匀加速直线运动，取 x 轴沿运动轨迹，令初始位置坐标为 x_0，初始速度为 v_0，则

$$v=v_0+at$$

$$x=x_0+v_0t+\frac{1}{2}at^2$$

$$v^2-v_0^2=2a(x-x_0)$$

(5) 圆周运动

角速度　$$\omega=\frac{d\theta}{dt}$$

角加速度　$$\alpha=\frac{d\omega}{dt}$$

加速度　$$\boldsymbol{a}=\boldsymbol{a}_n+\boldsymbol{a}_t$$

其大小为　$$a=\sqrt{a_n^2+a_t^2}$$

加速度的法向分量　$$a_n=\frac{v^2}{R}=R\omega^2$$　（方向沿半径指向圆心）

加速度的切向分量　$$a_t=\frac{dv}{dt}=R\alpha$$　（方向沿圆的切线）

(6) 一般平面曲线运动

加速度的法向分量　$$a_n=\frac{v^2}{\rho}$$　（方向沿轨道法向，指向凹侧）

加速度的切向分量　$$a_t=\frac{dv}{dt}$$　（方向沿运动轨道的切向）

(7) 伽利略速度变换

$$\boldsymbol{v}=\boldsymbol{v}'+\boldsymbol{u}_0$$

2. 动力学

(1) 牛顿运动定律

牛顿第一定律：任何物体，如果没有力作用在它上面，都将保持静止或匀速直线运动状态不变. 这个定律也称为惯性定律.

牛顿第二定律：

$$\boldsymbol{F}=\frac{\mathrm{d}\boldsymbol{p}}{\mathrm{d}t},\quad \boldsymbol{p}=m\boldsymbol{v}$$

质量一定时，

$$\boldsymbol{F}=m\boldsymbol{a}$$

牛顿第三定律：物体间的作用力成对出现，如果 A 物体对 B 物体有作用力 $\boldsymbol{F}_{\mathrm{AB}}$，那么 B 物体对 A 物体也会有作用力 $\boldsymbol{F}_{\mathrm{BA}}$，两者大小相等，方向相反.

$$\boldsymbol{F}_{\mathrm{AB}}=-\boldsymbol{F}_{\mathrm{BA}}$$

(2) 力学相对性原理

力学规律对于所有的惯性系都是等价的.

(3) 惯性力

在非惯性系中引入惯性力 $\boldsymbol{F}^*$，就可以将惯性系中应用牛顿第二定律处理问题的方法移植到非惯性系中. 惯性力的大小等于质点质量与非惯性系相对于惯性系的加速度大小 a_0之积，方向与该加速度 $\boldsymbol{a}_0$方向相反.

加速平动参考系中

$$\boldsymbol{F}^*=-m\boldsymbol{a}_0$$

惯性离心力

$$\boldsymbol{F}^*=m\omega^2\boldsymbol{r}$$

(4) 质心

质心的位置矢量

$$\boldsymbol{r}_C=\frac{\sum\limits_i m_i\boldsymbol{r}_i}{\sum\limits_i m_i},\quad \boldsymbol{r}_C=\frac{\int\boldsymbol{r}\mathrm{d}m}{\int\mathrm{d}m}=\frac{\int\boldsymbol{r}\mathrm{d}m}{m}$$

质点系的动量

$$\boldsymbol{p}=\sum_{i=1}^{N}(m_i\boldsymbol{v}_i)=m\boldsymbol{v}_C,\quad m=\sum_{i=1}^{N}m_i$$

质心运动定理：质点系质心加速度的方向与质点系所受合外力的方向相同，其大小与质点系所受合外力的大小成正比，与质点系的质量成反比，即

$$\boldsymbol{F}_{外}=\left(\sum_{i=1}^{N}m_i\right)\boldsymbol{a}_C=m\boldsymbol{a}_C$$

(5) 动量定理

质点系在一段时间间隔内动量的增量等于合外力在这段时间间隔内的冲量，即

$$\boldsymbol{I}=\int_{t_1}^{t_2}\boldsymbol{F}(t)\,\mathrm{d}t=\boldsymbol{p}_2-\boldsymbol{p}_1$$

上式中，$\boldsymbol{F}=\sum\limits_i\boldsymbol{F}_i$，$\boldsymbol{p}$ 表示系统的动量，$\boldsymbol{p}=\sum\limits_{i=1}^{N}m_i\boldsymbol{v}_i=\sum\limits_{i=1}^{N}\boldsymbol{p}_i$.

动量定理适用于惯性系，对单个质点也成立.

(6) 动量守恒

若质点系所受合外力为零，则质点系的动量守恒.

（7）质心系

质心在其中静止的坐标系.常将坐标系的原点置于质心.质心系中，系统的动量为零.

（8）角动量

质点相对于某个固定点的角动量 $\boldsymbol{L}$ 定义为

$$\boldsymbol{L}=\boldsymbol{r}\times\boldsymbol{p}$$

它等于质点相对于该固定点的位置矢量 $\boldsymbol{r}$ 与质点动量 $\boldsymbol{p}$ 的叉乘，即 $\boldsymbol{r}$ 与 $\boldsymbol{p}$ 的矢量积.

角动量的大小为

$$L=rp\sin\varphi$$

其中，φ 为位置矢量 $\boldsymbol{r}$ 与动量 $\boldsymbol{p}$ 间的夹角.

角动量的方向既与位置矢量 $\boldsymbol{r}$ 垂直，又与速度 $\boldsymbol{v}$ 垂直，它垂直于位置矢量与速度这两个矢量所确定的平面，方向可由右手螺旋定则确定.

（9）力矩

作用于质点上的力相对于某个固定点的力矩 $\boldsymbol{M}$ 定义为

$$\boldsymbol{M}=\boldsymbol{r}\times\boldsymbol{F}$$

它等于质点相对于该固定点的位置矢量 $\boldsymbol{r}$ 与力 $\boldsymbol{F}$ 的叉乘，即 $\boldsymbol{r}$ 与 $\boldsymbol{F}$ 的矢量积. 力矩既与质点的位置矢量 $\boldsymbol{r}$ 垂直，又与力 $\boldsymbol{F}$ 垂直，它垂直于位置矢量与力这两个矢量所确定的平面，方向可由右手螺旋定则确定. 可以利用力臂 d 计算力矩的大小

$$M=Fd$$

力矩的大小等于力乘以力臂.

（10）角动量定理

质点所受合力矩等于其角动量对时间的变化率.

$$\boldsymbol{M}=\frac{\mathrm{d}\boldsymbol{L}}{\mathrm{d}t}$$

积分形式

$$\int_{t_1}^{t_2}\boldsymbol{M}\mathrm{d}t=\boldsymbol{L}_2-\boldsymbol{L}_1$$

质点系的角动量定理：质点系所受到的合外力矩等于该质点系角动量对时间的变化率，即

$$\boldsymbol{M}=\frac{\mathrm{d}\boldsymbol{L}}{\mathrm{d}t}$$

式中，$\boldsymbol{M}=\sum\limits_{j=1}^{N}\boldsymbol{M}_{j外}$ 为质点系所受的合外力矩，$\boldsymbol{L}=\sum\limits_{j=1}^{N}\boldsymbol{L}_j$ 为质点系的角动量.

积分形式

$$\int_{t_1}^{t_2}\boldsymbol{M}\mathrm{d}t=\boldsymbol{L}_2-\boldsymbol{L}_1$$

角动量定理中，力矩和角动量必须相对于惯性系中同一个定点来计算.

对质心的角动量定理：质点系所受对质心的合外力矩等于质点系对质心的角动量对时间的变化率.

$$\boldsymbol{M}_C=\frac{\mathrm{d}\boldsymbol{L}_C}{\mathrm{d}t}$$

(11) 角动量守恒

如果质点系受到的对某一定点的合外力矩为零,则该质点系对这一定点的角动量守恒.

(12) 功

元功的定义

$$\mathrm{d}W=\boldsymbol{F}\cdot\mathrm{d}\boldsymbol{r}$$

有限位移的功

$$W=\int_{a(L)}^{b}\boldsymbol{F}\cdot\mathrm{d}\boldsymbol{r}$$

(13) 动能定理

质点的动能定理:质点从 a 点运动到 b 点过程中,合力的功等于该质点动能的增量,即

$$W=\frac{1}{2}mv_b^2-\frac{1}{2}mv_a^2$$

质点系的动能定理:质点系动能的增量等于外力功与内力功之和,即

$$W_{内}+W_{外}=E_{kb}-E_{ka}$$

E_{kb} 和 E_{ka} 分别为系统末态和初态的动能.

(14) 柯尼西定理

质点系在惯性系中的总动能等于它相对于质心系的总动能与质心动能之和.

$$E_k=\frac{1}{2}mv_C^2+\sum_{i=1}^{N}\frac{1}{2}m_iv_i'^2$$

(15) 保守力

若一对力的功与相对路径的形状无关,只取决于质点间的始末相对位置,则这样的一对力被称为保守力.

对于保守力

$$\oint_L\boldsymbol{F}\cdot\mathrm{d}\boldsymbol{r}=0$$

(16) 势能

定义保守内力的功等于系统相应势能增量的负值(即势能的减少),即

$$W_{AB}=E_{pA}-E_{pB}=-\Delta E_p$$

W_{AB} 为从初位形 A 到末位形 B 过程中保守内力的功,E_{pA}、E_{pB} 分别为初位形和末位形的势能.

定义 B 为势能零点,则

$$E_{pA}=W_{AB}$$

系统处于某个位形时的势能等于它从此位形变化为势能零点位形过程中保守力的功,势能与参考系的选取无关.

重力势能	$E_p=mgh$	取 m 在地面处时系统的势能为零
万有引力势能	$E_p=-\dfrac{Gm_1m_2}{r}$	取两质点相距无限远时的势能为零
弹性势能	$E_p=\dfrac{1}{2}kx^2$	取弹簧无形变状态时势能为零

(17) 保守力与势能函数

$$\boldsymbol{F}=-\nabla E_p$$

(18) 功能原理

质点系外力的功与非保守内力功之和等于质点系机械能的增量,功能原理适用于惯性系.

$$W_{外}+W_{非保内}=\Delta E$$

质心系中的功能原理:在质心系中,外力的功与非保守内力功之和等于质点系机械能的增量.

$$W'_{外}+W'_{非保内}=\Delta E'$$

(19) 机械能守恒

质点系在运动过程中,若只有保守内力做功,则系统的机械能守恒.

1.2 习题解答

1-1

一球沿斜面向上滚动,自出发时刻计时,它运动过的距离 s 与时间 t 的函数关系为 $s=3t-t^2$(SI 单位),求:(1) 球的初速度;(2) 它何时开始向下滚动?

解 (1) 球做一维运动. 建立坐标系,以沿斜面向上为正,原点位于出发点. 将 s 对时间求导,得到其速度为

$$v=\frac{\mathrm{d}s}{\mathrm{d}t}=3-2t$$

将 $t=0$ 代入上式,得到球初速度的大小为

$$v_0=3\ \mathrm{m/s}$$

方向沿斜面向上.

(2) 当球的速率为零时,它开始向下滚动. 令 $v=0$,代入速度的表达式,有

$$3-2t=0$$

解得 $$t=1.5\ \mathrm{s}$$

即在 1.5 s 时,球开始向下滚动.

1-2

一质点沿螺线 $r=a\theta$ 运动,r 是质点位置矢量的大小,θ 为质点位置矢量与 x 轴的夹角,a 为大于零的常量. 已知 θ 随时间 t 变化的函数关系为 $\theta=\omega t$,且 ω 为常量,求该质点在 t 时刻的速度.

解 如图 1-1 所示直角坐标系中,质点的运动方程为

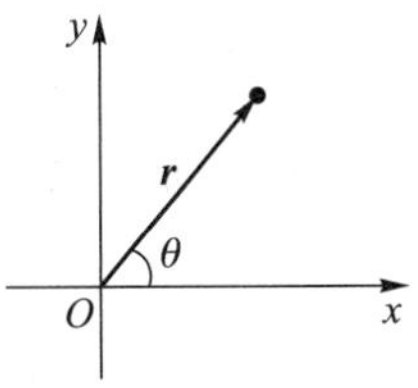

图 1-1 习题 1-2 用图

$$x=r\cos\omega t=a\omega t\cos\omega t$$

$$y=r\sin\omega t=a\omega t\sin\omega t$$

速度的 x、y 分量为

$$v_x=\frac{\mathrm{d}x}{\mathrm{d}t}=a\omega\cos\omega t-a\omega^2 t\sin\omega t$$

$$v_y=\frac{\mathrm{d}y}{\mathrm{d}t}=a\omega\sin\omega t+a\omega^2 t\cos\omega t$$

t 时刻该质点的速度为

$$\boldsymbol{v}=a\omega(\cos\omega t-\omega t\sin\omega t)\boldsymbol{i}+a\omega(\sin\omega t+\omega t\cos\omega t)\boldsymbol{j}$$

读者也可用极坐标系计算速度. 极坐标系中,

$$\boldsymbol{v}=a\omega\boldsymbol{e}_r+a\omega^2 t\boldsymbol{e}_\theta$$

1-3

已知质点的运动方程为 $x=r(1-\cos\omega t)$, $y=r(\sin\omega t-\omega t)$,其中 r、ω 为常量,求质点的速度与加速度随时间 t 变化的函数关系.

解 质点位置矢量为

$$\boldsymbol{r}=r(1-\cos\omega t)\boldsymbol{i}+r(\sin\omega t-\omega t)\boldsymbol{j}$$

将位置矢量对时间求导,得到质点的速度为

$$\boldsymbol{v}=r\omega\sin\omega t\boldsymbol{i}+r\omega(\cos\omega t-1)\boldsymbol{j}$$

将速度对时间求导得到质点的加速度为

$$\boldsymbol{a}=r\omega^2\cos\omega t\boldsymbol{i}-r\omega^2\sin\omega t\boldsymbol{j}$$

1-4

如图 1-2 所示,一人在堤岸顶上用绳子拉小船. 设岸顶距水面的高度为 20 m,收绳子的速率为 3 m/s,且保持不变,当船与岸顶的距离为 40 m 时开始计时,求在 $t=5$ s 时刻小船的速度与加速度.

解 (1) 船做一维运动. 建立如图 1-2 所示坐标系,取 x 轴水平向右为正,原点位于堤岸的底部. 设船的速度为 v,由船到岸顶的绳长为 s,岸顶离水面的高度为 h. 由几何关系得

$$s^2=x^2+h^2$$

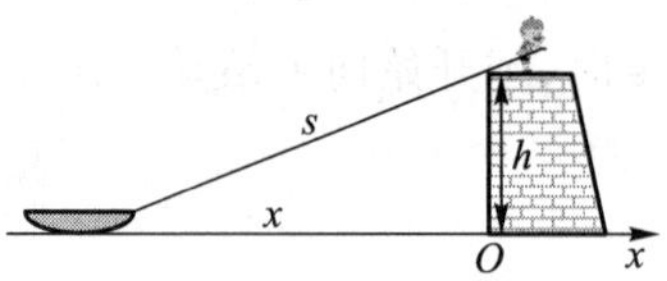

图 1-2 习题 1-4 解答用图

将上式对时间求导得

$$2s\frac{\mathrm{d}s}{\mathrm{d}t}=2x\frac{\mathrm{d}x}{\mathrm{d}t}$$

求得

$$v=\frac{\mathrm{d}x}{\mathrm{d}t}=\frac{s}{x}\frac{\mathrm{d}s}{\mathrm{d}t}$$

其中,$\frac{\mathrm{d}s}{\mathrm{d}t}=-3$ m/s. 由题意可知:初始时刻,$s_0=40$ m,那么 t 时刻的 s 值为

$$s=s_0+\frac{\mathrm{d}s}{\mathrm{d}t}t=40-3t \quad (\text{SI 单位})$$

$t=5$ s 时, $s=(40-3\times5)\text{ m}=25$ m

此时船的坐标为

$$x=-\sqrt{s^2-h^2}=-\sqrt{25^2-20^2}\text{ m}=-15\text{ m}$$

船速度的大小为

$$v=\frac{\mathrm{d}x}{\mathrm{d}t}=\frac{s}{x}\frac{\mathrm{d}s}{\mathrm{d}t}=-\frac{25}{15}\times(-3)\text{ m/s}=5\text{ m/s}$$

方向沿 x 轴正向,水平向右.

(2) 由(1)中船速得

$$v=\frac{s}{x}\frac{\mathrm{d}s}{\mathrm{d}t}=-\frac{s}{\sqrt{s^2-h^2}}\frac{\mathrm{d}s}{\mathrm{d}t}=\frac{3s}{\sqrt{s^2-h^2}} \quad (\text{SI 单位})$$

由上式得到

$$\frac{\mathrm{d}v}{\mathrm{d}s}=-3h^2(s^2-h^2)^{-\frac{3}{2}} \quad (\text{SI 单位})$$

将速度对时间求导得

$$a=\frac{\mathrm{d}v}{\mathrm{d}t}=\frac{\mathrm{d}v}{\mathrm{d}s}\frac{\mathrm{d}s}{\mathrm{d}t}=9h^2(s^2-h^2)^{-\frac{3}{2}} \quad (\text{SI 单位})$$

代入 $t=5$ s 时的绳长值,得到此时船的加速度:

$$a=9\times20^2\times(25^2-20^2)^{-\frac{3}{2}}\text{ m/s}^2=1.1\text{ m/s}^2$$

加速度方向沿 x 轴正向,水平向右.

1-5

汽车 A 以 20 m/s 的恒定速率向东驶向某路口. 当它进入该路口时,在路口正北方向距其 40 m 处,汽车 B 由静止开始向正南行驶. 已知 B 以大小为 2.0 m/s^2、方向指向正南的恒定加速度运动,求经过 6.0 s 后,B 相对于 A 的位置矢量、速度与加速度.

解 (1) 在地面上建立如图 1-3 所示坐标系,以汽车 A 进入路口处为原点. 由于速度恒定,A 的位置矢量为

$$\boldsymbol{r}_A = 20t\boldsymbol{i}$$

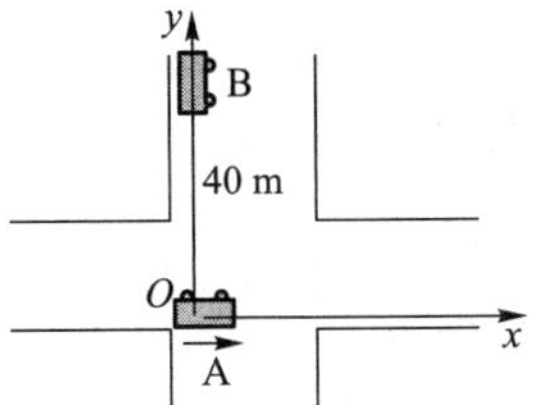

图 1-3 习题 1-5 解答用图

汽车 B 由静止开始以 2 m/s^2 的恒定加速度向南行驶,其位置矢量为

$$\boldsymbol{r}_B = (40 - t^2)\boldsymbol{j}$$

汽车 B 相对于汽车 A 的位置矢量

$$\boldsymbol{r} = \boldsymbol{r}_B - \boldsymbol{r}_A = (40 - t^2)\boldsymbol{j} - 20t\boldsymbol{i}$$

当 $t=6$ s 时,

$$\boldsymbol{r} = (-120\boldsymbol{i} + 4\boldsymbol{j})\ \text{m}$$

(2) 汽车 B 相对于汽车 A 的速度

$$\boldsymbol{v} = \frac{d\boldsymbol{r}}{dt} = -20\boldsymbol{i} - 2t\boldsymbol{j}$$

当 $t=6$ s 时,

$$\boldsymbol{v} = (-20\boldsymbol{i} - 12\boldsymbol{j})\ \text{m/s}$$

(3) 汽车 B 相对于汽车 A 的加速度为

$$\boldsymbol{a} = \frac{d\boldsymbol{v}}{dt} = -2\boldsymbol{j}\ \text{m/s}^2$$

本题使用 SI 单位.

1-6

棒球比赛中,球以 35 m/s 的速度离开球棒,若不被接住,将落在 72 m 远处. 一名队员在离球出发点 98 m 处,他用 0.50 s 判断了一下球的飞行方向,之后向球跑去,请根据计算推断,该队员能否在球落地前接住这个球.

解 设球以抛射角 θ 离开球棒,其水平射程为

$$x = \frac{v_0^2 \sin 2\theta}{g}$$

将已知条件代入,得

$$\sin 2\theta = \frac{gx}{v_0^2} = \frac{9.81 \times 72}{35^2} = 0.58$$

解得

$$\theta_1 = 17.6°,\quad \theta_2 = 72.4°$$

球在空中的飞行时间为

$$t = 2v_0 \sin\theta / g$$

当 $\theta_1 = 17.6°$时,球的飞行时间为

$$t_1 = 2v_0 \sin\theta_1 / g = 2.16\ \text{s}$$

接球所用的时间为(2.16 −0.5) s = 1.66 s,球员如果能够接住球,他跑步速度的最小值为

$$v_{min} = (98 - 72)/1.66\ \text{m/s} = 15.7\ \text{m/s}$$

这个数值大于短跑的世界纪录成绩,他不可能跑这么快,因此他接不着球.

当 $\theta_2 = 72.4°$时,球的飞行时间为

$$t_2 = 2v_0 \sin\theta_2 / g = 6.80\ \text{s}$$

接球所用的时间为(6.8−0.5) s = 6.3 s,球员要接住球,他跑步速度的最小值为

$$v'_{min} = (98 - 72)/6.3\ \text{m/s} = 4.13\ \text{m/s}$$

球员跑步速度可以达到此值,他可以接到球.

1-7

斜坡的倾角为 α，在其上某点 P 以速率 v_0 向坡上投掷物体，如图 1-4 所示. 要想将物体投得最远，那么物体被投出时其速度与斜坡所成的角度 φ 应为多大（忽略空气阻力）？

解 建立如图 1-4 所示坐标系，物体的加速度分量为

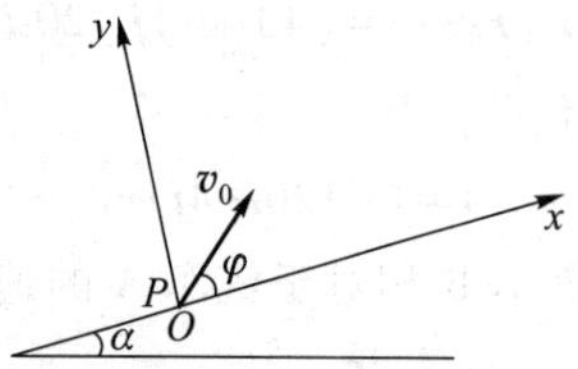

图 1-4 习题 1-7 解答用图

$$a_x=-g\sin\alpha,\quad a_y=-g\cos\alpha$$

物体的初速度的分量为

$$v_{0x}=v_0\cos\varphi,\quad v_{0y}=v_0\sin\varphi$$

物体的运动方程为

$$x=v_0\cos\varphi t-\frac{1}{2}g\sin\alpha t^2$$

$$y=v_0\sin\varphi t-\frac{1}{2}g\cos\alpha t^2$$

物体落在斜坡上，则 $y=0$. 解得物体的飞行时间为

$$t=\frac{2v_0\sin\varphi}{g\cos\alpha}$$

将之代入 x 轴的运动方程，得

$$x=\frac{v_0^2}{g\cos^2\alpha}[\sin(\alpha+2\varphi)-\sin\alpha]$$

x 随 φ 变化. 由此式可以看出 $\alpha+2\varphi_0=\pi/2$ 时，x 最大. 因此，所求角度为

$$\varphi_0=\frac{1}{2}\left(\frac{\pi}{2}-\alpha\right)$$

1-8

三个质点 A、B、C 分别沿各自的圆周轨道运动，且轨道半径均为 5 m. 计时开始时，三者均沿逆时针方向运动，此时它们加速度的大小及方向分别由图 1-5(a)、(b)、(c) 给出. 设三个质点的切向加速度都保持不变，求 $t=2$ s 时刻三个质点的速度.

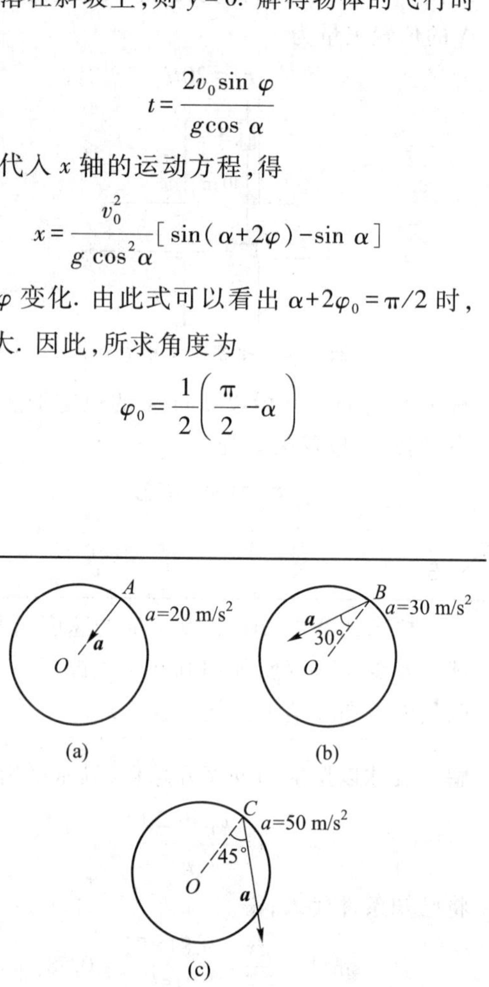

图 1-5 习题 1-8 用图

解 (1) 图 1-5(a) 中质点 A 加速度方向沿半径指向圆心，它做逆时针方向的匀速圆周运动，其速度大小为

$$v_A=\sqrt{a_n r}=\sqrt{20\times5}\ \text{m/s}=10\ \text{m/s}$$

（质点 A 在逆时针运动）

(2) 将图 1-5(b) 中质点 B 的加速度沿法向和切向分解得到：

加速度的切向分量

$$a_t=a\sin30^\circ=30\times0.5\ \text{m/s}^2=15\ \text{m/s}^2$$

加速度的法向分量

$$a_n=a\cos30^\circ=30\times\frac{\sqrt{3}}{2}\ \text{m/s}^2=15\sqrt{3}\ \text{m/s}^2$$

质点的运动初速度值为

$$v_0=\sqrt{a_n r}=\sqrt{15\times\sqrt{3}\times5}\ \text{m/s}=11.4\ \text{m/s}$$

$t=2$ s 时，质点的运动速度值为

$$v_B = v_0 + a_t t = (11.4+15\times2.0)\ \text{m/s} = 41.4\ \text{m/s}$$

（质点 B 在沿逆时针方向运动）

（3）由图 1-5(c) 得到质点 C 加速度的法向和切向分量分别为

$$a_t = -a\sin 45° = -50\times\frac{\sqrt{2}}{2}\ \text{m/s}^2 = -25\sqrt{2}\ \text{m/s}^2$$

$$a_n = a\cos 45° = 50\times\frac{\sqrt{2}}{2}\ \text{m/s}^2 = 25\sqrt{2}\ \text{m/s}^2$$

质点的运动初速度值为

$$v_0 = \sqrt{a_n r} = \sqrt{25\times\sqrt{2}\times5}\ \text{m/s} = 13.3\ \text{m/s}$$

$t=2$ s 时，质点的运动速度值为

$$v_C = v_0 + a_t t = -57.4\ \text{m/s}$$

（质点 C 在沿顺时针方向运动）

1-9

质点做半径为 2 m 的圆周运动，其位置角与时间 t 的函数关系为 $\theta(t) = 60t-9t^2$（SI 单位），（1）求质点的角加速度；（2）求 $t=3$ s 时质点加速度的大小；（3）问在什么时刻该质点的速率为零？

解　（1）将 $\theta(t)$ 对时间求导，得质点运动的角速度为

$$\omega = \frac{d\theta}{dt} = 60-18t \quad \text{(SI 单位)}$$

将角速度对时间求导得角加速度为

$$\alpha = \frac{d\omega}{dt} = -18\ \text{rad/s}^2$$

（2）将 $t=3$ s 代入角速度的表达式，解得此时角速度

$$\omega = (60-18\times3)\ \text{rad/s} = 6\ \text{rad/s}$$

因此加速度的法向分量和切向分量分别为

$$a_n = r\omega^2 = 2\times6^2\ \text{m/s}^2 = 72\ \text{m/s}^2$$

$$a_t = r\alpha = 2\times(-18)\ \text{m/s}^2 = -36\ \text{m/s}^2$$

加速度的大小为

$$a = \sqrt{a_n^2+a_t^2} = \sqrt{72^2+(-36)^2}\ \text{m/s}^2 = 80.5\ \text{m/s}^2$$

（3）质点速率为零时，其角速度大小也为零，令 $\omega=0$，$60-18t=0$，解得

$$t = 3.33\ \text{s}$$

1-10

均匀细棒 AB 长为 $2L$，质量为 m_s. 在细棒 AB 的垂直平分线上距 AB 为 h 处有一个质量为 m 的质点 P，如图 1-6(a) 所示. 求细棒与质点 P 间万有引力的大小.

解　设细棒的线密度为 λ，在细棒上取质量为 dm_s、长度为 dl 的质元，它距棒中点 C 的长度为 l，如图 1-6(b) 所示. 质点 P 和这个质元间的万有引力大小为

$$dF = G\frac{m\,dm_s}{r^2} = G\frac{m\lambda\,dl}{r^2}$$

它在 x、y 轴上的分量为

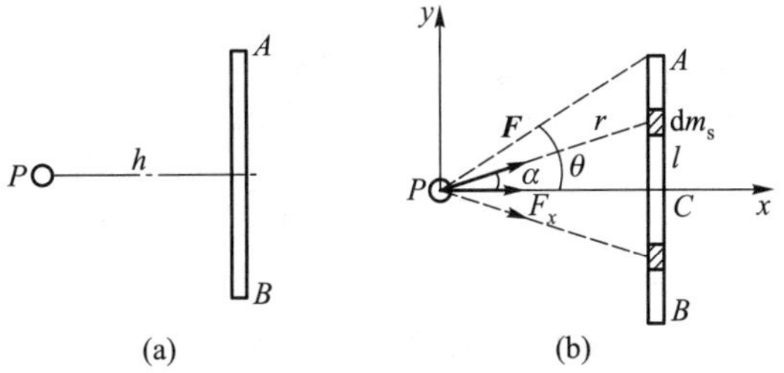

图 1-6　习题 1-10 解答用图

$$dF_x = G\frac{m\lambda\,dl}{r^2}\cos\alpha,\quad dF_y = G\frac{m\lambda\,dl}{r^2}\sin\alpha$$

式中

$$r=\frac{h}{\cos\alpha},\quad l=h\tan\alpha,\quad dl=\frac{h}{\cos^2\alpha}d\alpha$$

化简得到 x 轴上的分量 dF_x

$$dF_x = G\frac{m\lambda}{h}\cos\alpha d\alpha$$

根据对称性,$F_y=0$.

设 PA 和 PC 间的夹角为 θ,通过积分,得到所求的引力大小为

$$F=F_x=2\int_0^{\theta}G\frac{m\lambda}{h}\cos\alpha d\alpha=2G\frac{m\lambda}{h}\sin\theta$$

$$=2G\frac{m}{h}\frac{m_s}{2L}\frac{L}{\sqrt{h^2+L^2}}=\frac{Gm_sm}{h\sqrt{h^2+L^2}}$$

若 $h\gg 2L$,则 $F=\dfrac{Gm_sm}{h^2}$,与万有引力定律的结论一致.由此可加深对质点概念的理解.

1-11

如图 1-7(a)所示,擦窗工人利用滑轮——吊桶装置上升. 设工人和吊桶的总质量为75 kg,忽略滑轮与绳子的质量,问:(1) 要使自己慢慢匀速上升,这位工人需要用多大力拉绳?(2) 如果这位工人将拉力增大 10%,那么他的加速度是多大?

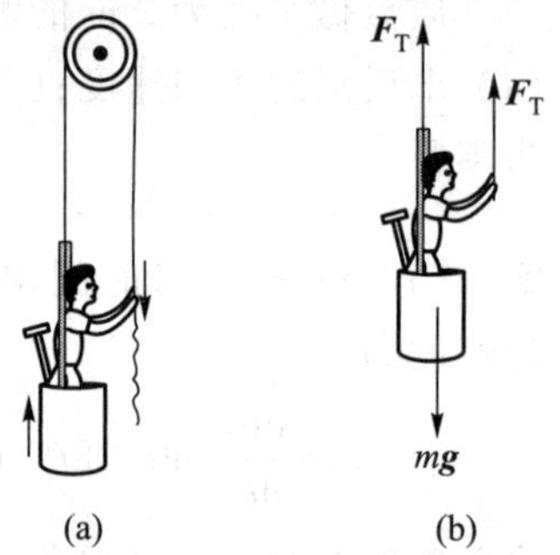

图 1-7 习题 1-11 用图

解 (1) 以人与吊桶的整体为研究对象,受力分析如图 1-7(b)所示.根据牛顿第二定律:

$$2F_T-mg=0$$

$$F_T=mg/2=75\times9.81/2\text{ N}=368\text{ N}$$

(2) $2F_T'-mg=ma$

$$a=(2F_T'-mg)/m$$

$$=(2\times368\times1.1-75\times9.81)/75\text{ m/s}^2$$

$$=0.98\text{ m/s}^2$$

1-12

质量为 20 kg 的物块 A 置于水平面上,它通过轻滑轮组与质量为 5 kg 的物块 B 相连,绳子 C 端固定不动,如图 1-8(a)所示. 忽略所有摩擦和绳长变化,求两个物块的加速度及绳中张力.

解 物块 A、B 受力分析如图 1-8(b)所示. 由牛顿第二定律,对 A、B 列方程

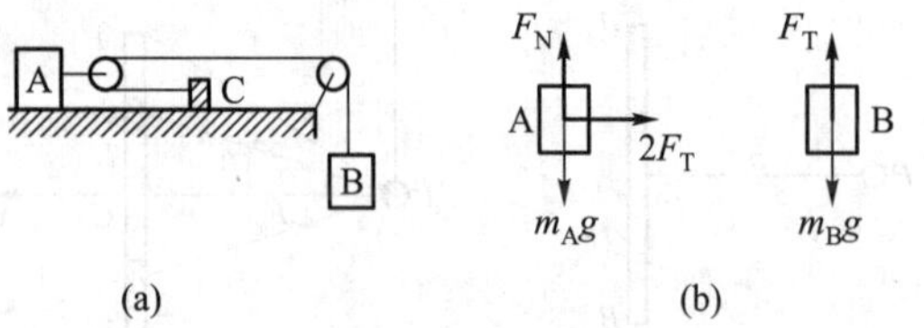

图 1-8 习题 1-12 解答用图

A: $2F_T=m_Aa_A$

B: $m_Bg-F_T=m_Ba_B$

两个物体加速度大小间的关系为

$$a_B=2a_A$$

联立上面三个方程解得两物体的加速度及绳中的张力分别为

$$a_A=\frac{2m_Bg}{4m_B+m_A}$$

$$a_B=\frac{4m_Bg}{4m_B+m_A}$$

$$F_T=\frac{m_A m_B g}{4m_B+m_A}$$

将题中已知数据代入，经计算得到所求加速度和张力的大小为

$$a_A=2.45\ \mathrm{m/s^2},\quad a_B=4.91\ \mathrm{m/s^2},\quad F_T=24.5\ \mathrm{N}$$

1-13

物体 A 的质量为 m，位于光滑的固定水平面上，通过轻绳绕过轻滑轮与下端固定、弹性系数为 k 的轻弹簧相连，如图 1-9(a)所示. 当弹簧处于原长时，以水平向右的恒力 $\boldsymbol{F}$ 由静止开始向右拉动物体，使之在水平面上向右滑动. 求：当物体移动的距离为 l 时，获得的速率为多大？（弹簧的伸长在弹性限度内.）

解　以物体 A 为研究对象，受力分析如图 1-9(b)所示. 以水平向右为 x 轴的正向，取原点 O 位于物体 A 的起始位置处. 由于弹簧、滑轮以及绳子的质量均可被忽略，且开始时，弹簧无伸长，故当物体 A 的坐标为 x 时，绳子对 A 的拉力为

$$F_T=kx$$

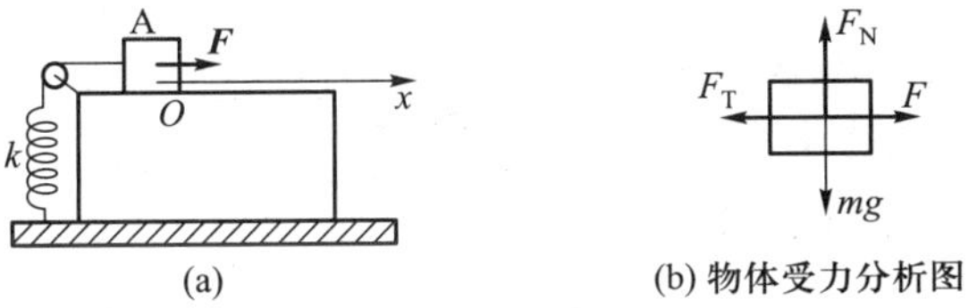

图 1-9　习题 1-13 解答用图

对物体 A 应用牛顿第二定律得到

$$F-kx=m\frac{\mathrm{d}v}{\mathrm{d}t}=m\frac{\mathrm{d}v}{\mathrm{d}x}\frac{\mathrm{d}x}{\mathrm{d}t}=mv\frac{\mathrm{d}v}{\mathrm{d}x}$$

由初始条件可知：物体初速度为零，初始坐标为零. 对上式积分：

$$\int_0^l(F-kx)\,\mathrm{d}x=\int_0^v mv\,\mathrm{d}v$$

$$Fl-\frac{1}{2}kl^2=\frac{1}{2}mv^2$$

$$v=\sqrt{\frac{2Fl-kl^2}{m}}$$

注：物体的速率应该为非负的实数，由求得的速率值有 $2Fl-kl^2\geqslant 0$，解得 $F\geqslant\dfrac{kl}{2}$，题设条件下力 $\boldsymbol{F}$ 的最小值为 $F_{\min}=\dfrac{kl}{2}$.

总结：利用牛顿定律解题的一般步骤如下.

1. 根据已知条件，分析各个物体的受力情况和运动状态.

对于问题涉及的每个物体，画出它们的受力分析图，图中要清晰地画出物体受到的所有力的方向，并用符号标示所有的力. 完成这一步后，要仔细分析物体的运动状态，包括物体运动的轨迹，速度、加速度的方向等. 对于多体问题，特别要注意分析各个物体的位置之间、速度之间以及加速度之间的联系.

2. 选择方便的坐标系，利用牛顿运动定律列方程.

坐标系的选择是非常重要的. 这里有两点必须明确：第一，牛顿第二定律只适用于惯性系. 第二，要选择较方便的坐标系，使得列出的方程尽量简单，便于求解. 要在物体受力图上明确地标出坐标轴及其正方向.

选定物体列方程时，要记住牛顿第二定律的表达式是个矢量式，利用它列方程时，常常需要将之沿着所选定的各个坐标轴投影，列出牛顿第二定律的分量式，这时一定要注意将加速度和所有外力沿各个坐标轴投影并分析它们的符号后，再写出沿各个方向的方程.

3. 解方程，求未知量.

4. 对所得结果进行分析，看它是否合理，在一些极限情况下是否与已知结论相符.

1-14

手持一均匀柔软的绳子，使其下垂，下端刚好与地面接触，如图 1-10 所示. 现松开绳子的上端，使其下落，设绳子的线密度为 λ，求绳子上端落下 l 距离时，整根绳子对地面的压力.

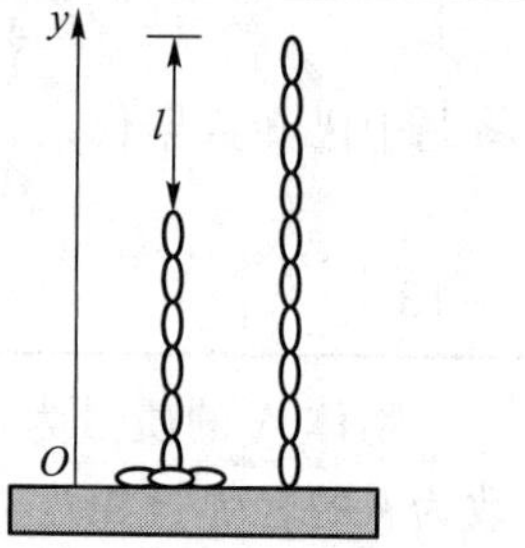

图 1-10 习题 1-14 解答用图

解 设绳子的长度为 L. 取整根绳子为研究对象，它受到两个力的作用，一个是地面对绳子的作用力 F_N，方向竖直向上；另外一个是地球对它的重力 $mg=\lambda gL$，方向竖直向下. 由牛顿第二定律

$$F_N-\lambda gL=\frac{d(mv)}{dt}=\frac{\lambda d(yv)}{dt}=\frac{\lambda dy}{dt}v+\frac{\lambda dv}{dt}y$$
$$=\lambda v^2-\lambda gy=\lambda 2gl-\lambda g(L-l)$$

解得

$$F_N=3\lambda gl$$

根据牛顿第三定律，整根绳子对地面的压力与地面对绳子的作用力大小相等，为 $3\lambda gl$.

1-15

一个物体位于固定在水平面上的圆筒底部，紧贴住筒侧面做圆周运动，如图 1-11 所示. 圆筒底部光滑，半径为 R；圆筒侧面与物体间的动摩擦因数为 μ_k. 若 $t=0$ 时刻物体的速率为 v_0，求：(1) 物体的运动速率随时间 t 变化的函数关系，(2) 从 0 到 t 时间间隔内，物体运动过的路程.

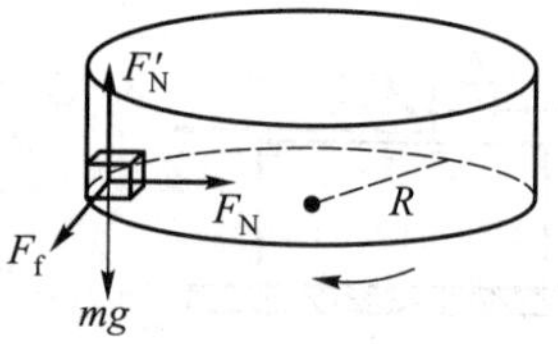

图 1-11 习题 1-15 解答用图

解 (1) 物体做圆周运动，其受力如图 1-11 所示，由牛顿定律得到沿运动轨道法向的方程

$$F_N=m\frac{v^2}{R} \qquad ①$$

沿运动轨道切向得到方程

$$-F_f=-\mu_k F_N=m\frac{dv}{dt} \qquad ②$$

将式①代入式②，得到

$$-\frac{\mu_k}{R}dt=\frac{dv}{v^2}$$

积分得

$$-\int_0^t \frac{\mu_k}{R}dt=\int_{v_0}^{v}\frac{dv}{v^2}$$

经计算得到所求速率为

$$v=\frac{v_0 R}{R+v_0\mu_k t}$$

(2) 物体走过的路程等于速率对时间的积分，所以时间 t 内物体走过的路程 s 为

$$s=\int_0^t v dt=\int_0^t \frac{v_0 R}{R+v_0\mu_k t}dt=\frac{R}{\mu_k}\ln\left(1+\frac{v_0\mu_k t}{R}\right)$$

1-16

如图 1-12 所示，质量为 m_1 的物体拴在长为 L_1 的轻绳上，绳的另一端系在固定于光滑桌面的钉子上. 用长为 L_2 的轻绳将另一质量为 m_2 的物体与 m_1 连接，并使二者在该桌面上一起做匀速圆周运动. 设 m_1、m_2 运动的周期为 T，求各段绳子中的张力.

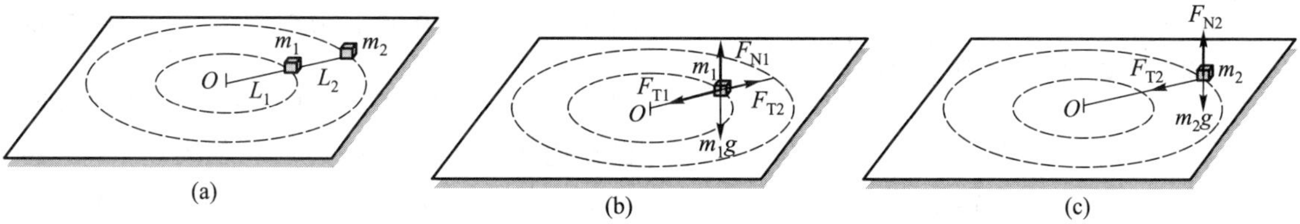

图 1-12　习题 1-16 解答用图

解　m_1 与 m_2 的受力如图 1-12(b)、(c) 所示. 物体 m_2 做半径为 (L_1+L_2) 的圆周运动. 设其运动的角速度为 ω，根据牛顿第二定律，得到方程

$$F_{T2}=m_2(L_1+L_2)\omega^2$$
$$=m_2(L_1+L_2)(2\pi/T)^2$$

长为 L_2 绳中的张力大小与 F_{T2} 相等，其值为

$$m_2(L_1+L_2)(2\pi/T)^2$$

物体 m_1 做半径为 L_1 的圆周运动. 设长为 L_1 绳中的张力为 F_{T1}，它等于该绳子对 m_1 的拉力，根据牛顿第二定律，得到方程

$$F_{T1}-F_{T2}=m_1L_1\omega^2,$$

由上式得到：

$$F_{T1}=F_{T2}+m_1L_1\omega^2$$

将 F_{T2} 表达式代入，得到

$$F_{T1}=m_2(L_1+L_2)(2\pi/T)^2+m_1L_1(2\pi/T)^2$$

整理上式，得到长为 L_1 绳子中的张力为

$$F_{T1}=[m_1L_1+m_2(L_1+L_2)](2\pi/T)^2$$

1-17

在流体中运动的球形粒子会受到黏性阻力. 黏性阻力的大小为 $F_d=6\pi\eta rv$，其中 r、v 分别为粒子的半径和速率，η 称为流体的黏度. 空气的黏度 $\eta=1.8\times10^{-5}\ \text{N}\cdot\text{s/m}^2$. 若空气中有一个半径为 10^{-5} m、密度为 2 000 kg/m^3 的球形污染物颗粒，求：(1) 它在空气中运动的终极速率；(2) 这个污染物颗粒在静止空气中下落 100 m 所需要的时间.

解　(1) 颗粒受力情况如图 1-13 所示. 设球形颗粒的密度为 ρ、半径为 r，则其质量为

图 1-13　习题 1-17 解答用图

$$m=\rho\frac{4\pi}{3}r^3$$

加速度为零时，颗粒的速率为终极速率 v_T，因此得到方程

$$\rho\frac{4\pi}{3}r^3g-6\pi\eta rv_T=0$$

解之得到颗粒的终极速率为

$$v_T=\frac{2r^2\rho g}{9\eta}=\frac{2\times(10^{-5})^2\times2\ 000\times9.81}{9\times1.8\times10^{-5}}\ \mathrm{m/s}=2.42\ \mathrm{cm/s}$$

(2) 对该颗粒应用牛顿第二定律，得到方程

$$\rho\frac{4\pi}{3}r^3g-6\pi\eta rv=m\frac{\mathrm{d}v}{\mathrm{d}t}=\rho\frac{4\pi}{3}r^3\frac{\mathrm{d}v}{\mathrm{d}t}$$

化简得

$$g(v_T-v)=v_T\frac{\mathrm{d}v}{\mathrm{d}t}$$

对上式积分得到

$$\int_0^t\frac{g}{v_T}\mathrm{d}t=\int_0^v\frac{\mathrm{d}v}{v_T-v}$$

经计算得到颗粒的运动速率为

$$v=v_T(1-\mathrm{e}^{-gt/v_T})$$

由该结果看出 $t\to\infty$ 时，$v\to v_T$. 但是，当 $t=\frac{3v_T}{g}$ 时，$\mathrm{e}^{-gt/v_T}=\mathrm{e}^{-3}\approx0.05$，$v=0.95v_T$；$t=\frac{5v_T}{g}=12.3\ \mathrm{ms}$ 时，$\mathrm{e}^{-gt/v_T}=\mathrm{e}^{-5}\approx0.01$，$v=0.99v_T$，可以认为物体已经达到了终极速率；此后颗粒匀速下降. 这 12.3 ms 的下落时间可以被忽略，故物体下降 100 m 所需要的时间为

$$t=\frac{h}{v_T}=\frac{100}{2.42\times10^{-2}}\ \mathrm{s}=4.13\times10^3\ \mathrm{s}=1.15\ \mathrm{h}$$

1-18

质量为 $m=100$ g 的小珠子穿在半径为 $R=10$ cm 的光滑半圆形铁丝上，如图 1-14 所示. 现铁丝以 2 r/s 的转速绕竖直轴转动，若小珠子相对铁丝静止，求由小珠子到圆心的连线与竖直轴的夹角 φ.

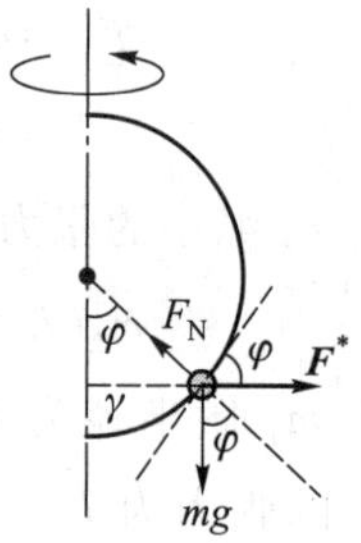

图 1-14 习题 1-18 用图

解 小珠子受力如图 1-14 所示. 在地面系中，它做圆周运动，半径 $r=R\sin\varphi$. 以铁丝为参考系，考虑惯性离心力 F^*，它的大小为

$$F^*=mr\omega^2$$

由小珠子相对铁丝静止，得

$$F^*\cos\varphi=mg\sin\varphi$$

$$mR\omega^2\sin\varphi\cos\varphi=mg\sin\varphi$$

$$\cos\varphi=\frac{g}{R\omega^2}=\frac{9.81}{0.1\times(4\pi)^2}=0.62$$

$$\varphi=51.6^\circ$$

1-19

设质点的质量为 m，在 $t=0$ 时刻从坐标原点 O 以初速度 $\boldsymbol{v}_0$ 被抛出，初速度 $\boldsymbol{v}_0$ 与 x 轴间的夹角为 α_0，如图 1-15 所示. 设质点在运动过程中受到的空气阻力 $\boldsymbol{F}_d$ 与其速度 $\boldsymbol{v}$ 的关系为 $\boldsymbol{F}_d=-mk\boldsymbol{v}$，$k$ 为正常量. 求：(1) t 时刻质点的坐标；(2) 质点的轨道方程.

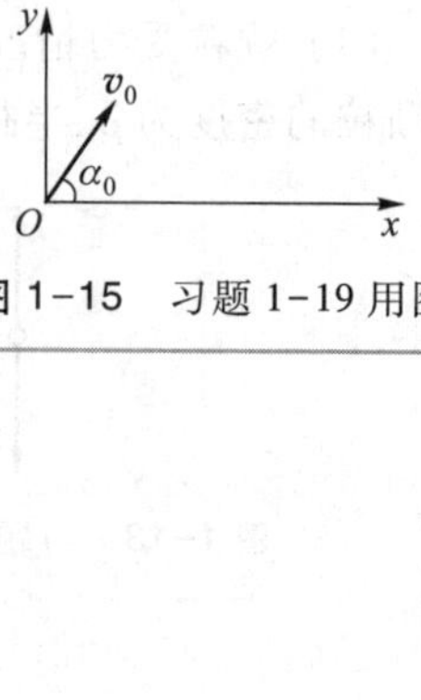

图 1-15 习题 1-19 用图

解 (1) 质点速度沿坐标轴的分量为

$$v_x=v\cos\alpha,\quad v_y=v\sin\alpha$$

由牛顿第二定律

$$m\frac{\mathrm{d}v_x}{\mathrm{d}t}=-mkv_x$$

$$m\frac{\mathrm{d}v_y}{\mathrm{d}t}=-mg-mkv_y$$

化简得

$$\frac{\mathrm{d}v_x}{\mathrm{d}t}+kv_x=0 \quad ①$$

$$\frac{\mathrm{d}v_y}{\mathrm{d}t}+kv_y+g=0 \quad ②$$

初始条件为 $t=0$ 时,

$$v_{x0}=v_0\cos\alpha_0,\quad v_{y0}=v_0\sin\alpha_0$$

由式①解得

$$v_x=v_{x0}\mathrm{e}^{-kt} \quad ③$$

由式②解得

$$v_y=\left(\frac{g}{k}+v_{y0}\right)\mathrm{e}^{-kt}-\frac{g}{k} \quad ④$$

根据式③得

$$\frac{\mathrm{d}x}{\mathrm{d}t}=v_x=v_{x0}\mathrm{e}^{-kt}$$

初始条件为 $t=0$ 时,$x=0$,对上式积分得抛体的 x 坐标

$$x=\frac{v_0\cos\alpha_0}{k}(1-\mathrm{e}^{-kt}) \quad ⑤$$

根据式④得

$$\frac{\mathrm{d}y}{\mathrm{d}t}=v_y=\left(\frac{g}{k}+v_0\sin\alpha_0\right)\mathrm{e}^{-kt}-\frac{g}{k}$$

初始条件为 $t=0$ 时,$y=0$,对上式积分得抛体的 y 坐标

$$y=\frac{1}{k}\left(\frac{g}{k}+v_0\sin\alpha_0\right)(1-\mathrm{e}^{-kt})-\frac{g}{k}t \quad ⑥$$

(2) 由式⑤、式⑥消去时间 t 得轨道方程

$$y=x\tan\alpha_0+\frac{gx}{kv_0\cos\alpha_0}+\frac{g}{k^2}\ln\left(1-\frac{kx}{v_0\cos\alpha_0}\right)$$

1-20

如图 1-16(a)所示,质量为 m 的匀质细绳长度为 L,它一端固定在 O 点,另一端栓有一质量为 m_b 的小球. 当小球在光滑水平面上以角速度 ω 绕 O 点旋转时,求绳中距 O 点为 r 处的张力.

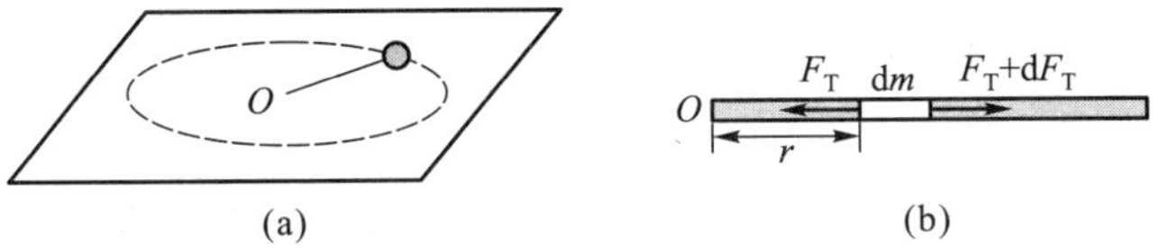

图 1-16 习题 1-20 用图

解 小球做半径为 R 的圆周运动,绳子对小球的拉力充当向心力,其大小为

$$F_\mathrm{n}=m_\mathrm{b}L\omega^2$$

对于绳子,将其质量视为线分布,其线密度为 $\lambda=\frac{m}{L}$. 取距 O 点为 r,质量为 $\mathrm{d}m$ 的质元,其水平受力分析如图 1-16(b). 该质元做以 O 为圆心、半径为 r 的圆周运动. 根据牛顿第二定律

$$-\mathrm{d}F_\mathrm{T}=(\mathrm{d}m)r\omega^2=\lambda\omega^2r\mathrm{d}r$$

将上式积分

$$-\int_{F_\mathrm{T}(r)}^{F_\mathrm{T}(L)}\mathrm{d}F_\mathrm{T}=\int_r^L\lambda\omega^2r\mathrm{d}r$$

计算得

$$F_\mathrm{T}(r)=\frac{\lambda}{2}\omega^2(L^2-r^2)+F_\mathrm{T}(L)$$

$$=\frac{m}{2L}\omega^2(L^2-r^2)+F_\mathrm{T}(L)$$

$F_\mathrm{T}(L)$为绳子与小球相连处的张力. 由牛顿第三定律可知,$F_\mathrm{T}(L)$与绳子对小球的拉力大小相等. 因此 $F_\mathrm{T}(L)=m_\mathrm{b}L\omega^2$. 将 $F_\mathrm{T}(L)$代入到

$F_T(r)$的表达式中得到,绳中距 O 点为 r 处的张力为

$$F_T(r)=\frac{m}{2L}\omega^2(L^2-r^2)+m_bL\omega^2$$

1-21

如图 1-17 所示质量为 m_c 的卡车在雨中沿平直路面前行.雨水竖直下落,单位时间落入卡车斗内的雨水质量为 k(为常量).车斗总共可以容纳的雨水质量为 m_0.自关闭发动机时刻开始计时($t=0$),设此刻车斗内无雨水,且车速的大小为 v_0.忽略地面对卡车的阻力,试求卡车雨中前行的速率随时间 $t(t>0)$的变化关系.

图 1-17 习题 1-21 用图

解 以卡车(包括车斗内的雨水)为主体,令其质量为 m.在 $t_0=\dfrac{m_0}{k}$时刻,车斗内装满雨水.当 $t\leqslant t_0$,即车斗装满雨水前,有 $m=m_c+kt$.若 $t>t_0$,即车斗装满雨水后,有 $m=m_0+m_c$.

取 $t\sim t+\mathrm{d}t$ 的无限小时间间隔,设此间添加至主体的雨水质量为 $\mathrm{d}m$,它对主体的水平冲量为 $f\mathrm{d}t$.沿水平方向对主体和 $\mathrm{d}m$ 应用动量定理,得

对主体:$m(v+\mathrm{d}v)-mv=f\mathrm{d}t$ ①

对 $\mathrm{d}m$:$\mathrm{d}m(v+\mathrm{d}v)-0=-f\mathrm{d}t$ ②

上两式相加,略去二级小量 $\mathrm{d}m\ \mathrm{d}v$ 得

$$m\mathrm{d}v+v\mathrm{d}m=0,$$

将 $\mathrm{d}m=k\mathrm{d}t$ 代入上式得到

$$\frac{\mathrm{d}v}{v}=-\frac{k\mathrm{d}t}{m} \quad ③$$

若 $t\leqslant t_0$,则 $m=m_c+kt$,利用初始条件做积分,有

$$\int_{v_0}^{v}\frac{1}{v}\mathrm{d}v=-\int_0^t\frac{k}{m_c+kt}\mathrm{d}t$$

解得:
$$v(t)=\frac{m_c}{m_c+kt}v_0 \quad (0<t\leqslant t_0)$$

若 $t>t_0$,则 $m=m_0+m_c$.雨水不断落入车斗的同时,又有等量的雨水溢出.离开车的瞬间,从车斗溢出的水与车同速,故不对车施加冲力.落入车斗的水则和以前一样对主体施以冲力,于是式③继续成立,做如下积分

$$\int_{\frac{m_cv_0}{m_c+m_0}}^{v}\frac{1}{v}\mathrm{d}v=-\int_{\frac{m_0}{k}}^{t}\frac{k}{m_c+m_0}\mathrm{d}t$$

解得

$$v(t)=\frac{m_c}{m_c+kt}v_0\mathrm{e}^{-\frac{k}{m_c+m_0}\left(t-\frac{m_0}{k}\right)} \quad (t>t_0)$$

所求卡车的运动速率为

$$0<t\leqslant t_0,\quad v(t)=\frac{m_c}{m_c+kt}v_0$$

$$t>t_0,\quad v(t)=\frac{m_c}{m_c+kt}v_0\mathrm{e}^{-\frac{k}{m_c+m_0}\left(t-\frac{m_0}{k}\right)}$$

1-22

光滑金属丝弯成如图 1-18(a)所示平面曲线形状,以角速度 ω 绕其对称轴转动. 一小环套在金属丝上,且放在任何位置都与转动中的金属丝无相对滑动,试确定金属丝的形状.

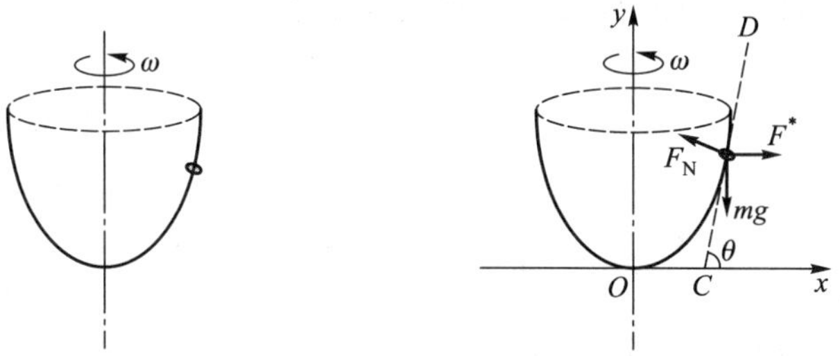

(a) 旋转金属丝与其上的小环　　(b) 小环的受力分析图

图 1-18　习题 1-22 解答用图

解　以金属丝为参考系,选直角坐标系 xOy 位于金属丝平面内,y 轴为其对称轴,如图 1-18(b)所示. 以小环为研究对象,设它所在点(金属丝参考系)的坐标为(x,y).

坐标系 xOy 是一个非惯性系,在其中处理小环的运动问题时,应引入惯性力. 小环受到三个力的作用,它们是重力,方向竖直向下;支持力,与金属丝垂直;惯性离心力 $\boldsymbol{F}^*$,如图 1-18(b)所示. 小环相对于金属丝静止,若以地面为参考系,小环绕金属丝的对称轴做圆周运动. 故惯性离心力 $\boldsymbol{F}^*$ 的大小为

$$F^* = mx\omega^2$$

方向如图 1-18(b)所示. 在小环所在处作金属丝的切线 CD. 设它和 x 轴的夹角为 θ. 由于小环无论位于金属丝上何处,都与金属丝间无相对运动,所以小环在金属丝上各处所受到的沿金属丝切线方向的合力为零. 由于支持力 F_N 与切线垂直,故只有重力和惯性离心力 $\boldsymbol{F}^*$ 有切向分量. 由牛顿第二定律,沿金属丝的切向有

$$mg\sin\theta - mx\omega^2\cos\theta = 0$$

由上式得

$$g\tan\theta = x\omega^2 \qquad ①$$

式中,$\tan\theta$ 为小环所在处金属丝的切线的斜率,故

$$\tan\theta = \frac{dy}{dx} \qquad ②$$

将式②代入式①得

$$g\frac{dy}{dx} = x\omega^2$$

$$g\,dy = \omega^2 x\,dx$$

对上式积分

$$g\int_0^y dy = \omega^2\int_0^x x\,dx$$

经计算得

$$y = \frac{\omega^2 x^2}{2g}$$

由上式中 x、y 间的函数关系可见,金属丝的形状为一条抛物线.

1-23

质量为 300 g 的手球以 8 m/s 的速度垂直击中墙壁,并以相同的速率垂直墙壁反弹回来. 若球与墙壁的接触时间为 0.003 s,(1) 求它对墙壁的平均冲力;(2) 球反弹后马上被一人接住,若在接球过程中,人的手后撤了 0.5 m,那么球对人的冲量及平均冲力为多大?

解　(1) 设球的质量为 m，反弹前后的速度大小分别为 v_1、v_2，且球与墙壁的接触时间为 Δt. 以球为研究对象，设它受到墙的平均冲力大小为 $\overline{F}$. 根据动量定理和平均冲力的定义，得到其值为

$$\overline{F}=\frac{m[v_2-(-v_1)]}{\Delta t}=\frac{300\times10^{-3}\times[8-(-8)]}{0.003}\ \mathrm{N}=1.6\ \mathrm{kN}$$

根据牛顿第三定律，球对墙壁的平均冲力的大小与 $\overline{F}$ 相等，为 1.6 kN.

(2) 设球对人的冲量大小为 I，它与人对球的冲量大小相等. 人接球过程开始时，球的速度大小为 8 m/s，末时刻球的速度大小为零. 对球应用动量定理，得球对人的冲量大小为

$$I=mv-0=(300\times10^{-3}\times8)\ \mathrm{N\cdot s}=2.4\ \mathrm{N\cdot s}$$

接球过程中，人的手后撤了 0.5 m，平均速度的大小为

$$\overline{v}=\frac{8+0}{2}\ \mathrm{m/s}=4\ \mathrm{m/s}$$

过程所用时间为

$$\Delta t=\frac{s}{\overline{v}}=\frac{0.5}{4}\ \mathrm{s}=0.125\ \mathrm{s}$$

所以球对人平均冲力的大小为

$$\overline{F}=\frac{I}{\Delta t}=\frac{2.4}{0.125}\ \mathrm{N}=19.2\ \mathrm{N}$$

1-24

一物体沿 x 轴运动，运动方程为 $x=t^2$（SI 单位）. 力 $\boldsymbol{F}$ 作用于该物体上，方向沿 x 轴，大小为 $F=2x$（SI 单位），求 0~1 s 内该力的冲量.

解　根据冲量的定义，0~1 s 内此力的冲量为

$$I=\int_0^1 F\mathrm{d}t=\int_0^1 2x\mathrm{d}t=2\int_0^1 t^2\mathrm{d}t=\frac{2}{3}\ (\text{SI 单位})$$

冲量的方向沿 x 轴正向.

1-25

物块 B、C 置于光滑的固定水平桌面上，两者间连有一段长为 $l=0.4$ m 的细绳. B 通过跨过桌边轻定滑轮的细绳与 A 相连，如图 1-19 所示. 设物体 A、B、C 的质量均为 m，起始时刻 B、C 靠在一起，且绳子不可伸长，并忽略所有摩擦. 问：(1) A、B 由静止释放后，经过多长时间 C 也开始运动？(2) C 开始运动时的速度是多少？（本题 g 取 10 m/s^2.）

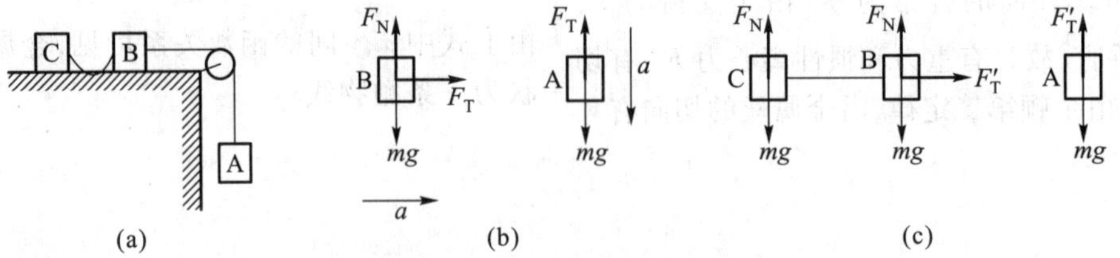

图 1-19　习题 1-25 解答用图

解　(1) 各物体受力如图 1-19(b) 所示.
对于 A，根据牛顿第二定律得到方程

$$m_A g-F_T=m_A a$$

对于 B，沿水平方向有方程

$$F_T = m_B a$$

A、B 加速度的大小相同，解得

$$a = \frac{m_A}{m_A + m_B} g = \frac{1}{2} g$$

a 为定值. 设所求时间为 t，由匀加速直线运动公式得

$$l = \frac{1}{2} a t^2$$

将已知数据代入上式

$$0.4 = \frac{1}{4} \times 10 \times t^2 \quad (\text{SI 单位})$$

解得　$t = 0.4\ \text{s}$

即经过 0.4 s，C 开始运动.

(2) 将 B、C 视为一个系统，其受力情况如图 1-19(c) 所示. 设所求的速度为 v，根据动量定理得到方程

$$F'_T \Delta t = (m_C + m_B) v - m_B v_0$$

式中 v_0 为绳子拉紧前瞬间 A 和 B 的速率.

$$v_0 = at = \frac{1}{2} \times 10 \times 0.4\ \text{m/s} = 2\ \text{m/s}$$

对 A，忽略重力后根据动量定理得

$$-F'_T \Delta t = m_A v - m_A v_0$$

由以上两式解得 C 开始运动时的速度值为

$$v = \frac{2}{3} v_0 = 1.33\ \text{m/s}$$

1-26

两名宇航员 A、B 质量分别为 m_1、m_2，在太空中静止不动. 宇航员 A 将一个质量为 m_b 的球扔向 B，宇航员 B 又将这个球扔回 A. 设球每次被抛出后瞬间相对于宇航员的速率均为 v. 求 A、B 两人最后的速率.

解　设宇航员 A 抛出球后的速度为 v_i，球对地的速率为 v_{b1}，如图 1-20(a) 所示. 将宇航员 A 与球作为系统，由动量守恒得

$$m_1 v_i = m_b v_{b1} = m_b (v - v_i)$$

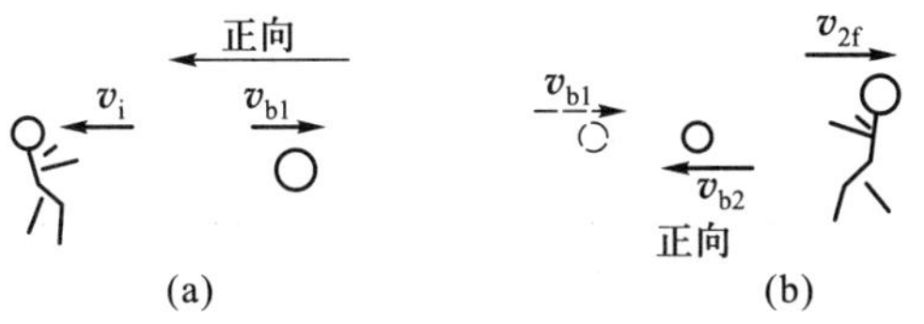

图 1-20　习题 1-26 解答用图

解得

$$v_i = \frac{m_b}{m_1 + m_b} v$$

$$v_{b1} = \frac{m_1}{m_1 + m_b} v$$

将宇航员 B 与球作为系统，设宇航员 B 将球抛出后的速度大小为 v_{2f}，球被抛出后对地的速度为 $(v - v_{2f})$，以此时球对地的速度方向为正方向，由动量守恒得

$$-m_b v_{b1} = -\frac{m_b m_1}{m_1 + m_b} v = -m_2 v_{2f} + m_b (v - v_{2f})$$

解得宇航员 B 将球抛出后的速度大小

$$v_{2f} = \frac{m_b}{m_2 + m_b} \left(1 + \frac{m_1}{m_1 + m_b}\right) v$$

方向如图 1-20(b) 所示.

球被 B 抛出后对地的速度为

$$v_{b2} = v - v_{2f} = \left\{1 - \left[\frac{m_b}{m_2 + m_b}\left(1 + \frac{m_1}{m_1 + m_b}\right)\right]\right\} v$$

$$= \frac{m_1 m_2 + m_2 m_b - m_1 m_b}{(m_1 + m_b)(m_2 + m_b)} v$$

由于人的质量远大于球的质量，故 $v_{b2} > v_i$，球可以被 A 接住. 设 A 接住球后的速度大小为 v_{1f}，由动量守恒

$$(m_1 + m_b) v_{1f} = m_b v_{b2} + m_1 v_i$$

解得

$$v_{1f} = \frac{m_2 m_b (2m_1 + m_b)}{(m_1 + m_b)^2 (m_2 + m_b)} v$$

1-27

水平光滑地面上有一质量为 $m_车$、长度为 l 的小车. 车的右端站有一质量为 m 的人. 人、车相对于地面静止. 若人从车的右端走到左端,问人和车相对于地面各移动了多少距离?

解　选定人和车为研究系统. 该系统在水平方向上不受外力的作用,动量守恒. 如图 1-21 所示,设人和车相对地面的速度分别为 $\boldsymbol{v}$ 和 $\boldsymbol{u}$,人和车相对地面移动的距离分别为 x、X,人对车的速度为 $\boldsymbol{v}'$,由动量守恒定律得到方程

$$m\boldsymbol{v}+m_车\boldsymbol{u}=0$$

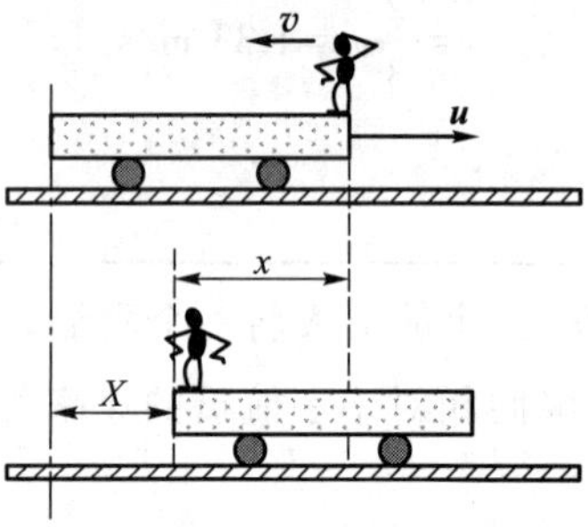

图 1-21　习题 1-27 解答用图

由此得到:

$$\boldsymbol{u}=-\frac{m}{m_车}\boldsymbol{v}$$

人对车的速度为 $\boldsymbol{v}'$可用 $\boldsymbol{v}$ 表示为

$$\boldsymbol{v}'=\boldsymbol{v}-\boldsymbol{u}=\frac{m_车+m}{m_车}\boldsymbol{v}$$

人对车走过的距离 l 为

$$l=\int v'\mathrm{d}t=\int\frac{m_车+m}{m_车}v\mathrm{d}t$$

$$=\frac{m_车+m}{m_车}\int v\mathrm{d}t$$

上式中　$\int v\mathrm{d}t=x$

因此得到

$$l=\frac{m_车+m}{m_车}x$$

计算得

$$x=\frac{m_车}{m_车+m}l$$

由几何关系得到车相对地面移动的距离为

$$X=l-x=\frac{m}{m_车+m}l$$

此题也可以利用质心运动定理求解.

1-28

三个粒子 A、B、C 的质量分别为 3 kg、1 kg、1 kg,以轻质细杆相连,位置如图 1-22 所示,求该系统质心的坐标.

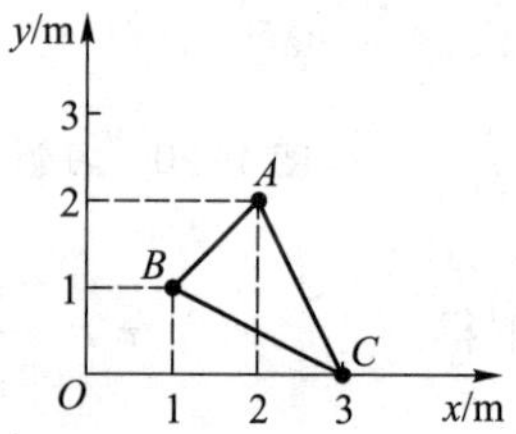

图 1-22　习题 1-28 用图

解　根据质心的定义,得质心的横坐标值为

$$x_C=\frac{m_1x_1+m_2x_2+m_3x_3}{m_1+m_2+m_3}$$

$$=\frac{3\times2+1\times1+1\times3}{3+1+1}\ \mathrm{m}=2\ \mathrm{m}$$

同理,可求得质心的纵坐标值

$$y_C=\frac{m_1y_1+m_2y_2+m_3y_3}{m_1+m_2+m_3}$$

$$=\frac{3\times2+1\times1+1\times0}{3+1+1}\ \mathrm{m}=1.4\ \mathrm{m}$$

1-29

在圆心位于 O 点半径为 r 的均匀圆盘下部，以 O' 为圆心挖出一个半径为 $r/2$ 的圆洞，$OO'=\dfrac{r}{2}$，如图 1-23 所示，求带洞圆盘的质心位置.

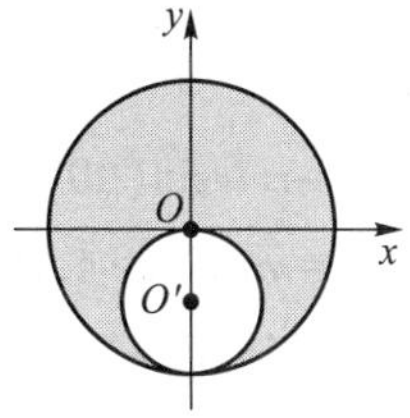

图 1-23　习题 1-29 解答用图

解　建立如图 1-23 所示的坐标系，由对称性分析可知，质心坐标一定位于 y 的上半轴上，令其 y 坐标为 y_C. 用填补法. 将圆洞用与原物体相同且质量均匀分布的物质填充，形成质量均匀分布的圆盘. 被填充圆洞的质心位于其圆心 O' 处，纵坐标值为 $-\dfrac{r}{2}$；而匀质圆盘的质心位于 O 点，y 坐标为零. 将匀质圆盘视为由已被填充的圆洞（质量为 m_2）和原物体（质量为 m_1）组成，根据质心的定义，得到下式

$$\frac{m_1y_C+m_2y_2}{m_1+m_2}=0$$

设圆盘的质量面密度为 σ，得到

$$0=\frac{\sigma\left(\pi r^2-\dfrac{1}{4}\pi r^2\right)y_C-\sigma\pi\dfrac{r^2}{4}\dfrac{r}{2}}{\sigma\pi r^2}$$

解得

$$y_C=\frac{1}{6}r$$

1-30

求半径为 R 的均匀半球体的质心.

解　如图 1-24 建立坐标系，由对称性分析可知，质心位于 z 轴上. 取如图所示的小质元，将 z 坐标转换为球坐标

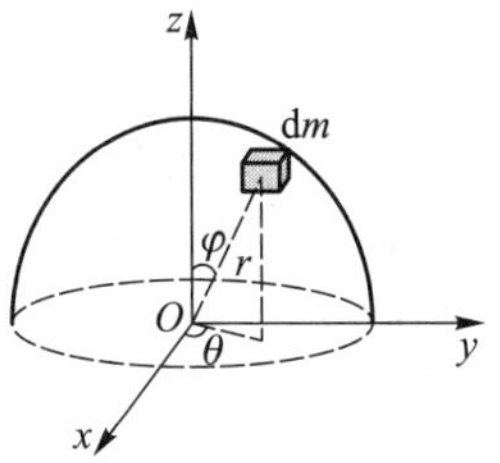

图 1-24　习题 1-30 用图

$$z=r\cos\varphi$$

设球的密度为 ρ. 由质心的定义得

$$\begin{aligned}
z_C&=\frac{1}{m}\int z\mathrm{d}m=\frac{1}{m}\int z\rho\mathrm{d}V\\
&=\frac{\rho}{m}\int r\cos\varphi r^2\sin\varphi\mathrm{d}r\mathrm{d}\varphi\mathrm{d}\theta\\
&=\frac{\rho}{m}\int_0^R r^3\mathrm{d}r\int_0^{\pi/2}\cos\varphi\sin\varphi\mathrm{d}\varphi\int_0^{2\pi}\mathrm{d}\theta\\
&=\frac{3}{8}R
\end{aligned}$$

1-31

一个粒子的质量为 2 kg，以 4.5 m/s 的速率沿一条直线运动. 在直线外取一点 P，使之到这条直线的距离为 6 m，求该粒子相对于 P 点的角动量.

解 设该粒子距 P 点的距离为 r，如图 1-25 所示. 由角动量定义，粒子相对于 P 点的角动量值为

$$L=rmv\sin(90°-\alpha)=mvr\cos\alpha$$
$$=mvd=2\times4.5\times6\ \mathrm{kg\cdot m^2/s}$$
$$=54\ \mathrm{kg\cdot m^2/s}$$

角动量的方向垂直纸面向外.

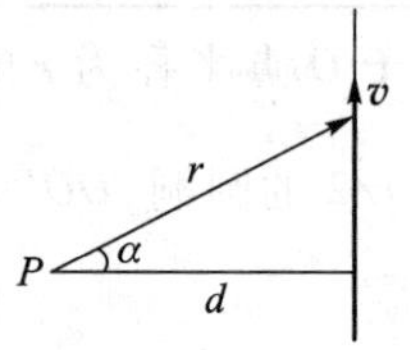

图 1-25 习题 1-31 用图

1-32

一个粒子质量为 m，在如图 1-26 所示的坐标系 xOy 中沿着一条平行 x 轴的直线以恒定速度运动，速度方向与 x 轴正向一致. 设粒子对坐标原点的角动量的大小为 L，证明：粒子的位置矢量在单位时间内扫过的面积为 $\frac{\mathrm{d}A}{\mathrm{d}t}=\frac{L}{2m}$.

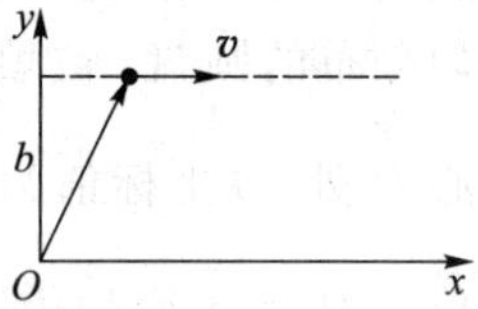

图 1-26 习题 1-32 用图

证明 粒子对 O 点的角动量大小为

$$L=mvb$$

它的位置矢量在 $\mathrm{d}t$ 时间内扫过的面积为

$$\mathrm{d}A=\frac{1}{2}(v\mathrm{d}t)b$$

比较上面两个式子得

$$\frac{\mathrm{d}A}{\mathrm{d}t}=\frac{L}{2m}$$

证毕.

1-33

哈雷彗星绕太阳运动的轨道是一个椭圆，它离太阳的最近距离是 8.75×10^{10} m，在这点的速率为 5.46×10^4 m/s. 它离太阳最远时速率为 9.08×10^2 m/s，这时它与太阳间的距离是多少？

解 哈雷彗星相对于太阳所在点的角动量守恒. 设它的质量为 m，离太阳最近处的速率和位置矢量大小为 v_1、r_1，离太阳最远处的速率和位置矢量大小 v_2、r_2，则

$$mv_1r_1=mv_2r_2$$

代入已知数据，经计算得它与太阳间的距离为

$$r_2=\frac{v_1r_1}{v_2}=5.26\times10^{12}\ \mathrm{m}$$

1-34

质量为 3 kg 的物体在合力 $F_x=6+4x-3x^2$（SI 单位）的作用下由静止开始沿 x 轴从 $x=0$ 运动到 $x=3$ m 处. 计算：(1) 此过程中力 F_x 所做的功；(2) 该物体位于 $x=3$ m 处时，力 F_x 的功率.

解 （1）根据功的定义可计算出该力的功：

$$W=\int_0^3 F_x\mathrm{d}x=\int_0^3(6+4x-3x^2)\mathrm{d}x=9\ \mathrm{J}\ (\mathrm{SI}\ 单位)$$

（2）由牛顿第二定律，物体的加速度为

$$a=\frac{F_x}{m}=2+\frac{4}{3}x-x^2(\mathrm{SI}\ 单位)$$

$$a=\frac{\mathrm{d}v}{\mathrm{d}t}=\frac{\mathrm{d}v}{\mathrm{d}x}\frac{\mathrm{d}x}{\mathrm{d}t}=v\frac{\mathrm{d}v}{\mathrm{d}x}$$

$$a\mathrm{d}x=v\mathrm{d}v$$

对上式积分，得

$$\int a\mathrm{d}x=\int v\mathrm{d}v$$

$$\int_0^x\left(2+\frac{4}{3}x-x^2\right)\mathrm{d}x=\int_0^v v\mathrm{d}v$$

$$v^2=4x+\frac{4}{3}x^2-\frac{2}{3}x^3$$

物体由 $x=0$ 运动到 $x=3$ m 处，沿 x 轴正向运动，故它到达 $x=3$ m 处时的速度为正值．将 $x=3$ m 代入到速度的表达式，求得

$$v=\sqrt{6}\ \mathrm{m/s}$$

将 $x=3$ m 代入已知的合力公式，得到此时物体受到的力

$$F_x=(6+4\times3-3\times3^2)\ \mathrm{N}=-9\ \mathrm{N}$$

故物体位于 $x=3$ m 处时，力 F_x 的功率为

$$P=F_xv=-9\times\sqrt{6}\ \mathrm{W}=-22\ \mathrm{W}$$

1-35

质量为 m 的质点在 xOy 平面上运动，其运动方程为 $\boldsymbol{r}=a\cos\omega t\boldsymbol{i}+b\sin\omega t\boldsymbol{j}$，式中 a、b、ω 是正值常量，且 $a>b$. 求：（1）质点在 A 点 $(a,0)$ 时和 B 点 $(0,b)$ 时的动能；（2）t 时刻质点所受的合外力 $\boldsymbol{F}$ 以及当质点从 A 点运动到 B 点的过程中 $\boldsymbol{F}$ 的分力 $\boldsymbol{F}_x$ 和 $\boldsymbol{F}_y$ 分别做的功.

解 （1）由位置矢量的表达式得

$$x=a\cos\omega t,\quad y=b\sin\omega t$$

对时间求导得

$$v_x=\frac{\mathrm{d}x}{\mathrm{d}t}=-a\omega\sin\omega t,\quad v_y=\frac{\mathrm{d}y}{\mathrm{d}t}=b\omega\cos\omega t$$

在 A 点 $(a,0)$：

$$\cos\omega t=1,\quad \sin\omega t=0$$

$$E_{\mathrm{k}A}=\frac{1}{2}mv_x^2+\frac{1}{2}mv_y^2=\frac{1}{2}mb^2\omega^2$$

在 B 点 $(0,b)$：

$$\cos\omega t=0,\quad \sin\omega t=1$$

$$E_{\mathrm{k}B}=\frac{1}{2}mv_x^2+\frac{1}{2}mv_y^2=\frac{1}{2}ma^2\omega^2$$

（2）合外力

$$\boldsymbol{F}=ma_x\boldsymbol{i}+ma_y\boldsymbol{j}=-ma\omega^2\cos\omega t\boldsymbol{i}-mb\omega^2\sin\omega t\boldsymbol{j}$$

质点由 $A\to B$ 过程中 F_x 的功

$$W_x=\int_a^0 F_x\mathrm{d}x=-\int_a^0 m\omega^2a\cos\omega t\mathrm{d}x$$

$$=-\int_a^0 m\omega^2x\mathrm{d}x=\frac{1}{2}ma^2\omega^2$$

质点由 $A\to B$ 过程中 F_y 的功

$$W_y=\int_0^b F_y\mathrm{d}y=-\int_0^b m\omega^2b\sin\omega t\mathrm{d}y$$

$$=-\int_0^b m\omega^2y\mathrm{d}y=-\frac{1}{2}mb^2\omega^2$$

1-36

一个水池的截面积为 20 m^2，池中的水深为 5 m，现在要将池中的水全部抽到距水面 15 m 高处，抽水机至少要做多少功？

解 取厚为 $\mathrm{d}x$ 距水底高度为 x 的薄层，如图 1-27 所示，将它较慢地抽到距水面 H 高处，抽水机所做的功为

$$\mathrm{d}W=\rho gS(H+h-x)\mathrm{d}x$$

将水全部抽到距水面 H 高处，抽水机至少所做的功为

$$W=\int_0^h \rho gS(H+h-x)\mathrm{d}x=\frac{1}{2}\rho gS(h^2+2Hh)$$

将已知条件代入，经计算得

$$W=1.72\times10^7\ \mathrm{J}$$

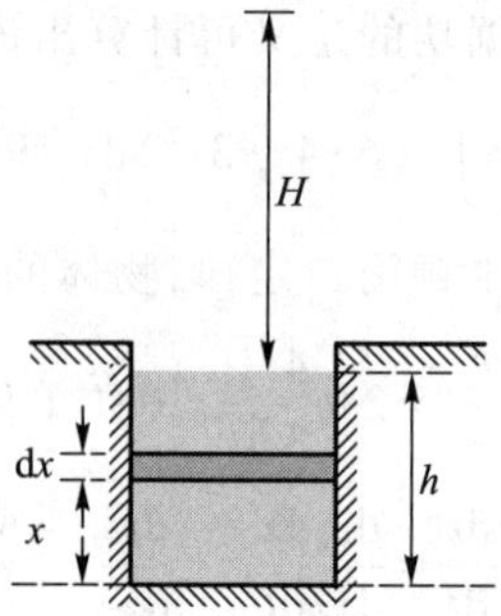

图 1-27 习题 1-36 用图

1-37

物体的质量为 m，距地面的高度恰好与地球的半径 R 相同，如图 1-28 所示. 设地球的质量为 $m_{地}$，若取物体距地球无限远位形为引力势能的零点，求物体与地球系统的万有引力势能. 若选物体在地球表面处为势能零点，再求该系统的引力势能.

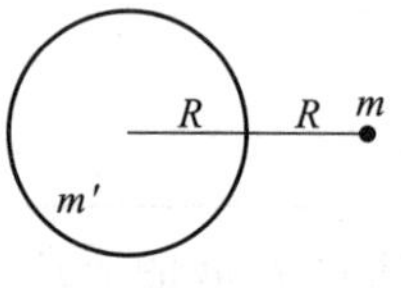

图 1-28 习题 1-37 用图

解 (1) 取物体距地球无限远位形为引力势能的零点，$E_p(\infty)=0$. 将物体移动到无穷远处万有引力的功为

$$W=\int \boldsymbol{F}\cdot\mathrm{d}\boldsymbol{r}=-\int F\mathrm{d}r$$

$$=-\int_{2R}^{\infty}G\frac{m_{地}m}{r^2}\mathrm{d}r$$

$$=-G\frac{m_{地}m}{2R}$$

根据势能的定义：

$$E_p(2R)-E_p(\infty)=W$$

因为 $E_p(\infty)=0$，故该系统的万有引力势能为

$$E_p=-G\frac{m_{地}m}{2R}$$

(2) 势能零点选在地球表面处，$E_p(R)=0$. 将物体由所在处移动到地球表面，万有引力的功为

$$W=\int \boldsymbol{F}\cdot\mathrm{d}\boldsymbol{l}=\int F\mathrm{d}l$$

$$=-\int_{2R}^{R}G\frac{m_{地}m}{r^2}\mathrm{d}r$$

$$=Gm_{地}m\left(\frac{1}{R}-\frac{1}{2R}\right)$$

$$=G\frac{m_{地}m}{2R}$$

根据势能的定义：

$$E_p(2R)-E_p(R)=W$$

因为 $E_p(R)=0$，故系统引力势能为

$$E_p=G\frac{m_{地}m}{2R}$$

1-38

一链条总长为 l,质量为 m,放在桌面上,并使其部分下垂,下垂段的长度为 a. 将链条由静止释放,它经过圆桌角自桌面上滑下,且其总长度在运动过程中保持不变. 设链条与桌面之间的动摩擦因数为 μ. (1) 问桌面对运动链条的摩擦力所做的功? (2) 求链条刚离开桌面时的速率.

解 (1) 建坐标系,如图 1-29 所示,设某一时刻桌面上链条长度为 x,则所受摩擦力大小为

$$F_f=\mu\frac{mg}{l}x$$

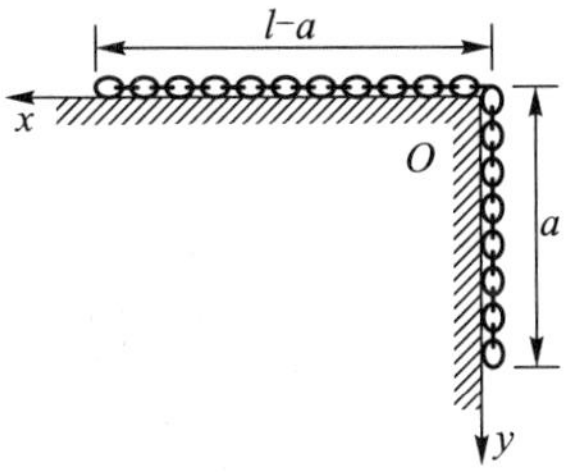

图 1-29　习题 1-38 解答用图

所求摩擦力的功

$$W_f=\int_{l-a}^{0}F_f\mathrm{d}x=\int_{l-a}^{0}\mu\frac{m}{l}gx\mathrm{d}x=-\frac{\mu mg}{2l}(l-a)^2$$

(2) 以链条为对象,应用动能定理

$$\sum W=\frac{1}{2}mv^2-\frac{1}{2}mv_0^2$$

式中

$$\sum W=W_p+W_f,\quad v_0=0$$

W_p为重力的功,W_f为摩擦力的功.

$$W_p=\int_a^l P\mathrm{d}y=\int_a^l\frac{mg}{l}y\mathrm{d}y=\frac{mg(l^2-a^2)}{2l}$$

因此

$$\frac{mg(l^2-a^2)}{2l}-\frac{\mu mg}{2l}(l-a)^2=\frac{1}{2}mv^2$$

经计算得　$v=\sqrt{\frac{g}{l}}[(l^2-a^2)-\mu(l-a)^2]^{\frac{1}{2}}$

讨论:链条下滑需满足条件 $(l^2-a^2)>\mu(l-a)^2$,即 $\mu<\frac{l+a}{l-a}$.

1-39

质点系受到若干力的作用. 证明:若系统的动量守恒,则各个力所做的总功与惯性参考系的选择无关.

解 取如图 1-30 所示的两个坐标系 S、S′. 在 S 中,各个力所做的总功 W 为

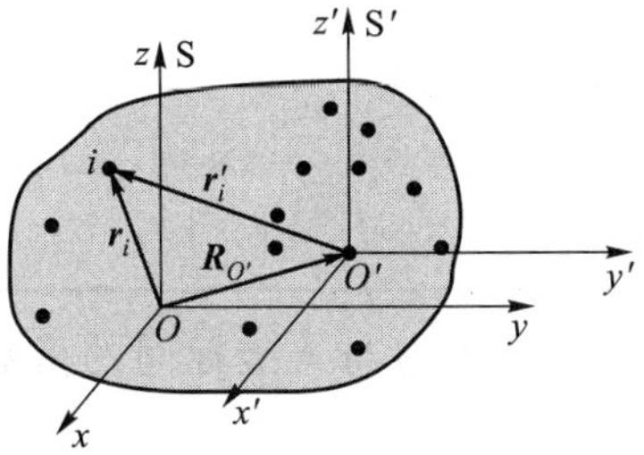

图 1-30　习题 1-39 解答用图

$$W=\sum_i W_i=\sum_i\int \boldsymbol{F}_i\cdot\mathrm{d}\boldsymbol{r}_i$$

式中,$\boldsymbol{r}_i$是力 $\boldsymbol{F}_i$所作用的那个质点的位置矢量,$\mathrm{d}\boldsymbol{r}_i$为其元位移. 设这个质点在 S′中的位置矢量为 $\boldsymbol{r}_i'$,且 S′的原点 O'相对于 S 的位置矢量为 $\boldsymbol{R}_{O'}$,由相对运动得

$$\boldsymbol{r}_i=\boldsymbol{r}_i'+\boldsymbol{R}_{O'}$$

因此

$$W=\sum_i\int\boldsymbol{F}_i\cdot\mathrm{d}\boldsymbol{r}_i'+\int\left(\sum_i\boldsymbol{F}_i\right)\cdot\mathrm{d}\boldsymbol{R}_{O'}$$

若系统动量守恒,则($\sum_i F_i$)的值为零. 设各个力在 S′中所做的总功为 W',则

$$W=\sum_i\int F_i\cdot dr_i'=W'$$

证毕!

1-40

力 $\boldsymbol{F}$ 作用于正在做圆周运动的粒子上. 该粒子圆周运动的轨道位于 xy 平面内,半径为 5 m,圆心在坐标系的原点. 已知 $\boldsymbol{F}=\dfrac{F_0}{r}(y\boldsymbol{i}-x\boldsymbol{j})$,其中 F_0为常量,$r=\sqrt{x^2+y^2}$. (1) 求在粒子转动一周的过程中力 $\boldsymbol{F}$ 的功;(2) 判断该力是否是保守力.

解 (1) 如图 1-31 所示,设粒子到圆心的连线与 x 轴的夹角为 θ,

$$x=r\cos\theta,\quad y=r\sin\theta$$

$$\boldsymbol{F}=\frac{F_0}{r}(y\boldsymbol{i}-x\boldsymbol{j})=F_0(\sin\theta\boldsymbol{i}-\cos\theta\boldsymbol{j})$$

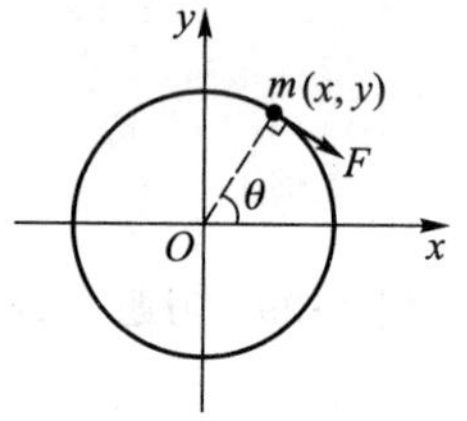

图 1-31 习题 1-40 解答用图

粒子的无限小位移为

$$d\boldsymbol{r}=dx\boldsymbol{i}+dy\boldsymbol{j}=-r\sin\theta d\theta\boldsymbol{i}+r\cos\theta d\theta\boldsymbol{j}$$

若粒子顺时针转动,转动一周力 $\boldsymbol{F}$ 的功为

$$\begin{aligned}W&=\int\boldsymbol{F}\cdot d\boldsymbol{r}\\&=\int_0^{-2\pi}[F_0(\sin\theta\boldsymbol{i}-\cos\theta\boldsymbol{j})]\cdot(-r\sin\theta\boldsymbol{i}+r\cos\theta\boldsymbol{j})d\theta\\&=F_0r\int_0^{-2\pi}[(\sin\theta\boldsymbol{i}-\cos\theta\boldsymbol{j})]\cdot(-\sin\theta\boldsymbol{i}+\cos\theta\boldsymbol{j})d\theta\\&=-F_0r\int_0^{-2\pi}(\sin^2\theta+\cos^2\theta)d\theta\\&=2\pi F_0r=10\pi F_0(\text{SI 单位})\end{aligned}$$

同理可证,粒子逆时针转动一周力 $\boldsymbol{F}$ 的功为 $W=-10\pi F_0$.

(2) 粒子转动一周,力 $\boldsymbol{F}$ 的功不为零,该力不是保守力.

1-41

某力的势能函数为 $U(x)=3x^2-2x^3$(SI 单位). (1) 求这个力与 x 坐标间的函数关系;(2) 若只有这个力作用于某物体上,求物体的平衡位置.

解　(1) 根据保守力与其势能函数间的关系可以得到该力与坐标 x 间的函数关系.

$$F=-\frac{\mathrm{d}U}{\mathrm{d}x}=6x^2-6x$$

(2) 令 $F=0$,得到等式

$$6x^2-6x=0$$

经计算得物体平衡位置的坐标值为 $x=0$,$x=1$ m.

1-42

已知 $\boldsymbol{F}=F_x\boldsymbol{i}+F_y\boldsymbol{j}$ 是二维保守力,请证明:$\frac{\partial F_x}{\partial y}=\frac{\partial F_y}{\partial x}$.

证明　因为 $\boldsymbol{F}$ 是保守力,故存在与之相应的势能函数 $E_p(x,y)$ 使得

$$F_x=-\frac{\partial E_p(x,y)}{\partial x}\quad 且\quad F_y=-\frac{\partial E_p(x,y)}{\partial y}$$

故 $$\frac{\partial F_x}{\partial y}=-\frac{\partial^2 E_p(x,y)}{\partial x\partial y}\quad 且\quad \frac{\partial F_y}{\partial x}=-\frac{\partial^2 E_p(x,y)}{\partial y\partial x}$$

混合偏导数相等,因此

$$\frac{\partial F_x}{\partial y}=\frac{\partial F_y}{\partial x}$$

证毕!

根据这道题目的结论,你可以找到一种判断一个力是否是保守力的方法!

1-43

一固定斜面的倾角为 30°,在其底部安装有一弹性系数为 $k=100$ N/m 的轻弹簧. 沿斜面在距弹簧上端 $l=4$ m 处将质量为 $m=2$ kg 的物块由静止释放,如图 1-32 所示.(1) 若斜面光滑,求弹簧的最大压缩量;(2) 设斜面粗糙,物块和斜面间的动摩擦因数为 0.2,求弹簧的最大压缩量;(3) 对于粗糙的斜面,求物体与弹簧碰撞后距其释放处的最小距离 s.

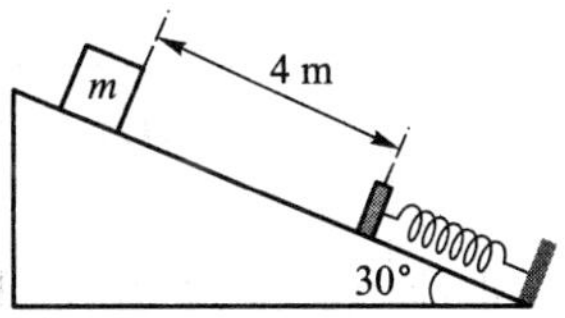

图 1-32　习题 1-43 用图

解　(1) 将物块、斜面、弹簧、地球作为系统,物块下滑过程中,只有保守内力做功,系统的机械能守恒. 设弹簧的最大压缩量为 x_0,以物块位于最低处时为重力势能的零点:

$$mg(l+x_0)\sin 30°=\frac{1}{2}kx_0^2$$

解得　$x_0=0.989$ m

(2) 将物块、斜面、弹簧、地球作为系统,设弹簧的最大压缩量为 x_1,由动能定理

$$mg(l+x_1)\sin 30°-\mu mg(l+x_1)\cos 30°-\frac{1}{2}kx_1^2=0$$

代入题目所给数据,解得 $x_1=0.783$ m

(3) 将物块、斜面、弹簧、地球作为系统,由动能定理

$$\frac{1}{2}kx_1^2-\mu mg(l+x_1-s)\cos 30°-mg(l+x_1-s)\sin 30°=0$$

代入题目所给数据,解得 $s=2.46$ m

物体与弹簧碰撞后,距其释放处的最小距离为 2.46 m.

1-44

如图 1-33 所示，物块 A 质量为 $m_1=2\ \mathrm{kg}$，以 10 m/s 的速率在水平固定光滑桌面上运动. 在物块 A 运动的正前方有一物块 B 正与其同向运动，B 的质量为 $m_2=5\ \mathrm{kg}$，速率为 3 m/s. 物块 B 的后部与一弹性系数为 $k=1\ 120\ \mathrm{N/m}$ 的轻弹簧相连，求：(1) 物块 A 撞到物块 B 前，整个系统质心的速度；(2) 物块 A 与物块 B 碰撞后，弹簧的最大压缩量；(3) 两物块分离后各自的速度.

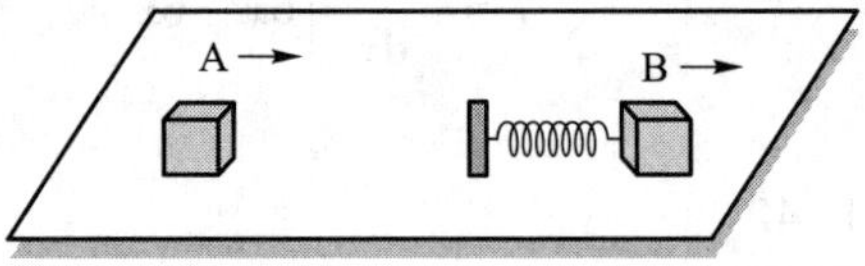

图 1-33 习题 1-44 用图

解 (1) 系统质心的速度

$$v_C=\frac{m_1v_1+m_2v_2}{m_1+m_2}=5\ \mathrm{m/s}$$

(2) 当 A、B 以相同的速度运动时，弹簧的压缩量最大. 此时 A、B 速度就等于质心的速度. 由系统的机械能守恒得

$$\frac{1}{2}m_1v_1^2+\frac{1}{2}m_2v_2^2=\frac{1}{2}(m_1+m_2)v_C^2+\frac{1}{2}kx^2$$

解得 $x=0.25\ \mathrm{m}$

(3) 由动量守恒和机械能守恒得

$$m_1v_{\mathrm{Af}}+m_2v_{\mathrm{Bf}}=(m_1+m_2)v_C$$

$$\frac{1}{2}m_1v_{\mathrm{Af}}^2+\frac{1}{2}m_2v_{\mathrm{Bf}}^2=\frac{1}{2}(m_1+m_2)v_C^2+\frac{1}{2}kx^2$$

解得 $v_{\mathrm{Af}}=0$，$v_{\mathrm{Bf}}=7\ \mathrm{m/s}$

1-45

一轻质细杆长度为 L，两端各与质量均为 m 的物体 A、B 牢固地相连，组成物体 P，如图 1-34 所示. 将物体 P 竖直地放在光滑的直角形滑槽上，放手后，P 沿直角形滑槽下滑，在某时刻物体 A、B 的速率相等，设其值为 v，求 v.

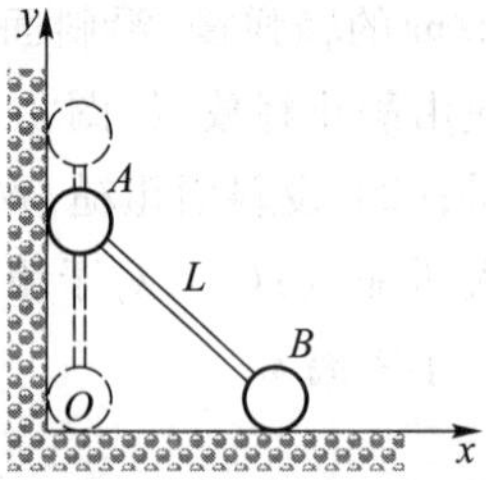

图 1-34 习题 1-45 用图

解 建立如图 1-34 所示的坐标系，物体 A、B 分别在 y、x 轴上运动. 由几何关系可得，物体 A、B 坐标值满足方程

$$x^2+y^2=L^2$$

对此式微分得

$$2x\mathrm{d}x+2y\mathrm{d}y=0$$

化简得到

$$x\frac{\mathrm{d}x}{\mathrm{d}t}+y\frac{\mathrm{d}y}{\mathrm{d}t}=0$$

$$v_{\mathrm{B}}=\frac{\mathrm{d}x}{\mathrm{d}t},\quad v_{\mathrm{A}}=\frac{\mathrm{d}y}{\mathrm{d}t}$$

所以
$$\frac{v_{\mathrm{B}}}{v_{\mathrm{A}}}=-\frac{y}{x}$$

由上式得出结论：若 A、B 的速率相等，则它们的坐标值间满足

$$y=x$$

此刻细杆与 x 轴的夹角为 $\pi/4$.

由机械能守恒得到方程

$$2mg\frac{L}{2}=2mg\frac{L}{2}\sin\frac{\pi}{4}+2\frac{1}{2}mv^2$$

化简得

$$v^2=\left(1-\frac{\sqrt{2}}{2}\right)gL$$

经计算得 $v=1.7\sqrt{L}$

1-46

如图 1-35 所示，水平光滑的固定桌面上放置质量均为 m_w 的物块 A、B，两者间通过劲度系数为 k 的轻质弹簧相连. 质量为 m 的子弹以速度 $\boldsymbol{v}_0$ 沿水平方向射中物块 A 并嵌入其中. 求 (1) 弹簧的最大压缩量. (2) 子弹、A、B 和弹簧系统质心的速度. (3) 物 A 和 B 的最大速率.

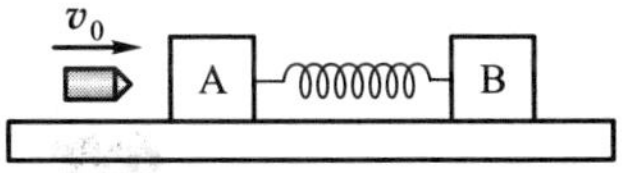

图 1-35　习题 1-46 用图

解　(1) 子弹射入物块 A 所需时间很短，当二者达到共同速度 v'_0 时，弹簧几乎未被压缩，所以在子弹射入过程中，子弹和 A 组成的系统在水平方向动量守恒，即

$$mv_0 = m_w v'_0 + mv'_0$$

$$v'_0 = \frac{mv_0}{m+m_w}$$

此后弹簧被压缩，B 开始运动，当弹簧达到最大压缩量 x_m 时，A 和 B 具有共同的速度 v'，此过程中子弹、A、B 和弹簧组成的系统动量守恒.

$$mv_0 = (m+m_w+m_w)v'$$

$$v' = \frac{mv_0}{m+2m_w}$$

从弹簧开始被压缩到达到最大压缩量 x_m，整个过程中系统机械能守恒

$$\frac{1}{2}(m+m_w)v_0'^2 = \frac{1}{2}(m+2m_w)v'^2 + \frac{1}{2}kx_m^2$$

解得

$$x_m = mv_0\left[\frac{m_w}{k(m+m_w)(m+2m_w)}\right]^{1/2}$$

(2) 所求系统受到的合外力为零，总动量守恒，为 mv_0，方向水平向右. 由定义，质心的速率为

$$v_C = \frac{m}{m+2m_w}v_0$$

质心速度恒定，方向水平向右.

(3) 为求两物块的最大速度，来分析子弹射入 A 后，系统的运动过程. 子弹射入使 A 向右运动压缩静止且为原长的弹簧. 压缩的弹簧对 B 施加水平向右的弹力，使 B 的速度由零开始增大，而 A 在水平向左的弹力作用下，速率降低. 当两者速度相同时，弹簧压缩量最大. 之后 B 的速度大于 A，弹簧的压缩量减小. 在弹簧恢复原长时刻，弹力为零，B 获得最大速度 $v_{2\max}$，A 的速度为最小 $v_{1\min}$. 继而弹簧被拉伸，对 B 施加向左的弹力，致使其速率降低，而 A 在水平向右弹力作用下速率增大，当两者速率相同时，弹簧伸长量最大，之后 A 的速率大于 B 的速率，弹簧伸长量减小. 一旦弹簧恢复原长，A 达到最大速度 $v_{1\max}$，B 在此刻速率最小. 依次方式，系统不断重复上述运动过程.

由上面的分析可知，两物块的最大速度出现于弹簧为原长时刻. 设弹簧达到原长时刻，A 和 B 的速度分别为 v_1、v_2. 由子弹、A、B 和弹簧系统机械能守恒得到

$$\frac{1}{2}(m+m_w)v_0'^2 = \frac{1}{2}(m+m_w)v_1^2 + \frac{1}{2}m_w v_2^2$$

根据系统动量守恒得到

$$mv_0 = (m+m_w)v_1 + m_w v_2$$

联立这两个方程得到两组解

$$\begin{cases} v_{1\min} = \dfrac{m^2}{(m+m_w)(m+2m_w)}v_0 \\ v_{2\max} = \dfrac{2m}{m+2m_w}v_0 \end{cases}$$

和

$$\begin{cases} v_{1\max} = \dfrac{m}{m+m_w}v_0 \\ v_{2\min} = 0 \end{cases}$$

A 的最大速率为 $\dfrac{m}{m+m_w}v_0$，B 的最大速率为 $\dfrac{2m}{m+2m_w}v_0$.

第2章 刚体力学

2.1 内容提要

刚体是力学中的一个理想模型,运用这一模型可以体现物体形状、大小等因素对其运动的影响. 物体在运动过程中,如果其上任意两个质元之间的距离保持不变,则称这个物体为刚体. 若物体形状和大小的改变对其本身运动的影响可以被忽略,则可将该物体抽象为刚体. 平动与转动是刚体最基本的运动. 本章重点讨论刚体的定轴转动与无滑滚动.

1. 运动学

(1) 定轴转动. 刚体做定轴转动时,其上运动的点都围绕同一固定直线即转轴做圆周运动. 常常用角量来描述刚体的定轴转动.

(2) 角速度. 角速度等于位置角对时间的变化率,即

$$\omega=\frac{\mathrm{d}\theta}{\mathrm{d}t}$$

角速度的方向由右手螺旋定则确定,角速度的单位为 rad/s.

转速 n(r/min)和角速度 ω 的关系为

$$\omega=\frac{\pi}{30}n$$

(3) 角加速度. 角加速度等于角速度对时间的变化率.

$$\boldsymbol{\alpha}=\frac{\mathrm{d}\boldsymbol{\omega}}{\mathrm{d}t}$$

$$\alpha=\frac{\mathrm{d}^2\theta}{\mathrm{d}t^2}$$

角加速度的单位为 rad/s^2.

(4) 定轴转动角量与线量的关系

角速度与线速度

$$\boldsymbol{v}=\boldsymbol{\omega}\times\boldsymbol{r}$$

角加速度和线加速度

$$\boldsymbol{a}=\boldsymbol{\alpha}\times\boldsymbol{r}+\boldsymbol{\omega}\times(\boldsymbol{\omega}\times\boldsymbol{r})=\boldsymbol{a}_{\mathrm{t}}+\boldsymbol{a}_{\mathrm{n}}$$

加速度法向分量和切向分量为

$$a_{\mathrm{n}}=r\omega^2$$

$$a_{\mathrm{t}}=r\alpha$$

$$a=\sqrt{a_{\mathrm{n}}^2+a_{\mathrm{t}}^2}=r\sqrt{\alpha^2+\omega^4}$$

以 φ 表示加速度 $\boldsymbol{a}$ 与法向加速度 $\boldsymbol{a}_{\mathrm{n}}$ 正方向间的夹角，则

$$\varphi=\arctan\left|\frac{a_{\mathrm{t}}}{a_{\mathrm{n}}}\right|=\arctan\left|\frac{\alpha}{\omega^2}\right|$$

（5）匀加速定轴转动. 刚体定轴转动时，其角加速度 $\boldsymbol{\alpha}$ 保持不变的运动.

$$\omega=\omega_0+\alpha t$$

$$\Delta\theta=\omega_0 t+\frac{1}{2}\alpha t^2$$

$$\omega^2-\omega_0^2=2\alpha\Delta\theta$$

（6）无滑滚动. 刚体上与支承面接触的点相对于支承面瞬时静止.

2. 动力学

（1）转动惯量的定义. 设刚体由 N 个质点组成，绕 z 轴转动，其上第 i 个质点的质量为 Δm_i，距转动轴的距离为 r_i，定义刚体对 z 轴的转动惯量 J 为

$$J=\sum_{i=1}^{N}\Delta m_i r_i^2$$

对于质量连续分布的刚体，设其上质元 dm 距转轴的距离为 r，定义此刚体对转轴的转动惯量为

$$J=\int_V r^2\mathrm{d}m$$

在国际单位制中，转动惯量的单位是 $\mathrm{kg\cdot m^2}$.

（2）转动惯量的计算. 刚体的转动惯量可以通过实验来测定. 对于形状规则的刚体，其转动惯量可由定义直接计算. 对于质量连续分布的刚体，设其密度为 ρ，体积为 dV 的质元到转轴的距离为 r，则刚体的转动惯量为

$$J=\int_V r^2\rho\mathrm{d}V$$

若刚体的质量呈面分布，设面密度为 σ，面积为 dS 的质元到转轴的距离为 r，则其转动惯量为

$$J=\int_S r^2\sigma\mathrm{d}S$$

若刚体的质量呈线分布，设线密度为 λ，长度为 dl 的线元到转轴的距离为 r，则其转动惯量为

$$J=\int_L r^2\lambda\mathrm{d}l$$

常用质量均匀分布刚体的转动惯量：

- 直杆对过其一端且垂直于杆的轴的转动惯量 $J=\frac{1}{3}mL^2$；
- 直杆对过其中心且垂直于杆的轴的转动惯量 $J=\frac{1}{12}mL^2$；
- 圆环过其中心且垂直于环面的轴的转动惯量 $J=mR^2$；

• 圆盘过其中心且垂直于该盘面的轴的转动惯量 $J=\frac{1}{2}mR^2$.

(3) 平行轴定理. 若质量为 m 的刚体对过其质心的 z 转轴的转动惯量为 J_C,对另一与 z 轴平行且相距为 d 转轴的转动惯量为 J,则

$$J=J_C+md^2$$

(4) 垂直轴定理. 薄板型刚体对 z 轴的转动惯量等于它对 x 轴与 y 轴的转动惯量之和

$$J_z=J_x+J_y$$

x 轴、y 轴、z 轴彼此垂直,且 z 轴垂直于刚体,如图 2-1 所示.

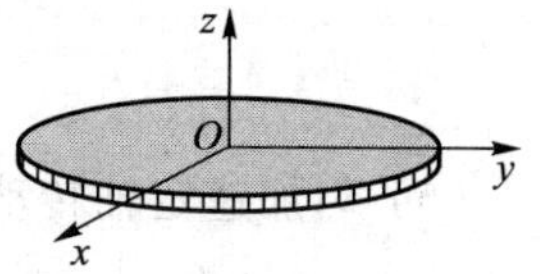

图 2-1 垂直轴定理

(5) 对转轴的角动量. 刚体对转轴的角动量等于它对该轴的转动惯量与角速度之积:

$$\boldsymbol{L}=J\boldsymbol{\omega}$$

(6) 对转轴的力矩. 平行于转轴的力对转轴的力矩为零,垂直于转轴的力对转轴的力矩为

$$\boldsymbol{M}=\boldsymbol{r}\times\boldsymbol{F}$$

(7) 定轴转动定律. 定轴转动刚体的角加速度与所受对转轴的合外力矩成正比,与刚体对轴的转动惯量成反比. 角加速度的方向与合外力矩的方向相同.

$$\sum_i M_{外}=J\alpha$$

(8) 定轴转动角动量定理. 对定轴转动质点系,合外力对转轴的冲量矩之和等于该系统角动量的增量,即

$$\int_{t_1}^{t_2} M_z \mathrm{d}t=L_2-L_1$$

(9) 定轴转动角动量守恒定律. 若质点系所受外力对转轴的合外力矩为零, $\sum_i M_{zi}=0$,则它对转轴的角动量保持不变.

(10) 力矩的功. 力矩的元功等于力对转轴的力矩与刚体无限小角位移之积:

$$\mathrm{d}W=M\mathrm{d}\theta$$

若刚体经历有限角位移,则力矩的功

$$W=\int_{\theta_1}^{\theta_2} M\mathrm{d}\theta$$

(11) 力矩的功率. 对于定轴转动的刚体,力矩的功率等于力对转轴的力矩与刚体角速度的乘积:

$$P=\frac{\mathrm{d}W}{\mathrm{d}t}=M\omega$$

(12) 定轴转动刚体的转动动能. 对于定轴转动的刚体,其转动动能等于刚体的转动惯量与角速度平方之积的二分之一,即

$$E_{\mathrm{k}}=\frac{1}{2}J\omega^2$$

它就是组成刚体的各质元的动能之和.

(13) 重力势能. 对于不太大的刚体,它与地球系统的重力势能 E_{p} 为

$$E_{\mathrm{p}}=mgz_C$$

z_C 是刚体质心距零势能面的高度.

（14）定轴转动刚体的动能定理. 作用于刚体上合外力的功等于刚体末动能与初动能之差：

$$W=E_{k2}-E_{k1}=\frac{1}{2}J\omega_2^2-\frac{1}{2}J\omega_1^2$$

（15）对质心轴的转动定理.

$$M_z'=J_c\alpha$$

外力对质心轴的力矩之和 M_z' 等于刚体对质心轴的转动惯量 J_c 与角速度之积.

（16）滚动与动能.无滑滚动刚体的动能等于其随质心平动的动能与绕质心轴转动的动能之和.

$$E_k=\frac{1}{2}mv_c{}^2+\frac{1}{2}J_cu$$

2.2　习题解答

2-1

一张唱盘转速为 78 r/min,关掉电动机后,唱盘在 30 s 内停止了转动. 设在此过程中唱盘的角加速度恒定,（1）求唱盘角加速度的大小;（2）问在这 30 s 内,唱盘转了多少转?

解　（1）因为角加速度 α 恒定,故

$$\alpha=\frac{\omega_2-\omega_1}{\Delta t}=\frac{0-78}{30}\cdot\frac{\pi}{30}\ \text{rad/s}^2=-0.27\ \text{rad/s}^2$$

（2）唱盘在这 30 s 内的角位移为

$$\Delta\theta=\omega_0t+\frac{1}{2}\alpha t^2$$

$$=\left(78\times\frac{\pi}{30}\times30-\frac{1}{2}\times0.27\times30^2\right)\ \text{rad}$$

$$=124\ \text{rad}$$

唱盘转过的圈数 N 为

$$N=\frac{\Delta\theta}{2\pi}=\frac{124}{2\times3.14}\ \text{r}\approx20\ \text{r}$$

2-2

半径为 6.0 m 的圆台位于水平面内,以 10 r/min 的转速绕通过其中心的竖直轴顺时针转动. 位于圆台边缘的人以相对于盘 1.0 m/s 的速度沿盘的边缘逆时针行走. 求:（1）人相对于地面的角速度;（2）人相对于地面的速率.

解　（1）人相对于盘做圆周运动,设其角速度为 ω'

$$v'=r\omega'$$

解得

$$\omega'=1/6\ \text{rad/s}=0.17\ \text{rad/s}$$

由于圆台转动的方向与人相对于盘走动的方向相反,故人对地的角速度 ω 为

$$\omega=\omega_0-\omega'=\left(10\times\frac{\pi}{30}-\frac{1}{6}\right)\ \text{rad/s}=0.88\ \text{rad/s}$$

（2）人相对于地面也做圆周运动,速率为

$$v=r\omega=0.88\times6.0\ \text{m/s}=5.3\ \text{m/s}$$

2-3

一个半径为 0.10 m. 位于竖直面内的圆盘由静止开始以 2.0 rad/s^2 的恒定角加速度绕通过其中心的固定水平轴转动. P 为圆盘边缘上的一点,开始时位于圆盘的最高点,求 $t=1.0$ s 时 P 点的位置及其加速度.

解 如图 2-2 所示,设 P 点的角位移为 $\Delta\theta$. 因为圆盘转动的角加速度恒定,且起始时刻角速度为零,所以在 0~1.0 s 内 P 点的角位移为

$$\Delta\theta=\frac{1}{2}\alpha t^2=\left(\frac{1}{2}\times2.0\times1.0^2\right)\text{ rad}=1.0\text{ rad}$$

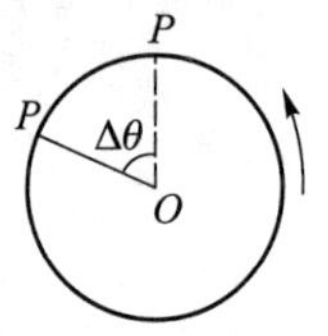

图 2-2 习题 2-3 用图

所以 $t=1.0$ s 时,P 点所在半径与初始时的夹角为 1.0 rad.

1.0 s 时圆盘的角速度为

$$\omega=\alpha t=(2.0\times1.0)\text{ rad/s}=2.0\text{ rad/s}$$

P 点的法向加速度为

$$a_n=r\omega^2=(0.1\times2.0^2)\text{ m/s}^2=0.40\text{ m/s}^2$$

P 点的切向加速度为

$$a_t=r\alpha=(0.1\times2.0)\text{ m/s}^2=0.20\text{ m/s}^2$$

所求 P 点的加速度 a 为

$$a=\sqrt{a_n^2+a_t^2}=\sqrt{0.40^2+0.20^2}\text{ m/s}^2=0.45\text{ m/s}^2$$

2-4

一个网球质量为 57 g,直径为 7 cm. 将它视为球壳,求它对过球心轴的转动惯量.

解 球壳对过自身球心轴的转动惯量为

$$J=\frac{2}{3}mR^2$$

$$=\frac{2}{3}\times57\times10^{-3}\times\left(\frac{7}{2}\times10^{-2}\right)^2\text{ kg}\cdot\text{m}^2$$

$$=4.66\times10^{-5}\text{ kg}\cdot\text{m}^2$$

2-5

一个车轮的直径为 1.0 m,由薄圆环和六根车条组成. 设圆环的质量为 8.0 kg,每根车条的质量为 1.2 kg. 求车轮对过其中心且与圆环垂直轴的转动惯量.

解 车轮如图 2-3 所示. 所求的转动惯量等于两部分转动惯量之和:一部分为圆环对过其中心且与环垂直轴的转动惯量,另外一部分为六根车条(视为杆)对过车条一端且垂直于车条的轴的转动惯量. 因此

$$J=m_{环}R^2+6\times\frac{1}{3}m_{条}l^2$$

代入数据,经计算得

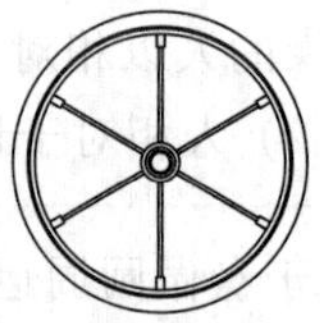

图 2-3 习题 2-5 用图

$$J=\left[8.0\times\left(\frac{1.0}{2}\right)^2+6\times\frac{1}{3}\times1.2\times\left(\frac{1.0}{2}\right)^2\right]\text{ kg}\cdot\text{m}^2$$

$$=2.6\text{ kg}\cdot\text{m}^2$$

2-6

地球的密度为 $\rho=C\left(1.22-\frac{r}{R}\right)$，式中 r 为距地心的距离，R 为地球的半径，C 为常量. 设地球的质量为 m，求：(1) C 的值；(2) 地球的转动惯量.

解 (1) 把地球视为球体，根据密度的定义，将密度对体积积分可以求得 C 值.

$$m=\int \mathrm{d}m=\int \rho \mathrm{d}V=\int_0^R 4\pi\rho r^2\mathrm{d}r$$

$$=\int_0^R 4\pi r^2 C\left(1.22-\frac{r}{R}\right)\mathrm{d}r$$

$$=\frac{4\pi}{3}1.22CR^3-\pi CR^3$$

$$=0.627\ \pi CR^3$$

解得 C 的值为

$$C=\frac{0.508m}{R^3}$$

(2) 将地球视为由许多薄球壳组成，其转动惯量

$$J=\int \mathrm{d}J=\int \frac{2}{3}r^2\mathrm{d}m=\frac{8\pi}{3}\int_0^R \rho r^4\mathrm{d}r$$

$$=\frac{8\pi}{3}\int_0^R C\left(1.22-\frac{r}{R}\right)r^4\mathrm{d}r$$

$$=\frac{8\pi C}{3}\left(1.22\times\frac{1}{5}R^5-\frac{1}{6}R^5\right)=0.329mR^2$$

2-7

长方形匀质薄板长、宽分别为 a、b，质量为 m. 求这块板对下列轴的转动惯量：(1) 过长边的轴；(2) 过宽边的轴；(3) 过板的中心且垂直于板面的轴.

解 (1) 建立如图 2-4(a) 所示坐标系，设转轴与 y 轴重合. 薄板的面密度为

$$\sigma=\frac{m}{ab}$$

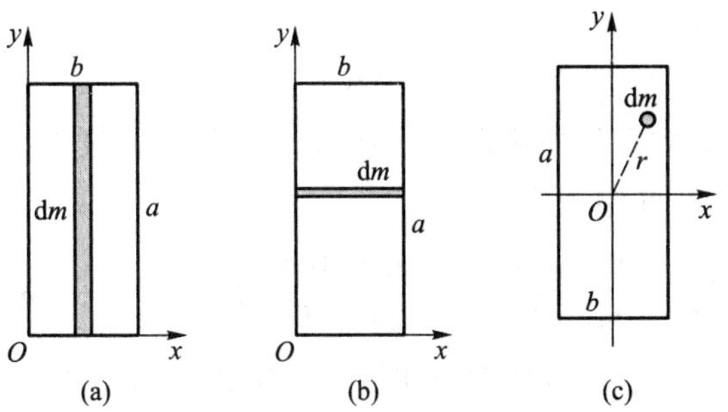

图 2-4 习题 2-7 用图

取如图 2-4(a) 所示质元 dm，并通过积分求得

$$J=\int_0^b x^2\mathrm{d}m=\sigma a\int_0^b x^2\mathrm{d}x=\frac{1}{3}\sigma ab^3=\frac{1}{3}mb^2$$

(2) 利用(1)中坐标系，设转轴与 x 轴重合. 取如图 2-4(b) 所示质元 dm，通过积分求得

$$J=\int_0^a y^2\mathrm{d}m=\sigma b\int_0^a y^2\mathrm{d}y=\frac{1}{3}\sigma ba^3=\frac{1}{3}ma^2$$

(3) 建立如图 2-4(c) 所示的坐标系. 转轴通过坐标系的原点，与 xy 平面垂直，是沿 z 轴的. 取坐标为 (x,y) 的质元 dm，所求转动惯量为

$$J=\int_S r^2\mathrm{d}m=\int_S (x^2+y^2)\mathrm{d}m=\int_S x^2\mathrm{d}m+\int_S y^2\mathrm{d}m$$

$$=\int_S x^2\sigma\mathrm{d}x\mathrm{d}y+\int_S y^2\sigma\mathrm{d}x\mathrm{d}y$$

$$=\sigma\int_{-\frac{b}{2}}^{\frac{b}{2}} x^2\mathrm{d}x\int_{-\frac{a}{2}}^{\frac{a}{2}}\mathrm{d}y+\sigma\int_{-\frac{a}{2}}^{\frac{a}{2}} y^2\mathrm{d}y\int_{-\frac{b}{2}}^{\frac{b}{2}}\mathrm{d}x$$

$$=\frac{1}{12}\sigma ab^3+\frac{1}{12}\sigma ba^3=\frac{1}{12}m(a^2+b^2)$$

2-8

一均匀薄圆板的面密度为 σ、圆心为 O、半径为 R. 在其上挖去以 O' 为圆心、直径为 R 的圆板，且 $OO'=R/2$，如图 2-5 所示. 求剩余部分对过点 O 且与板垂直转轴的转动惯量.

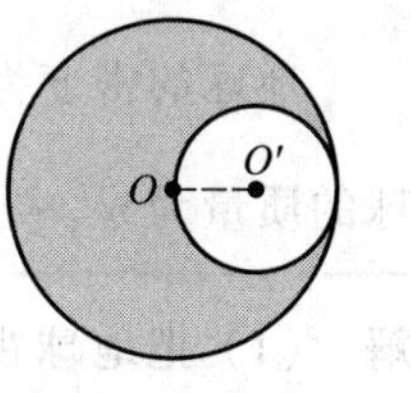

图 2-5　习题 2-8 用图

解　设圆心位于 O' 的小圆盘对过点 O 且与板垂直的轴的转动惯量为 J'，剩余部分对过点 O 且与板垂直的轴的转动惯量为 J. 由平行轴定理得到

$$J'=\frac{1}{2}\sigma\pi\left(\frac{R}{2}\right)^2\cdot\left(\frac{R}{2}\right)^2+\sigma\pi\left(\frac{R}{2}\right)^2\left(\frac{R}{2}\right)^2$$

且

$$J'+J=\frac{1}{2}\sigma\pi R^2\cdot R^2$$

由上面两式得到所求转动惯量为

$$J=\frac{13}{32}\sigma\pi R^4$$

2-9

如图 2-6 所示，定滑轮质量 $m_p=2.00\ \mathrm{kg}$，半径 $R=0.100\ \mathrm{m}$，其上绕有不可伸长的轻绳，绳子的下端挂一质量 $m=5.00\ \mathrm{kg}$ 的物体. 初始时刻该定滑轮沿逆时针方向转动，角速度的大小为 $10.0\ \mathrm{rad\cdot s^{-1}}$，将滑轮视为匀质圆盘，忽略轴处的摩擦且绳子不打滑，求：(1) 滑轮的角加速度；(2) 物体可上升的最大高度；(3) 物体落回初始位置时，滑轮的角速度.

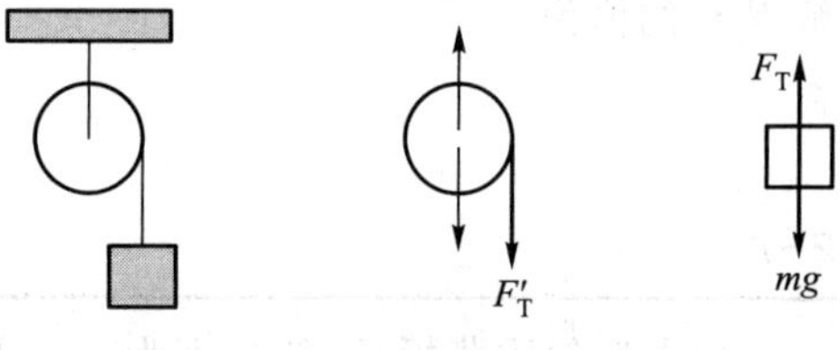

图 2-6　习题 2-9 用图

解　(1) 滑轮和物体受力情况如图 2-6(b)、(c) 所示. 对滑轮应用转动定律，以垂直纸面向里为正，得到方程

$$F_TR=\frac{1}{2}m_pR^2\alpha$$

对绳子下端悬挂的物体应用牛顿第二定律得方程

$$mg-F_T=ma$$

因为绳子不打滑，故物体的加速度与滑轮的角加速度间的关系为

$$a=R\alpha$$

由上面三式解得滑轮的角加速度

$$\alpha=\frac{2mg}{(m_p+2m)R}=81.7\ \mathrm{rad/s^2}$$

(2) 物体的加速度为

$$a=R\alpha=\frac{2mg}{m_p+2m}=8.17\ \mathrm{m/s^2}$$

绳子不打滑，故物体的初速度与滑轮的初角速度间有如下关系

$$v_0=R\omega_0$$

物体做匀加速直线运动，上升到最大高度 h_{max} 时，速率为零，

$$h_{max}=\frac{v_0^2}{2a}=\frac{R^2\omega_0^2}{2a}=\frac{0.100^2\times10.0^2}{2\times8.17}\ \mathrm{m}=6.12\times10^{-2}\ \mathrm{m}$$

(3) 物体做匀加速度直线运动，在时间间隔 Δt 内的位移满足

$$\Delta h=v_0\Delta t+\frac{1}{2}a\Delta t^2,$$

物体回落到原位，$\Delta h=0$，所用的时间间隔 Δt 为

$$\Delta t=-\frac{2v_0}{a}=-\frac{2R\omega_0}{R\alpha}=-\frac{2\omega_0}{\alpha}$$

圆盘做匀加速度定轴转动，物体回落到原位时它的角速度为

$$\omega=\omega_0+\alpha\Delta t=\omega_0-2\omega_0=-\omega_0$$
$$=-(-10.0)\ \text{rad/s}=10.0\ \text{rad/s}$$

2-10

在如图 2-7(a)所示的定滑轮系统中. 物体 A 和 B 的质量分别为 4.00 kg 和 2.00 kg. 滑轮的半径为 0.100 m，滑轮对其轴的转动惯量为 0.200 kg · m^2，忽略轴处的摩擦且绳与滑轮间无相对滑动. 求：(1) 物体 A、B 的加速度；(2) 滑轮的角加速度；(3) 滑轮两侧绳子中的张力.

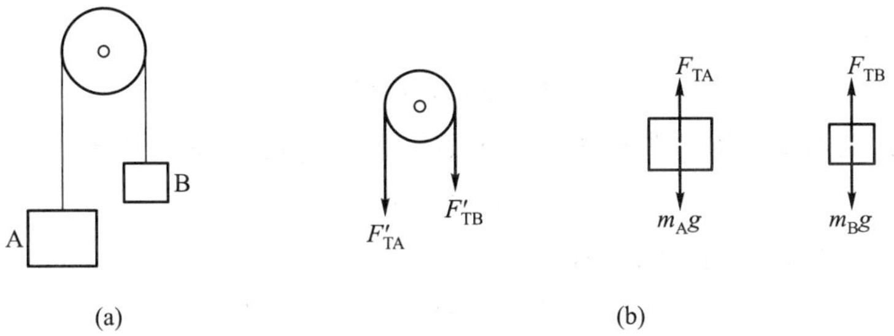

图 2-7　习题 2-10 用图

解　滑轮和物体 A、B 受力情况如图 2-7(b)所示.（注：滑轮受到地球的重力、轴的支持力和两侧绳子的作用，由于重力和支持力的力矩为零，故图中没有标出，以后遇到类似情况均如此处理.）对物体 A、B 应用牛顿第二定律，得到方程

$$m_A g-F_{TA}=m_A a$$
$$F_{TB}-m_B g=m_B a$$

对于滑轮，由刚体定轴转动定律，以垂直纸面向外为正，得到

$$F_{TA}R-F_{TB}R=J\alpha$$

滑轮转动时，绳子与轮之间不打滑，故滑轮的角加速度与物体的加速度间满足关系式

$$a=R\alpha$$

联立上面四个方程，解得

$$\alpha=\frac{(m_A-m_B)g}{\dfrac{J}{R}+(m_A+m_B)R}=7.55\ \text{rad/s}^2$$

$$a=\frac{(m_A-m_B)gR}{\dfrac{J}{R}+(m_A+m_B)R}=0.755\ \text{m/s}^2$$

$$F_{TA}=36.2\ \text{N}$$

$$F_{TB}=21.1\ \text{N}$$

2-11

一个固定斜面的倾角为 37°，其上端装有质量为 $m_p=20$ kg、半径为 $R=0.20$ m 的飞轮，飞轮对其光滑转轴的转动惯量为 0.20 kg · m^2. 飞轮上绕着绳子，与斜面上质量为 $m=5.0$ kg 的物体相连，如图 2-8(a)所示，设物体与斜面间的动摩擦因数为 $\mu=0.25$. 求：(1) 物体在斜面上向下滑动的加速度（设物体下滑过程中绳子在飞轮上不打滑）；(2) 绳子对物体的拉力.

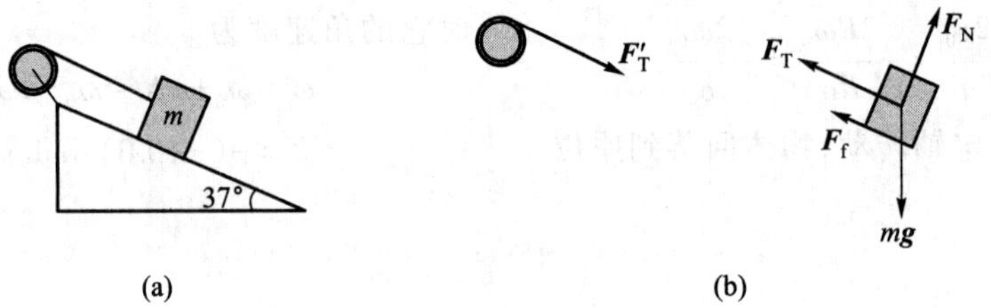

图 2-8 习题 2-11 用图

解 飞轮与物体受力情况如图 2-8(b)所示. 由牛顿第二定律,以沿斜面向下为正,对物体列方程:

$$mg\sin 37° - F_T - F_f = ma$$

上式中摩擦力的大小为

$$F_f = \mu mg\cos 37°$$

滑轮受到的力中,只有绳子对滑轮作用力的力矩不为零. 由转动定律得到

$$F_T R = J\alpha$$

因为物体下滑过程中绳子不打滑,故有

$$a = R\alpha$$

联立以上四个方程,经计算得到

$$\alpha = \frac{(mg\sin 37° - \mu mg\cos 37°)R}{mR^2 + J}$$

$$= \frac{(5.0\times9.8\times\sin 37° - 0.25\times5.0\times9.8\times\cos 37°)\times0.20}{5.0\times0.20^2 + 0.20}\ \text{rad/s}^2 = 9.8\ \text{rad/s}^2$$

$$a = \frac{(mg\sin 37° - \mu mg\cos 37°)R^2}{mR^2 + J} = 1.96\ \text{m/s}^2$$

$$F_T = \frac{(mg\sin 37° - \mu mg\cos 37°)J}{mR^2 + J} = 9.8\ \text{N}$$

2-12

质量分别为 m_1 和 m_2 的两个物体通过跨过定滑轮的轻绳相连,如图 2-9(a)所示. 定滑轮的质量为 m,可视为半径为 r 的匀质圆盘. 已知 m_2 与桌面间的动摩擦因数为 μ_k,设绳子和滑轮间无相对滑动,滑轮轴处的摩擦可以忽略不计. 求 m_1 下落的加速度和水平、竖直两段绳子中的张力.

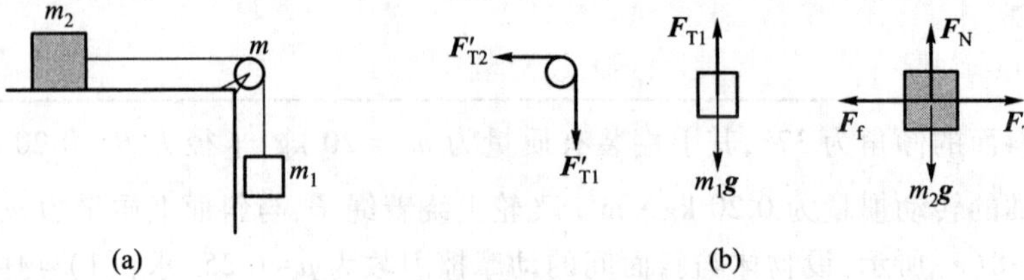

图 2-9 习题 2-12 用图

解　m_1、m_2 两个物体及滑轮的受力情况如图 2-9(b)所示. 对 m_1 和 m_2 两个物体分别应用牛顿第二定律,得到方程

$$m_1g-F_{T1}=m_1a$$

$$F_{T2}-F_f=m_2a$$

上式中　$F_f=\mu_k m_2g$

对滑轮应用转动定律,以垂直纸面向里为正,得

$$F_{T1}r-F_{T2}r=J\alpha$$

式中:　$J=\frac{1}{2}mr^2$

由于绳子和滑轮间无相对滑动,故

$$a=r\alpha$$

解上述方程得

$$a=\frac{m_1-\mu_k m_2}{m_1+m_2+m/2}g$$

$$F_{T1}=\frac{(1+\mu_k)m_2+m/2}{m_1+m_2+m/2}m_1g$$

$$F_{T2}=\frac{(1+\mu_k)m_1+\mu_k m/2}{m_1+m_2+m/2}m_2g$$

2-13

如图 2-10(a)所示,半径为 R 的圆柱体 A,可绕竖直光滑的 OO' 轴转动,其上绕有细绳,绳的一端绕过质量可以忽略的小滑轮 K 与质量为 m 的物体 B 相连. 设物体 B 由静止开始在时间 t 内下降的距离为 d. 求物体 A 的转动惯量.

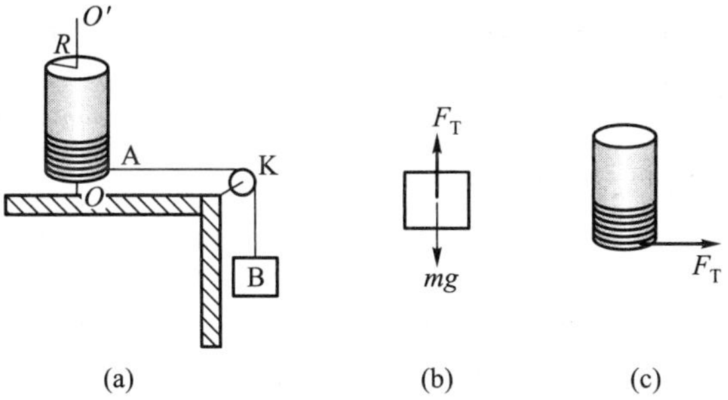

图 2-10　习题 2-13 用图

解　物体 B 受到两个力的作用,如图 2-10(b)所示. 应用牛顿第二定律,对 B 物体:

$$mg-F_T=ma$$

作用于 A 物体的力中,只有绳子张力的力矩不为零,应用定轴转动定律,对 A 物体:

$$F_TR=J\alpha$$

由于圆柱体转动过程中,绳子不打滑,故

$$a=R\alpha$$

联立上述方程解得圆柱体的角加速度为

$$\alpha=\frac{mgR}{mR^2+J}$$

可以看出:B 的加速度是恒定的,又由于其初速度为 O,故它的加速度与下落距离及所用时间满足

$$d=\frac{1}{2}at^2$$

物体 B 的加速度为

$$a=\frac{2d}{t^2}=R\alpha=R\frac{mgR}{mR^2+J}$$

解得 A 物体的转动惯量为

$$J=mR^2\left(\frac{gt^2}{2d}-1\right)$$

2-14

两个固定在一起的同轴匀质圆柱体可绕它们的固定轴 OO' 转动，如图 2-11(a)所示. 两个柱体上均绕有绳子，分别与质量为 m_1、m_2 的物体相连. 设小圆柱体和大圆柱体的半径分别为 R_1、R_2，两者的质量为 m_{p1}、m_{p2}. 将 m_1、m_2 两物体释放后，m_2 下落，且绳子均不打滑. 忽略转轴处的摩擦. 求柱体的角加速度.

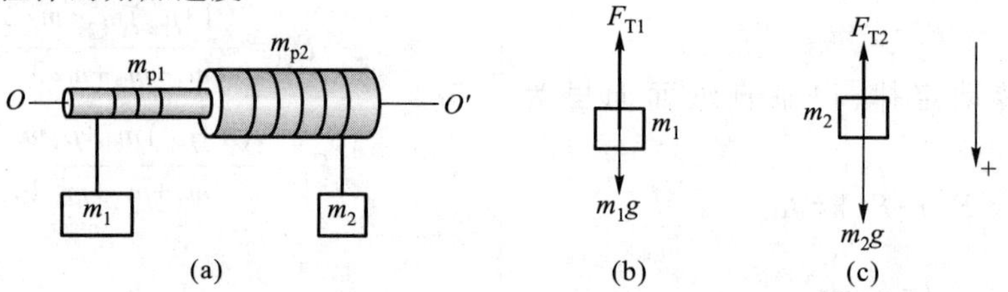

图 2-11　习题 2-14 用图

解　被绳子悬挂的两物体 m_1、m_2 受力情况如图 2-11(b)、(c)所示. 设它们的加速度值分别为 a_1、a_2，应用牛顿第二定律得到方程：

$$F_{T1}-m_1g=m_1a_1$$

$$m_2g-F_{T2}=m_2a_2$$

对于大小圆柱体组成的系统，根据转动定律，以水平向右为正向，得到方程

$$F_{T2}R_2-F_{T1}R_1=\left(\frac{1}{2}m_{p1}R_1^2+\frac{1}{2}m_{p2}R_2^2\right)\alpha$$

因为绳子均不打滑，故加速度值 a_1、a_2 与柱体的角加速度 α 间满足方程

$$\alpha=\frac{a_1}{R_1}=\frac{a_2}{R_2}$$

联立以上四个方程解得

$$\alpha=\frac{(m_2R_2-m_1R_1)g}{\left(\frac{m_{p1}}{2}+m_1\right)R_1^2+\left(\frac{m_{p2}}{2}+m_2\right)R_2^2}$$

2-15

如图 2-12 所示，一水平悬挂的均匀细棒 AB 质量为 m、长度为 L. 若剪断悬挂棒 B 端的绳子 BC，则棒 AB 在竖直面内绕过 A 点的光滑固定轴转动. 求：剪断 BC 瞬间，(1) 细棒质心的加速度；(2) 竖直杆 AD 对棒作用力的大小；(3) 求细棒上加速度大小等于 g 的质元的位置. (g 为重力加速度.)

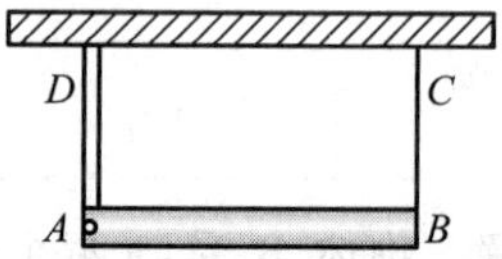

图 2-12　习题 2-15 用图

解　(1) 剪断 BC 瞬间，棒 AB 受到两个力的作用，重力和杆 AD 对它的作用力. 重力对 A 点的力矩为 $mg\,\frac{L}{2}$，由转动定律得

$$mg\,\frac{L}{2}=J\alpha,\quad J=\frac{1}{3}mL^2$$

解得棒的角加速度为

$$\alpha=\frac{3g}{2L}$$

剪断 BC，细棒的质心做圆周运动. 剪断 BC 瞬间，棒的速率为零，故质心向心加速度大小为零，因此质心此刻的加速度等于其切向加速度，大小为

$$a_C=r\alpha=\frac{L}{2}\cdot\frac{3g}{2L}=\frac{3g}{4}$$

(2) 根据质心运动定理

$$mg-F_T=ma_C$$

解得 $$F_T=\frac{mg}{4}$$

（3）设该质元距离 A 点的距离为 r_0，

$$a_t=g=r_0\alpha=r_0\frac{3g}{2L}$$

解得 $$r_0=\frac{2L}{3}$$

所求质元的位置在距 A 点为三分之二棒长处.

2-16

如图 2-13 所示，长度为 $2r$ 的匀质细杆的一端与半径为 r 的圆环固连在一起，它们可绕过杆的另外一端 O 点的固定光滑水平轴在竖直面内转动，设杆和圆环的质量均为 m. 使杆处于水平位置，然后由静止释放该系统，让它在竖直面内转动，求：（1）系统对过 O 点水平轴的转动惯量；（2）杆与竖直线成 θ 角时，系统的角加速度与系统质心的切向加速度.

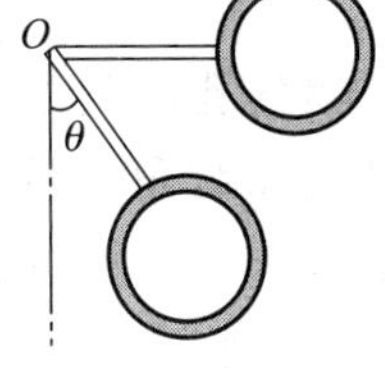

图 2-13　习题 2-16 用图

解　（1）将杆与圆环视为一个系统，它对 O 点的转动惯量为

$$J_O=\frac{1}{3}m(2r)^2+mr^2+m(r+2r)^2=\frac{34}{3}mr^2$$

（2）确定质心的位置，系统质心距 O 点的距离为

$$r_C=\frac{mr+m\cdot 3r}{m+m}=2r$$

系统受到重力和轴的支持力. 根据刚体定轴转动定律得

$$2mg(2r\sin\theta)=J_O\alpha$$

解得杆与竖直线成 θ 角时，系统的角加速度为

$$\alpha=\frac{6g\sin\theta}{17r}$$

系统质心做半径为 $2r$ 的圆周运动，其加速度的切向分量为

$$a_{Ct}=r_C\alpha=2r\frac{6g}{17r}\sin\theta=\frac{12g\sin\theta}{17}$$

2-17

一水平转盘可绕过其中心的固定竖直轴转动，已知该转盘的半径为2.0 m，对其轴的转动惯量为 500 kg · m²，轴处的摩擦忽略不计. 一儿童质量为 25 kg，以 2.5 m/s 的速度沿转盘的切线方向跳上静止的转盘（见图 2-14），并站在了转盘的边缘上. 求：该儿童跳上转盘后，转盘的角速度.

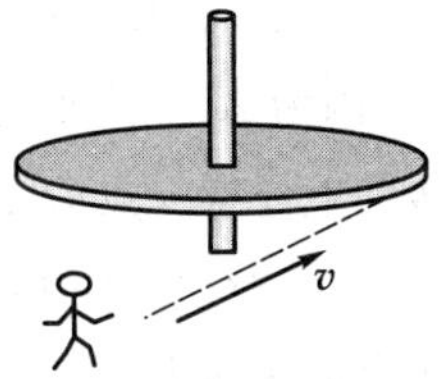

图 2-14　习题 2-17 用图

解　以人和转盘为系统，忽略轴处的摩擦，该系统受到的对转盘转轴的合外力矩为零，故系统的角动量守恒. 初态转盘静止，角动量为零，系统的角动量等于该儿童对轴的角动量为 mvR；儿童跳上转盘后站在转盘边缘上与盘一起转动，设转动的角速度为 ω，系统的角动量为 $(J+mR^2)\omega$，故

$$mvR=(mR^2+J)\omega$$

将已知条件代入

$$25\times2.5\times2\ \mathrm{kg\cdot m^2\cdot s^{-1}}=(25\times2^2+500)\ \mathrm{kg\cdot m^2}\cdot\omega$$

解得儿童跳上转盘后，转盘的角速度为

$$\omega=0.21\ \mathrm{rad/s}$$

2-18

一飞船尾部如图 2-15 所示，边缘上装有两个可喷气的小孔. 当飞船以 6 r/min 的转速绕与尾部垂直的轴转动时，为使飞船停止转动，两个喷气孔开始以 $v=800\ \text{m/s}$ 的速率沿边缘切向喷射出气体. 已知喷气孔距飞船转轴的距离为 $R=3\ \text{m}$，且每个喷气孔每秒钟喷射出 10 g 气体，若飞船对轴的转动惯量为 $J=4\ 000\ \text{kg}\cdot\text{m}^2$，那么喷气孔喷气多长时间飞船可停止转动？

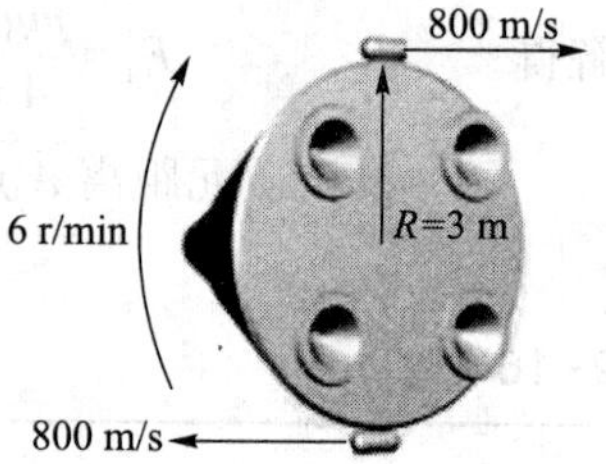

图 2-15 习题 2-18 用图

解 喷气孔喷气过程中，飞船和喷出的气体组成的系统角动量守恒. 设喷气孔每秒钟喷出 $q(\text{kg}\cdot\text{s}^{-1})$ 的气体，喷气时间 t 后，飞船停止转动，则

$$J\omega=2qtRv$$

将已知数据代入上式

$$4\ 000\times6\times\pi/30\ \text{kg}\cdot\text{m}^2\cdot\text{s}^{-1}$$
$$=2\times10\times10^{-3}\times3\times800\ \text{kg}\cdot\text{m}^2\cdot\text{s}^{-2}\times t$$

解得所需时间为

$$t=52.3\ \text{s}$$

2-19

一刚体质量分布均匀，几何形状具有轴对称性. 若该刚体绕其对称轴转动，证明：它对轴上任一点的角动量为 $\boldsymbol{L}=J\boldsymbol{\omega}$，其中 J 为刚体对转轴的转动惯量，$\boldsymbol{\omega}$ 为刚体的角速度.

证明 建立如图 2-16 所示坐标系，选取 z 轴沿刚体对称轴，也就是转轴. 设刚体（图中未画出）转动方向如图，那么刚体角速度的方向沿 z 轴正向. 在刚体上任取一对关于转轴对称的小质元 A、B，它们位于纸面内，质量分别为 Δm_{A}、Δm_{B}，且 $\Delta m_{\text{A}}=\Delta m_{\text{B}}=\Delta m$. A 的速度 $\boldsymbol{v}_{\text{A}}$ 方向垂直纸面向外，B 的速度 $\boldsymbol{v}_{\text{B}}$ 方向垂直纸面向里. 因为 A、B 关于转轴对称，故 $\boldsymbol{v}_{\text{B}}=-\boldsymbol{v}_{\text{A}}$. 对于转轴上任意一点 O'，它们的角动量分别为

$$\boldsymbol{L}_{\text{A}}=\boldsymbol{r}'_{\text{A}}\times(\Delta m\boldsymbol{v}_{\text{A}}),\quad \boldsymbol{L}_{\text{B}}=\boldsymbol{r}'_{\text{B}}\times(\Delta m\boldsymbol{v}_{\text{B}})$$

两者的矢量和为

$$\boldsymbol{L}'=\boldsymbol{L}_{\text{A}}+\boldsymbol{L}_{\text{B}}=\boldsymbol{r}'_{\text{A}}\times(\Delta m\boldsymbol{v}_{\text{A}})+\boldsymbol{r}'_{\text{B}}\times(\Delta m\boldsymbol{v}_{\text{B}})$$

设由 B 到 A 的有向线段为 $\boldsymbol{r}_{\text{BA}}$（图中未画出），它与转轴交于 O 点，则

$$\boldsymbol{L}'=(\boldsymbol{r}'_{\text{A}}-\boldsymbol{r}'_{\text{B}})\times(\Delta m\boldsymbol{v}_{\text{A}})$$
$$=\boldsymbol{r}_{\text{BA}}\times(\Delta m\boldsymbol{v}_{\text{A}})$$

设 A、B 到转轴的垂直距离分别为 r_{A}、r_{B}，$r_{\text{A}}=r_{\text{B}}=r$，$r_{\text{BA}}=2r$. $\boldsymbol{r}_{\text{BA}}\times\boldsymbol{v}_{\text{A}}$ 沿 z 轴正向，与刚体角速度方向一致，且 $v_{\text{A}}=r\omega$，故

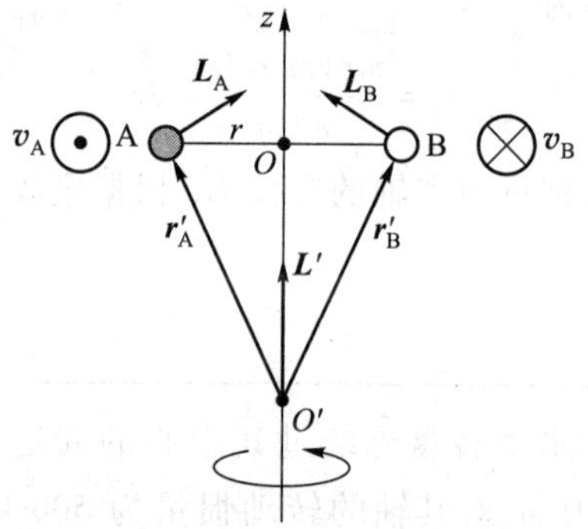

图 2-16 习题 2-19 解答用图

$$\boldsymbol{L}'=2\Delta mr^2\boldsymbol{\omega}$$

或者把上式更明显地写为

$$\boldsymbol{L}'=\Delta m_{\text{A}}r_{\text{A}}^2\boldsymbol{\omega}+\Delta m_{\text{B}}r_{\text{B}}^2\boldsymbol{\omega}$$

z 轴为刚体的对称轴，整个刚体对于 O' 的角动量 $\boldsymbol{L}$ 等于这样的一对对小质元对于 O' 点角动量的矢量和，因此

$$\boldsymbol{L}=\left(\sum_i \Delta m_i r_i^2\right)\boldsymbol{\omega}=J\boldsymbol{\omega}$$

刚体对 O'点的角动量平行于角速度的方向.

证毕!

注意:如果刚体不具有对称性,或者转轴不是对称轴,一般说来,此题的结论不成立,如图 2-17 所示. 因此,要注意区分对轴的角动量与对点的角动量.

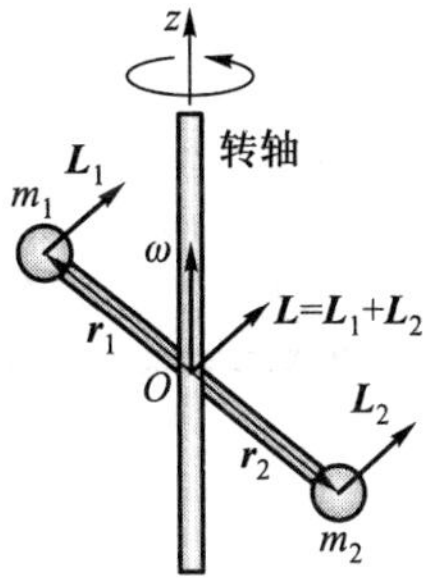

图 2-17　习题 2-19 用图

2-20

假定地球是密度均匀的圆球. (1) 求地球的自转动能(取地球的半径为 6.4×10^6 m,质量为 6.0×10^{24} kg);(2) 假定这些能量可用来为人类服务,若给地球上 65 亿人中每个人提供1.0 kW 功率,则可用多长时间?

解　(1) 将地球视为刚体,其转动动能为

$$E_k=\frac{1}{2}J\omega^2=\frac{1}{2}J\frac{4\pi^2}{T^2}=\frac{1}{2}\cdot\frac{2}{5}mR^2\cdot\frac{4\pi^2}{T^2}$$

$$=\frac{1}{2}\times\frac{2}{5}\times6.0\times10^{24}\times(6.4\times10^6)^2\times\frac{4\times3.14^2}{(24\times3\ 600)^2}\ \text{J}=2.6\times10^{29}\ \text{J}$$

(2) 可用时间为

$$t=\frac{E_k}{P\cdot N}=\frac{2.6\times10^{29}}{1.0\times10^3\times6.5\times10^9}\ \text{s}=4.0\times10^{16}\ \text{s}=1.3\times10^9\ \text{a}$$

大约可用 13 亿年.

2-21

质量均匀分布的细棒 AB 可以绕过 A 点的固定水平轴无摩擦地在竖直平面内转动. 先将细棒的 B 端用支架支起,使细棒静止于水平位置,如图 2-18(a)所示. 设细棒的质量为 m,长度为 L. 求:(1) 轴对细棒作用的力;(2) 将支架撤掉,当细棒在竖直面内转过 θ 角时,它的角加速度、角速度以及轴对细棒的作用力.

解　(1) 当刚体处于平衡状态时,受到的合外力为零,对任意点的合外力矩也为零. 选取 x 轴沿水平方向,原点位于细棒的 A 端,棒静止于水平位置时,其受力情况如图 2-18(a)所示. 细棒两端所受力的方向均竖直向上. 重力对 B 点的力矩为

$$M_g=\frac{L}{2}mg$$

方向垂直于纸面向外. 力 F 对 B 点的力矩大小为

$$M_F=FL$$

方向垂直于纸面向内. 作用于棒上的合力矩为零,故 $M_g+M_F=0$,

$$\frac{L}{2}mg=FL$$

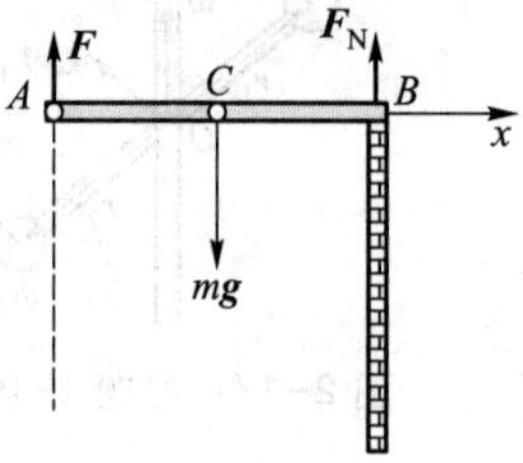

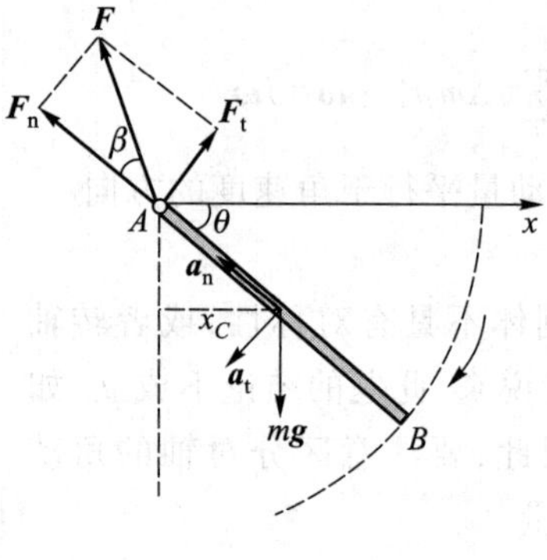

图 2-18 习题 2-21 用图

解得 $$F=\frac{1}{2}mg$$

轴对棒的作用力方向竖直向上,大小为$\frac{1}{2}mg$.

(2) 棒绕轴转动过程中,受到对轴的合外力矩等于重力对轴的力矩. 当棒与 x 轴的夹角为 θ 时,重力矩为

$$M_g=\frac{L}{2}mg\cos\theta$$

设 J 为细棒对轴的转动惯量,其值为 $J=\frac{1}{3}mL^2$.

由转动定律得

$$M_g=J\alpha$$

将重力矩和转动惯量的表达式代入得

$$\frac{L}{2}mg\cos\theta=\frac{1}{3}mL^2\alpha$$

解得棒的角加速度为

$$\alpha=\frac{3g\cos\theta}{2L}$$

由棒的角加速度、角速度及位置角间的关系得

$$\alpha=\frac{d\omega}{dt}=\frac{d\omega}{d\theta}\frac{d\theta}{dt}=\omega\frac{d\omega}{d\theta}$$

故棒角速度的大小与 θ 角满足下面的等式

$$\omega\frac{d\omega}{d\theta}=\frac{3g\cos\theta}{2L}$$

$$\omega d\omega=\frac{3g\cos\theta}{2L}d\theta$$

当 $\theta=0$ 时,棒的角速度为零. 将上式两侧积分得

$$\int_0^\omega \omega d\omega=\int_0^\theta \frac{3g\cos\theta}{2L}d\theta$$

解得 $$\omega^2=\frac{3g\sin\theta}{L}$$

棒的角速度为 $$\omega=\sqrt{\frac{3g\sin\theta}{L}}$$

在细棒转动过程中,其质心在以 A 为圆心、$L/2$ 为半径的圆周上运动. 质心法向加速度的大小为

$$a_n=r\omega^2=\frac{L}{2}\omega^2=\frac{L}{2}\frac{3g\sin\theta}{L}=\frac{3g\sin\theta}{2}$$

质心切向加速度的大小为

$$a_t=r\alpha=\frac{L}{2}\frac{3g\cos\theta}{2L}=\frac{3g\cos\theta}{4}$$

以 F_n 表示轴作用于棒的沿着棒方向的分力;F_t 表示轴作用于棒的沿着与棒垂直方向的分力,如图 2-18(b)所示,由质心运动定理得

$$F_n-mg\sin\theta=ma_n=\frac{3mg\sin\theta}{2}$$

$$mg\cos\theta-F_t=ma_t=\frac{3mg\cos\theta}{4}$$

联立上面两式,解得

$$F_n=\frac{5mg\sin\theta}{2}$$

$$F_t=\frac{mg\cos\theta}{4}$$

所以轴对棒作用力的大小为

$$F=\sqrt{F_n^2+F_t^2}=\frac{1}{4}mg\sqrt{99\sin^2\theta+1}$$

设轴对棒作用力的方向与棒间的夹角为 β

$$\beta=\arctan\frac{F_t}{F_n}=\arctan\frac{\cos\theta}{10\sin\theta}$$

2-22

如图 2-19 所示，AB 为一匀质细棒，质量为 m，长度为 l，可绕过 O 点的光滑水平固定轴在竖直平面内转动. 使棒处于水平位置，然后将它由静止释放，若 $AO=\dfrac{l}{4}$，求：(1) 放手瞬间棒的角加速度和棒在 O 点处受到的作用力；(2) 当棒转动到竖直位置时的角速度；(3) 当棒转动到竖直位置时，棒的角加速度和棒在 O 点处受到的作用力.

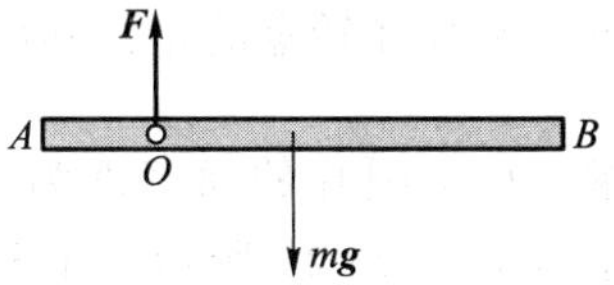

图 2-19　习题 2-22 用图

解　(1) 棒受到重力和轴给予的支持力，由刚体对 O 轴的转动定律

$$mg\frac{l}{4}=J_O\alpha=\left[\frac{1}{12}ml^2+m\left(\frac{l}{4}\right)^2\right]\alpha$$

解得棒的角加速度为

$$\alpha=\frac{12g}{7l}$$

质心在以 O 为圆心，半径为$\dfrac{l}{4}$的圆周上运动，其切向加速度的大小为

$$a_{Ct}=r\alpha=\frac{l}{4}\cdot\frac{12g}{7l}=\frac{3g}{7}$$

由于棒此刻是静止的，所以其质心的法向加速度为零

$$a_{Cn}=0$$

根据质心运动定理

$$mg-F=ma_{Ct}=\frac{3mg}{7}$$

解得棒在 O 点处受到的作用力为

$$F=\frac{4mg}{7}$$

方向竖直向上.

(2) 对棒与地球组成的系统，在棒转动过程中，只有重力矩做功，因此系统的机械能守恒. 设棒水平时，系统的重力势能为零，得：

$$0=-mg\frac{l}{4}+\frac{1}{2}J_O\omega^2$$

解得棒的角速度为

$$\omega=\sqrt{\frac{24g}{7l}}$$

(3) 以棒为研究对象，棒在竖直位置时，质心的法向加速度为

$$a_{Cn}=r\omega^2=\frac{l}{4}\ \frac{24g}{7l}=\frac{6g}{7}$$

此时重力矩为零，因此棒受到的合外力矩为零，棒的角加速度也为零，因此其质心的切向加速度为零

$$\alpha=0,\quad a_{Ct}=0$$

由质心运动定律，沿竖直方向列出方程

$$F-mg=ma_{Cn}=m\frac{6g}{7}$$

解得棒转动到竖直位置时在 O 点处受到的轴给予的作用力大小为

$$F=\frac{13mg}{7}$$

方向竖直向上.

2-23

唱机的转盘绕着通过盘心的光滑固定竖直轴转动，唱片放上去后将受转盘摩擦力的作用而随转盘转动，如图 2-20 所示．设唱片为半径为 R、质量为 m 的匀质圆盘，唱片和转盘间的摩擦因数为 μ_k，转盘以角速度 ω 匀速转动．问：(1) 唱片刚被放到转盘上去时受到的摩擦力矩为多大？(2) 唱片达到角速度 ω 需要多长时间？在这段时间内，转盘保持角速度 ω 不变，驱动力矩共做了多少功？唱片获得了多大的动能？唱片和转盘的角位移如何？

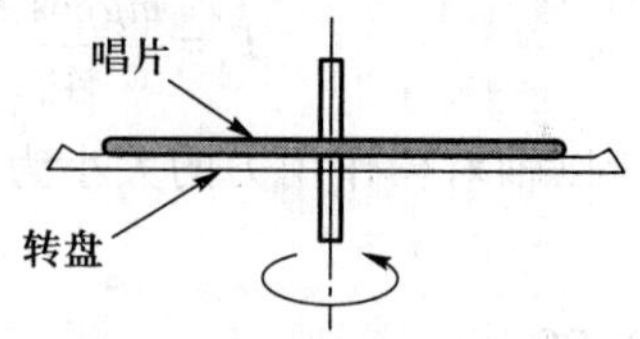

图 2-20 习题 2-23 用图

解 (1) 唱片的面密度为 $m/(\pi R^2)$．在唱片上取如图 2-21 所示的面积元 $\mathrm{d}m$，其面积为 $\mathrm{d}S=r\mathrm{d}\theta\mathrm{d}r$．小质元的质量可以写为

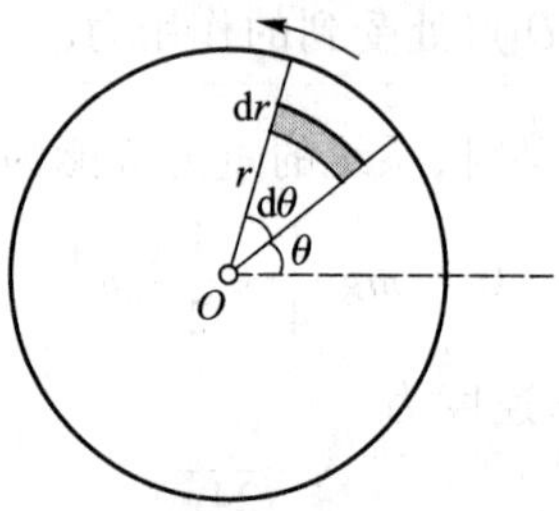

图 2-21 习题 2-23 解答用图

$$\mathrm{d}m=mr\mathrm{d}\theta\mathrm{d}r/(\pi R^2)$$

该面元所受摩擦力对转轴的力矩为

$$\begin{aligned}\mathrm{d}M&=\mu_k r(\mathrm{d}m)g\\&=\mu_k mgr^2\mathrm{d}\theta\mathrm{d}r/(\pi R^2)\end{aligned}$$

唱片上各质元所受的力矩方向相同，所以整个唱片受到的摩擦力矩的大小为

$$M=\int \mathrm{d}M=\frac{\mu_k mg}{\pi R^2}\int_0^{2\pi}\mathrm{d}\theta\int_0^R r^2\mathrm{d}r=\frac{2}{3}\mu_k mgR$$

(2) 唱片受到摩擦力矩作用，做匀加速转动，角速度增大，直至达到转盘的角速度为止．这段时间内，其角加速度的值由转动定律求得

$$\alpha=\frac{M}{J}=\frac{\frac{2}{3}\mu_k mgR}{\frac{1}{2}mR^2}=\frac{4\mu_k g}{3R}$$

唱片达到角速度 ω 需要的时间为

$$t=\frac{\omega}{\alpha}=\frac{3R\omega}{4\mu_k g}$$

转盘保持角速度 ω 不变，驱动力矩的功为

$$\begin{aligned}W&=M\cdot\Delta\theta=M\cdot\omega t\\&=\frac{2}{3}\mu_k mgR\cdot\omega\cdot\frac{3R\omega}{4\mu_k g}\\&=\frac{1}{2}mR^2\omega^2\end{aligned}$$

唱片获得的动能为

$$E_k=\frac{1}{2}J\omega^2=\frac{1}{2}\left(\frac{1}{2}mR^2\right)\omega^2=\frac{1}{4}mR^2\omega^2$$

唱片匀加速转动，角位移

$$\Delta\theta_1=\frac{1}{2}\alpha t^2=\frac{3R\omega^2}{8\mu_k g}$$

转盘匀角速转动，角位移

$$\Delta\theta_2=\omega t=\frac{3R\omega^2}{4\mu_k g}$$

$$\Delta\theta_2>\Delta\theta_1$$

2-24

如图 2-22 所示，质量为 m、长为 l 的匀质细棒可绕其底端的轴自由转动. 现假设棒由竖直位置由静止开始向右倾倒，忽略轴处的摩擦，求当棒转过角 θ 时的角加速度和角速度.

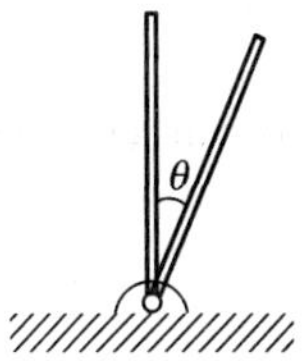

图 2-22　习题 2-24 用图

解　细棒受到的合外力矩等于重力对轴的力矩，大小为

$$M=mg\frac{l}{2}\sin\theta$$

由转动定律，细棒的角加速度 α 为

$$\alpha=\frac{M}{J}$$

式中，$J=\frac{1}{3}ml^2$. 将 M 和 J 代入可得到

$$\alpha=\frac{mg\frac{l}{2}\sin\theta}{\frac{1}{3}ml^2}=\frac{3g}{2l}\sin\theta$$

对由细棒和地球组成的系统，其机械能守恒. 以棒的最低点为重力势能的零点，可列出方程

$$mg\frac{l}{2}=mg\frac{l}{2}\cos\theta+\frac{1}{2}J\omega^2$$

经计算得棒的角速度为

$$\omega=\sqrt{\frac{3g(1-\cos\theta)}{l}}$$

2-25

质量均匀分布的细杆上端被光滑的水平轴吊起，处于静止状态，如图 2-23 所示. 杆的长度 $L=0.40$ m，质量 $m_杆=1.0$ kg. 质量为 $m=8.0$ g 的子弹以 $v=200$ m/s 的速度水平射中杆上距水平轴 $d=3L/4$ 处，并停在杆内. 求：(1) 细杆开始摆动的角速度；(2) 杆的最大偏转角.

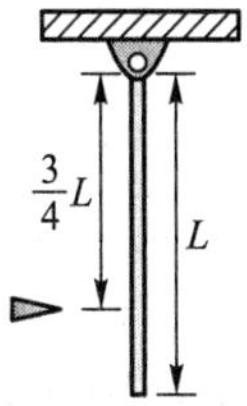

图 2-23　习题 2-25 用图

解　(1) 子弹和杆的碰撞瞬间完成，过程中细杆保持于竖直位置. 子弹和细杆构成系统所受合外力矩为零，对转轴的角动量守恒. 故

$$mv\cdot\frac{3}{4}L=\left[\frac{1}{3}m_杆L^2+m\left(\frac{3L}{4}\right)^2\right]\omega$$

解得

$$\omega=\frac{3mv}{4\left(\frac{1}{3}m_杆L+\frac{9}{16}mL\right)}$$

$$=\frac{3\times0.008\times200}{4\left(\frac{1}{3}\times1\times0.4+\frac{9}{16}\times0.008\times0.4\right)}\ \text{rad/s}$$

$$=8.89\ \text{rad/s}$$

(2) 对杆、子弹和地球组成的系统，这个过程中，机械能守恒，故

$$\frac{1}{2}\left(\frac{1}{3}m_杆L^2+\frac{9}{16}mL^2\right)\omega^2=\left(m_杆g\frac{L}{2}+mg\frac{3L}{4}\right)(1-\cos\theta)$$

解得

$$\theta=\arccos\left[1-\frac{\left(\frac{1}{3}m_{杆}+\frac{9m}{16}\right)L\omega^2}{\left(m_{杆}+\frac{3}{2}m\right)g}\right]$$

$$=\arccos\left[1-\frac{\left(\frac{1}{3}\times1+\frac{9}{16}\times0.008\right)\times0.4\times8.89^2}{\left(1+\frac{3}{2}\times0.008\right)\times9.8}\right]$$

$$=94°$$

2-26

半径为 R 的台球静止于水平台球桌面上.现以球杆沿水平方向快速击打球,如图所示.将台球视为匀质实心球,若球杆恰好位于球心所在的竖直面内,且要使球一开始就做无滑滚动,则球杆到桌面的高度 h 应如何取值?

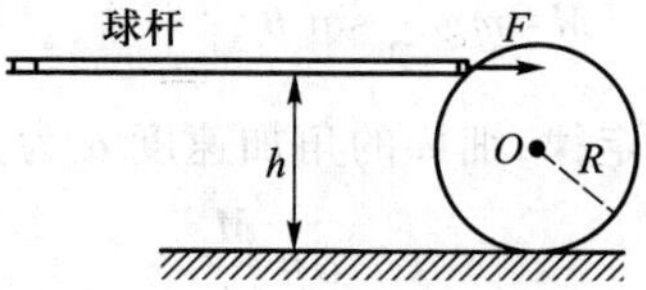

图 2-24 习题 2-26 用图

解 令球的质量为 m,受到的冲力为 F.根据质心运动定理

$$F=ma_C \quad ①$$

a_C 为球质心的加速度,与 h 的取值无关.快速击球瞬间,对垂直纸面的质心轴,球所受合外力矩为 $F(h-R)$.对于绕质心轴的转动,

$$F(h-R)=J\alpha \quad ②$$

式中 $J=\frac{2}{5}mR^2$.球无滑滚动需满足条件

$$a_C=R\alpha \quad ③$$

联立式①、式②、式③,解得 $h=\frac{7}{5}R$,是半径的 1.4 倍.

2-27

匀质圆柱体在水平面上无滑滚动.对下面 4 种情况,求地面对圆柱体的静摩擦力.

(1) 沿圆柱体上缘作用一水平拉力 $\boldsymbol{F}$,圆柱体加速滚动.

(2) 在圆柱体中心轴线上作用一水平拉力 $\boldsymbol{F}$,圆柱体加速滚动.

(3) 不受任何主动的拉动或是推动,圆柱体在水平面上匀速滚动.

(4) 设柱体半径为 R,给圆柱体施加一主动力偶矩 M,驱动其加速度滚动.

解 (1) 令圆柱体的质量为 m.设摩擦力 $\boldsymbol{F}_{fr}$ 与 $\boldsymbol{F}$ 反向,如图 2-25(a)所示.利用质心运动定理

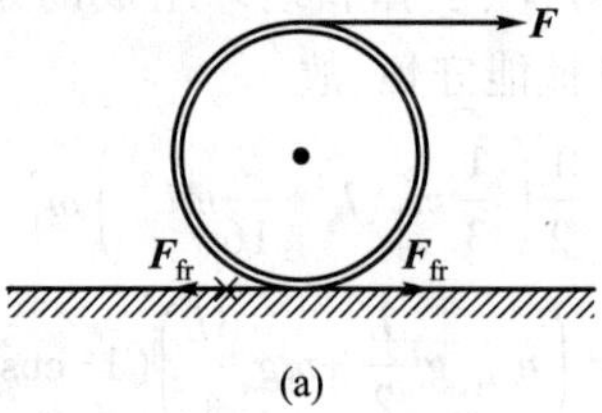

图 2-25 习题 2-27 用图(a)

$$F-F_{fr}=ma$$

a 为圆柱体质心的加速度.设圆柱体横截面半径为 R,对垂直纸面的质心轴有

$$FR+F_{fr}R=\frac{1}{2}mR^2\alpha$$

式中 α 为圆柱体的角加速度.根据不打滑条件

$$a=R\alpha$$

解得：

$$F_{fr}=-\frac{1}{3}F$$

摩擦力为负，方向水平向右，与假设方向相反.

（2）设摩擦力 $\boldsymbol{F}_{fr}$ 与 $\boldsymbol{F}$ 反向，如图 2-25(b)所示.利用质心运动定理

$$F-F_{fr}=ma$$

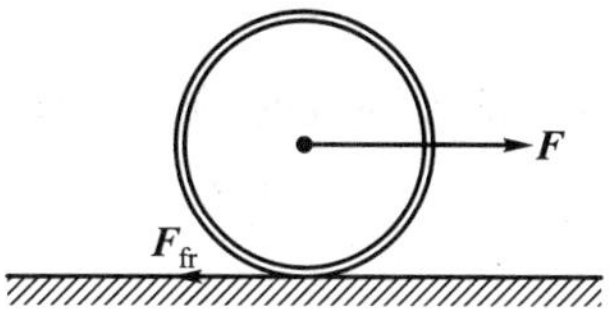

(b)

图 2-25　习题 2-27 用图(b)

式中 m 为圆柱体的质量，a 为圆柱体质心的加速度.设圆柱体横截面半径为 R，对垂直纸面的质心轴有

$$F_{fr}R=\frac{1}{2}mR^2\alpha$$

式中 α 为圆柱体的角加速度.根据不打滑条件

$$a=R\alpha$$

解得：

$$F_{fr}=\frac{1}{3}F$$

摩擦力方向水平向左.

（3）摩擦力等于零.

（4）设力偶矩的方向垂直纸面向里，摩擦力 $\boldsymbol{F}_{fr}$ 水平向右，如图 2-25(c)所示.利用质心运动定理

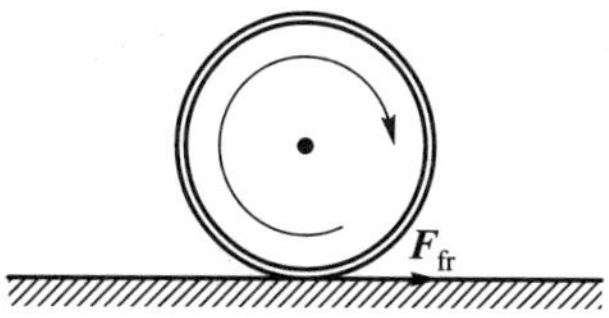

(c)

图 2-25　习题 2-27 用图(c)

$$F_{fr}=ma$$

根据对质心轴有

$$M-F_{fr}R=\frac{1}{2}mR^2\alpha$$

根据不打滑条件

$$a=R\alpha$$

解得：

$$F_{fr}=\frac{2M}{3R}$$

方向水平向右.

读者可以考虑，若将圆柱体换为圆筒，以上各种情况的摩擦力会如何.

2-28

下落的悠悠球.将质量为 m、半径为 R 的悠悠球由静止释放，使之沿竖直绳子无滑动地下落.将悠悠球视为绕着细线的匀质圆柱体，求：(1) 悠悠球下落的加速度和绳中张力；(2) 悠悠球下落 h 高度时，质心获得的速度.

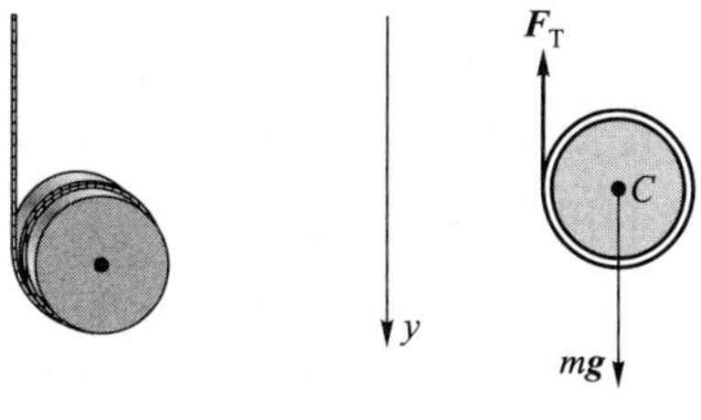

(a)　(b)

图 2-26　习题 2-28 用图

解　(1) 将悠悠球的运动分解为平动和对质心轴的转动.题目中要求的加速度指的是平动加速度，以质心为代表即可.悠悠球的受力情况如图(b)所示.图中 C 为质心.设绳中

张力为 F_T，根据质心运动定理列出方程

$$mg-F_T=ma \quad ①$$

式中 a 为质心的加速度.利用对质心轴的转动定理，得到

$$F_TR=J_C\alpha \quad ②$$

式中 J_C 为圆柱体对质心轴的转动惯量，α 为圆柱体的角加速度.

$$J_C=\frac{1}{2}mR^2 \quad ③$$

由于悠悠球沿竖直绳子滚下过程中不打滑，故质心加速度与圆柱体的角加速度满足方程

$$a=R\alpha \quad ④$$

解得悠悠球下落的加速度

$$a=\frac{2}{3}g$$

绳中张力为

$$F_T=\frac{1}{3}mg$$

（2）悠悠球与地球系统的机械能守恒，以初位形为势能零点，列方程

$$\frac{1}{2}J_C\omega^2+\frac{1}{2}mv_C^2-mgh=0$$

由于悠悠球下落过程中不打滑，

$$v_C=R\omega$$

解得悠悠球下落 h 高度时，质心的速度为

$$v_C=\sqrt{\frac{4gh}{3}}$$

显然，质心的速度方向竖直向下.

2-29

以水平向右的恒力 $\boldsymbol{F}$ 加速置于水平地面上且载有匀质圆柱体的长板，圆柱体在该长板上无滑滚动，如图所示.已知长板的质量为 m_b，圆柱体的质量为 m_c、半径为 R，长板与水平地面间的摩擦因数为 μ.求圆柱体的角加速度和长板的加速度.

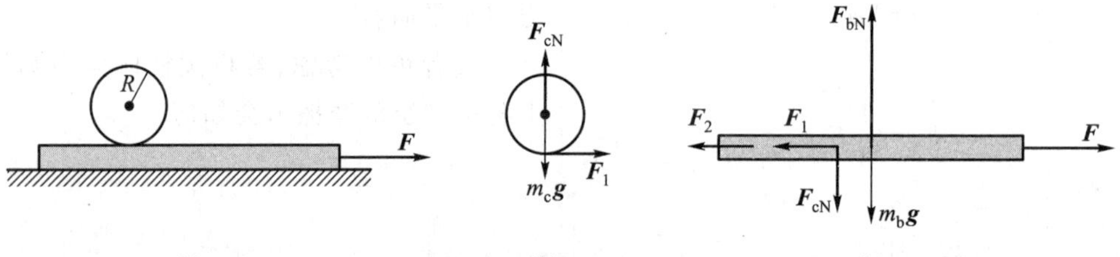

图 2-27 习题 2-29 用图

解 长板和圆柱体受力如图 2-27(b)、(c)所示.设长板对地面的加速度为 a_b，方向水平向右，利用质心运动定理对长板列方程

$$F-F_1-F_2=m_ba_b$$

长板沿水平方向运动，它与水平面间的摩擦力满足

$$F_2=\mu(m_b+m_c)g$$

即 $$F-F_1-\mu(m_b+m_c)g=m_ba_b \quad ①$$

设圆柱体质心对地面的加速度为 a_c，利用质心运动定理对圆柱体列方程

$$F_1=m_ca_c \quad ②$$

以垂直纸面向外为正向，设圆柱体绕质心轴转动的角加速度为 α，对质心轴列方程

$$F_1R=J_c\alpha=\frac{1}{2}m_cR^2\alpha$$

即 $$F_1=\frac{1}{2}m_cR\alpha \quad ③$$

圆柱体上与长板接触点对地面的速度为

$$v=v_c+R\omega$$

式中 v_c 为圆柱体质心对地面的速度，ω 为圆柱体绕质心轴转动的角速度. 接触点对长板的速度为

$$v'=v_c+R\omega-v_b \quad ④$$

式中 v_b 为长板对地面的运动速度. 圆柱体在长板上做无滑滚动，其上与长板接触的点相对于长板瞬间静止，$v'=0$. 将式④对时间求导

$$a_c+R\alpha-a_b=0 \quad ⑤$$

联立式①、式②、式③、式⑤，解得

圆柱体的角加速度　$\alpha=\dfrac{2[F-\mu(m_b+m_c)g]}{(m_c+3m_b)R}$

长板的加速度　$a_b=\dfrac{3[F-\mu(m_b+m_c)g]}{m_c+3m_b}$

圆柱体的加速度　$a_c=\dfrac{F-\mu(m_b+m_c)g}{m_c+3m_b}$

2-30

将上题中的长板和圆柱体从静止开始加速，并忽略长板与水平地面间摩擦. 若长板在力 $\boldsymbol{F}$ 作用下水平向右运动了距离 d，求圆柱体和长板在此过程中各自获得的动能并证明所得结果符合质点系的动能定理.

解　令 $k=\dfrac{F}{m_c+3m_b}$. 忽略长板与水平地面间摩擦，利用上题结果

$$\alpha=\frac{2k}{R},\quad a_b=3k,\quad a_c=k$$

自静止开始移动距离 d，长板获得的动能为

$$E_{kb}=\frac{1}{2}m_bv_b^2$$

由匀加速运动公式，$v_b^2=2a_bd$

$$E_{kb}=\frac{1}{2}m_b(2a_bd)=3m_bdk=\frac{3m_bFd}{m_c+3m_b}$$

设过程所用时间为 t，则 $d=\dfrac{1}{2}a_bt^2$. 设圆柱体质心移动的距离为 d'，则 $d'=\dfrac{1}{2}a_ct^2$

$$\frac{d}{d'}=\frac{\frac{1}{2}a_bt^2}{\frac{1}{2}a_ct^2}=3,$$

得 $d'=d/3$. 由匀加速转动公式，长板自静止开始移动距离 d，圆柱体获得的角速度 $\omega=\alpha t$，$\omega^2=\alpha^2t^2=\alpha^2\dfrac{2d}{a_b}$. 匀质圆柱体在此过程中获得的动能为

$$\begin{aligned}E_{kc}&=\frac{1}{2}m_cv_c^2+\frac{1}{2}J_c\omega^2\\&=\frac{1}{2}m_c2a_cd'+\frac{1}{2}\cdot\frac{1}{2}m_cR^2\cdot\alpha^2\frac{2d}{a_b}\\&=\frac{1}{2}m_c2kd/3+\frac{1}{2}\cdot\frac{1}{2}m_cR^2\cdot\frac{4k^2}{R^2}\frac{2d}{3k}\\&=m_cdk=\frac{m_cFd}{m_c+3m_b}\end{aligned}$$

长板与圆柱体的动能之和为

$$E_{kc}+E_{kb}=Fd$$

对于长板与圆柱体组成的系统，外力中只有 $\boldsymbol{F}$ 做功，所做的功为 Fd. 内力包括摩擦力和支持力，它们不做功. 外力的功与内力功之和为 Fd，等于系统动能的增量，与质点系动能定理相符.

第 3 章　连续体力学

3.1　内容提要

1. 应力和应变

应力:物体内各部分之间单位面积上的相互作用力.

应变:在外力的作用下,物体内部产生的相应形变.

2. 胡克定律

弹性材料在引起形变的力不太大的情况下,应力与应变成正比,即

$$应力(\tau)=弹性模量(M)\times应变(\varepsilon)$$

线应变:

$$\frac{F}{S}=E\frac{\Delta L}{L}\quad 或\quad \tau_{线}=E\varepsilon_{线}$$

切应变:

$$\frac{F}{S}=G\theta=G\frac{\Delta x}{L}\quad 或\quad \tau_{切}=G\varepsilon_{切}$$

体应变:

$$\Delta p=-K\frac{\Delta V}{V}\quad 或\quad \tau_{体}=K\varepsilon_{体}$$

3. 弹性势能密度

弹性模量与应变平方乘积的一半,即

$$弹性势能密度(w_{p})=\frac{1}{2}\times弹性模量(M)\times应变(\varepsilon)^{2}$$

线应变:

$$w_{p}=\frac{1}{2}E\left(\frac{\Delta L}{L}\right)^{2}$$

切应变:

$$w_{p}=\frac{1}{2}G\left(\frac{\Delta x}{L}\right)^{2}$$

体应变：

$$w_{\mathrm{p}}=\frac{1}{2}K\left(\frac{\Delta V}{V}\right)^2$$

4. 静态流体压强

静态流体压强各向同性，只随高度变化.

$$p=p_0+\rho hg$$

5. 帕斯卡原理

封闭的、不可压缩的流体中任意一点压强的变化等值地传递到流体各处及容器壁上.

6. 阿基米德原理

无论是完全或者部分浸没，液体对浸入物体的浮力方向向上，大小等于被物体排开那部分液体的重力.

7. 表面张力

表面张力是液体表面任意两个相邻部分之间垂直于它们单位长度分界线的相互作用拉力.

毛细现象：管内液面高度为

$$h=2\sigma\cos\theta/\rho gr$$

其中，ρ 是液体密度，r 是毛细管半径. 接触角 $\theta<90°$，浸润情形，液柱上升；$\theta>90°$，不浸润情形，液柱下降.

8. 理想流体

理想流体是不可压缩的、没有黏性的流体.

9. 定常流动

流体流动时，若流体中任何一点的速度都不随时间变化，则这种流动称为定常流动.

10. 理想流体的连续性原理（连续性方程）

$$S_Av_A=S_Bv_B$$

11. 伯努利方程

对于理想流体的定常流动，在同一流线上各点的压强、速度与高度之间有如下关系：

$$p_A+\frac{1}{2}\rho v_A^2+\rho gh_A=p_B+\frac{1}{2}\rho v_B^2+\rho gh_B$$

或

$$p+\frac{1}{2}\rho v^2+\rho gh=\text{常量}$$

12. 牛顿黏性定律

在剪切流中，各流层间的黏性力 F_{f} 正比于横向速度梯度 $\mathrm{d}v/\mathrm{d}l$ 和接触面积 ΔS，比例系数即黏度 η，表达式为

$$F_{\mathrm{f}}=\eta\frac{\mathrm{d}v}{\mathrm{d}l}\Delta S$$

13. 泊肃叶定律

$$\frac{\Delta V}{\Delta t}=\frac{\pi}{8}\frac{\Delta p}{\eta L}R^4$$

其中,$\Delta V/\Delta t$ 是单位时间流过圆形管道某截面的体积,Δp 是管道两端的压强差,R 和 L 分别为管道内半径和长度,η 是流体的黏度.

14. 斯托克斯定律

$$F=6\pi\eta rv$$

其中,r 和 v 分别是球体半径和相对于流体的速率,η 是流体黏度,F 为球体在流体中受到的阻力.

15. 雷诺数

$$Re=d\rho v/\eta\begin{cases}<2\,000, & \text{层流}\\ 2\,000\sim3\,000, & \text{过渡区域}\\ >3\,000, & \text{湍流}\end{cases}$$

其中,ρ 和 η 分别是流体的密度和黏度,d 是圆管的直径,v 是流体的平均速度.

3.2 习题解答

3-1

吊车下悬挂一个重 1 000 kg 的铁球,连接它的钢索长 30 m,直径 0.02 m. 摇摆这个铁球,通过撞击,拆除一栋废旧大楼. 假设铁球摆到最高点时,钢索与竖直方向夹角为 40°. 问:当铁球摆到最低点时,钢索伸长了多少?(钢的杨氏模量取 200 GPa.)

解 首先计算铁球摆到最低点时,钢索对铁球的拉力,设为 F_T. 利用机械能守恒,有

$$mgl(1-\cos\theta)=\frac{1}{2}mv^2$$

$$F_T-mg=mv^2/l$$

其中,m 是铁球质量,l 是钢索长度,θ 为铁球最高时的摆角,v 是铁球摆到最低处时的速度. 于是,$F_T=mg(3-2\cos\theta)$. 根据线应变的胡克定律,有

$$\frac{F_T}{S}=E\frac{\Delta l}{l}\quad\Rightarrow\quad\Delta l=\frac{F_Tl}{ES}=\frac{mgl(3-2\cos\theta)}{ES}$$

其中,S 是钢索截面积. 代入题中数值,可得

$$\begin{aligned}\Delta l&=1\,000\times9.8\times30\times(3-2\cos40^\circ)\div\\&\quad(2\times10^{11})\div(0.01^2\times\pi)\ \text{m}\\&=6.87\times10^{-3}\ \text{m}\\&=6.87\ \text{mm}\end{aligned}$$

即伸长了大约 7 mm.

3-2

一根钢制小提琴弦,直径 0.40 mm. 在 50 N 的拉力下,长度为 40 cm. 求:(1) 没有拉力时,琴弦的长度;(2) 从自然状态到当前状态,拉力所做的功;(3) 拉断这根琴弦需要的拉力.(钢的杨氏模量和抗拉强度分别取 200 GPa 和 0.5 GPa.)

解　(1) 根据线应变的胡克定律,有

$$\frac{F}{S}=E\frac{\Delta L}{L}\Rightarrow\frac{\Delta L}{L}=\frac{F}{SE}\Rightarrow$$

$$\frac{L+\Delta L}{L}=\frac{SE+F}{SE}\Rightarrow L=\frac{(L+\Delta L)SE}{SE+F}$$

其中,F 为拉力,S 和 L 分别为琴弦截面积和原长,E 是钢的杨氏模量. 代入题中数值,可得琴弦原长为:$L=0.399\ 2\ \text{m}=39.92\ \text{cm}$.

(2) 拉力所做的功即为当前状态下琴弦中的弹性势能. 由线应变的弹性势能公式,有

$$W_{\text{p}}=\frac{1}{2}ESL\left(\frac{\Delta L}{L}\right)^2$$

$$=\frac{1}{2}\times(2\times10^{11})\times(0.000\ 2^2\times\pi)\times 0.399\ 2\times\left(\frac{0.000\ 8}{0.399\ 2}\right)^2\ \text{J}$$

$$=0.020\ \text{J}$$

即从自然状态拉伸到当前状态,拉力做功为 0.020 J.

也可以这样考虑该问题,把琴弦看成一根弹簧. 弹簧伸长 Δx 时,其拉力为 $F_{\text{f}}=k\Delta x$,其弹性势能为 $W=\frac{1}{2}k\Delta x^2=\frac{1}{2}F_{\text{f}}\Delta x$. 对比琴弦,可得琴弦的弹性势能为

$$W_{\text{p}}=\frac{1}{2}F\Delta L=0.5\times50\times0.000\ 8\ \text{J}=0.020\ \text{J}$$

与前面结果一致.

(3) 相当于计算拉力达到多少时,琴弦上的线应力达到其抗拉强度. 于是,

$$\frac{F}{S}=\tau_{线}\Rightarrow F=\tau_{线}S$$

$$=(5\times10^8)\times(0.000\ 2^2\times\pi)\ \text{N}$$

$$=62.83\ \text{N}$$

所以琴弦上的拉力超过 62.83 N 时,琴弦会被拉断.

3-3

剪切钢板时,由于对剪刀施加的力量不够,没有切断,然而材料发生了剪切形变. 钢板的横截面积为 $S=100\ \text{cm}^2$,两刀口间的距离为 $d=0.2\ \text{cm}$. 当剪切力为 8×10^5 N 时,(1) 求钢板中的剪切应力;(2) 求钢板的剪切应变;(3) 求与刀口齐的两个截面发生的相对滑移;(4) 问多大的力可以剪断钢板. (钢的切变模量和抗剪强度分别取 80 GPa 和 0.3 GPa.)

解　(1) 剪切力作用在与刀口齐的两个截面上,且平行于这两个截面,因而剪切应力为

$$\tau_{剪}=8\times10^5\ \text{N}\div100\ \text{cm}^2=8\times10^7\ \text{Pa}$$

(2) 根据剪切应变的胡克定律,有:

$$\tau_{剪}=G\varepsilon_{剪}\Rightarrow\varepsilon_{剪}=\tau_{剪}/G=8\times10^7\div(8\times10^{10})$$

$$=10^{-3}$$

(3) 相对滑移 Δx 为

$$\Delta x/d=\theta=\varepsilon_{剪}\Rightarrow\Delta x=d\varepsilon_{剪}=0.002\times10^{-3}\ \text{m}$$

$$=2\times10^{-6}\ \text{m}=2\ \mu\text{m}$$

与刀口齐的两个截面发生的相对滑移大约为 2 μm.

(4) 相当于求施加多大的剪切力(设为 F),可使剪切应力达到抗剪强度. 所以有:

$$\tau_{剪}=F/S\Rightarrow F=\tau_{剪}S=3\times10^8\ \text{Pa}\times100\ \text{cm}^2$$

$$=3\times10^6\ \text{N}$$

所以,至少需要施加 3×10^6 N 的剪切力才能剪断该钢板.

3-4

自行车刹车时,是靠闸皮对车轮的摩擦力使车辆停止的. 假设闸皮材料的杨氏模量为 E、切变模量为 G、体积模量为 K,闸皮与车轮之间的接触面积为 S、摩擦因数为 μ,某次刹车时摩擦力为 F_f. 问:闸皮发生了哪种形式的应变?用题中的参量给出应力和应变的表达式.(假设各种应变是相互独立的.)

解 刹车时闸皮与车轮之间有摩擦力,所以车轮对闸皮有正压力(F),因而有线应变. 线应力的大小即正压力除以接触面积,所以有

$$\tau_{线}=\frac{F}{S}=\frac{F_f}{S\mu}$$

根据胡克定律,线应变可表示为

$$\varepsilon_{线}=\frac{\tau_{线}}{E}=\frac{F_f}{ES\mu}$$

因摩擦力是平行作用于闸皮表面的,所以闸皮还受到剪切应力,发生剪切应变,则剪切应力可表示为

$$\tau_{剪}=\frac{F_f}{S}$$

剪切应变为

$$\varepsilon_{剪}=\frac{\tau_{剪}}{G}=\frac{F_f}{GS}$$

闸皮在刹车过程中,受到线应力和剪切应力,发生线应变和剪切应变.

3-5

一箱珠宝随轮船沉没在深海,计算一下 1 cm^3的黄金和钻石因为深水压,体积减小了多少?(假设珠宝沉没在 10 000 m 的深海处,黄金和钻石的体积模量分别取 169 GPa 和 620 GPa.)

解 在 10 000 m 的深海处,水压为 $\rho hg=1\ 000\times 10\ 000\times 9.8\ \text{Pa}\approx 10^8\ \text{Pa}$,此即施加在珠宝上压强的增量. 其中,$\rho$ 为水的密度,h 为珠宝沉没处水深. 由体积应变的胡克定律,有

$$\Delta p=-K\frac{\Delta V}{V}\quad\Rightarrow\quad -\frac{\Delta V}{V}=\frac{\Delta p}{K}\text{和}-\Delta V=\frac{\Delta p}{K}V$$

Δp 即为深海处水压. 代入题中数值,可得

$$-\Delta V_{金}=10^8\div(1.69\times 10^{11})\times 10^{-6}\ \text{m}^3$$

$$=5.92\times 10^{-10}\ \text{m}^3=0.592\ \text{mm}^3$$

$$-\Delta V_{金}/V_{金}=10^8\div(1.69\times 10^{11})=5.92\times 10^{-4}$$

$$-\Delta V_{钻}=10^8\div(6.20\times 10^{11})\times 10^{-6}\ \text{m}^3$$

$$=1.61\times 10^{-10}\ \text{m}^3=0.161\ \text{mm}^3$$

$$-\Delta V_{钻}/V_{钻}=10^8\div(6.20\times 10^{11})=1.61\times 10^{-4}$$

黄金与钻石体积缩小的比例分别是 0.059%和 0.016%,在如此高压下都不到千分之一.

3-6

一个圆锥形玻璃瓶,高为 H,瓶底大(半径为 R),瓶口小(相对于瓶底大小可忽略),里面装满密度为 ρ 的液体,瓶口敞开.(1) 求液体的总重量;(2) 求瓶底的压强;(3) 求瓶底所受的压力;(4) 为什么瓶底所受的压力比水的重力大?

解 (1) 圆锥瓶的体积为 $V=\dfrac{1}{3}\pi R^2H$,则总重量为

$$W=\rho gV=\frac{1}{3}\pi R^2H\rho g$$

（2）瓶底的压强为 $p=\rho gH+p_0$，p_0 是一个大气压.

（3）瓶底所受压力为 $pS=p\pi R^2=(\rho gH+p_0)\pi R^2$.

（4）瓶底所受的压力是 $3W+p_0\pi R^2$，比液体的重量大很多. 因为瓶内液体处于静态，考虑其竖直方向的受力，应该处于平衡状态. 由于液体对玻璃瓶侧面有静水压，其作用力方向斜向上指向瓶外，瓶壁对液体的反作用力斜向下指向瓶内（如图 3-1 所示），因而这部分力具有对液体竖直向下的分量，连同液体自身的重力，与瓶底对液体向上的支持力（即液体对瓶底压力的反作用力）相平衡. 所以，瓶底承受的压力要比液体自身的重力大.

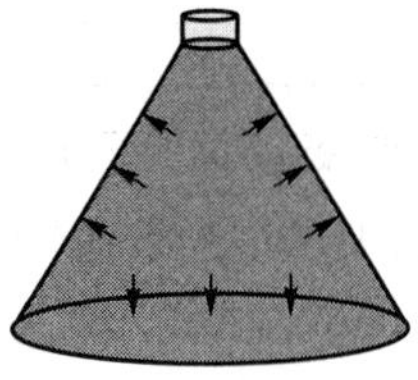

图 3-1　习题 3-6 图

3-7

静脉注射需要打吊瓶. 手臂注射处的静脉血压为 13 mmHg，则吊瓶至少需要挂在高于针头多高的位置，才能进行静脉注射？（水银密度为 13 600 kg/m³，药品密度为 1 050 kg/m³.）

解　注射处的静脉血压为 13 mmHg，则注射的药品至少需要有与血压相同的压强才能进入血液，所以要求针头处的药品压强也为 13 mmHg，于是

$$\rho_{汞}\ gh_{汞}=\rho_{药}\ gh_{药}$$

则 $h_{药}=\rho_{汞}\ h_{汞}/\rho_{药}=13\ 600\times0.013\div1\ 050\ \text{m}=0.168\ \text{m}=16.8\ \text{cm}$，即药品至少要悬挂在高于注射口大约 17 cm 以上的高度.

3-8

如图 3-2 所示，轻质大活塞截面积 1 m². 盛有水的大容器下端连出一根细管，截面积 1 cm²，竖直向上，开口处高于液面 0.1 m. 问：活塞上放置多重的东西，管口处会有水溢出来？

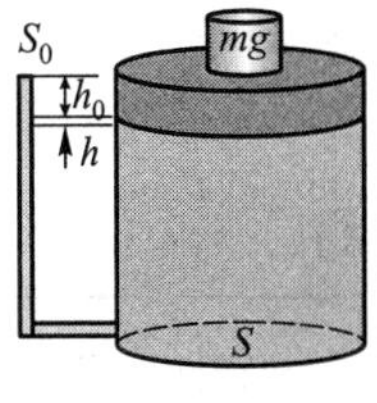

图 3-2　习题 3-8 图

解　考虑临界状态，假设放上 mg 的重物，刚好有水溢出，此时活塞下降 h. 设大活塞截面积为 S，细管截面积 S_0. 与容器液面等高处的细管里面的压强为该处上方液柱产生的静水压，可表示为 $\rho g(h+h_0)$，h_0 为未放重物时管口高于液面的高度，ρ 是水的密度. 根据帕斯卡原理，这部分压强会传递到大活塞处，重物对大活塞的压力与这部分附加的压力相平衡，于是

$$mg=\rho g(h+h_0)S\quad\Rightarrow\quad h+h_0=m/\rho S$$

另一方面，由于水不可压缩，有

$$Sh=S_0h_0$$

由这两个方程，可得

$$m=(S+S_0)\rho h_0$$

代入题中数值，$m=(1+0.000\ 1)\times1\ 000\times0.1\ \text{kg}=100.01\ \text{kg}$，即放上略超过 100 kg 的重物，水就会从细管口处溢出.

3-9

鱼用鱼鳔改变自身的平均密度,从而实现上浮或下潜,还可以保持悬浮.假设某种鱼在鱼鳔完全收缩时的平均密度是 1 080 kg/m^3,质量为 1 kg.则鱼鳔需要膨胀多大体积,才能使鱼悬浮在密度为 1 060 kg/m^{3}的海水中?

解 设鱼鳔完全收缩时鱼的体积为 V_1,悬浮时鱼的体积为 V_2.鱼鳔膨胀只因吸入了空气,质量增加可以忽略,所以前后质量不变,都是 1 kg.悬浮时,鱼的平均密度与海水的相同,所以有

$$m_{鱼}=\rho_1V_1=\rho_2V_2$$

其中,ρ_1、ρ_2 分别为鱼鳔收缩与膨胀时鱼的平均密度.于是

$$V_2-V_1=m_{鱼}\left(\frac{1}{\rho_2}-\frac{1}{\rho_1}\right)=1\times\left(\frac{1}{1\ 060}-\frac{1}{1\ 080}\right)\ \mathrm{m}^3$$
$$=1.75\times10^{-5}\ \mathrm{m}^3=17.5\ \mathrm{cm}^3$$

所以鱼鳔膨胀了 17.5 cm^{3}的体积.

3-10

一艘货船从海洋(此处海水密度为 1 025 kg/m^3)驶入盐度较低的港口(此处海水密度近似为 1 000 kg/m^3),因而会有一些轻微的下沉.从船上卸掉 600 t 的货物后,船身又上浮到原来的位置了.则船本身的质量是多少?

解 设货船本身质量为 m,在海洋里的总排水体积为 V.根据阿基米德原理,海水浮力等于货船总重量,则有

$$(m+m_{货})g=\rho_{海}\ gV$$

船驶入港口卸掉货物后,排水体积仍为 V,于是

$$mg=\rho_{港}\ gV$$

两式相除,可得

$$\frac{m+m_{货}}{m}=\frac{\rho_{海}}{\rho_{港}}\quad\Rightarrow\quad\frac{m+600\ \mathrm{t}}{m}=\frac{1\ 025}{1\ 000}$$

所以,$m=24\ 000$ t,即船本身质量为 24 000 t.

3-11

一个杯子里面盛了水,水面在杯子边缘以下 3 cm 处.问:插入一根多细的圆管,才能够由于毛细作用的原因,把水吸引到超过杯子边缘的高度?(水的表面张力系数取为 0.07 N/m,计算时取接触角为零.)

解 毛细管能够提升液体的高度可表示为:

$$h=2\sigma\cos\theta/\rho gr$$

其中,σ 和 ρ 分别是液体的表面张力系数和密度,r 为细管半径,θ 为接触角.取 $\theta=0$ 来计算.有

$$r=2\sigma/\rho gh=\frac{2\times0.07}{1\ 000\times9.8\times0.03}\ \mathrm{m}$$
$$=4.76\times10^{-4}\ \mathrm{m}=0.476\ \mathrm{mm}$$

所以,细管要细到半径约为 0.476 mm 才可能把水吸引到杯子边缘高度.而实际上,如果接触角达不到 0 的情况,管子还要更细.

3-12

一只水黾质量为 1 g，它有六条细长的腿. 问：平均每条腿与水面接触的长度达到多少，它才能因为水的表面张力（设 $\sigma=0.07$ N/m）而在水面行走？（实际上，水黾的腿上有很多细绒毛，增加了与水面的接触，从而能够提供足够的表面张力，以支撑体重.）

解 设平均每条腿与水面接触的长度为 l. 考虑到腿的两侧均与水接触，实际每条腿与水的接触长度为 $2l$，总共 $2l\times6=12l$ 的接触长度. 于是，能提供的表面张力为 $F=12l\sigma$，需要达到水黾的体重，则有：

$$l=\frac{F}{12\sigma}=\frac{mg}{12\sigma}=\frac{0.001\times9.8}{12\times0.07}\ \mathrm{m}$$

$$=0.012\ \mathrm{m}=1.2\ \mathrm{cm}$$

所以，平均每条腿与水的接触长度达到 1.2 cm，水黾就可以在水面行走. 实际上，水黾的腿上有很多细绒毛，增加了与水面的接触，所以实际的腿接触水面的长度不用 1.2 cm.

3-13

出口截面积为 S_0 的水龙头有水缓慢流出，单位时间流出的体积为 Q_V. 求：水流落到距离管口 h 处的横截面积.

解 缓慢流出的水流是定常流动，符合理想流体的连续性原理. 所以有：

$$S_0v_0=Sv$$

其中，S 和 v 是距离管口 h 处的水流截面积和速度，v_0 是管口处的水流速度. 因为管口处单位时间流出的体积（即体积流量）为 Q_V，则：

$$Q_V=S_0v_0=Sv\quad\Rightarrow\quad v_0=Q_V/S_0$$

水流出水管后，是自由落体运动，于是：

$$v^2-v_0^2=2gh\quad\Rightarrow\quad v=\sqrt{2gh+\left(\frac{Q_V}{S_0}\right)^2}$$

因为 $S=Q_V/v$，则：

$$S=Q_V/\sqrt{2gh+(Q_V/S_0)^2}$$

随着下落，水流越来越细.

3-14

一个喷雾器（如图 3-3 所示），细管插入液体中，露出液面的部分长 5 cm. 液体密度为 900 kg/m³，空气密度为 1.30 kg/m³. 挤压橡皮球就可以把液体吸上来并喷出去，问：被挤压的空气速度需要达到多少才能把液体吸上来？

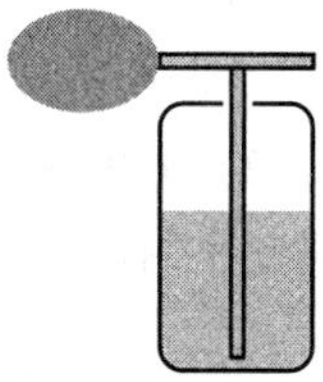

图 3-3 习题 3-14 图

解 瓶中的液体承受着 1 个大气压，若想把其从竖直管中吸上来，就需要管口上端空气与瓶中空气的压强差达到被吸起来的这段液柱所产生的压强（相当于 5 cm 高的液柱压强）. 橡皮球中本来静止的空气压强也是 1 个大气压，挤压后空气流动起来，压强变小. 于是，我们要求的就是这部分空气流速达到多少时，压强

可以减小相当于 5 cm 高的液柱的压强. 由伯努利方程:

$$p_0=p+\frac{1}{2}\rho_{空}v^2$$

上式左边代表静止空气,右边代表流动空气,因高度几乎不变,关于高度部分的压强项抵消掉. 于是:

$$p_0-p=\rho_{液}gh=\frac{1}{2}\rho_{空}v^2 \Rightarrow v=\sqrt{\frac{2\rho_{液}gh}{\rho_{空}}}$$

其中,h 为被吸引的液柱高度. 代入题中数值,可得

$$v=\sqrt{\frac{2\rho_{液}gh}{\rho_{空}}}=\sqrt{\frac{2\times900\times9.8\times0.05}{1.30}}\ \text{m/s}=26\ \text{m/s}$$

所以,压缩空气使其流速达到 26 m/s 可以把液体吸上来.

3-15

一个虹吸装置(如图 3-4 所示),可以把液体从大水缸中转移出来. 把虹吸管的一端插入液体,另一端放置在液面以下的位置,液体就会从水缸中通过虹吸管流出,直到液面的高度降低到虹吸管出口的位置. 假设虹吸管高于液面的部分为 h_1(最高点处设为 A 点),出口处低于液面 h_2(出口处标记为 B). (1) 求虹吸管出口处液体的流速;(2) 求最高点 A 点处的压强;(3) 问 A 点最高可以达到多少还能有液体流出?

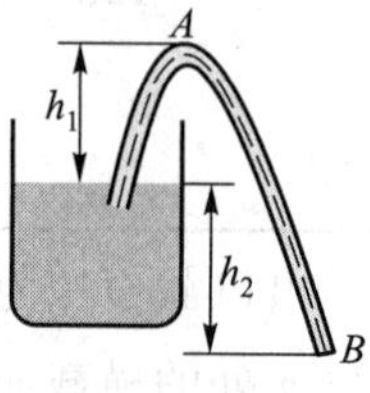

图 3-4 习题 3-15 图

解 (1) 作一根流线,一端在大水缸液面处,另一端在虹吸管出口处(如图所示). 虹吸时,整体水流较慢,可近似为定常流动. 对这根流线两端应用伯努利方程,有:

$$p_0+\rho gh_2=p_0+\frac{1}{2}\rho v_B^2$$

上式左边代表大水缸液面处,p_0 为大气压强,因液面很大,流速近似为 0. 上式右边代表虹吸管出口处,压强仍为 p_0. 则

$$v_B=\sqrt{2gh_2}$$

(2) 考虑这根流线的 A、B 两处,应用伯努利方程,有:

$$p_A+\rho g(h_1+h_2)+\frac{1}{2}\rho v_A^2=p_0+\frac{1}{2}\rho v_B^2$$

根据连续性原理,因为虹吸管粗细不变,所以 A、B 两处流速相同. 于是,A 处压强可表示为

$$p_A=p_0-\rho g(h_1+h_2)$$

(3) A 处的压强不能为负,所以由上面的结论可知:

$$p_0>\rho g(h_1+h_2) \Rightarrow h_1<(p_0-\rho gh_2)/\rho g$$

即虹吸管的最高点相对于出口必须小于相当于 1 个大气压的水柱高度,大约为 10 m. 实际中考虑到水的黏性,一般不能高于 7~8 m.

3-16

一架飞机的质量是 1 500 kg,机翼的总面积是 30 m². 如果平稳飞行过程中空气相对于机翼下侧的流速是 100 m/s,则相对于机翼上侧的流速是多少?(空气的密度为 1.30 kg/m³.)

解 设想机翼前方两根紧贴的细流管，在遇到机翼后，一根从机翼上方经过，一根从下方经过. 在机翼前方时，这两根流管中的空气压强与流速因高度相差无几应该是相等的，即它们的 $p+\frac{1}{2}\rho v^2+\rho gh$ 在机翼前方是相等的. 我们可以对这两根流管分别应用伯努利方程，于是有：

$$p_{上}+\frac{1}{2}\rho v_{上}^2+\rho gh_{上}=p_{下}+\frac{1}{2}\rho v_{下}^2+\rho gh_{下}$$

因机翼很薄，高度差引起的压强差可忽略，则：

$$\frac{1}{2}\rho(v_{上}^2-v_{下}^2)=p_{下}-p_{上}$$

飞机在平稳飞行过程中机翼上下表面的压力差应等于重力，所以：

$$\frac{1}{2}\rho(v_{上}^2-v_{下}^2)S=(p_{下}-p_{上})S=mg$$

则：

$$v_{上}=\sqrt{\frac{2mg}{\rho S}+v_{下}^2}$$

代入题中数值，可得机翼上方气流速度约为 103.7 m/s.

3-17

一块 $S=20\times20\ \mathrm{cm}^2$ 的金属片放在一层厚度为 0.20 mm 的静止的水平油膜上. 对金属片施加水平方向的 1 N 的力时，金属片可以匀速滑动，速率为 10.0 cm/s. 求：油膜的黏度.

解 油膜各薄层发生相对滑移时，层间单位面积的黏性阻力表示为：

$$f=\eta(\mathrm{d}v/\mathrm{d}l)$$

考虑油膜的下面是在某个桌面上，与桌面接触的底薄层速率为 0，与金属片接触的顶薄层移动速率与金属片相同（10.0 cm/s），所以该油膜的速度梯度 $\mathrm{d}v/\mathrm{d}l=0.1/0.000\ 2\ \mathrm{s}^{-1}=500\ \mathrm{s}^{-1}$. 因金属片在 1 N 的拉力下匀速运动，所以其底面收到的油膜摩擦力也是 $F=1$ N. 于是：

$$F=fS=\eta(\mathrm{d}v/\mathrm{d}l)S$$

$$\eta=\frac{F}{(\mathrm{d}v/\mathrm{d}l)S}=\frac{1}{500\times20\times20\times10^{-4}}\ \mathrm{Pa\cdot s}=0.05\ \mathrm{Pa\cdot s}$$

所以，此油膜的黏度为 0.05 Pa · s.

3-18

在重力作用下，某种液体在半径为 R 的竖直圆管中向下做定常流动. 假设液体密度为 ρ，单位时间流出的体积为 Q_V，求液体的黏度 η.

解 因为液体在竖直圆管中做定常流动，且圆管粗细不变，所以流体流经任意横截面的速率相等，单位时间流过的体积 Q_V 也相等. 任意截取一段长 L 的圆管，其上下两端的压强差为 ρgL. 根据泊肃叶公式，应有

$$Q_V=\frac{\pi}{8}\frac{\Delta p/L}{\eta}R^4=\frac{\pi}{8}\frac{\rho g}{\eta}R^4$$

于是，黏度 η 可表示为

$$\eta=\frac{\pi}{8}\frac{\rho g}{Q_V}R^4$$

3-19

天空的积云是许许多多微小的水滴组成的,它们不容易从天上掉下来. 假设小水滴的平均半径 r 为 5.0 μm,0 ℃时空气的黏度 η 为 1.7×10^{-5} Pa · s. 通过计算这时小水滴下落的终极速度,分析积云不下落的原因.(还要考虑向上的热气流.)

解 水的密度远大于空气,所以空气浮力相对于小水滴的重力可以忽略,所以小水滴下落时的终极速率由其重力和空气对它的黏性阻力决定. 当黏性阻力与重力相等时,小水滴会以终极速率匀速下落. 根据斯托克斯公式,应有:

$$F=6\pi\eta rv=mg=\frac{4\pi}{3}r^3\rho g$$

其中,F 为小水滴受到的黏性阻力,v 是其下落速率,ρ 是水的密度,于是,水滴的终极速度为

$$v=\frac{4\pi r^3\rho g}{3\times6\pi\eta r}=\frac{2r^2\rho g}{9\eta}$$

将题中数据带入上式,可得小水滴终极速率为 0.003 2 m/s,即大约只有 3 mm/s,这是一个非常慢的速率,如果考虑到还有上升的热气流,这些微小的水滴就不容易下落,所以积云可以漂浮于空中.

3-20

打呼噜的原因:正常情况下气体在气道中流动是很顺畅的,当气体流动过程中受到阻碍时(扁桃体肥大、舌体肥大等),会在阻碍的部位形成湍流,紊乱的气流会让气道的侧壁出现振动,振动就产生了声音. 试分析一下气管变窄气流可能发生湍流的原因.

解 气流在气管中可近似看成理想流体,符合理想流体的连续性原理,所以有:

$$S_Av_A=S_Bv_B \quad\Rightarrow\quad d_A^2v_A=d_B^2v_B$$

其中,A 和 B 分别表示正常气管与变窄气管的位置,d 是气管直径,v 是气体流速. 比较雷诺数表达式 $Re=d\rho v/\eta$,有:

$$d_ARe_A=d_BRe_B$$

雷诺数超过大约 3 000 时就会发生湍流. 所以,减小气管的直径,就会增加雷诺数. 当气管窄到一定程度时,雷诺数就可能超过 3 000,从而发生湍流,发出打呼噜的声音.

第 4 章　气体动理论

4.1　内容提要

1. 几个重要概念

热力学系统：热学的研究对象，是由大量微观粒子组成的宏观体系，简称系统. 系统以外的部分称为环境或外界. 热力学系统所处的状况称为热力学状态，简称状态.

微观状态：用每个微观粒子的质量、位置、速度、能量等微观量描述的状态.

宏观状态：用温度、压强、体积、内能等宏观量从整体上对系统进行描述的状态.

平衡态：系统的宏观性质不随时间改变的状态.

热力学第零定律：如果系统 A 和系统 B 分别同时与系统 C 处于热平衡，则系统 A 和系统 B 接触时，也必然处于热平衡.

温度：系统热运动激烈程度的量度，是处于热平衡下的两个系统共同的宏观性质. 温度相等是两系统处于热平衡的充分必要条件.

热力学温标：理想气体温标成立的范围内两者一致，否则做线性外推. 利用理想气体 $pV \propto T$ 的性质，并规定一个大气压下水在三相点时的温度为 273.16 K 来定义理想气体温标. 热力学温标与摄氏温标的关系为 $T/\mathrm{K} = t/℃ + 273.15$.

2. 理想气体物态方程

理想气体的物态方程可写成如下两种形式：

$$pV = \nu RT = \frac{m}{M}RT$$

或

$$p = nkT$$

式中摩尔气体常量

$$R = 8.31\ \mathrm{J/(mol \cdot K)}$$

玻耳兹曼常量

$$k = \frac{R}{N_A} = 1.38\times10^{-23}\ \mathrm{J/K}$$

3. 理想气体的压强和温度的微观意义

$$p = \frac{1}{3}nm_0\overline{v^2} = \frac{2}{3}n\overline{\varepsilon}_t$$

$$\bar{\varepsilon}_t = \frac{1}{2}m_0\overline{v^2} = \frac{3}{2}kT$$

式中 $\bar{\varepsilon}_t$ 为分子的平均平动动能.

以上两式说明,理想气体平衡态的温度和压强都与系统微观量的统计平均相联系,具有统计的意义.

4. 能量均分定理和理想气体内能

能量均分定理:在温度为 T 的平衡态下,分子在每个自由度上的平均动能都相等,都等于 $kT/2$.

设 i 为气体分子的总自由度数(对单原子分子,$i=3$;对刚性双原子分子,$i=5$),则分子的平均总动能为

$$\bar{\varepsilon}_k = \frac{i}{2}kT$$

设 ν 为气体的物质的量,则理想气体的内能为

$$E = \frac{i}{2}\nu RT$$

理想气体的内能是温度的单值函数,与热力学温度成正比. 理想气体的内能是状态的函数,内能的改变与理想气体系统状态变化的路径没有关系,只与变化过程的初、末状态有关.

5. 麦克斯韦速率分布律

麦克斯韦速率分布律:在平衡态下,理想气体的分子速率处于 v 到 $v+\mathrm{d}v$ 区间内的分子数占总分子数的比例为

$$\frac{\mathrm{d}N_v}{N} = f(v)\,\mathrm{d}v = 4\pi\left(\frac{m_0}{2\pi kT}\right)^{3/2} v^2 \mathrm{e}^{-\frac{m_m v^2}{2kT}}\mathrm{d}v$$

式中,T 为理想气体在平衡态下的热力学温度,m_0 是一个分子的质量,$f(v)$ 为麦克斯韦速率分布函数.

麦克斯韦速率分布函数满足归一化条件:

$$\int_0^\infty f(v)\,\mathrm{d}v = 1$$

三个特征速率:

最概然速率 $$v_p = \sqrt{\frac{2kT}{m_0}} = \sqrt{\frac{2RT}{M}} \approx 1.41\sqrt{\frac{RT}{M}}$$

平均速率 $$\bar{v} = \sqrt{\frac{8kT}{\pi m_0}} = \sqrt{\frac{8RT}{\pi M}} \approx 1.60\sqrt{\frac{RT}{M}}$$

方均根速率 $$v_{\mathrm{rms}} = \sqrt{\frac{3kT}{m_0}} = \sqrt{\frac{3RT}{M}} \approx 1.73\sqrt{\frac{RT}{M}}$$

三个特征速率都反映了理想气体平衡态下大量分子的无规则热运动的统计规律性. 在讨论分子数按速率的分布时,要用到最概然速率;在计算分子的平均平动动能时,要用到方均根速率;在计算分子运动的平均自由程时,则要用到平均速率.

6. 麦克斯韦速度分布律和玻耳兹曼能量分布律

麦克斯韦速度分布律：分子速度处于 $v_x \sim v_x+\mathrm{d}v_x, v_y \sim v_y+\mathrm{d}v_y, v_z \sim v_z+\mathrm{d}v_z$ 区间内的分子数占总分子数的百分比

$$\frac{\mathrm{d}N_{\boldsymbol{v}}}{N}=g(v_x,v_y,v_z)\mathrm{d}v_x\mathrm{d}v_y\mathrm{d}v_z=\left(\frac{m_0}{2\pi kT}\right)^{3/2}\mathrm{e}^{-\frac{m_0(v_x^2+v_y^2+v_z^2)}{2kT}}\mathrm{d}v_x\mathrm{d}v_y\mathrm{d}v_z$$

其中 v_x, v_y, v_z 分别为分子速度 $\boldsymbol{v}$ 在 x, y, z 方向上的分量.

力场中分子数密度和压强随分子势能的变化关系

$$n(x,y,z)=n_0\mathrm{e}^{-\frac{\varepsilon_{\mathrm{p}}}{kT}},\quad p(x,y,z)=p_0\mathrm{e}^{-\frac{\varepsilon_{\mathrm{p}}}{kT}}$$

上式表明，分子势能 ε_{p} 越大，其所在空间位置处的分子数密度 n（及压强 p）就越小，分子数密度（及压强）与 $\mathrm{e}^{-\frac{\varepsilon_{\mathrm{p}}}{kT}}$ 成正比.

玻耳兹曼能量分布律：对于温度为 T 并处于力场中的气体，其一个分子位于 (x,y,z) 处的 $\mathrm{d}x\mathrm{d}y\mathrm{d}z$ 体积元内，并且其速度处于 $v_x \sim v_x+\mathrm{d}v_x, v_y \sim v_y+\mathrm{d}v_y, v_z \sim v_z+\mathrm{d}v_z$ 区间内的概率为

$$\frac{\mathrm{d}N(x,y,z,v_x,v_y,v_z)}{N}=\frac{n_0}{N}\left(\frac{m_0}{2\pi kT}\right)^{3/2}\mathrm{e}^{-\frac{\varepsilon_{\mathrm{k}}+\varepsilon_{\mathrm{p}}}{kT}}\mathrm{d}x\mathrm{d}y\mathrm{d}z\mathrm{d}v_x\mathrm{d}v_y\mathrm{d}v_z$$

上式表明，在温度为 T 的平衡态下，任何系统的微观粒子都按状态分布，处于某一状态的经典粒子数目与该状态下一个粒子的能量 $\varepsilon=\varepsilon_{\mathrm{k}}+\varepsilon_{\mathrm{p}}$ 有关，与 $\mathrm{e}^{-\frac{\varepsilon}{kT}}$ 成正比.

7. 范德瓦耳斯方程

把实际气体的分子视为有大小、有引力的刚性球，则其满足范德瓦耳斯方程

$$\left(p+\nu^2\frac{a}{V^2}\right)(V-\nu b)=\nu RT$$

其中，V 是容器的容积，p 是实验测得的压强，a、b 为与气体种类有关的常量. 范德瓦耳斯方程能够较好地反映实际气体在较大压强或较低温度条件下的各宏观状态参量之间的变化关系.

8. 气体分子的平均自由程

平均碰撞频率：一个分子单位时间内与其他分子发生碰撞的次数.

$$\bar{z}=\sqrt{2}n\bar{v}\pi d^2$$

平均自由程：一个气体分子在连续两次碰撞间所经过的自由路程的平均值.

$$\bar{\lambda}=\frac{1}{\sqrt{2}\pi d^2 n}=\frac{kT}{\sqrt{2}\pi d^2 p}$$

上式在容器的线度远大于平均自由程计算值的条件下是正确的. 如果容器的线度小于由上式计算出的平均自由程时，实际的平均自由程就取容器线度的大小.

4.2 习题解答

4-1

计算在标准状态下,一个 10 m×10 m×3 m 的房间里空气的质量. 空气的平均摩尔质量为 29 g/mol.

解 标准状态下,空气压强 $p=1.013\times10^5$ Pa,温度 $T=273$ K,体积 $V=300\ \mathrm{m^3}$. 由理想气体物态方程 $pV=\dfrac{m}{M}RT$,得空气质量

$$m=\frac{MpV}{RT}=\frac{0.029\times1.013\times10^5\times300}{8.31\times273}\ \mathrm{kg}=388\ \mathrm{kg}$$

4-2

将等容气体温度计的测温气泡放入冰水混合物中,气泡内气体的压强为 4.45×10^3 Pa.(1) 将此温度计放入 1 atm 下的沸水中,泡内气体的压强为多大?(2) 当气体的压强为 1.26×10^3 Pa 时,测得的温度是多少?

解 对理想气体有 $\dfrac{p_1V_1}{T_1}=\dfrac{p_2V_2}{T_2}$,由于容积不变 $V_1=V_2$,因此有

$$\frac{p_1}{T_1}=\frac{p_2}{T_2}$$

(1) 将此温度计放入 1 atm 下的沸水中,泡内气体的压强为

$$p_2=\frac{T_2}{T_1}p_1=\frac{373}{273}\times4.45\times10^3\ \mathrm{Pa}=6.08\times10^3\ \mathrm{Pa}$$

(2) 当气体的压强为 1.26×10^3 Pa 时,测得的温度为

$$T_3=\frac{p_3}{p_1}T_1=\frac{1.26\times10^3}{4.45\times10^3}\times273\ \mathrm{K}=77.3\ \mathrm{K}$$

4-3

星际空间的星云由氢原子组成,其数密度可低至 $10^{10}\ \mathrm{m^{-3}}$,温度可高达 10^4 K. 求这样的星云内的压强.

解 由理想气体物态方程,可得星云内的压强

$$p=nkT=10^{10}\times1.38\times10^{-23}\times10^4\ \mathrm{Pa}=1.4\times10^{-9}\ \mathrm{Pa}$$

4-4

上层大气层离地面不同高度处的空气的压强和密度如表 4-1 所示，求相应高度处的温度.（空气的摩尔质量取 29 g/mol.）

表 4-1

高度/km	压强/Pa	密度/(kg·m^{-3})
20	5.5×10^{3}	8.8×10^{-2}
32	8.7×10^{2}	1.2×10^{-2}
53	5.7×10^{1}	7.1×10^{-4}
90	1.8×10^{-1}	3.2×10^{-6}

解　由理想气体物态方程 $pV=\frac{m}{M}RT$，得密度 $\rho=\frac{m}{V}=\frac{Mp}{RT}$，所以离地面高度为 20 km 时的上层大气层的温度为

$$T=\frac{Mp}{\rho R}=\frac{29\times10^{-3}\times5.5\times10^{3}}{8.8\times10^{-2}\times8.31}\text{ K}=218\text{ K}$$

同样可求高度为 32 km，53 km 和 90 km 时大气层的温度，它们分别为 253 K，280 K 和 196 K.

4-5

一个热气球的容积为 2.1×10^{4} m^{3}，气球和负荷的总质量为 4.5×10^{3} kg，若气球外部的空气为 20 ℃，要想使热气球上升，其内部空气最低要加热到多少摄氏度？

解　由理想气体物态方程

$$pV=\frac{m}{M}RT$$

得热气球排开 20 ℃外部空气的质量为

$$m=\frac{MpV}{RT}=\frac{29\times10^{-3}\times1.013\times10^{5}\times2.1\times10^{4}}{8.31\times293}\text{ kg}$$

$$=2.53\times10^{4}\text{ kg}$$

当温度升高，热气球内空气的质量减少到

$$m'=(2.53\times10^{4}-4.5\times10^{3})\text{ kg}=2.08\times10^{4}\text{ kg}$$

时，热气球会上升. 此时热气球内部空气的温度为

$$T'=\frac{MpV}{m'R}=\frac{29\times10^{-3}\times1.013\times10^{5}\times2.1\times10^{4}}{2.08\times10^{4}\times8.31}\text{ K}$$

$$=357\text{ K}=84\text{ ℃}$$

因此热气球内部空气最低要加热到 84 ℃.

4-6

容积为 30 L 的高压钢瓶装有压强为 130 atm 的氧气，做实验每天需用 1 atm 下 400 L 的氧气，规定钢瓶内氧气压强不能降到 10 atm 以下，以免开启阀门时混进空气. 试计算这瓶氧气使用几天后就需重新充气.

解　设瓶内装有氧气的质量为 m，每天用氧的质量为 m_1，瓶内剩余氧气的质量为 m'时就需重新充气. 由理想气体物态方程 $pV=\frac{m}{M}RT$ 得

$$m=\frac{pVM}{RT},\quad m'=\frac{p'VM}{RT},\quad m_1=\frac{p_1V_1M}{RT}$$

所以这瓶氧气使用的天数为

$$\frac{m-m'}{m_1}=\frac{(p-p')\cdot V}{p_1V_1}=\frac{(130-10)\times30}{1\times400}=9(\text{天})$$

4-7

一容器充满 16 g 的氧气,温度为 300 K,求:(1) 氧气分子热运动的平均平动动能、平均转动动能和平均动能;(2) 此容器中氧气的内能.

解 氧气分子可看成是刚性双原子分子,分子的自由度 $i=5$,其中平动自由度 $t=3$,转动自由度 $r=2$.

(1) 氧气分子的平均平动动能为

$$\bar{\varepsilon}_t=\frac{t}{2}kT=\frac{3}{2}\times1.38\times10^{-23}\times300\ \text{J}$$
$$=6.21\times10^{-21}\ \text{J}$$

氧气分子的平均转动动能为

$$\bar{\varepsilon}_r=\frac{r}{2}kT=\frac{2}{2}\times1.38\times10^{-23}\times300\ \text{J}$$
$$=4.14\times10^{-21}\ \text{J}$$

氧气分子的平均动能为

$$\bar{\varepsilon}_k=\frac{i}{2}kT=\frac{5}{2}\times1.38\times10^{-23}\times300\ \text{J}$$
$$=1.04\times10^{-20}\ \text{J}$$

(2) 容器中氧气的内能为

$$E=\frac{i}{2}\nu RT=\frac{5}{2}\times\frac{16}{32}\times8.31\times300\ \text{J}$$
$$=3.12\times10^{3}\ \text{J}$$

4-8

在容积为 $3.0\times10^{-5}\ \text{m}^3$ 的容器中储存有压强为 1.01×10^{5} Pa、温度为 300 K 的双原子分子气体,求这些分子的总热运动动能.

解 由理想气体物态方程 $pV=\nu RT$,和理想气体内能公式得

这些分子的总热运动动能

$$E_k=\frac{i}{2}\nu RT$$
$$=\frac{i}{2}pV=\frac{5}{2}\times1.01\times10^{5}\times3.0\times10^{-5}\ \text{J}$$
$$=7.58\ \text{J}$$

4-9

一定质量的理想气体,使其温度从 17 ℃ 加热到 277 ℃,并把其体积压缩到原来的一半.求:(1) 气体的压强发生了多大的变化;(2) 气体分子的平均平动动能变化了多少;(3) 气体分子的方均根速率变化了多少.

解 (1) 对理想气体有 $\frac{p_1V_1}{T_1}=\frac{p_2V_2}{T_2}$

得 $$\frac{p_2}{p_1}=\frac{T_2}{T_1}\cdot\frac{V_1}{V_2}=\frac{550}{290}\times2=3.79$$

气体的压强变为原来的 3.79 倍.

（2）由气体分子的平均平动动能

$$\bar{\varepsilon}_t=\frac{t}{2}kT$$

得

$$\frac{\bar{\varepsilon}_{t2}}{\bar{\varepsilon}_{t1}}=\frac{T_2}{T_1}=\frac{550}{290}=1.90$$

气体平均平动动能变为原来的 1.90 倍.

（3）由方均根速率公式 $v_{rms}=\sqrt{\frac{3kT}{m_0}}$

得

$$\frac{v_{rms,2}}{v_{rms,1}}=\sqrt{\frac{T_2}{T_1}}=\sqrt{\frac{550}{290}}=1.38$$

气体分子的方均根速率变为原来的 1.38 倍.

4-10

求氢气和氮气在 1 atm、27 ℃下的分子的（1）平均速率；（2）方均根速率；（3）最概然速率；（4）平均平动动能；（5）平均转动动能；（6）平均动能.

解（1）氢气分子和氮气分子的平均速率分别为

$$\bar{v}_{H_2}=\sqrt{\frac{8RT}{\pi M_{H_2}}}=\sqrt{\frac{8\times8.31\times300}{3.14\times2\times10^{-3}}}\ \text{m/s}$$
$$=1.78\times10^3\ \text{m/s}$$

$$\bar{v}_{N_2}=\sqrt{\frac{8RT}{\pi M_{N_2}}}=\sqrt{\frac{8\times8.31\times300}{3.14\times28\times10^{-3}}}\ \text{m/s}$$
$$=4.76\times10^2\ \text{m/s}$$

（2）氢气分子和氮气分子的方均根速率分别为

$$v_{rms,H_2}=\sqrt{\frac{3RT}{M_{H_2}}}=\sqrt{\frac{3\times8.31\times300}{2\times10^{-3}}}\ \text{m/s}$$
$$=1.93\times10^3\ \text{m/s}$$

$$v_{rms,N_2}=\sqrt{\frac{3RT}{M_{N_2}}}=\sqrt{\frac{3\times8.31\times300}{28\times10^{-3}}}\ \text{m/s}$$
$$=5.17\times10^2\ \text{m/s}$$

（3）氢气分子和氮气分子的最概然速率分别为

$$v_{p,H_2}=\sqrt{\frac{2RT}{M_{H_2}}}=\sqrt{\frac{2\times8.31\times300}{2\times10^{-3}}}\ \text{m/s}$$
$$=1.58\times10^3\ \text{m/s}$$

$$v_{p,N_2}=\sqrt{\frac{2RT}{M_{N_2}}}=\sqrt{\frac{2\times8.31\times300}{28\times10^{-3}}}\ \text{m/s}$$
$$=4.22\times10^2\ \text{m/s}$$

（4）氢气分子和氮气分子的平均平动动能为

$$\bar{\varepsilon}_{t,H_2}=\bar{\varepsilon}_{t,N_2}=\frac{t}{2}kT=\frac{3}{2}\times1.38\times10^{-23}\times300\ \text{J}$$
$$=6.21\times10^{-21}\ \text{J}$$

（5）氢气分子和氮气分子的平均转动动能为

$$\bar{\varepsilon}_{r,H_2}=\bar{\varepsilon}_{r,N_2}=\frac{r}{2}kT=\frac{2}{2}\times1.38\times10^{-23}\times300\ \text{J}$$
$$=4.14\times10^{-21}\ \text{J}$$

（6）氢气分子和氮气分子的平均动能

$$\bar{\varepsilon}_{k,H_2}=\bar{\varepsilon}_{k,N_2}=\frac{i}{2}kT=\frac{5}{2}\times1.38\times10^{-23}\times300\ \text{J}$$
$$=1.04\times10^{-20}\ \text{J}$$

由于氢气分子比氮气分子轻，因此氢气分子的平均速率、方均根速率及最概然速率都比氮气分子的大. 地球大气中不含氦气和氢气，而富有氮气和氧气，很可能因为氢气和氦气分子的方均根速率更加接近于地球表面的逃逸速度. 又由于氢气分子和氮气分子都是双原子分子,所以其平动、转动和总自由度都相同,因此它们的平动动能、平均转动动能及平均动能也相同.

4-11

日冕的温度高达 2×10^6 K,所喷出的电子可视为理想气体,求这些电子的方均根速率.

星际空间的温度为 2.7 K,其中气体主要是氢原子,求此温度下氢原子的方均根速率.

1994 年曾用激光冷却的方法使一群 Na 原子几乎停止运动,相应的温度为 2.4×10^{-11} K,求这些 Na 原子的方均根速率.

解 日冕中电子的方均根速率为

$$v_{\mathrm{rms,e}}=\sqrt{\frac{3kT}{m_{\mathrm{e}}}}=\sqrt{\frac{3\times1.38\times10^{-23}\times2\times10^{6}}{9.11\times10^{-31}}}\ \mathrm{m/s}$$

$$=9.5\times10^{6}\ \mathrm{m/s}$$

星际空间中氢原子的方均根速率为

$$v_{\mathrm{rms,H}}=\sqrt{\frac{3RT}{M_{\mathrm{H}}}}=\sqrt{\frac{3\times8.31\times2.7}{1\times10^{-3}}}\ \mathrm{m/s}$$

$$=2.6\times10^{2}\ \mathrm{m/s}$$

激光冷却的 Na 原子的方均根速率为

$$v_{\mathrm{rms,Na}}=\sqrt{\frac{3RT}{M_{\mathrm{Na}}}}=\sqrt{\frac{3\times8.31\times2.4\times10^{-11}}{23\times10^{-3}}}\ \mathrm{m/s}$$

$$=1.6\times10^{-4}\ \mathrm{m/s}$$

这三种情况温度与地表温度有很大差别,故方均根速率也是非典型的.

4-12

证明:无论气体分子速率分布函数的具体形式如何,对由大量分子组成的气体系统,都有

$$\sqrt{\overline{v^2}}\geqslant\bar{v}$$

证明 速率对其平均值的偏差的平方为

$$(v-\bar{v})^2=v^2+\bar{v}^2-2v\bar{v}$$

上式对所有分子取平均,得

$$\overline{(v-\bar{v})^2}=\overline{v^2}+\bar{v}^2-2\bar{v}^2=\overline{v^2}-\bar{v}^2$$

由于 $\overline{(v-\bar{v})^2}\geqslant0$,所以有

$$\overline{v^2}\geqslant\bar{v}^2$$

两边取平方根,有 $\sqrt{\overline{v^2}}\geqslant\bar{v}$

4-13

已知 $f(v)$ 是速率分布函数,N 为总分子数,m_0 为分子质量,写出具有下列物理意义的表达式:(1) 速率在 v 附近 $\mathrm{d}v$ 速率间隔内的分子数占总分子数的比例;(2) 一个分子,其速率处于区间 $v_1\sim v_2$ 内的概率;(3) 速率小于 v_1 的分子数;(4) 在 v_1 附近单位速率区间内的分子数;(5) 速率处于区间 $v_1\sim v_2$ 内的分子的速率总和;(6) 速率处于区间 $v_1\sim v_2$ 内的分子的平均平动动能.

答　(1) $f(v)\mathrm{d}v$;

(2) $\int_{v_1}^{v_2} f(v)\mathrm{d}v$;

(3) $N\int_0^{v_1} f(v)\mathrm{d}v$;

(4) $Nf(v_1)$;

(5) $N\int_{v_1}^{v_2} vf(v)\mathrm{d}v$;

(6) $\dfrac{\frac{1}{2}m_0\int_{v_1}^{v_2} v^2 f(v)\mathrm{d}v}{\int_{v_1}^{v_2} f(v)\mathrm{d}v}$.

4-14

设 N 个分子的速率分布曲线如图 4-1 所示，其中 $v>2v_0$ 的分子数为零，分子质量 m_0、总分子数 N 和速率 v_0 已知. 求：(1) b；(2) 速率在 $v_0/2$ 到 $3v_0/2$ 之间的分子数；(3) 分子的平均速率及平均平动动能.

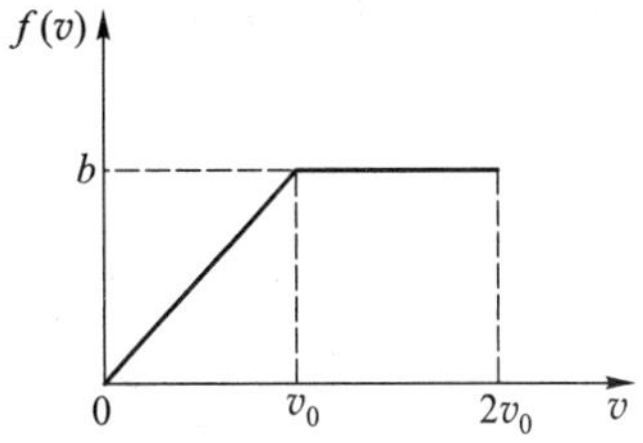

图 4-1　习题 4-14 用图

解　$f(v)$ 函数为

$$f(v)=\begin{cases}(b/v_0)v & (0\leqslant v<v_0)\\ b & (v_0\leqslant v\leqslant 2v_0)\\ 0 & (v>2v_0)\end{cases}$$

(1) 由归一化条件　$\int_0^{\infty} f(v)\mathrm{d}v=1$

知速率分布曲线下方面积为 1，即

$$\frac{1}{2}v_0 b+v_0 b=1$$

得　$$b=\frac{2}{3v_0}$$

(2) 速率在 $v_0/2$ 到 $3v_0/2$ 之间的分子数为

$$N_1=N\int_{v_0/2}^{3v_0/2} f(v)\mathrm{d}v$$

$$=N\int_{v_0/2}^{v_0}(b/v_0)v\mathrm{d}v+N\int_{v_0}^{3v_0/2} b\mathrm{d}v$$

$$=\frac{7}{12}N$$

(3) 分子的平均速率为

$$\bar{v}=\int_0^{\infty} vf(v)\mathrm{d}v$$

$$=\int_0^{v_0}(b/v_0)v^2\mathrm{d}v+\int_{v_0}^{2v_0} bv\mathrm{d}v$$

$$=\frac{11}{9}v_0$$

分子的平均平动动能为

$$\bar{\varepsilon}_t=\frac{1}{2}m_0\int_0^{\infty} v^2 f(v)\mathrm{d}v$$

$$=\frac{1}{2}m_0\int_0^{v_0}(b/v_0)v^3\mathrm{d}v+\frac{1}{2}m_0\int_{v_0}^{2v_0} bv^2\mathrm{d}v$$

$$=\frac{31}{36}mv_0^2$$

4-15

0 K下金属自由电子速率分布为$\frac{\mathrm{d}N_v}{N}=\begin{cases}Av^2\mathrm{d}v & (0<v<v_F)\\ 0 & (v>v_F)\end{cases}$.

(1) 画出速率分布函数$f(v)$的图形;(2) 确定A值;(3) 求速率低于$v_F/2$的电子数占总电子数的比例;(4) 求最概然速率、平均速率和方均根速率.

解 (1) 根据$f(v)=\frac{\mathrm{d}N_v}{N\mathrm{d}v}=Av^2$,画出如图4-2所示图形,是一条在$0\sim v_F$范围内的抛物线.

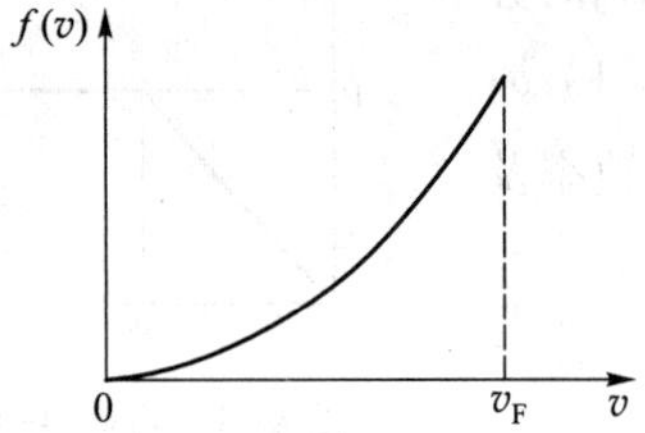

图4-2 习题4-15用图

(2) 利用归一化条件

$$\int_0^\infty f(v)\,\mathrm{d}v=\int_0^{v_F}Av^2\mathrm{d}v=1$$

计算可得 $A=\frac{3}{v_F^3}$

(3) 速率低于$v_F/2$的电子数占总电子数的比例为

$$\frac{\Delta N_{v<\frac{1}{2}v_F}}{N}=\int_0^{\frac{1}{2}v_F}f(v)\,\mathrm{d}v$$

$$=\int_0^{\frac{1}{2}v_F}Av^2\mathrm{d}v=\frac{1}{8}$$

(4) 最概然速率 $v_p=v_F$

平均速率 $\bar{v}=\int_0^\infty vf(v)\,\mathrm{d}v$

$$=\int_0^{v_F}Av^3\mathrm{d}v=\frac{3}{4}v_F$$

方均根速率 $v_{rms}=\sqrt{\overline{v^2}}=\sqrt{\int_0^\infty v^2f(v)\,\mathrm{d}v}$

$$=\sqrt{\int_0^{v_F}Av^4\mathrm{d}v}=\sqrt{\frac{3}{5}}v_F$$

4-16

计算理想气体速率处于$v_p-0.01v_p$到$v_p+0.01v_p$区间内的分子数占总分子数的比例.

解 速率处于$v_p-0.01v_p$到$v_p+0.01v_p$区间内的分子数占总分子数的比例为

$$\frac{\Delta N_v}{N}=\int_{v_p-0.01v_p}^{v_p+0.01v_p}f(v)\,\mathrm{d}v$$

由于速率区间的宽度$\Delta v=0.02v_p$很小,可近似认为此速率范围内的概率密度$f(v)$具有相同值,取其为$f(v_p)$,上式变为

$$\frac{\Delta N_v}{N}\approx f(v_p)\cdot\Delta v=f(v_p)\times0.02v_p$$

将麦克斯韦速率分布律$f(v)$和最概然速率v_p的表达式代入上式,得

$$\frac{\Delta N_v}{N}\approx4\pi\left(\frac{m_0}{2\pi kT}\right)^{3/2}\frac{2kT}{m_0}\mathrm{e}^{-1}\times0.02\sqrt{\frac{2kT}{m_0}}$$

$$=1.66\%$$

4-17

10 名学生参加一次测验，获得分数如下：83，62，81，77，68，92，88，83，72，75. 这些分数的平均值、方均根值和最概然值分别为多少？

解　平均值和方均根值分别为

$$\bar{x}=\frac{83+62+81+77+68+92+88+83+72+75}{10}=78.1$$

$$x_{\mathrm{rms}}=\sqrt{\frac{83^2+62^2+81^2+77^2+68^2+92^2+88^2+83^2+72^2+75^2}{10}}=78.6$$

最概然值为 83，因为这个分数出现两次，而其他分数均出现一次.

4-18

（1）火星质量为地球质量的 0.108 倍，半径为地球半径的 0.531 倍，火星表面的逃逸速度为多大？按火星表面温度为 240 K 计算，火星表面的 CO_2 和 H_2 分子的方均根速率各为多大？以此说明火星表面有 CO_2 而无 H_2.（实际上，火星表面大气中 96%是 CO_2.）

（2）木星质量为地球质量的 318 倍，半径为地球半径的 11.2 倍，木星表面的逃逸速度为多大？以木星表面温度为 130 K 计算，木星表面 H_2 分子的方均根速率为多大？以此说明木星表面有 H_2.（实际上木星表面大气 78%的质量为 H_2，其余的是 He，其上盖有冰云，木星内部为液态甚至固态氢.）

解　（1）由

$$\frac{1}{2}mv_{地球}^2-\frac{Gm_{地球}m}{R_{地球}}=0$$

得地球表面的逃逸速度为

$$v_{地球}=\sqrt{\frac{2Gm_{地球}}{R_{地球}}}=11.2\times10^3\ \mathrm{m/s}$$

火星表面的逃逸速度为

$$v_{火星}=\sqrt{\frac{2Gm_{火星}}{R_{火星}}}=\sqrt{\frac{2\times0.108\times Gm_{地球}}{0.531R_{地球}}}$$

$$=0.451v_{地球}=5.05\times10^3\ \mathrm{m/s}$$

火星表面的 CO_2 和 H_2 分子的方均根速率分别为

$$v_{\mathrm{rms},CO_2}=\sqrt{\frac{3RT}{M_{CO_2}}}=\sqrt{\frac{3\times8.31\times240}{44\times10^{-3}}}\ \mathrm{m/s}$$

$$=3.69\times10^2\ \mathrm{m/s}$$

$$v_{\mathrm{rms},H_2}=\sqrt{\frac{3RT}{M_{H_2}}}=\sqrt{\frac{3\times8.31\times240}{2\times10^{-3}}}\ \mathrm{m/s}$$

$$=1.73\times10^3\ \mathrm{m/s}$$

由于 H_2 分子的方均根速率更加接近火星表面的逃逸速度，而 CO_2 分子的方均根速率却远小于火星表面的逃逸速度，所以火星表面有 CO_2 而无 H_2.

（2）木星表面的逃逸速度为

$$v_{木星}=\sqrt{\frac{2Gm_{木星}}{R_{木星}}}=\sqrt{\frac{2\times318\times Gm_{地球}}{11.2R_{地球}}}$$

$$=5.33v_{地球}=5.97\times10^4\ \mathrm{m/s}$$

木星表面的 H_2 分子的方均根速率为

$$\bar{v}_{\mathrm{rms},H_2}=\sqrt{\frac{3RT}{M_{H_2}}}=\sqrt{\frac{3\times8.31\times130}{2\times10^{-3}}}\ \mathrm{m/s}$$

$=1.27\times10^{3}\ \mathrm{m/s}$

由于 H_2 分子的方均根速率比木星表面的逃逸速度小得多,所以木星表面有 H_2.

4-19

悬浮在空气中的烟粒在空气分子的无规则碰撞下做布朗运动,这一情形可以用普通显微镜观察到. 烟粒和空气同处于温度为 300 K 的平衡态,一颗烟粒的质量为 2.0×10^{-16} kg,求它悬浮在空气中的方均根速率. 此烟粒如果悬浮在 300 K 的氢气中,它的方均根速率是否与在空气中的不同?

解 烟粒悬浮在空气中的方均根速率

$$v_{\mathrm{rms}}=\sqrt{\frac{3kT}{m_0}}=\sqrt{\frac{3\times1.38\times10^{-23}\times300}{2.0\times10^{-16}}}\ \mathrm{m/s}$$
$$=7.9\times10^{-3}\ \mathrm{m/s}$$

烟粒的方均根速率只与自身质量和分子热运动程度(温度)有关,所以悬浮在氢气中和悬浮在空气中的方均根速率没有什么不同.

4-20

令 $\varepsilon=\frac{1}{2}m_0v^2$ 表示分子的平动动能. 根据麦克斯韦速率分布律证明,平动动能处于 $\varepsilon\sim\varepsilon+\mathrm{d}\varepsilon$ 区间内的分子数占总分子数的比例为

$$f(\varepsilon)\,\mathrm{d}\varepsilon=\frac{2}{\sqrt{\pi}(kT)^{3/2}}\varepsilon^{1/2}\mathrm{e}^{-\varepsilon/kT}\mathrm{d}\varepsilon$$

证明 对 $\varepsilon=\frac{1}{2}m_0v^2$ 求微分,得 $\mathrm{d}\varepsilon=m_0v\mathrm{d}v$, $\mathrm{d}v=\mathrm{d}\varepsilon/m_0v=(2m_0\varepsilon)^{-1/2}\mathrm{d}\varepsilon$. 代入麦克斯韦速率分布函数,得平动动能处于 $\varepsilon\sim\varepsilon+\mathrm{d}\varepsilon$ 区间内(速率处于 $v\sim v+\mathrm{d}v$ 内)的分子数占总分子数的比例为

$$f(\varepsilon)\,\mathrm{d}\varepsilon=\frac{\mathrm{d}N_\varepsilon}{N}=\frac{\mathrm{d}N_v}{N}=f(v)\,\mathrm{d}v$$
$$=f(v)(2m_0\varepsilon)^{-1/2}\mathrm{d}\varepsilon$$
$$=4\pi\left(\frac{m_0}{2\pi kT}\right)^{3/2}v^2\mathrm{e}^{-\frac{m_0v^2}{2kT}}(2m_0\varepsilon)^{-1/2}\mathrm{d}\varepsilon$$
$$=\frac{2}{\sqrt{\pi}(kT)^{3/2}}\varepsilon^{1/2}\mathrm{e}^{-\varepsilon/kT}\mathrm{d}\varepsilon$$

4-21

根据麦克斯韦速度分布律,求气体分子速度分量 v_x 的平方的平均值,并由此推出气体分子每个平动自由度的平均平动动能.

解 由麦克斯韦速度分布律

$$g(v_x)\,\mathrm{d}v_x=\left(\frac{m_0}{2\pi kT}\right)^{1/2}\mathrm{e}^{-\frac{m_0v_x^2}{2kT}}\mathrm{d}v_x$$

可求分子速度分量 v_x 的平方的平均值

$$\overline{v_x^2}=\int_{-\infty}^{\infty} v_x^2 g(v_x)\,\mathrm{d}v_x=\frac{kT}{m_0}$$

所以气体分子每个平动自由度的平均平动能就为 $\frac{1}{2}m_0\overline{v_x^2}=\frac{1}{2}kT$，此即能量按自由度均分定理.

4-22

假设地球大气是等温的，温度为 27 ℃，地球表面的大气压强 $p=1.01\times10^5$ Pa，已知空气的摩尔质量 $M=29$ g/mol，求地面上 10 km 高度处的大气压强.

解　由等温气压公式，得地面上 10 km 距离处的大气压强为

$$p(z)=p_0\exp\left(-\frac{m_0gz}{kT}\right)=1.01\times10^5\ \text{Pa}\times\exp\left(-\frac{29\times10^{-3}\times9.8\times10^4}{6.02\times10^{23}\times1.38\times10^{-23}\times300}\right)=3.2\times10^4\ \text{Pa}$$

4-23

一飞机起飞前机舱中压力计的读数为 1.01×10^5 Pa，飞到一定高度后压力计读数降为 5.1×10^4 Pa. 设大气温度均为 27 ℃，已知空气的摩尔质量 $M=29$ g/mol. 求此时飞机的飞行高度.

解　由等温气压公式，地面上高度为 z 处的大气压强为

$$p=p_0\exp\left(-\frac{m_0gz}{kT}\right)$$

由上式，得飞机的飞行高度为

$$z=-\frac{kT}{m_0g}\cdot\ln\frac{p}{p_0}$$

$$=-\frac{6.02\times10^{23}\times1.38\times10^{-23}\times300}{29\times10^{-3}\times9.8}\ln\left(\frac{5.1\times10^4}{1.01\times10^5}\right)\ \text{m}$$

$$=6.0\times10^3\ \text{m}$$

4-24

雄性果蝇成蛹发育的反应率依赖于温度. 设发育的反应率符合玻耳兹曼分布律，发育的激活能为 2.81×10^{-19} J. 果蝇原来温度为 10.00 ℃，接着温度升高. 如果发育率上升 3.5%，那么它的温度上升多少？

解　雄性果蝇成蛹可看作化学反应，根据玻耳兹曼分布律，成蛹发育的反应率为 $\mathrm{e}^{-\varepsilon_a/kT}$. 所以温度升高后与升高前反应率的比值为

$$\frac{\mathrm{e}^{-\varepsilon_a/kT_2}}{\mathrm{e}^{-\varepsilon_a/kT_1}}=\exp\left[-\frac{\varepsilon_a}{k}\left(\frac{1}{T_2}-\frac{1}{T_1}\right)\right]=1.035$$

代入激活能 $\varepsilon_a=2.81\times10^{-19}$ J 和 $T_1=(273.15+10.00)$ K $=283.15$ K，得 $T_2=283.29$ K，温度升高了 0.14 ℃. 可见生命活动对温度是相当敏感的.

4-25

范德瓦耳斯方程中的压强修正项 $\nu^2\dfrac{a}{V^2}=\dfrac{a}{V_m^2}$ 称为内压强（V_m 为气体的摩尔体积）. 对于 CO_2 和 H_2 气体，常量 a 分别为 3.64×10^5 Pa · L²/mol² 和 2.48×10^4 Pa · L²/mol². 计算这两种气体分别在 V_m/V_{m0} 为 1、0.01 和 0.001 时的内压强，其中 $V_{m0}=22.4$ L/mol 为标准状态下气体的摩尔体积.

解 当气体处于标准状态，即 $V_m=22.4$ L/mol 时 CO_2 和 H_2 气体的内压强分别为

$$p_{m,CO_2}=\frac{a_{CO_2}}{V_m^2}=\frac{3.64\times10^5}{22.4^2}\ \text{Pa}=7.25\times10^2\ \text{Pa}$$
$$=7.16\times10^{-3}\ \text{atm}$$
$$p_{m,H_2}=\frac{a_{H_2}}{V_m^2}=\frac{2.48\times10^4}{22.4^2}\ \text{Pa}=4.94\times10\ \text{Pa}$$
$$=4.88\times10^{-4}\ \text{atm}$$

当 $V_m=0.01V_{m0}$ 时，内压强为标准状态时的 10^4 倍，即 71.6 atm 和 4.88 atm；当 $V_m=0.001V_{m0}$ 时，内压强为标准状态时的 10^6 倍，即 7 160 atm 和 488 atm. 可见，与理想气体相比，气体分子越密集，压强修正越大；分子质量越大，压强修正越大.

4-26

容器容积为 20 L，其中装有 1.1 kg 的 CO_2 气体，温度为 17 ℃，试用范德瓦耳斯方程求气体的压强（取 $a=3.64\times10^5$ Pa · L²/mol²，$b=0.042\ 7$ L/mol），并与用理想气体物态方程求出的结果相比较.

解 气体的物质的量 $\nu=1\ 100/44$ mol $=25$ mol，由范德瓦耳斯方程

$$\left(p+\nu^2\frac{a}{V^2}\right)(V-\nu b)=\nu RT$$

得

$$p=\frac{\nu RT}{V-\nu b}-\nu^2\frac{a}{V^2}=\left(\frac{25\times8.31\times290}{20\times10^{-3}-25\times0.042\ 7\times10^{-3}}-25^2\times\frac{3.64\times10^5}{20^2}\right)\ \text{Pa}=2.61\times10^6\ \text{Pa}=25.8\ \text{atm}$$

由理想气体物态方程

$$p'V=\nu RT$$

得

$$p'=\frac{\nu RT}{V}=\frac{25\times8.31\times290}{20\times10^{-3}}\ \text{Pa}=3.01\times10^6\ \text{Pa}=29.7\ \text{atm}$$

由于内压强的存在，气体压强比其当作理想气体时的压强低.

4-27

氮气分子的有效直径为 3.8×10^{-10} m，求它在标准状态下的平均自由程和连续两次碰撞间的平均时间间隔.

解　由平均自由程公式,得氮气分子在标准状态下的平均自由程

$$\bar{\lambda}=\frac{kT}{\sqrt{2}\pi d^2 p}=\frac{1.38\times10^{-23}\times273}{\sqrt{2}\times3.14\times(3.8\times10^{-10})^2\times1.01\times10^5}\ \text{m}=5.8\times10^{-8}\ \text{m}$$

平均速率　$\bar{v}=\sqrt{\frac{8RT}{\pi M}}=\sqrt{\frac{8\times8.31\times273}{3.14\times28\times10^{-3}}}\ \text{m/s}=454\ \text{m/s}$

连续两次碰撞间的平均时间间隔

$$\bar{t}=\frac{1}{\bar{Z}}=\frac{\bar{\lambda}}{\bar{v}}=\frac{5.8\times10^{-8}}{454}\ \text{s}=1.3\times10^{-10}\ \text{s}$$

4-28

热水瓶胆的两壁间距为 4 mm,其间充满压强为 0.1 Pa 的氮气,氮气分子的有效直径为 3.8×10^{-10} m. 求温度为 27 ℃时氮气分子在热水瓶胆中的平均自由程的大小?

解　由平均自由程公式,得

$$\bar{\lambda}=\frac{kT}{\sqrt{2}\pi d^2 p}=\frac{1.38\times10^{-23}\times300}{\sqrt{2}\times3.14\times(3.8\times10^{-10})^2\times0.1}\ \text{m}=6.5\times10^{-2}\ \text{m}=65\ \text{mm}$$

由于计算出的平均自由程大于热水瓶胆的两壁间距,因此氮气分子在热水瓶胆中实际的平均自由程就等于热水瓶胆的两壁间距,即 $\bar{\lambda}=4$ mm.

4-29

电子管的线度为 10^{-2} m,其中真空度为 1.33×10^{-3} Pa,设空气分子的有效直径为 3.0×10^{-10} m,求 300 K 时空气分子的数密度、平均自由程和平均碰撞频率.

解　由 $p=nkT$,得电子管内空气分子的数密度为

$$n=\frac{p}{kT}=\frac{1.33\times10^{-3}}{1.38\times10^{-23}\times300}\ \text{m}^{-3}=3.2\times10^{17}\ \text{m}^{-3}$$

由平均自由程公式,得

$$\bar{\lambda}=\frac{kT}{\sqrt{2}\pi d^2 p}=\frac{1.38\times10^{-23}\times300}{\sqrt{2}\times3.14\times(3.0\times10^{-10})^2\times1.33\times10^{-3}}\ \text{m}=7.8\ \text{m}$$

由于计算出的平均自由程远大于电子管的线度 10^{-2} m,因此气体分子实际的平均自由程就等于电子管的线度,即 $\bar{\lambda}=0.01$ m.

由平均速率公式,得

$$\bar{v}=\sqrt{\frac{8RT}{\pi M}}=\sqrt{\frac{8\times8.31\times300}{3.14\times29\times10^{-3}}}\ \text{m/s}=468\ \text{m/s}$$

所以平均碰撞频率为

$$\bar{Z}=\frac{\bar{v}}{\bar{\lambda}}=\frac{468}{0.01}\ \text{s}^{-1}=4.7\times10^{4}\ \text{s}^{-1}$$

管内的空气分子主要与管壁发生碰撞.

第5章 热力学基础

5.1 内容提要

1. 准静态过程

若系统状态变化的过程进行得无限缓慢，过程中的每一个中间状态非常接近平衡态，则该过程为准静态过程. 准静态过程是为了研究热力学过程所遵循的宏观规律而引入的理想化模型. 准静态过程可用状态图上的过程曲线来描述.

2. 热力学第一定律

系统从外界吸收的热量等于系统内能的增量和系统对外做功的总和，即

$$Q=\Delta E+W$$

对于一个无限小的过程，热力学第一定律可写成微分形式

$$đQ=\mathrm{d}E+đW$$

内能是系统状态的函数，是状态量，内能增量 $\mathrm{d}E$ 可理解成内能这个状态函数的全微分，与过程无关. 而系统和外界交换的热量和功都与过程有关，是过程量. 微量功和微量传热分别写成 $đW$ 和 $đQ$，以与状态函数的全微分相区别.

热力学第一定律适用于任意热力学系统的任意热力学过程，无论它是准静态过程还是非静态过程. 热力学第一定律是能量守恒与转化定律在热现象中的表现形式.

3. 功和热量

体积功：当系统的体积发生变化时，系统就对外界做体积功. 当系统经准静态过程，体积由 V_1 变化到 V_2 的时，系统对外界所做的体积功为

$$W=\int_{V_1}^{V_2} p\mathrm{d}V$$

在准静态过程中体积功的大小等于 $p-V$ 图中过程曲线下的曲边梯形面积. 当系统的体积单调增大时，体积功为正，系统对外界做正功；当系统体积单调减小时，体积功为负，外界对系统做正功.

热量：系统和外界存在温度差时所传递的内能. 当系统从外界吸热时，$Q>0$；当系统向外界放热时，$Q<0$.

热量和功是系统状态变化过程中存在的两种不同的能量传递形式. 微观上，做功表现为分子的规则运动(例如，机械运动)向分子的无规则热运动能量的转化；热传递则表现为分子的无规

则热运动间能量的传递. 做功和传热的大小不但与系统的初、末状态有关,还与变化的过程有关,它们都是过程量.

4. 热容

热容:热力学过程中系统升高单位温度时与外界交换热量的多少. 由于系统和外界交换热量的多少与具体的热力学过程有关,因此系统或物质的热容也必须与具体的过程联系起来.

分子自由度数为 i 的理想气体的不同等值过程的摩尔热容:

摩尔定容热容 $C_{V,m}=\frac{1}{\nu}\left(\frac{dQ}{dT}\right)_V=\frac{1}{\nu}\frac{dE}{dT}=\frac{i}{2}R$

摩尔定压热容 $C_{p,m}=\frac{1}{\nu}\left(\frac{dQ}{dT}\right)_p=\left(\frac{i}{2}+1\right)R$

理想气体的内能变化 $\Delta E=\nu C_{V,m}\Delta T$

迈耶公式 $C_{p,m}=C_{V,m}+R$

比热容比 $\gamma=\frac{C_{p,m}}{C_{V,m}}=\frac{i+2}{i}$

5. 三个等值过程(准静态过程)

等容过程

$$\frac{p}{T}=C_1,\quad W=0,\quad Q=\Delta E=\frac{i}{2}\nu R\Delta T$$

等压过程

$$\frac{V}{T}=C_2,\quad \Delta E=\frac{i}{2}\nu R\Delta T,\quad W=p\Delta V=\nu R\Delta T,\quad Q=\frac{i+2}{2}\nu R\Delta T$$

等温过程

$$pV=C_3,\quad \Delta E=0,\quad Q=W=\nu RT\ln\frac{V_2}{V_1}$$

6. 绝热过程

$$Q=0$$

理想气体准静态绝热过程:

$$pV^{\gamma}=C_4,\quad TV^{\gamma-1}=C_4',\quad p^{\gamma-1}T^{-\gamma}=C_4''$$

$$\Delta E=-W=\frac{i}{2}\nu R(T_2-T_1)=\frac{1}{\gamma-1}(p_2V_2-p_1V_1)$$

绝热自由膨胀过程:非准静态过程,初、末态内能相等. 对理想气体,初、末态温度相等,但不是等温过程;对真实气体,初、末态温度不等.

节流过程:气体通过多孔塞后,压强降低的过程,为非准静态过程. 实际气体经节流过程温度会发生改变,这种现象称为焦耳-汤姆孙效应. 节流制冷效应可用于液化气体或制冷.

7. 循环过程

热循环:系统从高温热源吸热 Q_1,对外做功 W,并向低温热源放热 Q_2,其效率为

$$\eta=\frac{W}{Q_1}=1-\frac{Q_2}{Q_1}$$

制冷循环：系统接受外界的功 W，从低温热源吸热 Q_2，并向高温热源放热 Q_1，其制冷系数为

$$e=\frac{Q_2}{W}=\frac{Q_2}{Q_1-Q_2}$$

卡诺循环：以理想气体为工作物质，由两个等温过程和两个绝热过程组成的热循环. 卡诺循环的效率只由两个热源的热力学温度决定

$$\eta_C=1-\frac{T_2}{T_1}$$

对于所有工作在同样高温热源和同样低温热源间的任意热机，上式给出了效率的最大值.

卡诺制冷循环的制冷系数

$$e_C=\frac{T_2}{T_1-T_2}$$

它也是工作在同样高温热源和同样低温热源间的各种制冷机的制冷系数的最大值，此极限值取决于低温热源的热力学温度和两热源的温度差.

8. 自然过程的方向性

一切实际热力学过程（宏观自然过程）都沿一定方向进行，是不可逆过程，其逆过程不能自动进行. 典型的不可逆过程有功热转化、有限温差热传导和气体绝热自由膨胀等. 一切不可逆的自发宏观过程是相互依存、互相等价的.

9. 可逆过程与不可逆过程

系统在热力学过程中从状态 A 变为状态 B，同时对环境没有产生影响. 如果存在这样的过程，使系统反向经历上述过程的每一个中间状态，从状态 B 返回到状态 A，同时对环境也没有产生影响，那么从状态 A 到状态 B 的过程称为可逆过程；如果这个从状态 B 返回到状态 A 的过程对环境产生了影响，那么从状态 A 到状态 B 的过程称为不可逆过程. 可逆过程是一个理想化模型，宏观自然过程都是不可逆过程.

无摩擦的准静态做功过程是可逆过程，等温热传导过程是可逆过程. 如果外界条件改变无穷小量就可以使一个过程反向进行，那么该过程就是可逆过程.

10. 热力学第二定律

关于宏观自然过程方向性的规律.

克劳修斯表述：热量不能由低温物体传到高温物体而不产生其他变化.

开尔文表述：不能从单一热源取热，使之全部转化为有用功而不引起其他变化.

微观意义：宏观自然过程总是沿着分子运动无序性增大的方向进行.

统计意义：宏观自然过程是由包含微观态数目少的宏观态向包含微观态数目多的宏观态转化的过程.

11. 熵

系统无序性的量度，是状态函数，具有可加性.

玻耳兹曼熵：$S=k\ln\Omega$，式中 Ω 为热力学概率，表示与宏观态对应的微观态数目.

克劳修斯熵：当系统由平衡态 1 变化到平衡态 2 时，熵的增量等于沿任意连接状态 1、2 的可逆过程的 $\frac{đQ}{T}$ 的积分

$$\Delta S=S_2-S_1=\int_1^2\frac{\text{đ}Q}{T}\quad(\text{可逆过程})$$

其微分形式为 $dS=\frac{\text{đ}Q}{T}$. 利用克劳修斯熵计算系统不同平衡态之间的熵变时，积分必须沿可逆过程进行. 若系统经历不可逆过程，则必须设计连接初、末态的可逆过程来计算熵变.

克劳修斯熵（宏观熵）只对系统的平衡态才有意义，它是系统平衡态的函数. 玻耳兹曼熵（微观熵）对任意宏观态，包括非平衡态，都有意义. 由于平衡态是热力学概率 Ω 最大的状态，因此克劳修斯熵是玻耳兹曼熵的最大值. 玻耳兹曼熵的意义更为普遍.

12. 卡诺定理

（1）在相同的高温热源和相同的低温热源之间工作的一切不可逆热机，其效率不可能大于卡诺热机的效率.

（2）在相同的高温热源和相同的低温热源之间工作的一切卡诺热机，其效率都相等，与工作物质无关.

13. 熵增原理

孤立系统的熵永不减少.

$$\Delta S=S_2-S_1\geqslant 0\quad(\text{孤立系统})$$

其中"="适用于孤立系统的可逆过程，">"适用于孤立系统的不可逆过程. 此式表明，孤立系统中发生的过程总是沿着熵不减少的方向进行，如果过程可逆，则熵不变；如果过程不可逆，则熵增加.

非孤立系统的熵没有限定，既可以增加也可以减少、不变，最终结果视具体情况而定.

5.2 习题解答

5-1

56 g 的氮气温度由 0 ℃升至 100 ℃，求系统沿（1）体积不变和（2）压强不变的这两个过程变化时各吸收多少热量、各增加多少内能、对外各做多少功.

解　（1）体积不变，所以系统对外做功 $W=0$.

由热力学第一定律，系统吸收的热量等于内能增量，即

$$Q_V=\Delta E=\nu C_{V,\text{m}}\Delta T=\frac{m}{M}\cdot\frac{i}{2}R\Delta T$$

$$=\frac{56}{28}\times\frac{5}{2}\times 8.31\times 100\ \text{J}=4.16\times 10^3\ \text{J}$$

（2）压强不变的过程中系统吸收的热量

$$Q_p=\nu C_{p,\text{m}}\Delta T=\frac{m}{M}\cdot\frac{i+2}{2}R\Delta T$$

$$=\frac{56}{28}\times\frac{7}{2}\times 8.31\times 100\ \text{J}=5.82\times 10^3\ \text{J}$$

因为两个过程的初、末态温度均相同，所以内能变化相同，压强不变的过程中内能增量也为

$$\Delta E=4.16\times10^3\ \text{J}$$

由热力学第一定律,得对外做功

$$W_p=Q_p-\Delta E=(5.82\times10^3-4.16\times10^3)\ \text{J}=1.66\times10^3\ \text{J}$$

5-2

20 g 的氦气在压强不变的条件下吸收了 4×10^3 J 的热量,吸热前其温度是 300 K,问其末态的温度是多少?

解 压强不变的条件下吸收的热量为

$$Q=\nu C_{p,\mathrm{m}}\Delta T=\frac{m}{M}\cdot\frac{i+2}{2}R\cdot\Delta T$$

$$=\frac{20}{4}\times\frac{5}{2}\times8.31\ \text{J/K}\times\Delta T=4\times10^3\ \text{J}$$

因此有

$$\Delta T=38.5\ \text{K}$$

所以末态温度是

$$T_2=T_1+\Delta T=(300+38.5)\ \text{K}=338.5\ \text{K}$$

5-3

一定量的空气,在一个大气压下吸收了 1.71×10^3 J 的热量,体积从 $1.0\times10^{-2}\ \text{m}^3$ 膨胀到 $1.5\times10^{-2}\ \text{m}^3$,问空气对外做了多少功?其内能改变为多少?

解 空气对外做功为

$$W=p\Delta V=[1.013\times10^5\times(1.5-1.0)\times10^{-2}]\ \text{J}=5.07\times10^2\ \text{J}$$

由热力学第一定律,得内能改变

$$\Delta E=Q-W=(1.71\times10^3-5.07\times10^2)\ \text{J}=1.20\times10^3\ \text{J}$$

5-4

压强为 1.013×10^5 Pa 时,1 mol 的水在 100 ℃时变成水蒸气,它的内能增加了多少?已知在此压强和温度下,水和水蒸气的摩尔体积分别为 $V_{\mathrm{L}}=18.8\ \text{cm}^3/\text{mol}$, $V_{\mathrm{G}}=3.01\times10^4\ \text{cm}^3/\text{mol}$. 水的汽化热 $L=4.06\times10^4$ J/mol.

解 根据题意,水汽化过程中温度和压强都不变,系统从外界吸热,体积增大,从而对外做功. 虽然温度不变,但发生了相变,因此内能有变化(注意内能是温度的单值函数只适用于理想气体).

汽化过程中系统从外界吸收的热量为

$$Q=\nu L=1\times4.06\times10^4\ \text{J}=4.06\times10^4\ \text{J}$$

汽化过程中系统对外界所做的功为

$$W=p(V_{\mathrm{G}}-V_{\mathrm{L}})=[1.013\times10^5\times(3.01\times10^4-18.8)\times10^{-6}]\ \text{J}=3.05\times10^3\ \text{J}$$

由热力学第一定律,系统内能的增量为

$$\Delta E=Q-W=(4.06\times10^4-3.05\times10^3)\ \text{J}=3.76\times10^4\ \text{J}$$

5-5

设气体满足范德瓦耳斯方程$\left(p+\nu^2\dfrac{a}{V^2}\right)(V-\nu b)=\nu RT$,若该气体经等温过程体积由 V_1 膨胀到 V_2,求在该过程中气体对外所做的体积功.

解 根据体积功的定义,可得

$$W=\int_{V_1}^{V_2}p\mathrm{d}V=\int_{V_1}^{V_2}\left(\frac{\nu RT}{V-\nu b}-\nu^2\frac{a}{V^2}\right)\mathrm{d}V=\nu RT\ln\frac{V_2-\nu b}{V_1-\nu b}-a\nu^2\frac{V_2-V_1}{V_1V_2}$$

当 $a=0$、$b=0$ 时,就得理想气体体积功表达式.

5-6

如图 5-1 所示,在一密闭的真空气缸内有一个弹性系数为 k 的轻弹簧,弹簧上端固定在气缸顶部,下端吊着一个质量可以忽略的活塞,活塞与气缸之间无缝隙、无摩擦,弹簧处于原长时,活塞恰能与气缸底部接触. 当活塞下面的空间引进温度为 T_1,物质的量为 ν,摩尔定容热容为 $C_{V,\mathrm{m}}$ 的理想气体时,活塞上升的高度为 h_1. 此后加热,气体吸收热量 Q,求气体的最终温度.

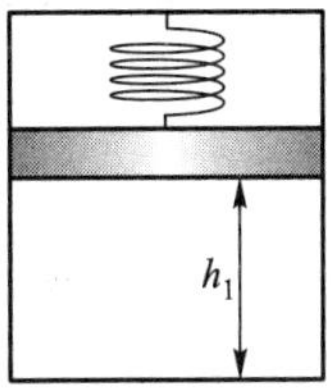

图 5-1 习题 5-6 用图

解 设活塞面积为 S,相对于气缸底部的高度为 y,则气体的体积为 $V=Sy$. 气体和弹簧对活塞作用满足平衡条件 $pS=ky$,因此有 $pV=ky^2$.

理想气体吸收热量 Q 后内能增量为

$$\Delta E=\int_{T_1}^{T_2}\nu C_{V,\mathrm{m}}\mathrm{d}T=\nu C_{V,\mathrm{m}}(T_2-T_1)$$

对外做体积功

$$W=\int_{V_1}^{V_2}p\mathrm{d}V=\int_{h_1}^{h_2}pS\mathrm{d}y=\int_{h_1}^{h_2}ky\mathrm{d}y$$

$$=\frac{1}{2}k(h_2^2-h_1^2)=\frac{1}{2}(p_2V_2-p_1V_1)=\frac{1}{2}\nu R(T_2-T_1)$$

利用热力学第一定律,得

$$Q=\Delta E+W=\nu C_{V,\mathrm{m}}(T_2-T_1)+\frac{1}{2}\nu R(T_2-T_1)$$

$$=\nu\left(C_{V,\mathrm{m}}+\frac{1}{2}R\right)(T_2-T_1)$$

所以最终温度为

$$T_2=T_1+\frac{2Q}{\nu(2C_{V,\mathrm{m}}+R)}$$

5-7

一容器中装有未知的理想气体,可能是氢气,也可能是氦气. 在温度为 298 K 时取出试样,使其从 10 L 绝热膨胀到 12 L,温度降到 277 K,试判断容器中是什么气体?

解 绝热膨胀,由过程方程$\dfrac{T_1}{T_2}=\left(\dfrac{V_2}{V_1}\right)^{\gamma-1}$,得

$$\gamma=1+\ln\frac{T_1}{T_2}\Big/\ln\frac{V_2}{V_1}=1+\ln\frac{298}{277}\Big/\ln\frac{12}{10}=1.4$$

因为双原子分子的比热容比为 1.4,所以可判断容器中的气体为氢气.

5-8

将体积为 $1.0\times10^{-4}\ \mathrm{m}^3$、压强为 $1.01\times10^5\ \mathrm{Pa}$ 的氢气绝热压缩至体积为 $2.0\times10^{-5}\ \mathrm{m}^3$ 的状态，求压缩过程中外界对气体所做的功.

解 由绝热过程方程 $p_1V_1^\gamma=p_2V_2^\gamma$，得

$$p_2=\frac{p_1V_1^\gamma}{V_2^\gamma}=1.01\times10^5\times\left(\frac{1.0\times10^{-4}}{2.0\times10^{-5}}\right)^{1.4}\ \mathrm{Pa}$$

$$=9.61\times10^5\ \mathrm{Pa}$$

根据热力学第一定律，绝热压缩过程中气体对外界所做的功

$$W=-\Delta E=-\nu\frac{i}{2}R(T_2-T_1)$$

$$=\frac{i}{2}(p_1V_1-p_2V_2)$$

$$=\frac{5}{2}\times(1.01\times10^5\times1.0\times10^{-4}-9.61\times10^5\times2.0\times10^{-5})\ \mathrm{J}$$

$$=-22.8\ \mathrm{J}$$

所以压缩过程中外界对气体所做的功为 22.8 J.

5-9

4 mol 的氧气在 300 K 时的体积为 $0.1\ \mathrm{m}^3$，分别经（1）等压膨胀，（2）等温膨胀，（3）绝热膨胀，最后体积都变为 $0.5\ \mathrm{m}^3$，分别计算这三个过程中氧气对外所做的功. 在同一个 $p-V$ 图上画出这三个过程的过程曲线，并说明它们为什么不同.

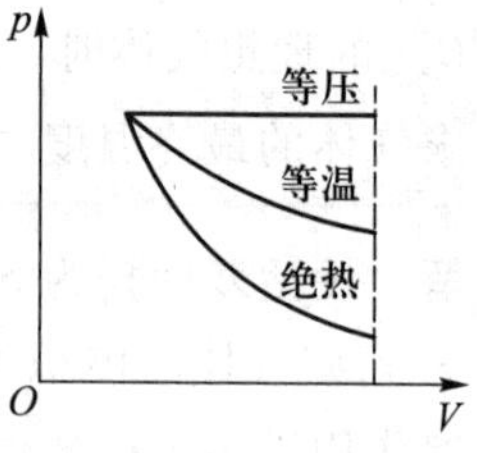

图 5-2 习题 5-9 用图

解 （1）等压膨胀，由过程方程 $\dfrac{V_1}{T_1}=\dfrac{V_2}{T_2}$，得

$$T_2=\frac{V_2}{V_1}\cdot T_1=\frac{0.5}{0.1}\times300\ \mathrm{K}=1\ 500\ \mathrm{K}$$

氧气对外所做的功为

$$W=p(V_2-V_1)=\nu R(T_2-T_1)$$

$$=4\times8.31\times(1\ 500-300)\ \mathrm{J}=3.99\times10^4\ \mathrm{J}$$

（2）等温膨胀，氧气对外所做的功为

$$W=\nu RT\ln\frac{V_2}{V_1}=4\times8.31\times300\times\ln\frac{0.5}{0.1}\ \mathrm{J}$$

$$=1.60\times10^4\ \mathrm{J}$$

（3）绝热膨胀，由过程方程 $T_1V_1^{\gamma-1}=T_2V_2^{\gamma-1}$，得

$$T_2=T_1\cdot\left(\frac{V_1}{V_2}\right)^{\gamma-1}=300\times\left(\frac{0.1}{0.5}\right)^{1.4-1}\ \mathrm{K}=157.6\ \mathrm{K}$$

氧气对外所做的功为

$$W=-\Delta E=\nu\frac{i}{2}R(T_1-T_2)$$

$$=4\times\frac{5}{2}\times8.31\times(300-157.6)\ \mathrm{J}$$

$$=1.18\times10^4\ \mathrm{J}$$

等压过程压强不变，等温过程压强减小，绝热过程压强减小得更快. 在体积变化相同的情况下，由体积功的定义可知，气体做功依次减小. 图 5-2 是三个过程的 $p-V$ 图，可见过程曲线下曲边梯形的面积依次减小.

5-10

一定量的理想氢气由体积为 2.3 L，压强为 1.0 atm 的初态经多方过程变化到体积为 4.1 L、压强为 0.5 atm 的末态. 求：(1) 多方指数 n；(2) 内能的变化量；(3) 对外界所做的功；(4) 吸收的热量.

解 (1) 由多方过程方程 $p_1V_1^n=p_2V_2^n$，得多方指数

$$n=\ln\frac{p_1}{p_2}\bigg/\ln\frac{V_2}{V_1}=\ln\frac{1}{0.5}\bigg/\ln\frac{4.1}{2.3}=1.2$$

(2) 内能的变化为

$$\Delta E=\nu C_{V,\mathrm{m}}\Delta T=\frac{i}{2}\nu R(T_2-T_1)=\frac{i}{2}(p_2V_2-p_1V_1)$$

$$=\frac{5}{2}\times(0.5\times1.013\times10^5\times4.1\times10^{-3}-1.013\times10^5\times2.3\times10^{-3})\ \mathrm{J}$$

$$=-63.3\ \mathrm{J}$$

(3) 对外所做的功为

$$W=\frac{p_1V_1-p_2V_2}{n-1}$$

$$=\frac{1.013\times10^5\times2.3\times10^{-3}-0.5\times1.013\times10^5\times4.1\times10^{-3}}{1.2-1}\ \mathrm{J}$$

$$=126.6\ \mathrm{J}$$

(4) 由热力学第一定律，可得吸收的热量

$$Q=\Delta E+W=(-63.3+126.6)\ \mathrm{J}=63.3\ \mathrm{J}$$

5-11

如图 5-3 所示，气缸的侧壁绝热，上面有一个绝热活塞，底板可自由导热. 中间的隔板把气缸分为 A、B 两室，它们各盛有 1 mol 理想氮气. 现将 335 J 热量由底部缓缓传给气体，活塞始终保持 1 atm 的压强. 试求以下两种情况下 A、B 两室的温度变化量及净吸收的热量：(1) 隔板固定且导热；(2) 隔板可自由滑动且绝热.

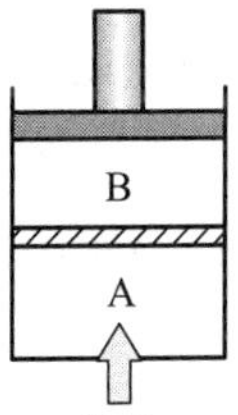

图 5-3 习题 5-11 用图

解 (1) 因为隔板可自由导热，所以 A、B 两室温度始终相等，温度变化 ΔT 也相等. 设 A 吸收热量 Q，向 B 中放出热量 Q'，所以 A 中气体发生等容过程，净吸热为

$$Q-Q'=C_{V,\mathrm{m}}\Delta T=\frac{5}{2}R\Delta T$$

B 中气体发生等压过程，净吸热为

$$Q'=C_{p,\mathrm{m}}\Delta T=\frac{7}{2}R\Delta T$$

两式相加，得温度变化为

$$\Delta T=\frac{Q}{6R}=\frac{335}{6\times8.31}\ \mathrm{K}=6.72\ \mathrm{K}$$

将 ΔT 代入以上两式，得 A 中气体的净吸热为

$$Q-Q'=\frac{5}{2}R\Delta T=\frac{5}{2}\times8.31\times6.72\ \mathrm{J}=140\ \mathrm{J}$$

B 中气体的净吸热为

$$Q'=\frac{7}{2}R\Delta T=\frac{7}{2}\times8.31\times6.72\ \mathrm{J}=195\ \mathrm{J}$$

(2) 因为隔板可自由滑动，所以 A、B 两室气体均为等压过程. 由于隔板绝热，所以 A 吸收的热量就等于由底部缓缓传给气体的热量，即

$$Q_{\mathrm{A}}=335\ \mathrm{J}$$

由
$$Q_A=C_{p,m}\Delta T_A=\frac{7}{2}R\Delta T$$
得 A 中气体的温度变化
$$\Delta T_A=\frac{Q_A}{\frac{7}{2}R}=\frac{335}{3.5\times8.31}\ \mathrm{K}=11.5\ \mathrm{K}$$
B 中气体为绝热过程,所以吸热
$$Q_B=0$$
B 中气体也为等压过程,由等压过程吸热公式,得温度变化 $\Delta T_B=0$.

两室内气体发生的热力学过程是这样的:A 吸热 Q_A,一部分使 A 中气体内能增加,温度升高,另一部分用于对外界(B 中气体)做功. B 中气体压强、温度不变,体积也不变,所以内能不变,且通过活塞对外做相同的功,因此总功为零. 实际上 B 中气体的状态没有变化,只是上移了一段距离.

5-12

如图 5-4 所示,容器被绝热、不漏气的活塞分成 A、B 两个部分,容器左端导热,其他部分绝热. 开始时左、右两侧分别充有标准状态下的理想氢气,容积均为 36 L. 从左端对 A 中气体加热,使活塞缓缓右移,直到 B 中气体容积变为 18 L. 求:(1) A 中气体末态温度和压强;(2) 外界传给 A 中气体的热量.

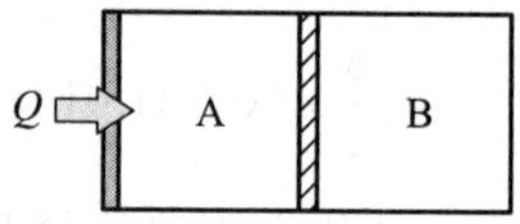

图 5-4 习题 5-12 用图

解 已知 A、B 中气体初态压强 $p_0=1$ atm,容积 $V_0=36$ L,温度 $T_0=273$ K,比热容比 $\gamma=C_{p,m}/C_{V,m}=(i+2)/i=7/5$.

(1) A 中气体不是等值过程,温度与压强不能直接确定. B 中气体是绝热过程,由其过程方程 $p_0V_0^\gamma=p_BV_B^\gamma$,得
$$p_B=p_0\left(\frac{V_0}{V_B}\right)^\gamma=1\times\left(\frac{36}{18}\right)^{7/5}\ \mathrm{atm}=2.64\ \mathrm{atm}$$
因左右通过活塞联系,故两端压强相等,A 中气体末态压强为
$$p_A=2.64\ \mathrm{atm}$$
又由 $\dfrac{p_0V_0}{T_0}=\dfrac{p_AV_A}{T_A}$,得 A 中气体末态温度
$$T_A=T_0\frac{p_AV_A}{p_0V_0}=273\times\frac{2.64\times(36+18)}{1\times36}\ \mathrm{K}=1\ 081\ \mathrm{K}$$
(2) A 中气体内能增量为
$$\begin{aligned}\Delta E_A&=\nu C_{V,m}(T_A-T_0)=\nu\frac{5}{2}R(T_A-T_0)\\&=\frac{5}{2}(p_AV_A-p_0V_0)\\&=2.5\times1.013\times10^5\times(2.64\times54-1\times36)/10^3\ \mathrm{J}\\&=2.70\times10^4\ \mathrm{J}\end{aligned}$$
B 中气体内能增量为
$$\begin{aligned}\Delta E_B&=\nu C_{V,m}(T_B-T_0)=\nu\frac{5}{2}R(T_B-T_0)\\&=\frac{5}{2}(p_BV_B-p_0V_0)\\&=2.5\times1.013\times10^5\times(2.64\times18-1\times36)/10^3\ \mathrm{J}\\&=0.29\times10^4\ \mathrm{J}\end{aligned}$$
B 中气体是绝热过程,因此 A 中气体对 B 中气体所做的功就等于 B 中气体内能增量,得
$$W=\Delta E_B=0.29\times10^4\ \mathrm{J}$$
由热力学第一定律,得外界传给 A 中气体的热量
$$\begin{aligned}Q&=\Delta E_A+W=(2.70\times10^4+0.29\times10^4)\ \mathrm{J}\\&=2.99\times10^4\ \mathrm{J}\end{aligned}$$

5-13

图 5-5 中 $abcda$ 方形回线表示 1 mol 理想气体氦的循环过程，整个过程由两条等压线和两条等容线组成. 求循环效率.

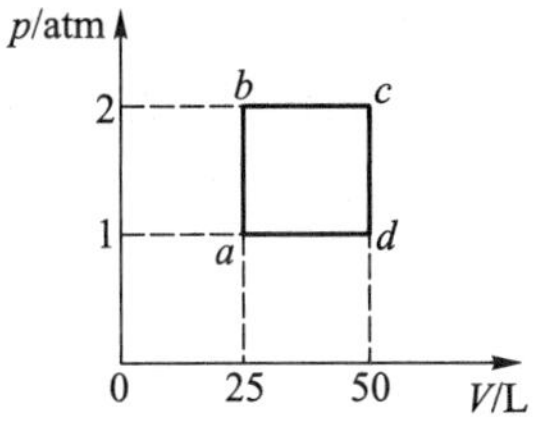

图 5-5 习题 5-13 用图

解 根据理想气体过程方程 $\frac{pV}{T}=C$，结合图 5-5 所示，可知状态 a、b、c、d 的温度之比为

$$T_1:T_2:T_3:T_4=p_1V_1:p_2V_2:p_3V_3:p_4V_4$$
$$=1:2:4:2$$

故 $T_2=2T_1$，$T_3=4T_1$，$T_4=2T_1$. 氦分子是单原子分子，摩尔定容热容和摩尔定压热容分别为 $C_{V,\mathrm{m}}=\frac{3}{2}R$ 和 $C_{p,\mathrm{m}}=\frac{5}{2}R$. 各过程的热量传递如下：

等容过程 ab 吸热

$$Q_{12}=C_{V,\mathrm{m}}\Delta T_{12}=\frac{3}{2}R(T_2-T_1)=\frac{3}{2}RT_1$$

等压过程 bc 吸热

$$Q_{23}=C_{p,\mathrm{m}}\Delta T_{23}=\frac{5}{2}R(T_3-T_2)=5RT_1$$

等容过程 cd 放热

$$Q_{34}=C_{V,\mathrm{m}}\Delta T_{34}=\frac{3}{2}R(T_4-T_3)=-3RT_1$$

等压过程 da 放热

$$Q_{41}=C_{p,\mathrm{m}}\Delta T_{41}=\frac{5}{2}R(T_1-T_4)=-\frac{5}{2}RT_1$$

所以循环效率为

$$\eta=1-\frac{Q_{放}}{Q_{吸}}=1-\frac{|Q_{34}+Q_{41}|}{|Q_{12}+Q_{23}|}=1-\frac{3RT_1+5RT_1/2}{3RT_1/2+5RT_1}$$
$$=15.4\%$$

5-14

理想气体经历如图 5-6 所示循环，其中 bc 和 da 为绝热过程. 已知 $T_c=300\ \mathrm{K}$，$T_b=400\ \mathrm{K}$，求按此循环工作的热机的效率.

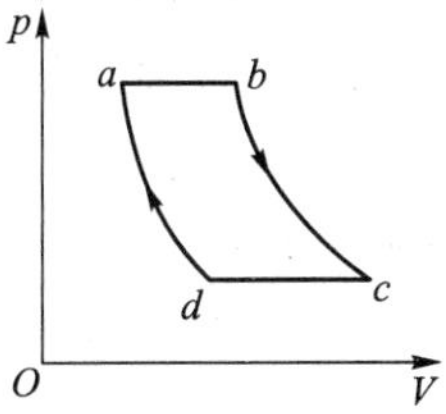

图 5-6 习题 5-14 用图

解 仅等压过程 ab 和 cd 有热量交换.

ab 是等压吸热过程

$$Q_{ab}=\nu C_{p,\mathrm{m}}(T_b-T_a)>0$$

cd 是等压放热过程

$$Q_{cd}=\nu C_{p,\mathrm{m}}(T_d-T_c)<0$$

所以效率为

$$\eta=1-\frac{Q_{放}}{Q_{吸}}=1-\frac{|Q_{cd}|}{|Q_{ab}|}=1-\frac{T_c-T_d}{T_b-T_a}$$

bc 为绝热过程

$$p_b^{\gamma-1}T_b^{-\gamma}=p_c^{\gamma-1}T_c^{-\gamma}$$

da 为绝热过程

$$p_a^{\gamma-1}T_a^{-\gamma}=p_d^{\gamma-1}T_d^{-\gamma}$$

又由 $p_a=p_b$，$p_c=p_d$，有

$$\frac{T_a}{T_b}=\frac{T_d}{T_c}$$

所以

$$\eta=1-\frac{T_c(1-T_d/T_c)}{T_b(1-T_a/T_b)}=1-\frac{T_c}{T_b}=1-\frac{300}{400}=25\%$$

效率的表达式虽然与卡诺循环类似，但不相同，因为 T_c 不是整个循环的最低温度.

5-15

一热机以理想气体为工作物质，其循环过程如图 5-7 所示，其中 bc 为绝热过程. 试证明此热机的效率为

$$\eta=1-\gamma\frac{V_2/V_1-1}{p_2/p_1-1}$$

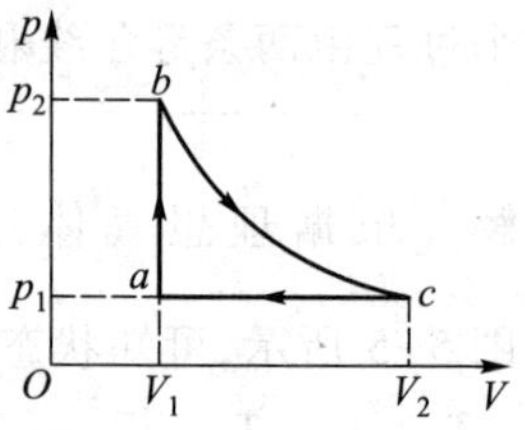

图 5-7 习题 5-15 用图

证明 仅等容过程 ab 和等压过程 ca 与外界有热量交换.

ab 是吸热过程

$$Q_{ab}=\nu C_{V,\mathrm{m}}(T_b-T_a)>0$$

ca 是放热过程

$$Q_{ca}=\nu C_{p,\mathrm{m}}(T_a-T_c)<0$$

此热机的效率为

$$\eta=1-\frac{Q_{放}}{Q_{吸}}=1-\frac{|Q_{ca}|}{|Q_{ab}|}=1-\frac{C_{p,\mathrm{m}}}{C_{V,\mathrm{m}}}\cdot\frac{T_c-T_a}{T_b-T_a}$$

$$=1-\gamma\frac{T_c/T_a-1}{T_b/T_a-1}$$

对等压过程 ca，有

$$\frac{T_c}{T_a}=\frac{V_2}{V_1}$$

对等容过程 ab，有

$$\frac{T_b}{T_a}=\frac{p_2}{p_1}$$

将上两式代入上面效率表达式，得热机的效率

$$\eta=1-\gamma\frac{V_2/V_1-1}{p_2/p_1-1}$$

5-16

1 mol 双原子分子理想气体做如图 5-8 所示循环，其中 ab 为通过 $p-V$ 图原点的直线，bc 为绝热线，ca 为等温线. 已知 a 点和 b 点温度的关系为 $T_2=2T_1$，且 $V_3=8V_1$. 求：(1) 各过程的功、内能增量和所传递的热量(用 T_1 和已知常量表示)；(2) 此循环的效率.

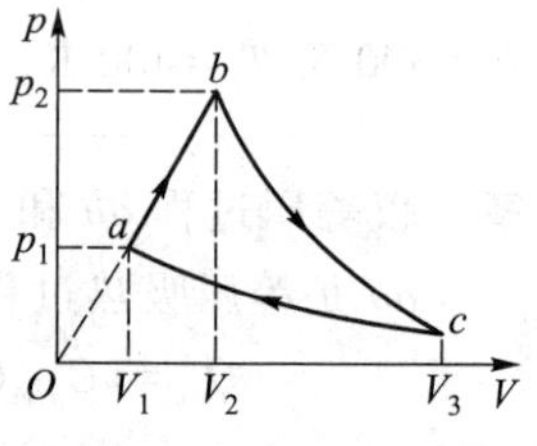

图 5-8 习题 5-16 用图

解 (1) ab 过程不是等值过程，但由于是理想气体，所以内能增量

$$\Delta E_1=C_{V,\mathrm{m}}(T_2-T_1)=C_{V,\mathrm{m}}(2T_1-T_1)=\frac{5}{2}RT_1$$

体积功等于图 5-8 中直线 ab 下方梯形的面积

$$W_1=\frac{1}{2}(p_1+p_2)(V_2-V_1)=\frac{1}{2}(p_2V_2-p_1V_1)$$

$$=\frac{1}{2}RT_2-\frac{1}{2}RT_1=\frac{1}{2}RT_1$$

根据热力学第一定律，热量传递为

$$Q_1=\Delta E_1+W_1=3RT_1$$

为正值，表示气体吸热.

bc 为绝热过程，因此热量

$$Q_2=0$$

内能增量

$$\Delta E_2=C_{V,\mathrm{m}}(T_3-T_2)=C_{V,\mathrm{m}}(T_1-T_2)=-\frac{5}{2}RT_1$$

体积功

$$W_2=-\Delta E_2=\frac{5}{2}RT_1$$

ca 为等温过程，因此内能增量

$$\Delta E_3=0$$

体积功

$$W_3=-RT_1\ln\frac{V_3}{V_1}=-RT_1\ln\frac{8V_1}{V_1}=-2.08RT_1$$

热量

$$Q_3=W_3=-2.08RT_1$$

负号表示气体放热.

（2）此循环的效率为

$$\eta=1-\frac{|Q_3|}{|Q_1|}=1-\frac{2.08RT_1}{3RT_1}=30.7\%$$

5-17

如图 5-9 所示，一热机的循环过程由等压过程、等容过程和等温过程组成，工作物质是 25 mol 双原子分子理想气体. 已知 $p_1=4.0\times10^6$ Pa，$V_1=2.0\times10^{-2}$ m^3，$V_2=3.0\times10^{-2}$ m^3，循环过程的重复频率为 $f=5$ Hz. 求该热机的效率和输出功率.

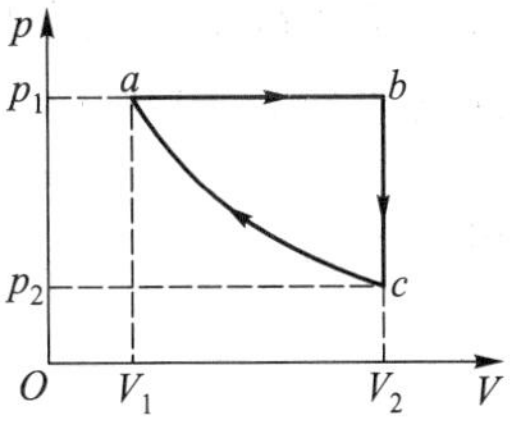

图 5-9　习题 5-17 用图

解　状态 *a* 和状态 *c* 的温度相同，由理想气体物态方程可得这个温度

$$T_1=\frac{p_1V_1}{\nu R}=\frac{4.0\times10^6\times2.0\times10^{-2}}{25\times8.31}\text{ K}=385\text{ K}$$

状态 *b* 的温度为

$$T_2=\frac{p_1V_2}{\nu R}=\frac{4.0\times10^6\times3.0\times10^{-2}}{25\times8.31}\text{ K}=578\text{ K}$$

等压过程 *ab* 吸热

$$\begin{aligned}Q_p&=\nu C_{p,\text{m}}(T_2-T_1)\\&=25\times3.5\times8.31\times(578-385)\text{ J}\\&=1.40\times10^5\text{ J}\end{aligned}$$

等容过程 *bc* 放热

$$\begin{aligned}Q_V&=\nu C_{V,\text{m}}(T_2-T_1)\\&=25\times2.5\times8.31\times(578-385)\text{ J}\\&=1.00\times10^5\text{ J}\end{aligned}$$

等温过程 *ca* 放热

$$\begin{aligned}Q_T&=\nu RT_1\ln\frac{V_2}{V_1}\\&=25\times8.31\times385\times\ln\frac{3.0\times10^{-2}}{2.0\times10^{-2}}\text{ J}\\&=3.24\times10^4\text{ J}\end{aligned}$$

所以热机的效率为

$$\begin{aligned}\eta&=1-\frac{Q_{放}}{Q_{吸}}=1-\frac{Q_V+Q_T}{Q_p}=1-\frac{1.00\times10^5+3.24\times10^4}{1.40\times10^5}\\&=5.4\%\end{aligned}$$

输出功率为

$$\begin{aligned}P&=Wf=\eta Q_pf=5.4\%\times1.40\times10^5\times5\text{ W}\\&=3.8\times10^4\text{ W}=38\text{ kW}\end{aligned}$$

5-18

一卡诺热机的低温热源温度为 280 K，效率为 40%，在保持低温热源温度不变的条件下，欲将其效率提高到 50%，则高温热源的温度应升高多少？

解 由卡诺热机效率公式

$$\eta = 1 - \frac{T_2}{T_1}$$

得高温热源温度 $T_1 = \frac{T_2}{1-\eta}$

当 $\eta = 40\%$ 时

$$T_1 = \frac{280}{1-0.4}\ \text{K} = 466.7\ \text{K}$$

当 $\eta' = 50\%$ 时

$$T_1' = \frac{280}{1-0.5}\ \text{K} = 560\ \text{K}$$

高温热源的温度应升高

$$\Delta T = T_1' - T_1 = (560-466.7)\ \text{K} = 93.3\ \text{K}$$

5-19

一理想气体的卡诺循环，当高温热源和低温热源温度分别为 127 ℃和 27 ℃时，一次循环过程中系统对外做净功 8 000 J. 现维持低温热源温度不变，两绝热线不变，使一次循环对外做净功增加为 10 000 J. 问高温热源的温度增加为多少？前后两个卡诺循环的效率分别为多少？

解 由循环过程效率定义式和卡诺循环效率公式

$$\eta = 1 - \frac{Q_{放}}{Q_{吸}} = 1 - \frac{T_2}{T_1}$$

得

$$\frac{Q_{放}}{Q_{吸}} = \frac{T_2}{T_1}$$

即

$$\frac{Q_{放}}{Q_{放}+W} = \frac{T_2}{T_1}$$

因为低温热源温度不变，两绝热线也不变，所以两个卡诺循环工作在同一段低温等温线上，它们的 $Q_{放}$ 都一样.

由

$$\frac{Q_{放}}{Q_{放}+8\ 000} = \frac{300}{400}$$

得

$$Q_{放} = 24\ 000\ \text{J}$$

又由

$$\frac{24\ 000}{24\ 000+10\ 000} = \frac{300\ \text{K}}{T_1'}$$

得高温热源的温度增加为 $T_1' = 425\ \text{K}$

所以升温前效率为

$$\eta = 1 - \frac{T_2}{T_1} = 1 - \frac{300}{400} = 25\%$$

升温后效率为

$$\eta' = 1 - \frac{T_2}{T_1'} = 1 - \frac{300}{425} = 29.5\%$$

5-20

一个狄塞尔热机以理想气体为工作物质，从状态 1（状态参量为 V_1, T_1）开始循环，如图 5-10 所示，依次经历如下四个过程：(1) 绝热压缩到状态 2，体积为 $V_1/25$；(2) 等压加热到状态 3，体积为 $V_1/16$；(3) 绝热膨胀到状态 4，体积为 V_1；(4) 等容冷却回到状态 1. 假定气体的摩尔定容热容为 $2R$（R 为摩尔气体常量），计算每个过程的温度变化. 整个循环的效率是多少？

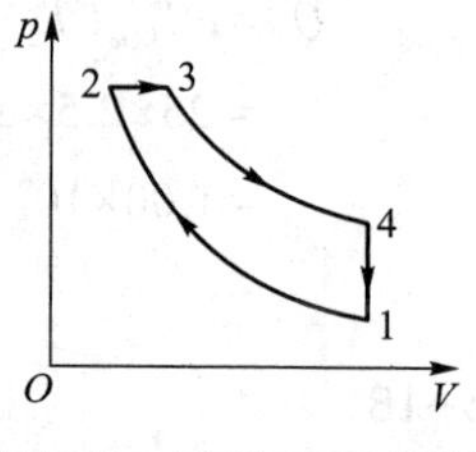

图 5-10 习题 5-20 用图

解 因为摩尔定容热容 $C_{V,m} = 2R$，所以摩尔定压热容 $C_{p,m} = 3R$，比热容比

$$\gamma = C_{p,m}/C_{V,m} = 1.5$$

在绝热压缩过程 1~2 中，$T_1 V_1^{\gamma-1} = T_2 V_2^{\gamma-1}$，

所以状态 2 温度为 $T_2=\left(\frac{V_1}{V_2}\right)^{\gamma-1}T_1=25^{1.5-1}T_1=5T_1$，温度变化为 $\Delta T_{12}=T_2-T_1=4T_1$.

在等压加热过程 2～3 中，$\frac{V_2}{T_2}=\frac{V_3}{T_3}$，所以状态 3 温度为 $T_3=\frac{V_3}{V_2}T_2=\frac{25}{16}\cdot 5T_1=\frac{125}{16}T_1$，温度变化为 $\Delta T_{23}=T_3-T_2=\frac{45}{16}T_1$.

在绝热膨胀过程 3～4 中，$T_3V_3^{\gamma-1}=T_4V_4^{\gamma-1}$，所以状态 4 温度为 $T_4=\left(\frac{V_3}{V_4}\right)^{\gamma-1}T_3=\left(\frac{1}{16}\right)^{1.5-1}\frac{125}{16}T_1=\frac{125}{64}T_1$，温度变化为 $\Delta T_{34}=T_4-T_3=-\frac{375}{64}T_1$.

在等容冷却过程 4～1 中，温度变化为 $\Delta T_{41}=T_1-T_4=-\frac{61}{64}T_1$.

等压过程 2～3 吸热为 $|Q_{23}|=\nu C_{p,\mathrm{m}}\Delta T_{23}=\frac{135}{16}\nu RT_1$，等容过程 4～1 放热为 $|Q_{41}|=\nu C_{V,\mathrm{m}}\Delta T_{41}=\frac{61}{32}\nu RT_1$，所以效率为

$$\eta=1-\frac{|Q_{41}|}{|Q_{23}|}=1-\frac{61/32}{135/16}=77\%$$

这个效率是相当高的.

5-21

斯特林循环由等温膨胀 1～2、等容冷却 2～3、等温压缩 3～4、等容加热 4～1 四个过程组成，如图 5-11 所示. 循环由状态 1（状态参量为 V_1，T_1）开始，等温膨胀时体积达到原来的 4 倍，等容冷却时压强减半. 若工作物质是双原子分子理想气体，求每一过程的热量传递和整个循环的效率.

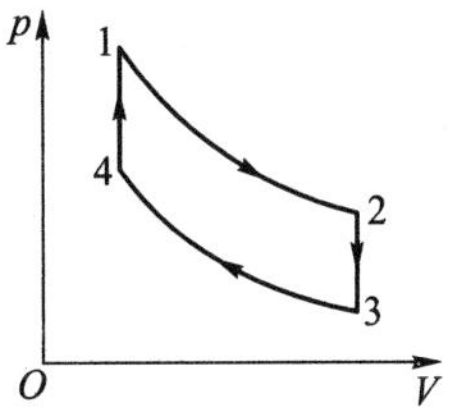

图 5-11　习题 5-21 用图

解　等温膨胀过程 1～2 吸热

$$Q_{12}=W_{12}=\nu RT_1\ln\frac{V_2}{V_1}=\nu RT_1\ln 4$$

等容冷却过程 2～3 中，$\frac{p_2}{T_2}=\frac{p_3}{T_3}$，得 $T_3=\frac{p_3}{p_2}T_2=\frac{p_2/2}{p_2}T_1=\frac{T_1}{2}$，所以放热

$$Q_{23}=\nu C_{V,\mathrm{m}}(T_2-T_3)=\nu\frac{5}{2}R\left(T_1-\frac{T_1}{2}\right)=\frac{5}{4}\nu RT_1$$

等温压缩过程 3～4 中，放热

$$Q_{34}=W_{34}=\nu RT_3\ln\frac{V_3}{V_4}=\nu RT_3\ln\frac{V_2}{V_1}=\frac{1}{2}\nu RT_1\ln 4$$

等容加热过程 4～1 吸热

$$Q_{41}=\nu C_{V,\mathrm{m}}(T_1-T_4)=\nu\frac{5}{2}R(T_1-T_3)$$

$$=\nu\frac{5}{2}R\left(T_1-\frac{T_1}{2}\right)=\frac{5}{4}\nu RT_1$$

所以循环的效率为

$$\eta=1-\frac{Q_{23}+Q_{34}}{Q_{41}+Q_{12}}=1-\left(\frac{5}{4}+\frac{1}{2}\ln 4\right)\Big/\left(\frac{5}{4}+\ln 4\right)$$

$$=26.3\%$$

斯特林在此热机内部设置了一个回热器，使两个等容过程的吸、放热发生在系统内部，不对外界产生任何影响，只在两个等温过程系统才与外界交换热量. 所以循环效率变为

$$\eta=1-\frac{Q_{34}}{Q_{12}}=1-\frac{T_3}{T_1}=50\%$$

效率得到显著提高，达到卡诺循环才有的程度.

5-22

两台卡诺热机联合运行，其中一台卡诺热机的低温热源作为另外一台卡诺热机的高温热源，且这个热源的净热量传递为零. 设这两台卡诺热机的效率分别为 η_1 和 η_2，试证明这两台卡诺热机联合运行时的总效率为

$$\eta=\eta_1+\eta_2-\eta_1\eta_2$$

再用卡诺热机的温度表达式证明这台联合机的总效率 η 和一台工作于最高温度与最低温度之间的热源的一台卡诺热机的效率相同.

证明　设卡诺热机 1 在一个循环中，吸热 Q_1，放热 Q_1'，对外做净功 W_1，高温热源温度 T_1，低温热源温度 T_1'，效率 η_1；卡诺热机 2 在一个循环中，吸热 Q_2，放热 Q_2'，对外做净功 W_2，高温热源温度 T_2，低温热源温度 T_2'，效率 η_2. 由已知条件，有 $T_1'=T_2$，$Q_1'=Q_2$.

由 $\eta_1=\dfrac{W_1}{Q_1}$，$\eta_2=\dfrac{W_2}{Q_2}$，得两台卡诺热机联合运行时的总效率

$$\eta=\frac{W_1+W_2}{Q_1}=\frac{\eta_1 Q_1+\eta_2 Q_2}{Q_1}=\eta_1+\frac{\eta_2 Q_1'}{Q_1}$$

$$=\eta_1+\frac{\eta_2(Q_1-W_1)}{Q_1}=\eta_1+\eta_2-\eta_1\eta_2$$

把 $T_1'=T_2$，以及两台卡诺热机的效率表达式 $\eta_1=1-\dfrac{T_1'}{T_1}$ 和 $\eta_2=1-\dfrac{T_2'}{T_2}$ 代入上式并化简，即得

$$\eta=1-\frac{T_2'}{T_1}$$

所以这台联合机的总效率 η 与一台工作于最高温度 T_1 与最低温度 T_2' 之间的热源的一台卡诺热机的效率相同.

5-23

一台冰箱工作时，其冷冻室内的温度为 -13 ℃，室温为 17 ℃，若按理想卡诺制冷机循环计算，则此制冷机每消耗 1 kJ 的功，可以从冷冻室中吸出多少热量？

解　此理想卡诺制冷机循环的制冷系数为

$$e=\frac{T_2}{T_1-T_2}=\frac{260}{290-260}=8.67$$

又由 $e=\dfrac{Q}{W}$，得从冷冻室中吸出的热量

$$Q=eW=8.67\ \text{kJ}$$

5-24

在冬季，使用取暖空调使室内维持恒温. 设室外温度为 -13 ℃，室内温度为 17 ℃. 若此空调相当于工作在室外温度和室内温度的两个热源之间的卡诺制冷机，耗电功率为 1 kW，则它为房间提供热量的功率是多少？若使用电加热器达到上述目的，功率应为多少？哪个更省电？

解　取暖空调在消耗电功 W 的情况下，从低温的室外吸收热量 Q_2，向高温的室内放出热量 Q_1. 把它看作卡诺制冷机，应有

$$\frac{Q_1}{W}=\frac{Q_1}{Q_1-Q_2}=\frac{T_1}{T_1-T_2}$$

所以它为房间提供热量的功率为

$$Q_1=\frac{T_1}{T_1-T_2}W=\frac{290}{290-260}\times 1\ \mathrm{kW}=9.7\ \mathrm{kW}$$

若使用电加热器达到上述目的，则该热量完全是焦耳热，即电加热器的功率为 9.7 kW. 可见，使用取暖空调原则上比使用电加热器更省电.

5-25

一暖气系统由联合工作的热机和制冷机组成，热机的低温热源与制冷机的高温热源相同，都是用户的暖气片. 热机从燃煤锅炉中获得热量，对制冷机做功，并向用户输送热量. 同时制冷机从河水中获得热量，也输送至用户端. 如果热机和制冷机分别以卡诺循环和卡诺逆循环工作，且锅炉温度为 300 ℃，用户暖气片温度为 80 ℃，河水温度为 10 ℃，那么系统从燃煤中每获得 1 kJ 的热量，用户得到多少热量？

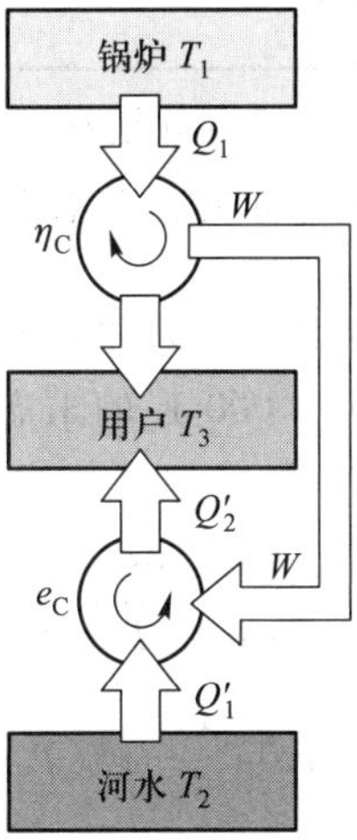

图 5-12　习题 5-25 用图

解　暖气系统中热机和制冷机的能流图如图 5-12 所示，三个热源温度分别为 $T_1=573\ \mathrm{K}$，$T_2=283\ \mathrm{K}$，$T_3=353\ \mathrm{K}$，$Q_1=1\ \mathrm{kJ}$.

热机对制冷机做功

$$W=\eta_C Q_1=\left(1-\frac{T_3}{T_1}\right)Q_1$$

用户获得热量

$$Q_2=Q_1-W=\frac{T_3}{T_1}Q_1$$

制冷机向用户输送热量

$$Q_2'=Q_1'+W=e_C W+W=W(e_C+1)$$

$$=\left(1-\frac{T_3}{T_1}\right)Q_1\left(\frac{T_2}{T_3-T_2}+1\right)=\frac{T_3(T_1-T_3)}{T_1(T_3-T_2)}Q_1$$

这样用户获得的总热量为

$$Q_2+Q_2'=\frac{T_3}{T_1}Q_1+\frac{T_3(T_1-T_3)}{T_1(T_3-T_2)}Q_1=\frac{T_3}{T_1}\cdot\frac{T_1-T_2}{T_3-T_2}\cdot Q_1$$

$$=\frac{353\times(573-283)}{573\times(353-283)}\cdot 1\ \mathrm{kJ}=2.55\ \mathrm{kJ}$$

可见，经过热机和制冷机的联合运行，用户系统获得的热量多于从燃煤中获得的热量.

5-26

求在 1 atm 下 60 g、−20 ℃的冰变为 100 ℃的水蒸气时的熵变. 已知冰的比热容 $c_1=2.1\ \mathrm{J/(g\cdot K)}$，水的比热容 $c_2=4.2\ \mathrm{J/(g\cdot K)}$，1 atm 下冰的熔化热 $\lambda=334\ \mathrm{J/g}$，水的汽化热 $L=2\ 260\ \mathrm{J/g}$.

解　让冰经过可逆传热过程变为水蒸气. 由克劳修斯熵公式，得−20 ℃的冰变为 100 ℃的水蒸气时的熵变为

$$\Delta S=\int_{1(\text{可逆})}^{2}\frac{dQ}{T}$$

$$=\int_{253}^{273}\frac{mc_1 dT}{T}+\frac{m\lambda}{T_0}+\int_{273}^{373}\frac{mc_2 dT}{T}+\frac{mL}{T_{100}}$$

$$=\left[60\times2.1\times\ln\left(\frac{273}{253}\right)+\frac{60\times334}{273}+\right.$$

$$\left.60\times4.2\times\ln\left(\frac{373}{273}\right)+\frac{60\times2\ 260}{373}\right]\ \text{J/K}$$

$$=(9.6+73.4+78.7+363.5)\ \text{J/K}$$

$$=525.2\ \text{J/K}$$

5-27

求 2 mol 铜在一个大气压下温度由 300 K 升高到 1 000 K 时的熵变. 已知在此温度范围内铜的摩尔定压热容为 $C_{p,m}=a+bT$,其中 $a=2.3\times10^4\ \text{J/(mol·K)}$, $b=5.92\ \text{J/(mol·K}^2)$.

解 让铜经过可逆传热过程由 300 K 的初态变为 1 000 K 的末态. 由克劳修斯熵公式,得熵变

$$\Delta S=\int_{1(\text{可逆})}^{2}\frac{dQ}{T}=\int_{T_1}^{T_2}\frac{\nu C_{p,m}dT}{T}=\int_{T_1}^{T_2}\frac{\nu(a+bT)dT}{T}$$

$$=\nu a\ln\frac{T_2}{T_1}+\nu b(T_2-T_1)$$

$$=\left[2\times2.3\times10^4\times\ln\frac{1\ 000}{300}+2\times5.92\times(1\ 000-300)\right]\ \text{J/K}$$

$$=6.4\times10^4\ \text{J/K}$$

5-28

一容积为 $2.0\times10^{-2}\ \text{m}^3$ 的绝热容器,用隔板将其分为两部分,其中一部分容积为 $0.50\times10^{-2}\ \text{m}^3$,均匀充有 2 mol 的理想气体,另一部分为真空. 打开隔板,气体自由膨胀并均匀充满整个容器,求此过程的熵变.

解 绝热自由膨胀为不可逆过程,始末态温度相等,不能直接利用克劳修斯熵公式对此过程来计算系统熵变. 设计一可逆等温膨胀过程,系统从环境吸收热量并对外做功. 通过计算这个过程的熵变得到上述绝热自由膨胀的熵变

$$\Delta S=\int_{1(\text{等温过程})}^{2}\frac{dQ}{T}=\int_{1}^{2}\frac{dW}{T}=\int_{V_1}^{V_2}\frac{pdV}{T}$$

$$=\int_{V_1}^{V_2}\frac{\nu RdV}{V}=\nu R\ln\frac{V_2}{V_1}$$

$$=2\times8.31\times\ln\frac{2.0\times10^{-2}}{0.5\times10^{-2}}\ \text{J/K}=23.0\ \text{J/K}$$

5-29

将 1 kg 处于 0 ℃的冰与温度为 20 ℃恒温热源接触,使冰全部融化成水,分别求水和恒温热源的熵变.

解　冰的熵变为

$$\Delta S_{冰}=\int_{1(可逆)}^{2}\frac{dQ}{T}=\frac{m\lambda}{T_0}=\frac{1\ 000\times334}{273}\ \text{J/K}$$

$$=1.22\times10^3\ \text{J/K}$$

恒温热源的熵变为

$$\Delta S_{热源}=\int_{1(可逆)}^{2}\frac{dQ}{T}=-\frac{m\lambda}{T_{20}}=-\frac{1\ 000\times334}{293}\ \text{J/K}$$

$$=-1.14\times10^3\ \text{J/K}$$

因为是不等温热传导，所以总熵变 $\Delta S=\Delta S_{冰}+\Delta S_{热源}$ 大于零.

5-30

1 mol 双原子分子理想气体经如图 5-13 所示的 1～2、1～3～2 和 1～4～2 三个可逆过程从状态 1 变化到状态 2. 其中过程 1～2 为等温过程，过程 1～3～2 为绝热和等压过程，过程 1～4～2 为等压和等容过程. 试分别计算气体经过这三个过程的熵变.

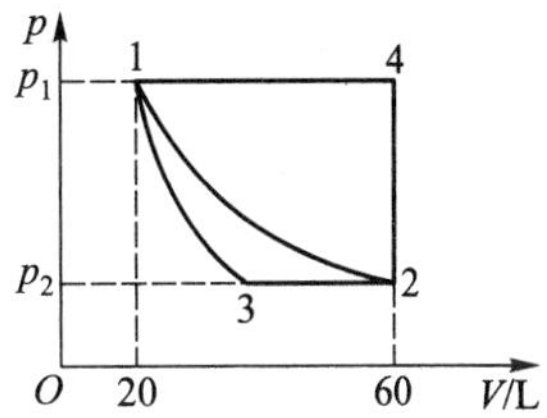

图 5-13　习题 5-30 用图

解　(1) 经等温过程 1～2 的熵变为

$$\Delta S_{12}=\int_1^2\frac{dQ}{T}=\int_{V_1}^{V_2}\frac{p\,dV}{T}=\int_{V_1}^{V_2}\frac{R\,dV}{V}=R\ln\frac{V_2}{V_1}$$

(2) 经绝热及等压过程 1～3～2 的熵变为

$$\Delta S_{132}=\int_1^2\frac{dQ_{绝热}+dQ_p}{T}=\int_1^2\frac{0+C_{p,m}dT}{T}$$

$$=\frac{7}{2}R\ln\frac{T_2}{T_3}$$

由等压过程、绝热过程和等温过程方程

$$\frac{T_2}{T_3}=\frac{V_2}{V_3},\quad p_1V_1^\gamma=p_3V_3^\gamma=p_2V_3^\gamma,\quad p_1V_1=p_2V_2$$

得

$$\frac{T_2}{T_3}=\left(\frac{p_2}{p_1}\right)^{1/\gamma}\frac{1}{V_1}\cdot V_2=\left(\frac{V_1}{V_2}\right)^{1/\gamma}\left(\frac{V_2}{V_1}\right)=\left(\frac{V_2}{V_1}\right)^{1-1/\gamma}$$

所以

$$\Delta S_{132}=\frac{7}{2}R\left(1-\frac{1}{\gamma}\right)\ln\frac{V_2}{V_1}$$

$$=\frac{7}{2}R\left(1-\frac{1}{1.4}\right)\ln\frac{V_2}{V_1}=R\ln\frac{V_2}{V_1}$$

(2) 经等压及等容过程 1～4～2 的熵变为

$$\Delta S_{142}=\int_1^2\frac{dQ_p+dQ_V}{T}=\int_1^2\frac{C_{p,m}dT+C_{V,m}dT}{T}$$

$$=\frac{7}{2}R\ln\frac{T_4}{T_1}+\frac{5}{2}R\ln\frac{T_2}{T_4}$$

由等压过程、等容过程和等温过程方程

$$\frac{T_4}{T_1}=\frac{V_4}{V_1}=\frac{V_2}{V_1},\quad \frac{T_2}{T_4}=\frac{p_2}{p_4}=\frac{p_2}{p_1},\quad p_1V_1=p_2V_2$$

得

$$\Delta S_{142}=\frac{7}{2}R\ln\frac{V_2}{V_1}+\frac{5}{2}R\ln\frac{V_1}{V_2}=R\ln\frac{V_2}{V_1}$$

可见，只要初、末态相同，不论经过什么中间过程，熵变都相等，均为

$$\Delta S=8.31\times\ln\frac{60}{20}\ \text{J/K}=9.13\ \text{J/K}$$

5-31

奥托热机的循环如教材图 5-19 所示，设循环物质是 1 mol 理想气体. 气体在状态 1 的温度为 300 K，经绝热压缩到状态 2，体积缩小为 1/8；再等容加热到状态 3，温度为 1 600 K；接着

又绝热膨胀到状态4；最后冷却回到状态1. 计算每个过程的热传递和熵变. 设高温热源温度为3 000 K，低温热源温度为300 K，如果气体的摩尔定容热容为$3R$（R为摩尔气体常量），那么每循环一次，热机和环境的总熵变是多少？（结果用R的倍数表示.）

解 由$C_{V,m}=3R$，$C_{p,m}=4R$得$\gamma=4/3$. 根据绝热过程方程

$$T_1V_1^{\gamma-1}=T_2V_2^{\gamma-1},\quad T_3V_3^{\gamma-1}=T_4V_4^{\gamma-1}$$

由状态1和状态3的温度$T_1=300\ \text{K}$，$T_3=1\ 600\ \text{K}$，得状态2和状态4的温度

$$T_2=\left(\frac{V_1}{V_2}\right)^{\gamma-1}T_1=8^{\frac{4}{3}-1}\times 300\ \text{K}=600\ \text{K},$$

$$T_4=\left(\frac{V_3}{V_4}\right)^{\gamma-1}T_3=\left(\frac{1}{8}\right)^{\frac{4}{3}-1}\times 1\ 600\ \text{K}=800\ \text{K}$$

所以各过程气体的热量传递为

$$Q_{12}=0,\quad Q_{23}=C_{V,m}(T_3-T_2)=3R(1\ 600-600)=3\ 000R$$

$$Q_{34}=0,\quad Q_{41}=C_{V,m}(T_1-T_4)=3R(300-800)=-1\ 500R$$

各过程气体的熵变为

$$\Delta S_{12}=0,\quad \Delta S_{23}=\int_2^3\frac{\mathrm{d}Q}{T}=\int_2^3\frac{C_{V,m}\mathrm{d}T}{T}=3R\ln\frac{T_3}{T_2}=3R\ln\frac{8}{3}$$

$$\Delta S_{34}=0,\quad \Delta S_{41}=\int_4^1\frac{\mathrm{d}Q}{T}=\int_4^1\frac{C_{V,m}\mathrm{d}T}{T}=3R\ln\frac{T_1}{T_4}=-3R\ln\frac{8}{3}$$

显然，经过一个循环，气体的总熵变$\Delta S=0$，这是熵为状态函数的必然结果.

各过程环境的熵变为

$$\Delta S'_{12}=0,\quad \Delta S'_{23}=\int_2^3\frac{\mathrm{d}Q}{T_{热}}=-\frac{Q_{23}}{T_{热}}=-\frac{3\ 000R}{3\ 000}=-R$$

$$\Delta S'_{34}=0,\quad \Delta S'_{41}=\int_4^1\frac{\mathrm{d}Q}{T_{冷}}=-\frac{Q_{41}}{T_{冷}}=\frac{1\ 500R}{300}=5R$$

所以环境的总熵变为$\Delta S'=4R$. 热机和环境的总熵变为

$$\Delta S+\Delta S'=4R$$

可见，热机工作时有热量从高温热源传递到低温热源，使熵增加，即使可逆热机也是如此.

第　二　卷

波动与光学

第1章 振　　动

1.1 内容提要

1. 振动

若一个物理量在某一数值附近反复变化,则称该物理量在振动.

2. 简谐振动

若物体离开平衡位置的位移(或角位移)按余弦函数(或正弦函数)的规律随时间变化,即

$$x=A\cos(\omega t+\varphi)$$

则这种运动就称为简谐振动. 上式称为简谐振动的表达式(运动学方程).

3. 谐振子

(1) 弹簧振子

一质量不计的轻质弹簧一端固定,另一端系一个可视为质点的自由运动的物体所组成的振动系统,称为弹簧振子.

(2) 单摆

将一条质量不计且不可伸长的细绳上端固定,下端悬挂一可视为质点的自由摆动的物体所组成的振动系统,称为单摆. 当摆角小于5°时,单摆的运动为简谐振动.

(3) 复摆

一个在重力作用下可绕水平固定轴自由摆动的任意形状的刚体称为复摆. 当摆角小于5°时,复摆的运动为简谐振动.

4. 简谐振动的特征量

(1) 振幅 A 是振动量变化的最大范围,它由振动的能量 E[或初始条件(x_0、v_0)]决定

$$A=\sqrt{\frac{2E}{k}}=\sqrt{x_0^2+\frac{v_0^2}{\omega^2}}$$

(2) 角频率 ω 或频率 ν 或周期 T 表征简谐振动的时间周期性,且由振动系统的固有性质决定

$$\omega=\sqrt{\frac{k}{m}}\quad(\text{弹簧振子})$$

$$\omega=\sqrt{\frac{g}{l}}\quad（单摆）$$

$$\omega=\sqrt{\frac{mgh}{J}}\quad（复摆）$$

$$\omega=2\pi\nu=\frac{2\pi}{T}$$

（3）相位$(\omega t+\varphi)$反映简谐振动的状态，初相 φ 由初始条件$(x_0、v_0)$决定

$$\varphi=\arctan\left(-\frac{v_0}{\omega x_0}\right)$$

5. 振动曲线

振动物体的位置坐标 x 和时间的关系曲线称为振动曲线，由振动曲线可以获得 A、$T(\omega)$、φ、$x(t)$和 $v(t)$等物理信息.

6. 旋转矢量图

在 $t=0$ 时与 x 轴正方向的夹角等于 φ、并以角速度 ω 逆时针匀速旋转的矢量 $\boldsymbol{A}$ 在 x 轴上的投影 $x(t)=A\cos(\omega t+\varphi)$代表简谐振动，或者说，矢量 $\boldsymbol{A}$ 的矢端 M 在 x 轴上的投影点 P 沿 x 轴做简谐振动. 旋转矢量图可直观地表示简谐振动的 A、ω、φ、$x(t)$、$v(t)$和 $a(t)$等物理量.

7. 简谐振动的微分方程

$$\frac{\mathrm{d}^2x}{\mathrm{d}t^2}+\omega^2x=0$$

8. 简谐振动的特征

（1）运动学特征

（角）加速度与（角）位移成正比

$$a=-\omega^2x$$

$$\alpha=-\omega^2\theta$$

（2）动力学特征

回复力（矩）与（角）位移成正比

$$F=-kx$$

$$M=-k'\theta$$

（3）能量特征

无阻尼自由振动系统的机械能守恒，总能量 E 正比于振幅的平方

$$E=E_\mathrm{k}+E_\mathrm{p}=\frac{1}{2}m\omega^2A^2=\frac{1}{2}kA^2=常量$$

动能 E_k 与势能 E_p 相互转化

$$E_\mathrm{k}=\frac{1}{2}mv^2=\frac{1}{2}mA^2\omega^2\sin^2(\omega t+\varphi)$$

$$E_\mathrm{p}=\frac{1}{2}kx^2=\frac{1}{2}mA^2\omega^2\cos^2(\omega t+\varphi)$$

动能和势能的平均值相等

$$\overline{E_{\mathrm{k}}}=\overline{E_{\mathrm{p}}}=\frac{1}{4}kA^2=\frac{1}{2}E$$

9. 简谐振动的合成

(1) 同方向、同频率简谐振动的合成振动是同频率简谐振动.

$$x=x_1+x_2=A_1\cos(\omega t+\varphi_1)+A_2\cos(\omega t+\varphi_2)=A\cos(\omega t+\varphi)$$

$$A=\sqrt{A_1^2+A_2^2+2A_1A_2\cos(\varphi_2-\varphi_1)}$$

$$\varphi=\arctan\frac{A_1\sin\varphi_1+A_2\sin\varphi_2}{A_1\cos\varphi_1+A_2\cos\varphi_2}$$

重要特例:

当两个分振动同相,即 $\varphi_2-\varphi_1=2k\pi,k=0,\pm1,\pm2,\cdots$ 时,$A=A_1+A_2$.

当两个分振动反相,即 $\varphi_2-\varphi_1=(2k+1)\pi,k=0,\pm1,\pm2,\cdots$ 时,$A=|A_1-A_2|$.

(2) 同方向、不同频率简谐振动的合成振动不是简谐振动.

重要特例:

两个频率都较大但两者频差很小的同方向简谐振动合成时所产生的合振幅时而加强时而减弱的现象称为拍,合振动在单位时间内加强或减弱的次数称为拍频,即

$$\nu=|\nu_2-\nu_1|$$

(3) 相互垂直、同频率简谐振动的合成振动一般是椭圆运动或圆周运动.

重要特例:

当两个分振动同相或反相时,合振动仍为简谐振动.

(4) 相互垂直、不同频率简谐振动的合成振动的轨迹一般不能形成稳定的图.

重要特例:

当两个分振动的频率比为简单的整数比时合振动所形成的稳定的封闭轨迹称为李萨如图.

10. 阻尼振动

振动系统最初所获得的能量,在振动过程中因不断克服阻力做功而衰减,振幅也就会随时间逐渐减小,这种振动称为阻尼振动.

(1) 阻尼振动的微分方程

$$\frac{\mathrm{d}^2x}{\mathrm{d}t^2}+2\beta\frac{\mathrm{d}x}{\mathrm{d}t}+\omega_0^2x=0$$

(2) 三种阻尼状态

当 $\beta<\omega_0$ 时,即在阻力较小时,称为欠阻尼,

$$x=A_0\mathrm{e}^{-\beta t}\cos(\sqrt{\omega_0^2-\beta^2}\,t+\varphi_0)$$

当 $\beta>\omega_0$ 时,即在阻力很大时,称为过阻尼,有

$$x=C_1\mathrm{e}^{-(\beta-\sqrt{\beta^2-\omega_0^2})t}+C_2\mathrm{e}^{-(\beta+\sqrt{\beta^2-\omega_0^2})t}$$

当 $\beta=\omega_0$ 时,振子恰好从准周期运动变为非周期运动,称为临界阻尼,有

$$x=(C_1+C_2t)\mathrm{e}^{-\beta t}$$

11. 受迫振动

在周期性外力 $F=F_0\cos\omega t$ 作用下系统发生的运动称为受迫振动，受迫振动的微分方程为

$$\frac{d^2x}{dt^2}+2\beta\frac{dx}{dt}+\omega_0^2x=h\cos\omega t$$

稳定的受迫振动是与驱动力同频率的等幅振动.

重要特例：

当驱动力的角频率 ω 等于 $\omega_r=\sqrt{\omega_0^2-2\beta^2}$（共振角频率）时振幅达到最大值 $A_r=\dfrac{h}{2\beta\sqrt{\omega_0^2-\beta^2}}$ 的受迫振动称为共振.

1.2 习题解答

1-1

一个小球和轻质弹簧组成的系统，按 $x=0.01\cos(8\pi t+\pi/3)$（SI 单位）的规律振动.（1）求振动的角频率、周期、振幅、初相、速度最大值和加速度最大值；（2）求在 $t=1$ s、2 s、10 s 时的相位；（3）分别画出位移、速度、加速度与时间的关系曲线.

解　（1）与简谐振动的标准表示式 $x=A\cos(\omega t+\varphi)$ 比较即可得振动的角频率

$$\omega=8\pi\ \text{rad}\cdot\text{s}^{-1}=25.12\ \text{rad}\cdot\text{s}^{-1}$$

周期

$$T=2\pi/\omega=2\pi/8\pi\ \text{s}=0.25\ \text{s}$$

振幅

$$A=0.01\ \text{m}$$

初相

$$\varphi=\pi/3$$

速度最大值

$$v_m=\omega A=8\pi\times0.01\ \text{m}\cdot\text{s}^{-1}=0.25\ \text{m}\cdot\text{s}^{-1}$$

加速度最大值

$$a_m=\omega^2A=(8\pi)^2\times0.01\ \text{m}\cdot\text{s}^{-2}=6.31\ \text{m}\cdot\text{s}^{-2}$$

（2）在 $t_1=1$ s 时的相位为

$$\varphi_1=\omega t_1+\varphi=8\pi\times1+\pi/3=25\pi/3$$

在 $t_2=2$ s 时的相位为

$$\varphi_2=\omega t_2+\varphi=8\pi\times2+\pi/3=49\pi/3$$

在 $t_3=10$ s 时的相位为

$$\varphi_3=\omega t_3+\varphi=8\pi\times10+\pi/3=241\pi/3.$$

（3）位移、速度、加速度与时间的关系曲线如图 1-1 所示.

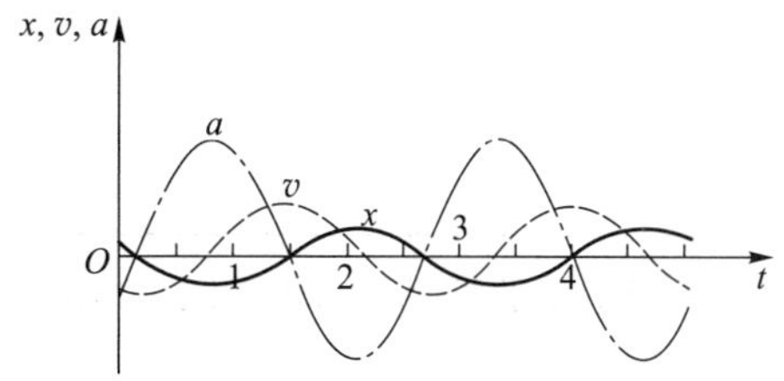

图 1-1　习题 1-1(3)解答

1-2

一质量为 0.2 kg 的质点沿 x 轴做简谐振动,其振动表达式为

$$x=0.6\cos\left(5t-\frac{\pi}{2}\right)\quad (\text{SI 单位})$$

求:(1) 质点的初速度;(2) 质点在正方向最大位移一半处所受的力.

解 (1) 由振动表达式得质点的速度为

$$v=\frac{dx}{dt}=-3.0\sin\left(5t-\frac{\pi}{2}\right)\quad (\text{SI 单位})$$

当 $t_0=0$ 时,质点的初速度为

$$v_0=-3.0\sin\left(5\times0-\frac{\pi}{2}\right)\ \text{m}\cdot\text{s}^{-1}=3.0\ \text{m}\cdot\text{s}^{-1}$$

(2) 与简谐振动的标准表示式 $x=A\cos(\omega t+\varphi)$ 比较即可得振动的角频率

$$\omega=5\ \text{rad}\cdot\text{s}^{-1}$$

根据牛顿第二定律,质点所受的力为

$$F=ma=-m\omega^2x$$

其中 $m=0.2$ kg. 当质点在正方向最大位移一半处时,$x=0.3$ m,质点所受的力为

$$F=(-0.2\times5^2\times0.3)\ \text{N}=-1.5\ \text{N}$$

其中"-"号表示力的方向沿 x 轴负方向.

1-3

一质量为 10 g 的物体做简谐振动,其振幅为 2 cm,频率为 4 Hz. 当 $t=0$ 时,位移为 -2 cm,初速度为零. 求:(1) 振动表达式;(2) 当 $t=1/4$ s 时,物体所受的作用力.

解 (1) 设振动表达式为

$$x=A\cos(\omega t+\varphi)$$

由初始条件可知,当 $t=0$ 时,初速度 $v_0=0$,初位移 $x_0=-2\times10^{-2}$ m $=-A$,故此简谐振动的初相为

$$\varphi=\pi$$

已知简谐振动的频率 $\nu=4$ Hz,故角频率为

$$\omega=2\pi\nu=2\pi\times4\ \text{rad}\cdot\text{s}^{-1}=8\pi\ \text{rad}\cdot\text{s}^{-1}$$

此振动表达式为

$$x=2\times10^{-2}\cos(8\pi t+\pi)\quad (\text{SI 单位})$$

(2) 根据牛顿第二定律,质点所受的力为

$$F=ma=-m\omega^2x$$

其中 $m=10$ g. 当 $t=\frac{1}{4}$ s 时,物体所受的作用力为

$$F=-10\times10^{-3}\times(8\pi)^2\times2\times10^{-2}\times\cos(8\pi\times1/4+\pi)\ \text{N}$$
$$=0.126\ \text{N}$$

方向沿 x 轴正方向或指向平衡位置.

1-4

一简谐振动的振动曲线如图 1-2 所示,求振动表达式.

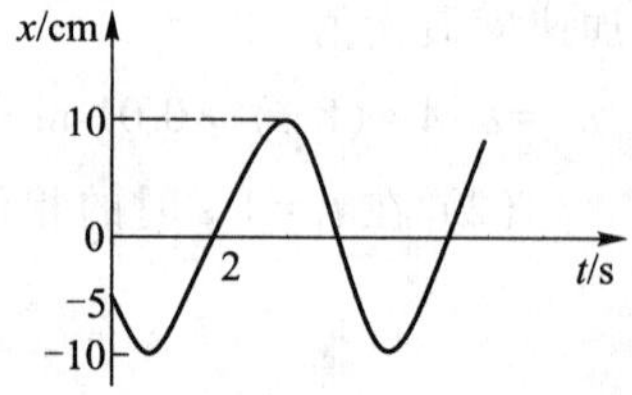

图 1-2 习题 1-4 用图

解 设振动表达式为

$$x=A\cos(\omega t+\varphi)$$

由振动曲线可知 $A=10$ cm $=0.1$ m;且当 $t=0$ 时,有

$$x_0=-0.05=0.1\cos\varphi$$

$$v_0=-0.1\omega\sin\varphi<0$$

解上面两式，可得初相 $\varphi=2\pi/3$.

当 $t=2$ s 时，质点的位移 $x=0$，代入振动表达式得

$$0=0.1\cos\left(2\omega+\frac{2\pi}{3}\right)\quad(\text{SI 单位})$$

且此时速度 $v=-0.1\omega\sin\left(2\omega+\frac{2\pi}{3}\right)>0$，则有 $2\omega+2\pi/3=3\pi/2$，所以得角频率

$$\omega=\frac{5\pi}{12}\ \text{rad}\cdot\text{s}^{-1}$$

故振动表达式为

$$x=0.1\cos\left(\frac{5\pi}{12}t+\frac{2\pi}{3}\right)\quad(\text{SI 单位})$$

1-5

两个物体做同方向、同频率、等幅的简谐振动. 在振动过程中，每当第一个物体经过位移为 $A/\sqrt{2}$ 的位置向平衡位置运动时，第二个物体也经过此位置，但向远离平衡位置的方向运动. 试利用旋转矢量图求它们的相位差.

解　依题意画出旋转矢量图，如图 1-3 所示. 图中标出了两个物体在 $x=A/\sqrt{2}$ 处相遇时的旋转矢量 $\boldsymbol{A}_1$ 和 $\boldsymbol{A}_2$ 的位置.

由此图可知，当两个物体相遇时，它们的旋转矢量 $\boldsymbol{A}_1$ 和 $\boldsymbol{A}_2$ 之间的夹角为 $\pi/2$，这也就是两简谐振动之间的相位差，即

$$\Delta\varphi=\varphi_1-\varphi_2=\pi/2$$

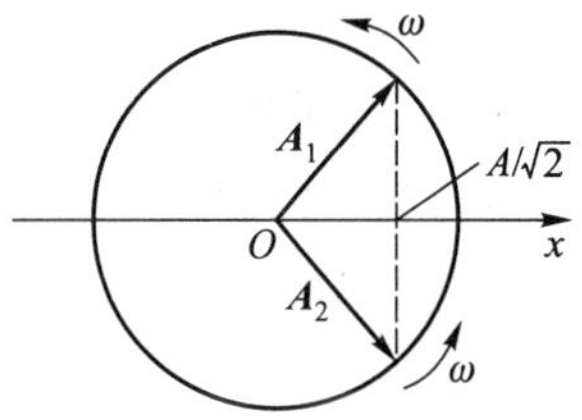

图 1-3　习题 1-5 解题用图

1-6

一质点沿 x 轴做简谐振动，其振动表达式为 $x=0.24\cos(\pi t/2+\pi/3)$ (SI 单位). 试利用旋转矢量图求出质点由初始状态（$t=0$ 的状态）运动到 $x=-0.12$ m，$v<0$ 的状态所需最短时间 Δt.

解　依题意画出旋转矢量图，如图 1-4 所示，图中标出了旋转矢量在 $t=0$ 时和在 $x=-0.12$ m，$v<0$ 时的位置.

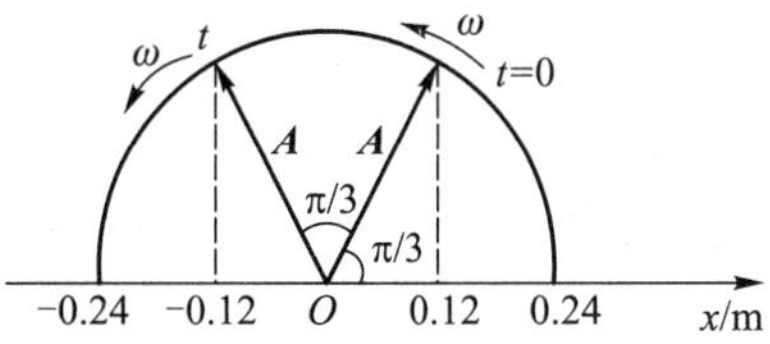

图 1-4　习题 1-6 解题用图

由振动表达式可得 $\omega=\pi/2$；由图 1-4 可知 $x=-0.12$ m，$v<0$ 的状态与 $t=0$ 的状态间的相位差为 $\Delta\varphi=\pi/3$. 因而两状态相差的最短时间为

$$\Delta t=\frac{\Delta\varphi}{\omega}=\frac{\pi/3}{\pi/2}\ \text{s}=0.667\ \text{s}$$

1-7

有一轻质弹簧，在其下端挂一质量为 10 g 的物体时，伸长量为 4.9 cm. 用该弹簧和其下端悬挂的质量为 80 g 的小球构成一弹簧振子，将小球由平衡位置向下拉开 1.0 cm 后，给予向上的初速度 $v_0 = 5.0\ \mathrm{cm \cdot s^{-1}}$. 试求该弹簧振子振动的周期和振动表达式.

解 由 10 g 的物体受力平衡条件 $m_1 g = kx_1$ 可得弹簧的劲度系数

$$k = m_1 g / x_1 = 0.01\times 9.8/(4.9\times 10^{-2})\ \mathrm{N\cdot m^{-1}} = 2.0\ \mathrm{N\cdot m^{-1}}$$

弹簧振子的固有周期为

$$T = 2\pi\sqrt{m_2/k} = 2\pi\sqrt{0.08/2.0}\ \mathrm{s} = 1.26\ \mathrm{s}$$

弹簧振子的固有角频率为

$$\omega = \frac{2\pi}{T} = \frac{2\pi}{1.26}\ \mathrm{rad\cdot s^{-1}} = 5.0\ \mathrm{rad\cdot s^{-1}}$$

以竖直向下为 x 轴正方向，并以平衡位置为原点，则当 $t=0$ 时，$x_0 = 0.01\ \mathrm{m}$，$v_0 = -0.05\ \mathrm{m\cdot s^{-1}}$. 由此初始条件可得该弹簧振子振动的振幅

$$A = \sqrt{x_0^2 + \frac{v_0^2}{\omega^2}} = \sqrt{0.01^2 + \frac{(-0.05)^2}{(5.0)^2}}\ \mathrm{m} = \sqrt{2}\times 10^{-2}\ \mathrm{m}$$

此振动的初相

$$\varphi = \arctan\left(-\frac{v_0}{\omega x_0}\right) = \arctan\left(-\frac{-0.05}{5.0\times 0.01}\right) = \frac{\pi}{4}, \frac{5}{4}\pi$$

由于 $x_0 > 0$，$v_0 < 0$，所以只取 $\varphi = \pi/4$. 于是有振动表达式

$$x = \sqrt{2}\times 10^{-2}\cos(5t + \pi/4) \quad (\text{SI 单位})$$

1-8

一物体沿 x 轴做简谐振动，振幅为 0.06 m，周期为 2.0 s，当 $t=0$ 时位移为 0.03 m，且向 x 轴正方向运动. 求：(1) $t=0.5$ s 时，物体的位移、速度和加速度；(2) 物体从 $x=-0.03$ m 处向 x 轴负方向开始运动，到平衡位置，至少需要的时间.

解 (1) 由题意知

$$A = 0.06\ \mathrm{m}$$

$$\omega = \frac{2\pi}{T} = \pi\ \mathrm{rad\cdot s^{-1}}$$

由旋转矢量图 1-5(a) 可确定初相 $\varphi_0 = -\dfrac{\pi}{3}$，振动方程为

$$x = 0.06\cos\left(\pi t - \frac{\pi}{3}\right) \quad (\text{SI 单位})$$

当 $t = 0.5$ s 时质点的位移、速度、加速度分别为

$$x = 0.06\cos\left(\frac{\pi}{2} - \frac{\pi}{3}\right)\ \mathrm{m} = 0.052\ \mathrm{m}$$

$$v = \frac{\mathrm{d}x}{\mathrm{d}t} = -0.06\pi\sin\left(\frac{\pi}{2} - \frac{\pi}{3}\right)\ \mathrm{m\cdot s^{-1}} = -0.094\ \mathrm{m\cdot s^{-1}}$$

$$a = \frac{\mathrm{d}^2 x}{\mathrm{d}t^2} = -0.06\pi^2\cos\left(\frac{\pi}{2} - \frac{\pi}{3}\right)\ \mathrm{m\cdot s^{-2}} = -0.513\ \mathrm{m\cdot s^{-2}}$$

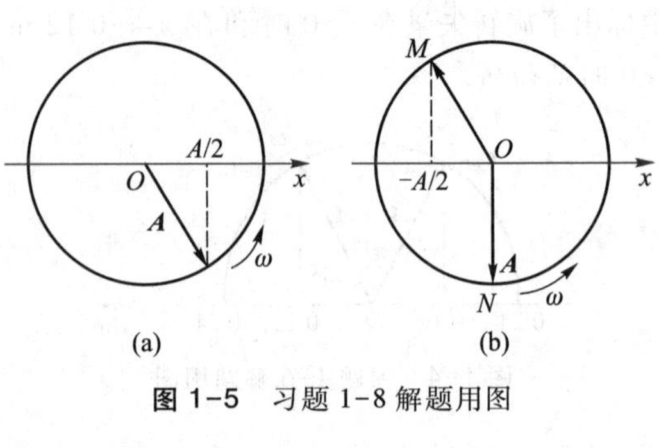

图 1-5 习题 1-8 解题用图

（2）质点从 $x=-0.03$ m 运动到平衡位置的过程中，旋转矢量 $\boldsymbol{A}$ 从图 1-5(b) 中的位置 M 转至位置 N，矢量转过的角度（即相位差）$\Delta\varphi=\frac{5\pi}{6}$.

该过程所需时间为

$$\Delta t=\frac{\Delta\varphi}{\omega}=0.833\ \text{s}$$

1-9

一轻质弹簧在 60 N 的拉力下伸长 30 cm，现把质量为 4 kg 的物体悬挂在该弹簧的下端并使之静止，再把物体向下拉 10 cm，然后由静止释放并开始计时，求：（1）物体的振动表达式；（2）物体在平衡位置上方 5 cm 时弹簧对物体的拉力；（3）物体从第一次越过平衡位置时刻起到它运动到上方 5 cm 处所需要的最短时间.

解 （1）由胡克定律可得弹簧的劲度系数

$$k=\frac{F}{x}=\frac{60}{0.3}\ \text{N}\cdot\text{m}^{-1}=200\ \text{N}\cdot\text{m}^{-1}$$

则有弹簧振子的固有角频率

$$\omega=\sqrt{\frac{k}{m}}=\sqrt{\frac{200}{4}}\ \text{rad}\cdot\text{s}^{-1}=5\sqrt{2}\ \text{rad}\cdot\text{s}^{-1}$$

以竖直向下为 x 轴正方向，由题意可知当 $t=0$ 时，初位移 $x_0=0.1$ m，初速度 $v_0=0$；因此该弹簧振子振动的振幅 $A=0.1$ m，初相 $\varphi=0$. 故振动表达式为

$$x=0.1\cos(5\sqrt{2}t)\quad(\text{SI 单位})$$

（2）设 $m=4$ kg 的物体在平衡位置上方 5 cm 即 $x=-0.05$ m 时弹簧对物体的拉力为 F，根据牛顿第二定律

$$mg+F=ma=-m\omega^2x$$

则

$$\begin{aligned}F&=-m\omega^2x-mg\\&=[-4\times(5\sqrt{2})^2\times(-0.05)-4\times10]\ \text{N}=-30\ \text{N}\end{aligned}$$

负号“-”表示方向向上.

（3）设物体第一次到达平衡位置 $x=0$ 的时刻为 t_1，有

$$0=0.1\cos(5\sqrt{2}t_1)$$

即

$$5\sqrt{2}t_1=\frac{\pi}{2}$$

得

$$t_1=\frac{\pi}{2\times5\sqrt{2}}\ \text{s}=0.222\ \text{s}$$

设物体第一次到达平衡位置上方 5 cm 的时刻为 t_2，有

$$\cos(5\sqrt{2}t_2)=-\frac{1}{2}$$

得

$$t_2=\frac{2\pi}{3\times5\sqrt{2}}\ \text{s}=0.296\ \text{s}$$

从而物体从第一次越过平衡位置时刻起到它运动到上方 5 cm 处所需要的最短时间为

$$\Delta t=t_2-t_1=0.074\ \text{s}$$

1-10

做简谐振动的小球，振幅 $A=2$ cm，速度最大值 $v_m=3\ \text{cm}\cdot\text{s}^{-1}$. 若从速度为正的最大值的某一时刻开始计时，求：（1）振动的周期；（2）加速度最大值；（3）振动表达式；（4）动能和势能相等时 t 的取值.

解 （1）由速度最大值 $v_m=A\omega$，有振动的角频率

$$\omega=\frac{v_m}{A}=\frac{0.03}{0.02}\ \text{rad}\cdot\text{s}^{-1}=1.5\ \text{rad}\cdot\text{s}^{-1}$$

振动的周期

$$T=\frac{2\pi}{\omega}=\frac{2\pi}{1.5}\ \text{s}=4.19\ \text{s}$$

（2）加速度最大值为

$$a_m=A\omega^2=0.02\times1.5^2\ \text{m}\cdot\text{s}^{-2}=4.5\times10^{-2}\ \text{m}\cdot\text{s}^{-2}$$

（3）由初始条件得振动的初相 $\varphi=-\pi/2$，所以振动表达式为

$$x=0.02\cos\left(1.5t-\frac{\pi}{2}\right)\quad(\text{SI 单位})$$

（4）当动能和势能相等时，

$$\sin^2(\omega t+\varphi)=\cos^2(\omega t+\varphi)$$

即

$$\tan(\omega t+\varphi)=\pm1$$

得

$$t=\frac{kT}{2}+\frac{\pi}{6}\text{或}\ t=\frac{kT}{2}+\frac{\pi}{2}$$

其中 $k=0,1,2,\cdots$.

1-11

一弹簧振子，弹簧的弹性系数为 $k=25\ \text{N}\cdot\text{m}^{-1}$. 当振子以初动能 0.2 J 和初势能 0.6 J 振动时，求：（1）振幅；（2）当动能和势能相等时振子的位移；（3）当位移是振幅的一半时弹簧振子的势能.

解 （1）弹簧振子的总能量为

$$E=E_k+E_p=\frac{1}{2}kA^2$$

故振动的振幅为

$$A=\sqrt{2E/k}=\sqrt{2(E_k+E_p)/k}=\sqrt{2\times(0.2+0.6)/25}\ \text{m}=0.25\ \text{m}$$

（2）当动能和势能相等即 $E_k=E_p$ 时，有势能

$$E_p=\frac{1}{2}kx^2=\frac{1}{2}E=\frac{1}{2}kA^2/2$$

故位移为

$$x=\pm\frac{\sqrt{2}}{2}A=\pm\frac{\sqrt{2}}{2}\times0.25\ \text{m}=\pm0.18\ \text{m}$$

（3）当位移是振幅的一半即 $x=A/2$ 时弹簧振子的势能为

$$E_p=\frac{1}{2}kx^2=\frac{1}{2}k\left(\frac{A}{2}\right)^2=\frac{1}{4}\left(\frac{1}{2}kA^2\right)=\frac{1}{4}E=\frac{1}{4}(0.2+0.6)\ \text{J}=0.2\ \text{J}$$

1-12

一弹簧振子沿 x 轴做简谐振动. 已知振动物体最大位移为 $x_m=0.4$ m，最大回复力为 $F_m=0.8$ N，最大速度为 $v_m=0.8\pi\ \text{m}\cdot\text{s}^{-1}$. 在 $t=0$ 时初位移为+0.2 m，且初速度与所选 x 轴正方向相反. 求：（1）弹簧振子振动的能量；（2）振动表达式.

解 （1）由最大回复力 $F_m=kx_m$，可得弹簧的劲度系数

$$k=F_m/x_m=0.8/0.4\ \text{N}\cdot\text{m}^{-1}=2\ \text{N}\cdot\text{m}^{-1}$$

弹簧振子振动的振幅为

$$A=x_m=0.4\ \text{m}$$

故振动的能量为

$$E=\frac{1}{2}kA^2=\frac{1}{2}\times 2\times 0.4^2\ \mathrm{J}=0.16\ \mathrm{J}$$

（2）由速度最大值 $v_m=\omega x_m$，可得弹簧振子的角频率

$$\omega=v_m/x_m=0.8\pi/0.4\ \mathrm{rad\cdot s^{-1}}=2\pi\ \mathrm{rad\cdot s^{-1}}$$

当 $t=0$ 时，初位移 $x_0=0.2$ m，初速度 $v_0<0$；因此振动的初相 $\varphi=\pi/3$. 所以振动表达式为

$$x=0.4\cos\left(2\pi t+\frac{\pi}{3}\right)\quad (\text{SI 单位})$$

1-13

一定滑轮的半径为 R，转动惯量为 J，其上挂一轻绳，绳的一端系一质量为 m 的物体，另一端与一固定的轻弹簧相连，如图 1-6 所示. 设弹簧的劲度系数为 k，绳与滑轮间无滑动，且忽略轴的摩擦力及空气阻力. 现将物体 m 从平衡位置拉下一微小距离后放手，证明物体将做简谐振动，并求出其角频率.

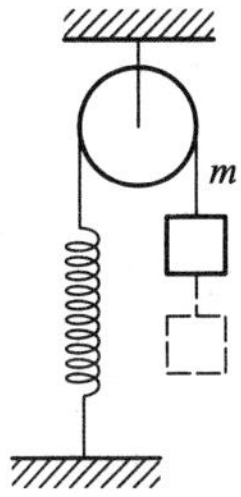

图 1-6　习题 1-13 用图

证明　建如图 1-7 所示坐标系，设原点 O 为 m 的平衡位置，向下为 x 轴正向，m 在平衡位置时弹簧已伸长 x_0，则

$$mg=kx_0$$

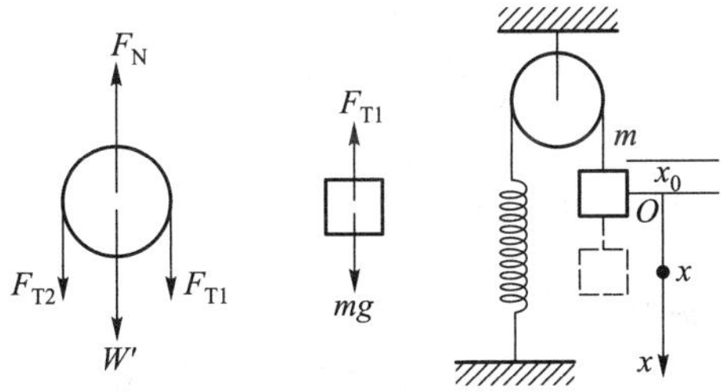

图 1-7　习题 1-13 解题用图

设 m 在 x 位置，分析受力，这时弹簧伸长 $x+x_0$，则

$$F_{T2}=k(x+x_0)$$

由牛顿第二定律和转动定律列方程

$$mg-F_{T1}=ma$$

$$F_{T1}R-F_{T2}R=J\alpha$$

$$a=R\alpha$$

联立解得物体的加速度

$$a=-\frac{k}{(J/R^2)+m}x=\frac{\mathrm{d}^2x}{\mathrm{d}t^2}$$

令 $\omega=\sqrt{\dfrac{k}{(J/R^2)+m}}=\sqrt{\dfrac{kR^2}{J+mR^2}}$，上式可化为简谐振动方程的标准形式

$$\frac{\mathrm{d}^2x}{\mathrm{d}t^2}+\omega^2x=0$$

故物体做简谐振动，其角频率 $\omega=\sqrt{\dfrac{kR^2}{J+mR^2}}$.

1-14

一质量 $m=1$ kg 的物体 A，放在倾角 $\theta=30°$ 的光滑斜面上，通过不可伸长的轻绳跨过无相对滑动的定滑轮（设定滑轮质量为 $m_0=m$，半径为 r）与劲度系数 $k=49\ \mathrm{N\cdot m^{-1}}$ 的轻弹簧相连如图 1-8 所示. 将物体由弹簧尚未形变的位置静止释放并开始计时，试写出物体的振动方程.

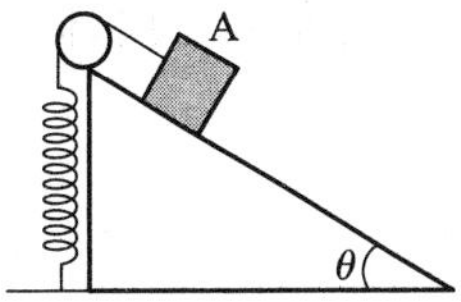

图 1-8　习题 1-14 用图

解 (1) 以 A 和定滑轮为研究对象,分析受力如图 1-9(a)、(b)所示

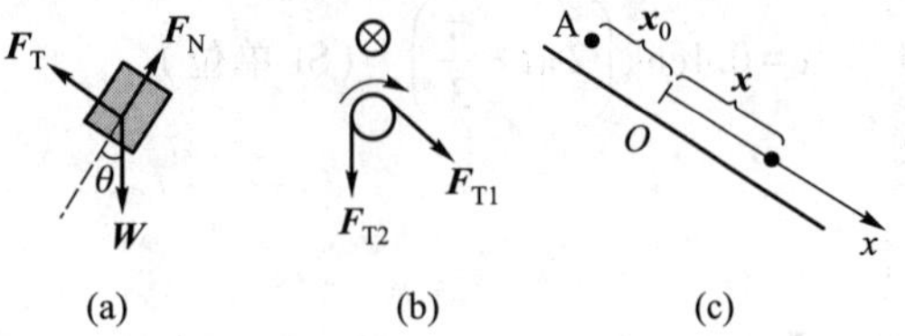

图 1-9 习题 1-14 解题用图

平衡位置:

$$mg\sin\theta = F_{T1} = kl_0$$

$$l_0 = \frac{mg\sin\theta}{k} = \frac{1\times9.8\times0.5}{49}\ \text{m} = 0.1\ \text{m}$$

(2) 建坐标系如图 1-9(c)所示,平衡位置 O 为坐标原点.

初始位置:

$$x_0 = -l_0$$

(3) 列方程.

对 A 有: $mg\sin\theta - F_{T1} = m\dfrac{d^2x}{dt^2}$

对定滑轮,由刚体转动定律:

$$F_{T1}r - F_{T2}r = J\alpha$$

滑轮的转动惯量: $J = \dfrac{1}{2}m'r^2$

刚体转动的角加速度与重物线加速度的关系:

$$\alpha = \frac{a}{r},\quad \alpha = \frac{d^2x}{rdt^2}$$

由胡克定律: $F_{T2} = k(x+l_0)$

$$mg\sin\theta - k(x+l_0) - \frac{1}{2}m_0\frac{d^2x}{dt^2} = m\frac{d^2x}{dt^2}$$

$$\left(m+\frac{1}{2}m_0\right)\frac{d^2x}{dt^2} + kx = 0$$

$$\frac{d^2x}{dt^2} + \frac{k}{\left(m+\dfrac{1}{2}m_0\right)} = 0 \quad (\text{A 仍做简谐振动})$$

简谐振动的角频率:

$$\omega = \sqrt{\frac{k}{\dfrac{1}{2}m_0+m}} = \sqrt{\frac{49}{\dfrac{1}{2}+1}}\ \text{rad}\cdot\text{s}^{-1} = 5.7\ \text{rad}\cdot\text{s}^{-1}$$

(4) 设振动表达式:

$$x = A\cos(5.7t+\varphi_0)\quad (\text{SI 单位})$$

(5) 由初始条件 $x_0=-l_0, v_0=0$ 及已知数据,代入得

$$A = \sqrt{x_0^2+\frac{v_0^2}{\omega^2}} = l_0 = 0.1\ \text{m}$$

$$\tan\varphi_0 = -\frac{v_0}{\omega x_0} = 0,\quad \varphi_0 = \pi$$

振动表达式:

$$x = 0.1\cos(5.7t+\pi)\quad (\text{SI 单位})$$

注意:判断系统的运动是否做简谐振动,在判断时,应根据简谐振动的动力学特征求证. 其特征是:物体受到的力是线性回复力,即 $\boldsymbol{F}=-k\boldsymbol{x}$,或描述物体运动的动力学微分方程形式为$\dfrac{d^2x}{dt^2}+\omega^2x=0$.

1-15

三个同方向、同频率简谐振动表达式分别为

$$x_1 = 0.08\cos\left(314t+\frac{\pi}{6}\right)\quad (\text{SI 单位})$$

$$x_2 = 0.08\cos\left(314t+\frac{\pi}{2}\right)\quad (\text{SI 单位})$$

$$x_3 = 0.08\cos\left(314t+\frac{5\pi}{6}\right)\quad (\text{SI 单位})$$

求:(1) 合振动的角频率、振幅、初相及合振动表达式;(2) 合振动由初始位置运动到 $x=\sqrt{2}A/2$ (A 为合振动的振幅)处所需要的最短时间.

解　(1) 由于同方向、同频率简谐振动的合成运动仍然是同频率的简谐振动,所以所求合振动的角频率与分振动相同,为

$$\omega = 314\ \text{rad}\cdot\text{s}^{-1}$$

利用振幅矢量图 1-10 将三个分振动的振幅矢量 $\boldsymbol{A}_1$、$\boldsymbol{A}_2$和 $\boldsymbol{A}_3$首尾相接进行合成计算,可得合振动的振幅为

$$A=\frac{A_1}{2}+A_2+\frac{A_3}{2}=\left(\frac{0.08}{2}+0.08+\frac{0.08}{2}\right)\ \text{m}=0.16\ \text{m}$$

合振动的初相为

$$\varphi=\pi/2$$

合振动表达式为

$$x=0.16\cos(314t+\pi/2)\quad (\text{SI 单位})$$

(2) 由图 1-10 可得旋转矢量 $\boldsymbol{A}$ 第一次转到使 $x=\sqrt{2}A/2$ 时,已转过的角度为 $\pi+\pi/4=5\pi/4$,所需要的时间为

$$t_1=5\pi/(4\omega)=5\pi/(4\times314)\ \text{s}=0.012\ 5\ \text{s}=12.5\ \text{ms}$$

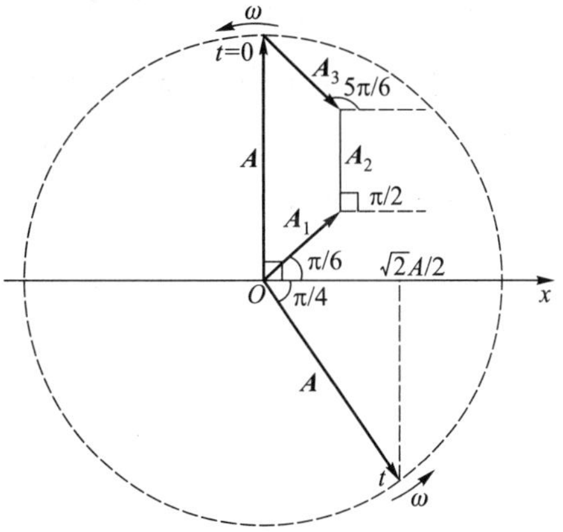

图 1-10　习题 1-15 解题用图

1-16

将频率为 348 Hz 的标准音叉振动和一个待测频率的音叉振动合成,测得拍频为 3.0 Hz. 若在待测频率的音叉的一端加上一小块物体,则拍频将减小,求待测频率的音叉的固有频率.

解　根据分析可知,待测频率的可能值为

$$\nu_2=\nu_1\pm\Delta\nu=(348\pm3)\ \text{Hz}$$

因振动系统的固有频率 $\nu=\dfrac{1}{2\pi}\sqrt{\dfrac{k}{m}}$,即质量 m 增加时,频率 ν 减小. 从题意知,当待测音叉质量增加时拍频减少,即 $|\nu_2-\nu_1|$变小.

因此,在满足 ν_2 与 $\Delta\nu$ 均变小的情况下,式中只能取正号,故待测频率

$$\nu_2=\nu_1+\Delta\nu=(348+3)\ \text{Hz}=351\ \text{Hz}$$

1–17

示波管的电子束受到两个互相垂直的电场的作用.电子在两个方向上的位移分别为 $x=A\cos\omega t$ 和 $y=A\cos(\omega t+\varphi)$. 求在 $\varphi=0°$、$\varphi=30°$ 和 $\varphi=90°$ 三种情况下,电子在荧光屏上的轨迹方程.

解 振动方向互相垂直的同频率简谐振动合成,合振动的轨迹方程为

$$\frac{x^2}{A_1^2}+\frac{y^2}{A_2^2}-\frac{2xy\cos\Delta\varphi}{A_1A_2}=\sin^2\Delta\varphi$$

式中 A_1、A_2 为两振动的振幅,$\Delta\varphi$ 为两个振动的初相差. 本题中 $A_1=A_2=A$,$\Delta\varphi=\varphi$,故有

$$x^2+y^2-2xy\cos\varphi=A^2\sin^2\varphi$$

(1) 当 $\varphi=0°$时,有 $x=y$,轨迹为一直线方程;

(2) 当 $\varphi=30°$时,有 $x^2+y^2-\sqrt{3}xy=A^2/4$,轨迹为椭圆方程;

(3) 当 $\varphi=90°$时,有 $x^2+y^2=A^2$,轨迹为圆方程.

第 2 章　波　动

2.1　内容提要

1. 波动的基本概念

(1) 波动

振动在空间的传播称为波动,简称波.

(2) 横波和纵波

振动方向与传播方向垂直的波称为横波,振动方向与传播方向在一直线上的波称为纵波.

(3) 机械波

机械振动在弹性介质中的传播,称为机械波. 波源和介质是产生机械波的两个不可缺少的条件.

(4) 简谐波

简谐振动在空间中传播所形成的波称为简谐波.

2. 波动的几何描述

(1) 波线

沿波的传播方向所画的带箭头的线称为波线.

(2) 波面(波阵面)

在波场中某一时刻,振动相位相同的各点所连接成的面称为波面(波阵面),亦称为同相面. 在各向同性介质中,波线总是与波面垂直.

(3) 波前

在某一时刻波源最初振动状态所传播到的各点所连接成的面称为波前.

3. 描述波动的特征量

(1) 周期 T、频率 ν 或角频率 ω 均由波源所决定,描述波的时间周期性.

$$T=\frac{2\pi}{\omega}=\frac{1}{\nu}$$

(2) 波速 u 由介质的性质决定.

(3) 波长 λ、波数 σ 或角波数 k 由波源和介质两方面因素决定,描述波的空间周期性.

$$\lambda=\frac{1}{\sigma}=\frac{2\pi}{k}=uT$$

4. 波形图或波形曲线

某一时刻波线上的各质元偏离平衡位置的位移 y(广义上则是振动的物理量)与相应的平衡位置坐标 x 的关系曲线称为该时刻的波形图或波形曲线.

5. 平面简谐波的波函数

波面为平面的简谐波称为平面简谐波,其波函数为

$$\begin{aligned} y &= A\cos\left[\omega\left(t \mp \frac{x-x_0}{u}\right)+\varphi_{x_0}\right] \\ &= A\cos\left[2\pi\left(\nu t \mp \frac{x-x_0}{\lambda}\right)+\varphi_{x_0}\right] \\ &= A\cos\left[2\pi\left(\frac{t}{T} \mp \frac{x-x_0}{\lambda}\right)+\varphi_{x_0}\right] \\ &= A\cos\left[\omega t \mp k(x-x_0)+\varphi_{x_0}\right] \end{aligned}$$

其中符号 $\mp$ 里的"-"号代表沿 x 轴正方向传播的平面简谐波,"+"号代表沿 x 轴负方向传播的平面简谐波.

6. 平面简谐波的能量特征

体积为 $\mathrm{d}V$ 质元的总能量 $\mathrm{d}E$ 随时间做周期性的变化,是不守恒的.

$$\mathrm{d}E = \mathrm{d}E_\mathrm{k}+\mathrm{d}E_\mathrm{p} = (\rho\mathrm{d}V)\omega^2A^2\sin^2\left[\omega\left(t-\frac{x}{u}\right)\right]$$

动能 $\mathrm{d}E_\mathrm{k}$ 与势能 $\mathrm{d}E_\mathrm{p}$ 相等

$$\mathrm{d}E_\mathrm{k} = \mathrm{d}E_\mathrm{p} = \frac{1}{2}(\rho\mathrm{d}V)\omega^2A^2\sin^2\left[\omega\left(t-\frac{x}{u}\right)\right]$$

能量密度 w 是波场中单位体积的介质中所包含的能量

$$w = \frac{\mathrm{d}E}{\mathrm{d}V} = \rho\omega^2A^2\sin^2\left[\omega\left(t-\frac{x}{u}\right)\right]$$

平均能量密度 $\overline{w}$ 是能量密度在一个周期内对时间的平均值

$$\overline{w} = \frac{1}{2}\rho A^2\omega^2$$

平均能流密度(坡印廷矢量)$\boldsymbol{I}$ 是通过垂直于波的传播方向的单位面积的平均能流

$$\boldsymbol{I} = \frac{1}{2}\omega^2A^2\rho\boldsymbol{u}$$

它是一矢量,其方向即为波速的方向.

波的强度 I 是平均能流密度的大小

$$I = \frac{1}{2}\omega^2A^2\rho u$$

7. 行波

行波波函数的一般形式为

$$y = f(\beta) = f\left(t \mp \frac{x}{u}\right)$$

其中“-”号代表右行波,“+”号代表左行波.

8. 波动方程

任何物理量 ξ,只要它与时间和坐标的函数关系满足波动方程

$$\frac{\partial^2 \xi}{\partial x^2}+\frac{\partial^2 \xi}{\partial y^2}+\frac{\partial^2 \xi^2}{\partial z^2}=\frac{1}{u^2}\frac{\partial^2 \xi}{\partial t^2}$$

则此物理量的运动形式就一定是波动.

9. 惠更斯原理

在波的传播过程中,波前上的每一点都可看作发射子波的波源,在其后的任一时刻,这些子波的包迹就成为新的波面.

10. 波的叠加原理

当不同波源产生的几列波同时在同一介质中传播时,无论相遇与否,它们都会各自保持其原有的振幅、频率、波长、振动方向等特征不变,并按照各自原来的传播方向继续前进,彼此互不影响. 因此,在几列波相遇处,质元的振动就是各列波单独存在时所引起该点的各个振动的叠加.

11. 波的干涉

(1) 现象

频率相同、振动方向一致、相位相等或相位差恒定的两个(或几个)波源发出的两列(或几列)波在相遇的区域内,某些地方的合振动会始终加强,某些地方的合振动会始终减弱或完全抵消,从而合成波的强度在空间呈现有规律的稳定分布. 这种现象称为波的干涉.

(2) 相干条件

频率相同、振动方向一致、相位差恒定三个条件称为相干条件.

(3) 干涉加强和减弱的条件

设两列相干波在相遇点 P 处引起的两个分振动为

$$y_1=A_1\cos\left(\omega t+\varphi_{10}-2\pi\frac{r_1}{\lambda}\right)$$

$$y_2=A_2\cos\left(\omega t+\varphi_{20}-2\pi\frac{r_2}{\lambda}\right)$$

当 $\Delta\varphi=\varphi_{20}-\varphi_{10}-2\pi\frac{r_2-r_1}{\lambda}=\pm 2k\pi, k=0,1,2,\cdots$ 时,P 处合振动的振幅最大,其值为 $A=A_1+A_2$,且合成波的强度达到最大值,即

$$I=I_1+I_2+2\sqrt{I_1 I_2}$$

这表明该点干涉加强,称为相长干涉.

当 $\Delta\varphi=\varphi_{20}-\varphi_{10}-2\pi\frac{r_2-r_1}{\lambda}=\pm(2k+1)\pi, k=0,1,2,\cdots$ 时,P 处合振动的振幅最小,其值为 $A=|A_1-A_2|$,且合成波的强度处于最小值,即

$$I=I_1+I_2-2\sqrt{I_1 I_2}$$

这表明该点干涉减弱,称为相消干涉.

12. 驻波

两列振幅相同的相干波在同一直线上沿相反方向传播时，在叠加区域内形成的波.

(1) 驻波的表达式

$$y=y_1+y_2=A\cos\left(\omega t-2\pi\frac{x}{\lambda}\right)+A\cos\left(\omega t+2\pi\frac{x}{\lambda}\right)=2A\cos\frac{2\pi}{\lambda}x\cos\omega t$$

(2) 驻波的特征

振幅分布在空间呈现周期性，各质元的振幅为 $2A\left|\cos(2\pi x/\lambda)\right|$. 振幅的最大值为 $2A$，发生在波腹处，相邻波腹相距半个波长 $\lambda/2$（波腹间距）；振幅的最小值为零，发生在波节处，相邻波节相距半个波长 $\lambda/2$（波节间距）.

对相位分布有同段同相，邻段反相的结论.

对能量分布，则有：在驻波场中，能量不断地在波腹和波节之间往复转移，并且在动能和势能之间不断相互转化，然而没有能量的定向传播.

13. 半波损失

当机械波从波疏介质垂直入射到波密介质界面上反射时，有半波损失，形成的驻波在界面反射处出现波节. 反之，当波从波密介质垂直入射到波疏介质界面上反射时，无半波损失，界面反射处出现波腹.

14. 多普勒效应

当波源或观察者或两者同时相对于介质运动时，观察者接收到的频率将不同于波源的振动频率的现象.

$$\nu_R=\frac{u\pm v_R}{u\mp v_S}\nu_S$$

其中，当观察者朝向波源运动时，在 v_R 前取正号，背向时取负号；当波源朝向观察者运动时，在 v_S 前取负号，当背向时取正号.

2.2 习题解答

2-1

如图 2-1 所示，一列平面简谐波沿 x 轴正方向传播，波速为 $u=500\ \text{m}\cdot\text{s}^{-1}$，在 $L=1$ m 处 P 质元的振动表达式为 $y=0.03\cos(500\pi t-\pi/2)$（SI 单位）. 求：(1) 按图 2-1 所示坐标系，写出相应的波函数；(2) 画出 $t=0$ 时刻的波形曲线.

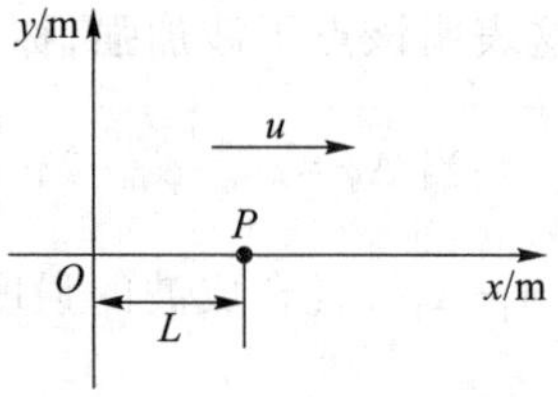

图 2-1 习题 2-1 用图

解 (1) 由 P 质元的振动表达式可知该平面

简谐波的频率

$$\nu=250\ \text{Hz}$$

故波长为

$$\lambda=u/\nu=(500/250)\ \text{m}=2\ \text{m}$$

波函数为

$$y(x,t)=0.03\cos\left[500\pi t-\frac{\pi}{2}-\frac{2\pi}{\lambda}(x-1)\right]$$

$$=0.03\cos\left[500\pi t-\frac{\pi}{2}-\frac{2\pi}{2}(x-1)\right]$$

$$=0.03\cos\left(500\pi t+\frac{\pi}{2}-\pi x\right)\ \text{(SI 单位)}$$

（2）$t=0$ 时刻的波形曲线方程为

$$y(x,0)=0.03\cos\left(\frac{\pi}{2}-\pi x\right)$$

$$=0.03\sin\pi x\quad\text{(SI 单位)}$$

波形曲线如图 2-2 所示.

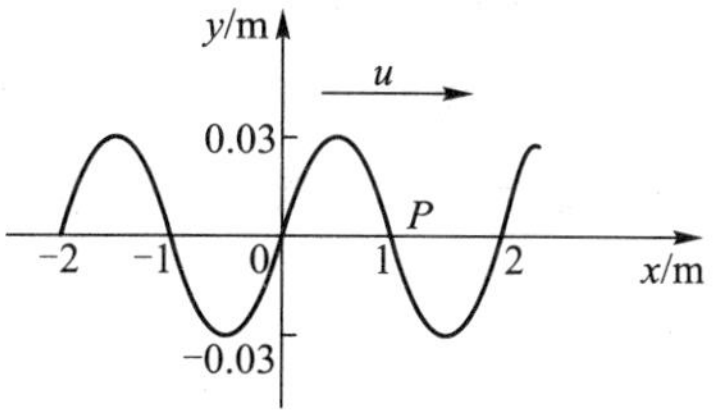

图 2-2　习题 2-1(2)解题用图

2-2

一振幅为 10 cm、波长为 200 cm 的平面简谐波沿 x 轴正方向传播,波速为 100 cm · s^{-1}. 在 $t=0$ 时原点处质元恰好经过平衡位置并向位移正方向运动. 求:(1) 原点处质元的振动表达式;(2) $x=150$ cm 处质元的振动表达式.

解　(1) 设原点处质元的振动表达式为

$$y(x,0)=A\cos(\omega t+\varphi_0)$$

其中由题意知振幅 $A=10$ cm,频率 $\nu=u/\lambda=100/200\ \text{Hz}=0.5\ \text{Hz}$,角频率 $\omega=2\pi\nu=2\pi\times0.5\ \text{rad}\cdot\text{s}^{-1}=\pi\ \text{rad}\cdot\text{s}^{-1}$;在 $t=0$ 时,原点处质元的位移 $y(0,0)=0$,速度 $v(0,0)>0$,得原点处质元振动的初相 $\varphi_0=-\frac{\pi}{2}$. 故原点处质元的振动表达式

$$y=0.10\cos\left(\pi t-\frac{\pi}{2}\right)\quad\text{(SI 单位)}$$

(2) $x=150$ cm 处相位比原点落后$2\pi x/\lambda=2\pi\times150/200=3\pi/2$,所以该处质元的振动表达式为

$$y=0.10\cos\left(\pi t-\frac{\pi}{2}-\frac{3\pi}{2}\right)$$

$$=0.10\cos(\pi t-2\pi)\quad\text{(SI 单位)}$$

或写成

$$y=0.10\cos\pi t\quad\text{(SI 单位)}$$

2-3

已知一平面简谐波的波函数为 $y=0.25\cos(125t-0.37x)$ (SI 单位). 求:(1) $x_1=10$ m、$x_2=25$ m 两处质元的振动表达式;(2) x_1、x_2 两处质元间的振动相位差;(3) 当 $t=4$ s 时,x_1 处质元的振动位移.

解　(1) 将 $x_1=10$ m 代入波函数

$$y=0.25\cos(125t-0.37x)$$

中，得 $x_1=10\ \text{m}$ 处质元的振动表达式为

$$y\Big|_{x=10\ \text{m}}=0.25\cos(125t-3.7)\quad(\text{SI 单位})$$

同理，$x_2=25\ \text{m}$ 处质元的振动表达式为

$$y\Big|_{x=25\ \text{m}}=0.25\cos(125t-9.25)\quad(\text{SI 单位})$$

（2）x_2 与 x_1 两处质元间的振动初相分别为，$\varphi_1=-3.7$，$\varphi_2=-9.25$；则二者的相位差为

$$\Delta\varphi=\varphi_2-\varphi_1=-9.25-(-3.7)=-5.55$$

（3）将 $t=4\ \text{s}$ $x_1=10\ \text{m}$ 代入波函数 $y=0.25\cos(125t-0.37x)$ 中，则有，当 $t=4\ \text{s}$ 时，x_1 处质元的振动位移为

$$y=0.25\cos(125\times4-3.7)\ \text{m}$$
$$=0.249\ \text{m}$$

2-4

一平面简谐波沿 x 轴负方向传播，波速为 $1\ \text{m}\cdot\text{s}^{-1}$. 在 x 轴上某处质元的振动频率为 1 Hz、振幅为 0.01 m. 在 $t=0$ 时该质元恰好在正方向最大位移处. 若以该质元的平衡位置为 x 轴的原点，求该平面简谐波的波函数.

解 由题意知振幅 $A=0.01\ \text{m}$，波长 $\lambda=u/\nu=1/1\ \text{m}=1\ \text{m}$，周期 $T=1/\nu=1/1\ \text{s}=1\ \text{s}$；在 $x=0$ 处，质元振动的初相 $\varphi_0=0$. 则该平面简谐波的波函数为

$$y=0.01\cos 2\pi(t/T+x/\lambda)$$
$$=0.01\cos 2\pi(t+x)\quad(\text{SI 单位})$$

2-5

一横波波函数为 $y=A\cos[2\pi(ut-x)/\lambda]$（SI 单位），式中 $A=0.01\ \text{m}$，$\lambda=0.2\ \text{m}$，$u=25\ \text{m}\cdot\text{s}^{-1}$. 求当 $t=0.1\ \text{s}$ 时，$x=2\ \text{m}$ 处质元振动的位移、速度、加速度.

解 当 $t=0.1\ \text{s}$ 时，对于 $x=2\ \text{m}$ 处质元有位移

$$y\Big|_{x=2\ \text{m},t=0.1\ \text{s}}=A\cos\frac{2\pi}{\lambda}(ut-x)$$
$$=0.01\cos 10\pi(25t-x)$$
$$=0.01\cos 10\pi(25\times0.1-2)$$
$$=-0.01\ (\text{m})$$

速度

$$v=\frac{\mathrm{d}y}{\mathrm{d}t}\Bigg|_{x=2\ \text{m},t=0.1\ \text{s}}$$
$$=-A\frac{2\pi u}{\lambda}\sin\frac{2\pi}{\lambda}(ut-x)$$
$$=-0.01\times10\pi\times25\sin 10\pi(25\times0.1-2)\ \text{m}\cdot\text{s}^{-1}$$
$$=0$$

加速度

$$a=\frac{\mathrm{d}^2y}{\mathrm{d}t^2}\Bigg|_{x=2\ \text{m},t=0.1\ \text{s}}$$
$$=-A\left(\frac{2\pi u}{\lambda}\right)^2\cos\frac{2\pi}{\lambda}(ut-x)$$
$$=-0.01\times(10\pi\times25)^2\cos 10\pi(25\times0.1-2)\ \text{m}\cdot\text{s}^{-2}$$
$$=6.17\times10^3\ \text{m}\cdot\text{s}^{-2}$$

2-6

如图 2-3 所示，一平面简谐波沿 x 轴负方向传播，波速为 u. 若 P 处质元的振动表达式为

$y_P=A\cos(\omega t+\varphi)$，求：(1) O 处质元的振动表达式；(2) 该波的波函数；(3) 与 P 处质元振动状态相同的那些质元的平衡位置.

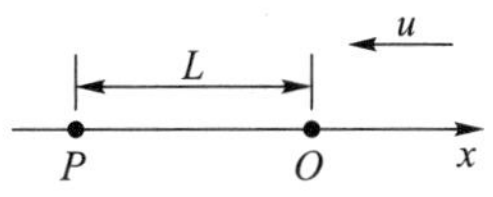

图 2-3 习题 2-6 用图

解 (1) 由于平面简谐波沿 x 轴负方向传播，所以在图 2-3 中，O 处质元的振动比 P 处质元的振动在时间上超前 L/u，而 P 处质元的振动表达式为 $y_P=A\cos(\omega t+\varphi)$，故 O 处质元的振动表达式为

$$y_0=A\cos\left[\omega\left(t+\frac{L}{u}\right)+\varphi\right]$$

(2) 此平面简谐波的波函数为

$$y=A\cos\left[\omega\left(t+\frac{x+L}{u}\right)+\varphi\right]$$

(3) 由于在波线上，振动状态相同的质元间的相位差是 2π 的整数倍，故对于与 P 处质元振动状态相同的那些质元来说，应有

$$\omega(x+L)/u=\pm 2k\pi$$

则与 P 处质元振动状态相同的那些质元的平衡位置为

$$x=-L\pm k\frac{2\pi u}{\omega}\quad(k=1,2,3,\cdots)$$

2-7

一列沿 x 轴正方向传播的平面简谐波在 $t_1=0$ 和 $t_2=0.25$ s 时刻的波形曲线如图 2-4 所示. 求：(1) P 处质元的振动表达式；(2) 该波的波函数；(3) 画出原点 O 处质元的振动曲线.

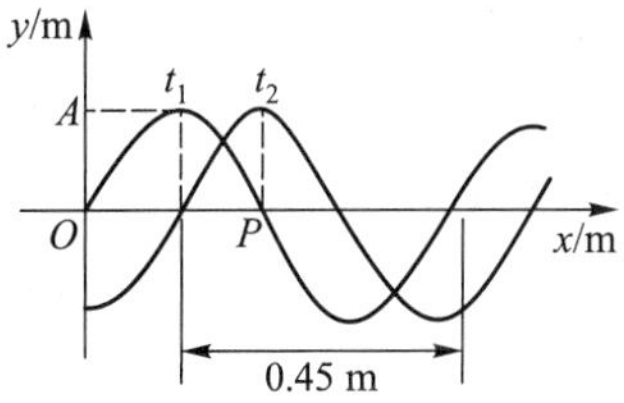

图 2-4 习题 2-7 用图

解 由图 2-4 可知 $3\lambda/4=0.45$ m，则

$$\lambda=\frac{4\times0.45}{3}\text{ m}=0.6\text{ m}$$

在 $\Delta t=t_2-t_1=(0.25-0)$ s $=0.25$ s 的时间内，波形移动了 $\Delta x=\lambda/4=0.6/4$ m $=0.15$ m 的距离，所以波速为

$$u=\frac{\Delta x}{\Delta t}=\frac{0.15}{0.25}\text{ m}\cdot\text{s}^{-1}=0.6\text{ m}\cdot\text{s}^{-1}$$

周期

$$T=\frac{\lambda}{u}=\frac{0.6}{0.6}\text{ s}=1\text{ s}$$

角频率

$$\omega=\frac{2\pi}{T}=\frac{2\pi}{1}\text{ rad}\cdot\text{s}^{-1}=2\pi\text{ rad}\cdot\text{s}^{-1}$$

(1) 由 $t_1=0$ 时的波形曲线可知 P 处质元振动的初始条件为

$$x_0=0,\quad v_0>0$$

可得 P 处质元振动的初相为

$$\varphi_P=-\frac{\pi}{2}$$

故 P 处质元的振动表达式为

$$y_P=A\cos(\omega t+\varphi_P)=A\cos\left(2\pi t-\frac{\pi}{2}\right)$$

(2) 由 $t_1=0$ 时的波形曲线可知 O 处质元振动的初始条件为

$$x_0=0,\quad v_0<0$$

可得 O 处质元振动的初相为

$$\varphi_0=\frac{\pi}{2}$$

故该波的波函数为

$$y = A\cos\left[\omega\left(t-\frac{x}{u}\right)+\varphi_0\right]$$

$$= A\cos\left[2\pi\left(t-\frac{x}{0.6}\right)+\frac{\pi}{2}\right] \quad (\text{SI 单位})$$

(3) O 处质元的振动曲线如图 2-5 所示.

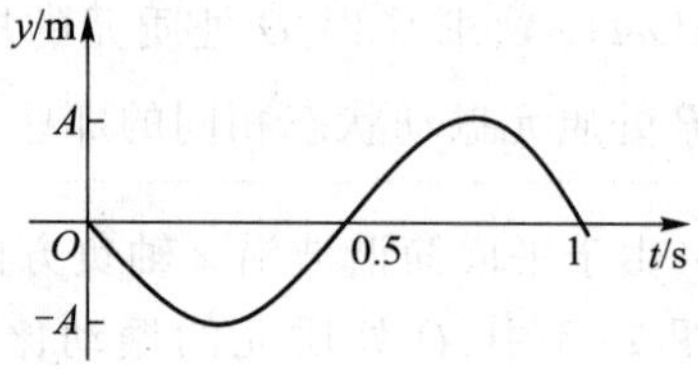

图 2-5 习题 2-7(3)解题用图

2-8

一振幅为 10 cm、波长为 200 cm 的简谐横波,沿着一条很长的水平绷紧弦从左向右行进,波速为 100 cm · s^{-1}. 取弦上一点为坐标原点,x 轴指向右方. 在 $t=0$ 时,原点处质元从平衡位置开始向位移负方向运动. 求:(1) 该横波的波函数;(2) 弦上任一处质元振动的速度最大值.

解 (1) 根据题意可知简谐横波的频率

$$\nu = u/\lambda = 1/2 \text{ Hz} = 0.5 \text{ Hz}$$

角频率

$$\omega = 2\pi\nu = 2\pi\times0.5 \text{ rad}\cdot\text{s}^{-1} = \pi \text{ rad}\cdot\text{s}^{-1}$$

角波数

$$k = 2\pi/\lambda = 2\pi/2 \text{ m}^{-1} = \pi \text{ m}^{-1}$$

振幅

$$A = 0.1 \text{ m}$$

由于在 $t=0$ 时,原点处质元从平衡位置开始向位移负方向运动,故原点处质元的初相

$$\varphi_0 = \pi/2$$

则波函数为

$$y = A\cos(\omega t - kx + \varphi_0)$$

$$= 0.1\cos\left(\pi t - \pi x + \frac{\pi}{2}\right) \quad (\text{SI 单位})$$

(2) 弦上任一处质元振动的速度最大值为

$$v_{max} = A\omega = 0.1\pi \text{ m}\cdot\text{s}^{-1} = 0.314 \text{ m}\cdot\text{s}^{-1}$$

2-9

如图 2-6 所示,在 A、B 两处放置两个相干的点波源,它们的振动相位差为 π. A、B 相距 30 cm,观察点 P 和 B 相距 40 cm,且 $PB\perp AB$. 若发自 A、B 的两列波在 P 处最大限度地互相削弱,求最大波长.

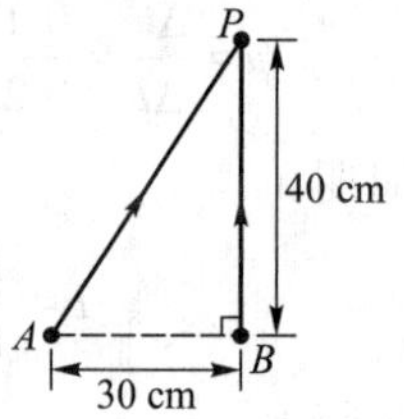

图 2-6 习题 2-9 用图

解 在 P 处两列波最大限度地互相削弱,即两振动反相. 现两个波源是反相的相干波源,故要求因传播路径不同而引起的相位差 $2\pi(|AP|-|BP|)/\lambda$ 等于 $2k\pi(k=1,2,\cdots)$.

由图 2-6 可知 $|AP| = 50$ cm, $|BP| = 40$ cm,所以

$$2\pi(50 \text{ cm}-40 \text{ cm})/\lambda = 2k\pi$$

即

$$\lambda = 10/k \text{ cm}$$

当 $k=1$ 时,得最大波长为 $\lambda_{max} = 10$ cm.

2-10

如图 2-7 所示，S_1、S_2 为波长 $\lambda=8.00$ m 的两简谐波相干波源，S_2 的相位比 S_1 的相位超前 $\pi/4$. S_1 在 P 点引起的振动振幅为 0.30 m，$r_1=12.0$ m；S_2 在 P 点引起的振动振幅为 0.20 m，$r_2=14.0$ m. 求 P 点的合振动的振幅.

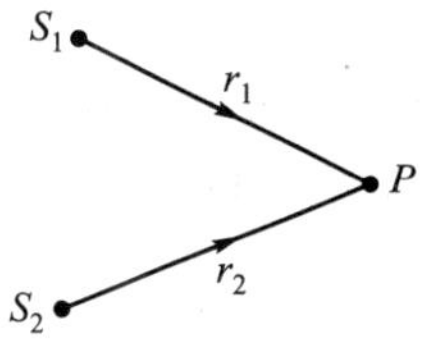

图 2-7　习题 2-10 用图

解　两列相干波在 P 处所引起的两个分振动的相位差为

$$\Delta\varphi=\varphi_2-\varphi_1-\frac{2\pi}{\lambda}(r_2-r_1)$$
$$=\frac{\pi}{4}-\frac{2\pi}{8}(14-12)=-\frac{\pi}{4}$$

故 P 点的合振动的振幅为

$$A=(A_1^2+A_2^2+2A_1A_2\cos\Delta\varphi)^{1/2}$$
$$=[0.3^2+0.2^2+2\times0.3\times0.2\times\cos(-\pi/4)]^{1/2}\ \text{m}$$
$$=0.464\ \text{m}$$

2-11

A、B 为同一介质中的两个波源，相距 20 m. 两波源做同方向的振动，振动频率均为100 Hz，振幅均为 5 cm，波速为 200 m · s^{-1}. 设波在传播过程中振幅不变，且当 A 处为波峰时 B 处恰好为波谷. 取 A 到 B 为 x 轴正方向，A 为坐标原点，以 A 处质元达到正方向最大位移时为时间起点. 求：(1) B 波源产生的沿 x 轴负方向传播的波的波函数；(2) A、B 之间各因干涉而静止点的坐标.

解　(1) 设由 B 波源产生的波的波函数为

$$y=A\cos\left[\omega\left(t+\frac{x}{u}\right)+\varphi\right]\quad(\text{SI 单位})$$

其中角频率 $\omega=2\pi\nu=2\pi\times100\ \text{rad}\cdot\text{s}^{-1}=200\pi$ rad/s. 由题意知当 $t=0$ 时，$x=20$ m 处 B 波源的相位为 π，故有

$$200\pi\cdot\frac{20}{200}+\varphi=\pi$$

可取 $\varphi=\pi$. 则得由 B 波源产生的波的波函数

$$y=5\times10^{-2}\cos\left[200\pi\left(t+\frac{x}{200}\right)+\pi\right]\quad(\text{SI 单位})$$

(2) 设因干涉而静止点的坐标为 x，两列相干波在 x 处所引起的两个分振动的相位差为

$$\Delta\varphi=\pi-\frac{2\pi}{\lambda}(20-x-x)=(2k+1)\pi$$

将波长 $\lambda=u/\nu=200/100$ m $=2$ m 代入，得

$$x=k$$

即

$$x=1,2,3,\cdots,19\quad(\text{m})$$

2-12

如图 2-8 所示，在弹性介质中有一沿 x 轴正方向传播的平面简谐波，其表达式为 $y=0.01\cos(4t-\pi x-\pi/2)$ (SI 单位). 若在 $x=5.00$ m 处有一介质分界面，且在分界面处反射波相位突变 π，设反射波的强度不变，求反射波的波函数.

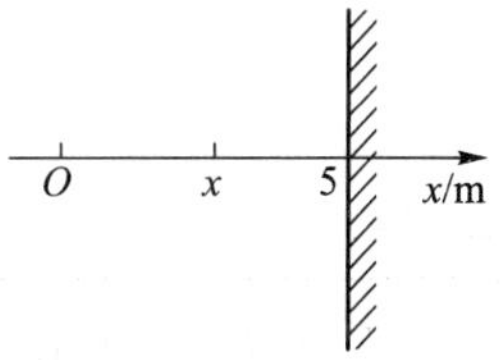

图 2-8　习题 2-12 用图

解　波从 O 传至介质分界面，再反射至 x 处，

走过的距离为

$$(5+5-x)\,\mathrm{m}$$

考虑在分界面处反射波相位突变 π，反射波在 x 处引起的振动相位为

$$4t-\pi(5+5-x)-\frac{\pi}{2}+\pi=4t+\pi x+\frac{\pi}{2}-10\pi$$

故反射波的波函数为

$$y=0.01\cos\left(4t+\pi x+\frac{\pi}{2}-10\pi\right)\quad(\text{SI 单位})$$

或

$$y=0.01\cos\left(4t+\pi x+\frac{\pi}{2}\right)\quad(\text{SI 单位})$$

2-13

如图 2-9 所示，有一平面简谐波在空气中沿 x 轴正方向传播，波速为 $u=2\ \mathrm{m\cdot s^{-1}}$. 已知 $x=2$ m 处质元 P 的振动表示式为 $y=6\times10^{-2}\cos(\pi t-\pi/2)$ (SI 单位). (1) 求该波的波函数；(2) 若 $x=8.6$ m 处有一相对空气为波密的垂直反射壁，求反射波的波函数，设反射时无能量损耗；(3) 求波节的位置.

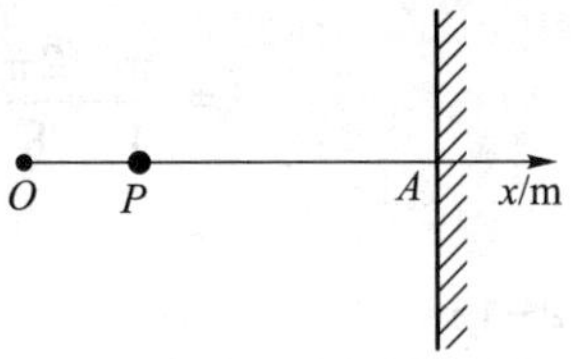

图 2-9 习题 2-13 用图

解 (1) 平面简谐波的角频率为

$$\omega=\pi\ \mathrm{rad\cdot s^{-1}}$$

波长为

$$\lambda=2\pi u/\omega=2\pi\times2/\pi\ \mathrm{m}=4\ \mathrm{m}$$

原点处质元的振动比 $x=2$ m 处质元 P 的振动超前相位

$$\Delta\varphi=\varphi_0-\varphi_P=\frac{2\pi}{\lambda}x=\frac{2\pi}{4}\times2=\pi$$

所以原点处质元振动的初相

$$\varphi_0=\Delta\varphi+\varphi_P=\pi-\frac{\pi}{2}=\frac{\pi}{2}$$

故有原点处质元的振动表示式为

$$y_0=6\times10^{-2}\cos\left(\pi t+\frac{\pi}{2}\right)$$

则入射波的波函数为

$$y_{入}=A\cos\left[\pi\left(t-\frac{x}{u}\right)+\varphi_0\right]$$

$$=6\times10^{-2}\cos\left[\pi\left(t-\frac{x}{2}\right)+\frac{\pi}{2}\right]\quad(\text{SI 单位}).$$

(2) 在反射点 A 处，$x=8.6$ m，对于入射波

$$y_{入A}=6\times10^{-2}\cos(\pi t-3.8\pi)\quad(\text{SI 单位})$$

对于反射波，考虑在分界面处相位突变 π，有

$$y_{反A}=6\times10^{-2}\cos(\pi t-2.8\pi)\quad(\text{SI 单位})$$

则反射波的波函数为

$$y_{反}=6\times10^{-2}\cos\left[\pi\left(t-\frac{8.6-x}{2}\right)-2.8\pi\right]$$

$$=6\times10^{-2}\cos\left[\pi\left(t+\frac{x}{2}\right)-7.1\pi\right]\quad(\text{SI 单位})$$

(3) 在波节处，入射波和反射波反相，有

$$\left[\pi\left(t+\frac{x}{2}\right)-7.1\pi\right]-\left[\pi\left(t-\frac{x}{2}\right)+\frac{\pi}{2}\right]=(2k+1)\pi$$

因此波节的位置为

$$x=(2k+8.6)\ \mathrm{m}\quad(k=0,-1,-2,\cdots)$$

2-14

如图 2-10 所示，三列频率相同、振动方向垂直纸面的简谐波在传播过程中在 O 处相遇.

若三列简谐波各自单独在 S_1、S_2 和 S_3 处的振动表达式分别为

$$y_1=A\cos(\omega t+\pi/2)$$
$$y_2=A\cos\omega t$$
$$y_3=2A\cos(\omega t-\pi/2)$$

且 $|S_2O|=4\lambda$，$|S_1O|=|S_3O|=5\lambda$（λ 为波长）. 设传播过程中各简谐波的振幅不变，求 O 处的合振动表达式.

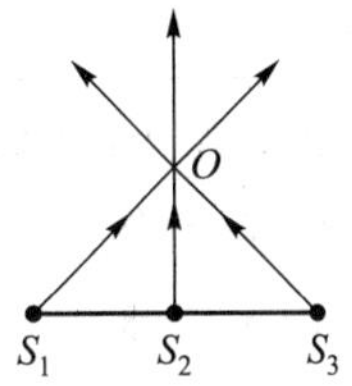

图 2-10　习题 2-14 用图

解　每一波到 O 处传播的距离都是波长的整数倍，所以三列波在 O 处的振动表达式可写成

$$y_1=A_1\cos\left(\omega t+\frac{\pi}{2}\right)$$
$$y_2=A_2\cos\omega t$$
$$y_3=A_3\cos\left(\omega t-\frac{\pi}{2}\right)$$

其中 $A_1=A_2=A$，$A_3=2A$.

在 O 处，三个振动叠加. 利用振幅矢量图（如图 2-11 所示）将三个分振动的振幅矢量 $\boldsymbol{A}_1$、$\boldsymbol{A}_2$ 和 $\boldsymbol{A}_3$ 首尾相接，并按多边形加法进行合成计算，可得合振动的振幅

$$A_{合}=\sqrt{2}A$$

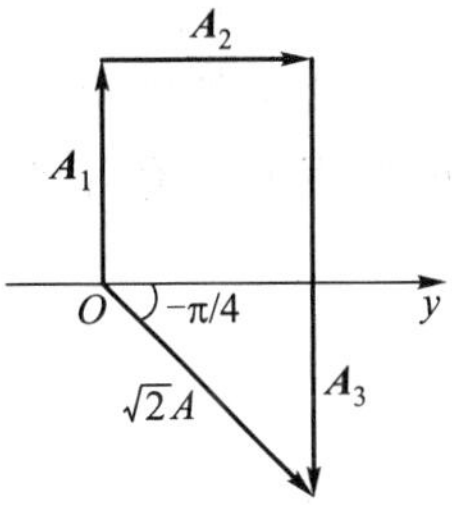

图 2-11　习题 2-14 解题用图

合振动的初相

$$\varphi_{合}=-\pi/4$$

则合振动表达式

$$y=\sqrt{2}A\cos\left(\omega t-\frac{\pi}{4}\right)$$

2-15

如图 2-12 所示，波源在原点 O 处，振动方向垂直纸面，波长是 λ. AB 为波的反射面，在反射时无半波损失. O 点位于 A 点的正上方，$|AO|=h$，Ox 轴平行于 AB. 求 Ox 轴上各因干涉而加强点的坐标（限于 $x\geqslant 0$）.

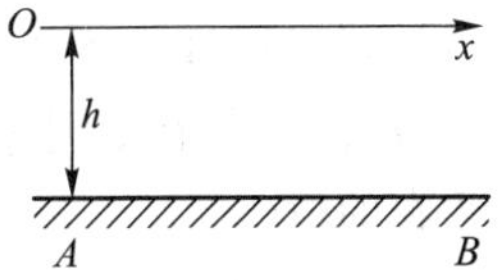

图 2-12　习题 2-15 用图

解　沿 Ox 轴传播的波与从 AB 面上某点反射来的波在坐标 x 处相遇，两波的波程差为

$$\delta=2\sqrt{(x/2)^2+h^2}-x$$

由干涉加强的条件，有

$$2\sqrt{(x/2)^2+h^2}-x=k\lambda\quad(k=1,2,3,\cdots)$$

则各因干涉而加强点的坐标为

$$x=\frac{4h^2-k^2\lambda^2}{2k\lambda}$$

当 $x=0$ 时，由 $4h^2-k^2\lambda^2=0$ 可得 $k=2h/\lambda$，因而有

$$k=1,2,3,\cdots\quad(k<2h/\lambda)$$

2-16

两个相干波源 S_1 和 S_2 相距 11 m，S_1 的相位比 S_2 超前 $\pi/2$. 这两个相干波源在 S_1、S_2 连线和延长线上传播时可看成两等幅的平面简谐波，它们的频率都等于 100 Hz，波速都等于 $400\ \mathrm{m\cdot s^{-1}}$. 求在 S_1、S_2 的连线和延长线上各因干涉而静止的点的位置.

解 两平面简谐波的波长为

$$\lambda=\frac{u}{\nu}=\frac{400}{100}\ \mathrm{m}=4\ \mathrm{m}$$

建立如图 2-13 所示的坐标系. 在 S_1 外侧任一点 $P_1(x<0)$，两列相干波所引起的两个分振动的相位差为

$$\Delta\varphi=\varphi_2-\varphi_1-2\pi\frac{r_2-r_1}{\lambda}=-\frac{\pi}{2}-2\pi\times\frac{11}{4}=-6\pi$$

满足干涉加强的条件，因而无静止点.

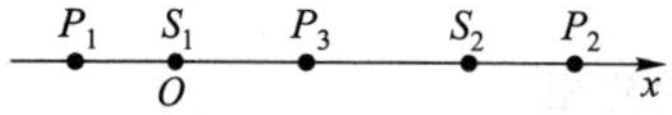

图 2-13 习题 2-16 解题用图

在 S_2 外侧任一点 $P_2(x>11\ \mathrm{m})$，两列相干波引起的两个分振动的相位差为

$$\Delta\varphi=\varphi_2-\varphi_1-2\pi\frac{r_2-r_1}{\lambda}=-\frac{\pi}{2}+2\pi\times\frac{11}{4}=5\pi$$

满足干涉相消的条件，因而所有点均静止.

在 S_1、S_2 中间任一因干涉而静止点 $P_3(0\leqslant x\leqslant 11)$，两列相干波引起的两个分振动的相位差为

$$\Delta\varphi=\varphi_2-\varphi_1-2\pi\frac{r_2-r_1}{\lambda}=-\frac{\pi}{2}-2\pi\frac{11-2x}{4}$$
$$=-6\pi+\pi x=(2k+1)\pi$$

求解上式得

$x=2k+7$ （$k=2,1,0,-1,-2,-3$）（SI 单位）

即 $x=1$ m，3 m，5 m，7 m，9 m，11 m 及 $x>11$ m 各点均静止.

2-17

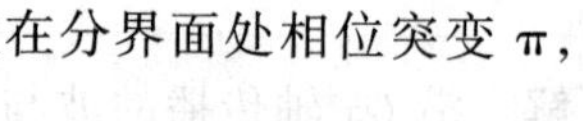

图 2-14 习题 2-17 用图

如图 2-14 所示，一平面简谐波以 $u=20\ \mathrm{m\cdot s^{-1}}$ 沿 x 轴负方向传播，该波在 A 处的振动表达式为 $y_A=3.0\cos 4\pi t$（SI 单位）. 求：(1) 若以距 A 点 5.0 m 处的 B 点为坐标原点时，该平面简谐波的波函数；(2) 若在 B 处有波密反射壁且反射点为波节时，反射波的波函数；(3) 驻波的表达式和波腹的位置.

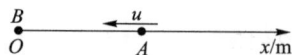

解 平面简谐波的波长

$$\lambda=2\pi u/\omega=2\pi\times20/(4\pi)\ \mathrm{m}=10\ \mathrm{m}$$

(1) 若以 B 点为坐标原点，该平面简谐波的波函数为

$$y_1=3.0\cos\left[4\pi\left(t+\frac{x-5}{20}\right)\right]$$
$$=3.0\cos\left[4\pi\left(t+\frac{x}{20}\right)-\pi\right]\quad(\text{SI 单位})$$

(2) 考虑反射波在分界面处相位突变 π，其波函数为

$$y_2=3.0\cos\left[4\pi\left(t-\frac{x+5}{20}\right)+\pi\right]$$
$$=3.0\cos\left[4\pi\left(t-\frac{x}{20}\right)\right]\quad(\text{SI 单位})$$

(3) 驻波的表达式为

$$y=y_1+y_2$$

$$=6.0\cos\left(\frac{\pi x}{5}-\frac{\pi}{2}\right)\cos\left(4\pi t-\frac{\pi}{2}\right)\quad(\text{SI 单位})$$

在波腹处有$\frac{\pi x}{5}-\frac{\pi}{2}=k\pi$,故得波腹的位置为

$$x=5k+2.5\quad(k=1,2,3,\cdots)$$

2-18

如图 2-15 所示,同一介质中的两个相干波源,分别位于 $x_1=-1.5$ m 和 $x_2=4.5$ m 处,它们的振幅均为 A,频率都是 100 Hz. 当 x_1 处质元在正方向最大位移处时,x_2 处质元恰好经过平衡位置并向负方向运动. 已知介质中波速为 $u=400\ \text{m}\cdot\text{s}^{-1}$. 求:(1) x 轴上两波源间各因干涉而静止点的坐标;(2) x_1 处波源发出的沿 x 轴正方向传播的平面简谐波的波函数;(3) x_2 处波源发出的沿 x 轴负方向传播的平面简谐波的波函数.

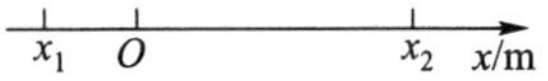

图 2-15 习题 2-18 用图

解 由题意有两波源的初相分别为 $\varphi_1=0$、$\varphi_2=\pi/2$,发出的平面简谐波的波长 $\lambda=4$ m,角频率 $\omega=200\pi\ \text{rad}\cdot\text{s}^{-1}$.

(1) 在因干涉而静止的各点处,两列相干波引起的两个分振动的相位差为

$$\Delta\varphi=\varphi_2-\varphi_1-2\pi\frac{r_2-r_1}{\lambda}$$

$$=\frac{\pi}{2}-\frac{2\pi}{4}(3-2x)=(2k+1)\pi$$

所以 $x=2(k+1)\quad(k=0,\pm1,\pm2,\pm3,\cdots)$.

当 $-1.5\ \text{m}<x<4.5$ m 时,静止点为 $x=0$,$x=2$ m,$x=4$ m.

(2) x_1 处波源发出的沿 x 轴正方向传播的平面简谐波的波函数为

$$y_{1+}=A\cos 200\pi\left(t-\frac{x+1.5}{400}\right)$$

$$=A\cos\left(200\pi t-\frac{\pi x}{2}-\frac{3\pi}{4}\right)\quad(\text{SI 单位})$$

(3) x_2 处波源发出的沿 x 轴负方向传播的平面简谐波的波函数为

$$y_{2-}=A\cos\left[200\pi\left(t-\frac{4.5-x}{400}\right)+\frac{\pi}{2}\right]$$

$$=A\cos\left(200\pi t+\frac{\pi x}{2}-\frac{7\pi}{4}\right)\quad(\text{SI 单位})$$

第 3 章　几何光学基础

3.1 内容提要

1. 光的本性

（1）微粒说:服从经典力学的粒子.

（2）波动说:光波是电磁波.

（3）光具有波粒二象性.

2. 几何光学的基本定律

（1）介质的折射率 n:定义为真空中的光速 c 与介质中的光速 v 之比,即 $n=\frac{c}{v}$.

（2）直线传播定律:光在同种均匀介质中沿直线传播.

（3）折射定律:折射线在入射面内,入射角 i 与折射角 r 正弦之比等于介质的相对折射率,即

$$\frac{\sin i}{\sin r}=\frac{n_2}{n_1}=n_{21}$$

（4）反射定律:反射线在入射面内,反射角 i' 等于入射角 i,即 $i'=i$. 光从光密介质射向光疏介质,入射角 i 大于临界角 i_c 时,发生全反射,且有

$$\sin i_c=\frac{n_2}{n_1}=n_{21}$$

3. 几何光学的基本概念

（1）光具组:由若干个反射面和折射面组成的光学系统.

（2）光学成像:入射同心光束⇒光具组⇒出射同心光束,该光具组为理想光具组.

（3）实物点:发散同心光束中心.

（4）虚物点:会聚同心光束中心.

（5）实像点:会聚同心光束中心.

（6）虚像点:发散同心光束中心.

（7）共轭关系:物点与像点一一对应关系称为共轭点. 物空间与像空间也是共轭关系.

4. 符号法则

假设光线自左向右.

物理量	相对位置	正	负
物距 s 物方焦距 f	轴上物点 P、物方焦点 F 在 折射(反射)面顶点 O、薄透镜光心 O	之左	之右
像距 s' 像方焦距 f'	轴上像点 P'、像方焦点 F' 在 折射(反射)面顶点 O、薄透镜光心 O	之右(左)	之左(右)
曲率半径 R	曲率中心在折射(反射)面顶点 O	之右(左)	之左(右)
物高 h 像高 h'	轴外物点 P、轴外像点 P' 在主光轴	之上	之下

5. 平面和球面旁轴成像

(1) 傍轴条件：物点与主光轴的垂直距离 h 远远小于物距 s、像距 s'和球面曲率半径 R，或入射光线和折射光线，与主光轴的夹角很小.

(2) 单球面反射成像公式：$\frac{1}{s}+\frac{1}{s'}=\frac{2}{R}$或$\frac{1}{s}+\frac{1}{s'}=\frac{1}{f}$，$f=R/2$ 称为球面镜的焦距. 当 $R\to\infty$ 时，为平面反射成像公式.

(3) 单球面折射成像公式：$\frac{n}{s}+\frac{n'}{s'}=\frac{n'-n}{R}$. 当 $R\to\infty$ 时，为平面折射成像公式.

(4) 单球面横向放大率公式.

反射放大率：$m=-\frac{s'}{s}$.

折射放大率：$m=-\frac{n\cdot s'}{n'\cdot s}$.

6. 薄透镜旁轴成像

(1) 焦距公式：$f=f'=\frac{n'}{n-n'}\left(\frac{R_1R_2}{R_2-R_1}\right)$，其中 n 为薄透镜折射率，n'为周围环境折射率.

(2) 薄透镜物像公式：$\frac{1}{s}+\frac{1}{s'}=\frac{1}{f}$，又称为高斯公式.

(3) 薄透镜横向放大率公式：$m=-\frac{s'}{s}$.

7. 光学仪器

(1) 照相机：照相机镜头的焦距与光圈孔径之比定义为 f 值为$\frac{f}{D}$，f 值越大，曝光越少.

(2) 人眼：靠睫状肌控制晶状体的曲率，调焦范围在近点和远点之间. 明视距离为 25 cm.

(3) 放大镜：由一个凸透镜组成. 物方在焦点附近，视角放大率为 $M=\frac{\theta'}{\theta}=\frac{25\ \text{cm}}{f}$.

(4) 望远镜：由物镜和目镜组成. 视角放大率为 $M=\frac{\theta'}{\theta}=\frac{f_1'}{f_2}=-\frac{f_1'}{f_2'}$.

(5) 显微镜：由物镜和目镜组成. 放大率为 $M=m_1\cdot M_2=-\frac{25\ \text{cm}\cdot s_1'}{f_1\cdot f_2}$.

3.2 习题解答

3-1

一支蜡烛位于凹面镜前 12 cm 处，成实像于距镜顶 4 m 远处的屏上. (1) 求凹面镜的半径和焦距；(2) 如果蜡烛的高度为 3 mm，则屏上像高为多少？

解 (1) 已知 $s=12$ cm，$s'=400$ cm，由式(3-8)得凹面镜的半径为 $R=23.3$ cm. 由式(3-9)得凹面镜焦距 $f'=11.7$ cm.

(2) 已知蜡烛高 $h=3$ mm 由式(3-11)凹面镜的横向放大率：$m=-\dfrac{s'}{s}=-\dfrac{100}{3}$，像高为 $h'=m\cdot h=-100$ mm. 负号表示为倒立实像.

3-2

一束光在某种透明介质中的波长为 400 nm，传播速度为 $2\times10^8\ \mathrm{m\cdot s^{-1}}$. (1) 求该介质对这一光束的折射率；(2) 同一束光在空气中的波长是多少？

解 (1) 由式(3-1)介质的折射率为

$$n=\frac{c}{v}=\frac{3\times10^8}{2\times10^8}=1.5$$

(2) 空气中的波长为

$$\lambda=\lambda'\cdot n=400\times1.5\ \mathrm{nm}=600\ \mathrm{nm}$$

3-3

一折射率为 1.52 的圆柱玻璃棒置于空气中，设左端磨成半径为 2 cm 的球面. 设一小物体位于棒左端 8 cm 处. 求：(1) 物体的像距；(2) 横向放大率.

解 (1) 已知 $s=8$ cm，$R=2$ cm，$n=1$，$n'=1.52$，由式(3-13)

$$\frac{n}{s}+\frac{n'}{s'}=\frac{n'-n}{R}$$

得

$$\frac{1}{s'}=\frac{1}{1.52}\left(\frac{1.52-1}{2}-\frac{1}{8}\right)\ \mathrm{cm^{-1}}=\frac{27}{304}\ \mathrm{cm^{-1}}$$

即像距 $s'=11.26$ cm.

(2) 横向放大率：

$$m=-\frac{n\cdot s'}{n'\cdot s}=-0.926$$

3-4

冰块的折射率为 1.31，一枚硬币嵌在冰块中，距上表面 3 cm 处，自上往下垂直观察硬币的视深为多少？

解　已知硬币实际深度 $d=3\ \text{cm}$，空气折射率 $n=1$，冰块折射率 $n'=1.31$，由式(3-6)得视深：

$$d'=\frac{n\cdot d}{n'}=2.29\ \text{cm}$$

3-5

一物体位于薄透镜前 12 cm，它在透镜的另一侧距透镜 42 cm 处成像. 求：(1) 透镜的焦距；(2) 透镜的光焦度.

解　(1) 已知物距 $s=12\ \text{cm}$，像距 $s'=42\ \text{cm}$，由式(3-25) $\frac{1}{s}+\frac{1}{s'}=\frac{1}{f}$ 得

$$\frac{1}{f}=\frac{1}{s}+\frac{1}{s'}=\left(\frac{1}{12}+\frac{1}{42}\right)\text{cm}^{-1}=\frac{9}{84}\ \text{cm}^{-1}$$

即透镜的焦距 $f=9.33\ \text{cm}$.

(2) 由式(3-26)得透镜光焦度 $\Phi=\frac{n'}{f}=\frac{1}{9.33}\ \text{cm}^{-1}=0.107\ 2\ \text{cm}^{-1}$，即 10.72 D.

3-6

一高为 2.5 cm 的物体，位于焦距为 3 cm 薄透镜前 12 cm 处. (1) 求透镜的像距；(2) 求成像的性质；(3) 作图验证所得的答案.

解　(1) 已知焦距 $f=3\ \text{cm}$，物距 $s=12\ \text{cm}$，由式(3-25) $\frac{1}{s}+\frac{1}{s'}=\frac{1}{f}$ 得

$$\frac{1}{s'}=\frac{1}{f}-\frac{1}{s}=\frac{1}{4}\ \text{cm}^{-1}$$

即像距 $s'=4\ \text{cm}$.

(2) 由式(3-27)，得 $m=-\frac{s'}{s}=-\frac{1}{3}$，即成缩小倒立实像.

(3) 如图 3-1 所示.

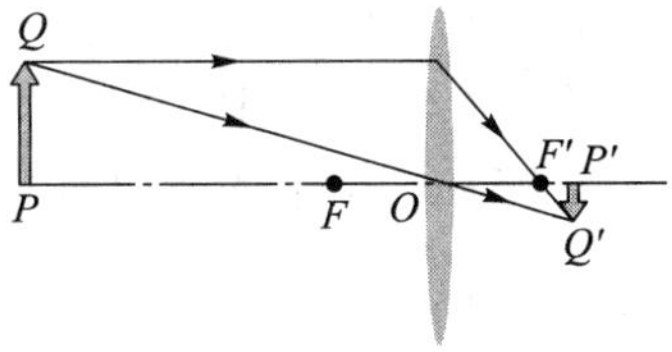

图 3-1　习题 3-6 解答用图

3-7

月牙形发散透镜，其两侧面的曲率半径分别为 5 cm 和 4 cm. 透镜的折射率为 1.5，如果物体位于透镜前 20 cm 处，求像的位置.

解　已知 $R_1=5\ \text{cm}$，$R_2=4\ \text{cm}$，$s=20\ \text{cm}$，$n=1.5$，$n'=1$，由式(3-22) $\frac{1}{s}+\frac{1}{s'}=\frac{n-n'}{n'}\left(\frac{1}{R_1}-\frac{1}{R_2}\right)$ 得

$$\frac{1}{s'}=\frac{n-n'}{n'}\left(\frac{1}{R_1}-\frac{1}{R_2}\right)-\frac{1}{s}=-\frac{3}{40}\ \text{cm}^{-1}$$

即像距 $s'=-13.33\ \text{cm}$.

3-8

一薄透镜两面的半径分别为 $R_1=10$ cm 和 $R_2=25$ cm，透镜用折射率为 1.74 的玻璃制成. 求：(1) 透镜的焦距；(2) 透镜的光焦度.

解 (1) 已知 $R_1=10$ cm，$R_2=25$ cm，$n=1.74$，$n'=1$. 由式(3-24)得

$$f=\frac{n'}{n-n'}\left(\frac{R_1R_2}{R_2-R_1}\right)=22.52\ \text{cm}$$

(2) 由式(3-26)得透镜光焦度：

$$\Phi=\frac{n'}{f}=\frac{1}{22.52}\ \text{cm}^{-1}=0.044\ 4\ \text{cm}^{-1}$$

即 4.44 D.

3-9

一高为 3.5 cm 的物体，位于焦距为 $f=-6$ cm 的透镜前 10 cm 处. (1) 求透镜的光焦度；(2) 求像距；(3) 求横向放大率；(4) 用作图法画出像的位置.

解 (1) 透镜光焦度：

$$\Phi=\frac{n'}{f}=\frac{1}{-6}\ \text{cm}^{-1}=-0.166\ 7\ \text{cm}^{-1}$$

即 −16.67 D.

(2) 已知物距 $s=10$ cm，焦距 $f=-6$ cm，由高斯公式 $\frac{1}{s}+\frac{1}{s'}=\frac{1}{f}$ 得

$$\frac{1}{s'}=\frac{1}{f}-\frac{1}{s}=-\frac{4}{15}\ \text{cm}^{-1}$$

即像距 $s'=-3.75$ cm，位于透镜的前方.

(3) 横向放大率：$m=-\frac{s'}{s}=0.375$，成正立缩小的虚像.

(4) 参见图 3-2.

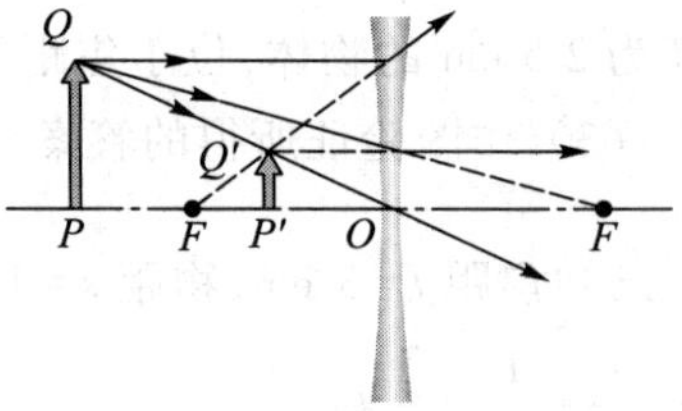

图 3-2 习题 3-9 解答用图

3-10

一凹透镜用折射率为 1.75 的火石玻璃制成，如果它的光焦度为 −3 D，求它的曲率半径.

解 已知 $n=1.75$，$n'=1$，光焦度 $\Phi=-3$ D $=-0.03$ cm^{-1}，求 $-R_1=R_2$.

由式(3-24)和式(3-26)得

$$R_1=\frac{2(n-n')}{\Phi}=\frac{2(1.75-1)}{-0.03}\ \text{cm}=-50\ \text{cm}$$

所以 $R_2=50$ cm.

3-11

两透镜的焦距为 $f_1=5$ cm 和 $f_2=10$ cm，相距 5 cm. 若一高为 2.5 cm 的物体位于第一透镜前 15 cm 处. 求：(1) 最后像的位置；(2) 最后像的大小.

解 (1) 对于第一透镜其焦距 $f_1=5$ cm,物距 $s_1=15$ cm,由式(3-25)得

$$\frac{1}{s_1'}=\frac{1}{f_1}-\frac{1}{s_1}=\frac{2}{15}\ \text{cm}^{-1}$$

即第一透镜的像距 $s_1'=7.5$ cm.

对于第二透镜其焦距 $f_2=10$ cm,物距 $s_2=(5-7.5)$ cm $=-2.5$ cm,由式(3-25)得

$$\frac{1}{s_2'}=\frac{1}{f_2}-\frac{1}{s_2}=\frac{1}{2}\ \text{cm}^{-1}$$

即第二透镜的像距 $s_2'=2$ cm,像位于第二透镜右边 2 cm 处.

(2) 总放大率:

$$m=m_1\cdot m_2=-\frac{s_1'}{s_1}\cdot\left(-\frac{s_2'}{s_2}\right)=-\frac{2}{5}$$

最后像的大小为 2.5 cm $\times m=-1$ cm.

3-12

一物体位于白屏前 1.6 m 处. 若要在白屏上形成放大率为−6 的倒立实像,问所用透镜的焦距应为多少?

解 由题意可知 $s+s'=160$ cm,放大率 $m=-\dfrac{s'}{s}=-6$,以上两式可解出 $s=160/7$ cm 和 $s'=960/7$ cm,再由式(3-25)得

$$\frac{1}{f}=\frac{1}{s}+\frac{1}{s'}=\frac{49}{960}\ \text{cm}^{-1}$$

即所用透镜的焦距 $f=19.59$ cm.

3-13

在下列情况中选择光焦度合适的眼镜. (1) 一位远视者的近点为 80 cm;(2) 一位近视者的远点为 60 cm.

解 (1) 设明视距离 $s_0=25$ cm,人眼晶状体至视网膜的距离为 s',故正常人眼看近处的光焦度:$\Phi_{近}=\dfrac{1}{f}=\dfrac{1}{s_0}+\dfrac{1}{s'}$. 远视者的近点 $s=80$ cm,故远视者的光焦度:$\Phi_{远视}=\dfrac{1}{s}+\dfrac{1}{s'}$,所以 $\Phi_{近}-\Phi_{远视}=\dfrac{1}{s_0}-\dfrac{1}{s}=\left(\dfrac{1}{25}-\dfrac{1}{80}\right)\text{cm}^{-1}=0.027\ 5\ \text{cm}^{-1}$,即 2.75 D,远视者应选择光焦度为 2.75 D 的眼镜比较合适.

(2) 设远处为无穷远,人眼晶状体至视网膜的距离仍为 s',故正常人眼看远处的光焦度:$\Phi_{远}=\dfrac{1}{f}=\dfrac{1}{\infty}+\dfrac{1}{s'}=\dfrac{1}{s'}$. 近视者的远点 $s_{近}=60$ cm,故近视者的光焦度:$\Phi_{近视}=\dfrac{1}{s_{近}}+\dfrac{1}{s'}$,所以 $\Phi_{远}-\Phi_{近视}=-\dfrac{1}{s_{近}}=-\dfrac{1}{60}\ \text{cm}^{-1}=-0.016\ 7\ \text{cm}^{-1}$,即 −1.67 D,近视者应选择光焦度为−1.67 D 的眼镜比较合适.

3-14

一架望远镜由焦距为 100 cm 的物镜和焦距为 20 cm 的目镜组成,成像在无穷远处.(1) 求该望远镜的视角放大率;(2) 如果被观察物体高为 50 m,距离望远镜为 2 km,则物镜成像的像高是多少?(3) 最终的像对人眼的视角为多大?

解 (1) 因成像在无穷远处,因此目镜为发散透镜,故其像方焦距 $f_2'=-20$ cm,物镜像方焦距 $f_1'=100$ cm,望远镜的视角放大率:

$$M=\frac{\theta'}{\theta}=\frac{f_1'}{f_2}=-\frac{f_1'}{f_2'}=5$$

(2) 对于望远镜的物镜而言,其物距 $s_1=2\ 000$ m,物方焦距 $f_1=1$ m,依据高斯公式可求得物镜的像距 s_1',

$$\frac{1}{s_1'}=\frac{1}{f_1}-\frac{1}{s_1}=\frac{1\ 999}{2\ 000}\ \mathrm{m}^{-1}$$

又因物镜的放大率:

$$m_1=-\frac{s_1'}{s_1}=-\frac{2\ 000}{1\ 999\times 2\ 000}=-\frac{1}{1\ 999}$$

所以物镜成像的像高:

$$h'=h\cdot m_1=50\times\left(-\frac{1}{1\ 999}\right)\ \mathrm{m}\approx -0.025\ \mathrm{m}$$

(3) 被观察物体对望远镜物镜的视角:

$$\theta\approx\frac{h}{s_1}=\frac{50}{2\ 000}$$

最终的像对人眼的视角:

$$\theta'=M\cdot\theta=\frac{5\times 50}{2\ 000}\ \mathrm{rad}=0.125\ \mathrm{rad}$$

3-15

一台显微镜的目镜焦距为 20 mm,物镜焦距为 10 mm,目镜与物镜间距为 20 cm,最终成像在无穷远处. 求:(1) 被观察物至物镜的距离;(2) 物镜的放大倍数;(3) 显微镜的视角放大率.

解 (1) 对目镜应用高斯公式得 $\frac{1}{s_2}+\frac{1}{s_2'}=\frac{1}{f_2}$,由题意 $s_2'=\infty$,$f_2=20$ mm 代入高斯公式中求得 $s_2=f_2=20$ mm. 对于物镜,其像距 $s_1'=(200-20)$ mm $=180$ mm,$f_1=10$ mm,依据高斯公式有 $\frac{1}{s_1}+\frac{1}{s_1'}=\frac{1}{f_1}$,故 $s_1=10.6$ mm,即被观察物至物镜距离为 10.6 mm.

(2) 物镜的放大倍数:

$$m_1=-\frac{s_1'}{f_1}=-18$$

(3) 显微镜的视角放大率:

$$M=-\frac{250\ \mathrm{mm}\cdot s_1'}{f_1\cdot f_2}=-225$$

第4章　光的干涉

4.1　内容提要

1. 光源发光特点

光源发光是处于激发态的原子或分子向低能态跃迁时的电磁波辐射，每次发光的时间持续约 10^{-8} s，发出一个有限长度的光波列，具有随机性和间歇性. 不同原子发出的光波列，或同一原子不同时刻发出的光波列在频率、振动方向和相位上各自独立，互不相干.

2. 相干光

振动方向相同、频率相同和相位差恒定的两束光称为相干光. 两个独立的光源以及同一光源的不同部分发出的光不是相干光.

3. 光程和光程差

光在介质中通过的几何路程 r 与介质折射率 n 的乘积 nr，称为光程. 如果光线连续穿过几种介质，光程为 $\sum_i n_i r_i$. 两束光的光程之差，称为光程差，记为 δ.

相位差 $\Delta\varphi$ 与光程差 δ 的关系为

$$\Delta\varphi = 2\pi\frac{\delta}{\lambda}\quad（\lambda\ 为单色光在真空中的波长）$$

当光程差满足

$$\delta = \pm k\lambda\quad (k=0,1,2,\cdots)$$

时，两束光互相加强，为明条纹（最强）；当光程差满足

$$\delta = \pm(2k+1)\frac{\lambda}{2}\quad (k=0,1,2,\cdots)$$

时，两束光互相减弱，为暗条纹（最弱）. 式中 λ 为单色光在真空中的波长.

4. 半波损失

当光波从光疏介质射向光密介质而在分界面上反射时，反射光的相位突变 π，相当于反射光的光程在反射过程中附加了 $\lambda/2$，称为半波损失. 折射光无半波损失. 在比较界面上两束反射光或两束透射光的光程差问题时，必须考虑半波损失. 在计算两束光的光程差时，应附加上 $\lambda/2$.

5. 等光程性

透镜只能改变光波的传播方向，对物、像间各光线不产生附加的光程差.

6. 分波阵面法和分振幅法

从波阵面上分离出两部分作为初相位相同的相干光源，使各子波源发出的子波在空间经不同路径相遇产生的干涉，称为分波阵面法，例如杨氏双缝和劳埃德镜等. 利用入射光在薄膜界面上依次反射或透射将入射光分解为两束相干光，经不同的传播路径再让其相遇产生的干涉，称为分振幅法，例如薄膜、牛顿环和迈克耳孙干涉仪.

7. 分波阵面法的干涉

杨氏双缝干涉和劳埃德镜干涉都是用分波阵面法获得两束相干光的干涉. 杨氏双缝干涉实验中，干涉条纹是一组等间距的直条纹.

在观察屏 P 点处，当位置坐标

$$x=\pm k\frac{D\lambda}{d}\quad(k=0,1,2,\cdots)$$

时，P 点为明纹中心；当位置坐标

$$x=\pm(2k-1)\frac{D\lambda}{2d}\quad(k=1,2,3,\cdots)$$

时，P 点为暗纹中心.

相邻明条纹或暗条纹的间距为

$$\Delta x=x_{k+1}-x_k=\frac{D}{d}\lambda$$

8. 分振幅法的干涉

平行平面薄膜干涉、劈尖干涉、牛顿环都是用分振幅法获得两束相干光的干涉.

(1) 平行平面薄膜产生的等倾干涉

平行平面薄膜形成的干涉条纹是一组明暗相间的同心圆环.

在观察屏 P 点处，当光程差

$$\delta=2e\sqrt{n_2^2-n_1^2\sin^2 i}+\delta'=k\lambda\quad(k=0,1,2,\cdots)$$

时，P 点出现明条纹；当光程差

$$\delta=2e\sqrt{n_2^2-n_1^2\sin^2 i}+\delta'=(2k+1)\frac{\lambda}{2}\quad(k=0,1,2,\cdots)$$

时，P 点出现暗条纹.

(2) 劈尖产生的等厚干涉

劈尖形成的干涉条纹是一组平行于劈尖棱边的等间距的直条纹.

在观察屏 P 点处，当光程差

$$\delta=2ne+\delta'=k\lambda\quad(k=0,1,2,\cdots)$$

时，P 点出现明条纹；当光程差

$$\delta=2ne+\delta'=(2k+1)\frac{\lambda}{2}\quad(k=0,1,2,\cdots)$$

时，P 点出现暗条纹.

相邻两明纹或暗纹对应的劈尖薄膜厚度之差为

$$\Delta e=e_{k+1}-e_k=\frac{\lambda}{2n}$$

相邻两条明纹或暗纹之间的距离为

$$L=\frac{\lambda}{2n\sin\theta}\approx\frac{\lambda}{2n\theta}$$

牛顿环也是等厚干涉条纹,它是一组明暗相间的同心圆环.

明环半径:$r=\sqrt{\dfrac{(2k-1)R\lambda}{2}}\quad(k=1,2,3,\cdots)$

暗环半径:$r=\sqrt{kR\lambda}\quad(k=0,1,2,\cdots)$

9. 迈克耳孙干涉仪

通过调整两反射镜之间的夹角,可以得到等倾干涉和等厚干涉图样. 若将其中的一个反射镜移动 d,盯住干涉条纹视场中某一位置,例如中心处,可观察到移过该位置处的条纹数目 N 与 d 的关系为

$$d=N\frac{\lambda}{2}$$

4.2 习题解答

4-1

在杨氏双缝干涉实验中,两缝的间距为 0.3 mm,用汞弧灯加上绿色滤光片照亮狭缝 S. 在离双缝 1.25 m 的观察屏上两条第 5 级暗纹中心之间的距离为 20.43 mm. (1) 求入射光的波长;(2) 相邻两条明纹之间的距离是多少?

解　使用绿色滤光片以获得单色光. 在双缝干涉实验中,设在屏幕上取坐标轴 Ox,向上为正,坐标原点位于关于双缝的对称中心. 屏幕上各级明纹或暗纹中心在通常可观测范围内($D\gg d$、x),近似为等间距分布. 在已知装置结构的情况下,通过明纹或暗纹中心在屏幕上的位置,可求得波长 λ 和相邻明纹或暗纹之间的距离.

(1) 屏幕上第 k 级暗纹中心的位置为

$$x=\pm(2k-1)\frac{D\lambda}{2d}\quad(k=1,2,3,\cdots)$$

所以,两条第 5 级暗条纹中心之间的距离为

$$\Delta x_5=(2k-1)\frac{D\lambda}{d}$$

所以,入射光波的波长为

$$\lambda=\frac{\Delta x_5 d}{(2k-1)D}=\frac{20.43\times0.3}{(2\times5-1)\times1.25\times10^3}\ \text{mm}$$

$$=544.8\ \text{nm}$$

(2) 屏幕上,第 k 级明纹中心的位置为

$$x=\pm k\frac{D\lambda}{d}\quad(k=1,2,3,\cdots)$$

所以,相邻两条明纹中心之间的距离为

$$\Delta x=x_{k+1}-x_k=(k+1)\frac{D\lambda}{d}-k\frac{D\lambda}{d}=\frac{D\lambda}{d}$$

$$=\frac{1.25\times10^3\times544.8\times10^{-6}}{0.3}\ \text{mm}$$

$$=2.27\ \text{mm}$$

4-2

在杨氏双缝实验中，光源波长为 640 nm，两缝间距为 0.4 mm，观察屏离狭缝距离为 50 cm.（1）求观察屏上第 1 条亮纹和中央亮纹之间的距离；（2）若 P 点离中央亮纹为 0.1 mm，两束光在 P 点的相位差是多少？（3）求 P 点的光强和中央点的强度之比.

解 （1）第 k 级明纹中心位置为

$$x=\pm k\frac{D\lambda}{d}\quad(k=1,2,3\cdots)$$

观察屏上第 1 条亮纹和中央亮条纹之间的距离为

$$x_1=\frac{D\lambda}{d}=\frac{50\times10\times640\times10^{-6}}{0.4}\ \mathrm{mm}=0.8\ \mathrm{mm}$$

（2）两束光在 P 点的光程差为

$$\delta=\frac{d}{D}x$$

两束光在 P 点的相位差为

$$\Delta\varphi=\frac{2\pi}{\lambda}\frac{d}{D}x=\frac{\pi}{4}$$

（3）干涉条纹光强度分布为

$$I=4I_0\cos^2\left(\frac{\pi d}{\lambda D}x\right)$$

所以 $I_O=4I_0$ 和 $I_P=4I_0\cos^2\left(\frac{\pi}{8}\right)$，$P$ 点的光强和中央点的强度之比为

$$\frac{I_P}{I_O}=\cos^2\left(\frac{\pi}{8}\right)=\frac{2+\sqrt{2}}{4}$$

4-3

在杨氏双缝干涉实验中，用一薄云母片盖住其中一条缝，发现第 7 级明纹恰好位于原来中央明纹处. 若入射光波长为 550 nm，云母的折射率为 1.58，求云母片的厚度；如果在云母片的一个表面上均匀镀上一层折射率为 2.35 的某种透明薄膜，随着薄膜厚度增加，原来中央明纹处逐渐变为暗纹，求薄膜的厚度.

解 在杨氏双缝干涉实验中，插入一云母片，使到达屏幕上 P 点两光线的光程差发生变化，因此，干涉条纹将平移. 取坐标轴 Ox，向上为正，坐标原点位于屏上关于双缝的对称中心. 覆盖云母片前的零级明纹位置（$x=0$）处的光程差为

$$r_2-r_1=0$$

设云母片厚度为 e，覆盖在双缝装置的下缝，依题意，第 7 级明纹下移到原来 0 级明纹处，则 $x=0$ 处的光程差为 7λ，所以

$$(r_2-e)+ne-r_1=r_2-r_1+(n-1)e=7\lambda$$

可解得 $$e=\frac{7\lambda}{n-1}=6.64\times10^{-3}\ \mathrm{mm}$$

若设云母片覆盖上缝，则零级明纹将向上移.

设透明薄膜的厚度为 e_0，折射率为 n_0，则附加的光程差为 $(n_0-1)e_0$，由题意可知，这附加的光程差使得条纹平移半个级次，即 $(n_0-1)e_0=\lambda/2$，所以，透明薄膜的厚度为

$$e_0=\frac{\lambda/2}{n_0-1}=2.04\times10^{-4}\ \mathrm{mm}$$

4-4

在杨氏双缝干涉实验中，通过空气后，在屏幕上 P 点处为第 3 级明纹；若将整个装置放于某种透明液体中，P 点为第 4 级明纹，求液体的折射率.

解　杨氏双缝干涉实验，取坐标轴 Ox，向上为正，坐标原点位于屏上关于双缝的对称中心。只考虑 Ox 轴正向明纹位置，在空气中，明纹的位置为

$$x=k\frac{D\lambda}{d}\quad(k=0,1,2,\cdots)$$

在介质中，设介质的折射率为 n，明纹的位置为

$$x=k\frac{D\lambda}{dn}\quad(k=0,1,2,\cdots)$$

由题意可知 P 点处有

$$x=3\times\frac{D\lambda}{d}=4\times\frac{D\lambda}{dn}$$

所以　$n=4/3$

4-5

用单色线光源 S 照射双缝，在观察屏上形成干涉图样，零级明纹位于 O 点，如图 4-1 所示。如将线光源 S 移至 S' 位置，零级明条纹将发生移动。欲使零级明纹移回 O 点，必须在哪个缝处覆盖一薄云母片才有可能？若用波长为 589 nm 的单色光，欲使移动了 4 个明纹间距的零级明纹移回到 O 点，云母片的厚度应为多少？云母片的折射率为 1.58。

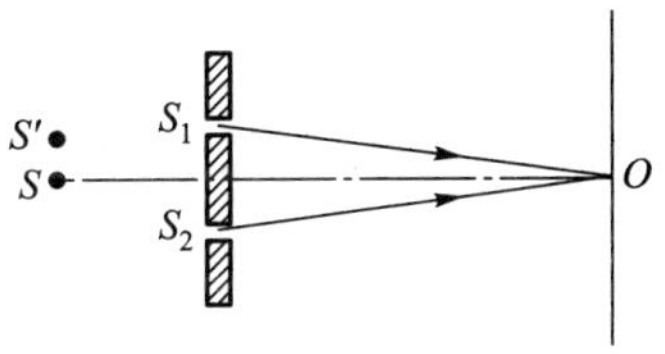

图 4-1　习题 4-5 用图

解　欲使零级明条纹位置不变，应使两列光波 $S'\to S_1\to O$ 和 $S'\to S_2\to O$ 的光程相等（见图 4-2），即应增加上缝光线的光程，将云母片覆盖在缝 S_1 上。由题意云母片产生的附加光程差应等于 4λ，即有 $(n-1)e=4\lambda$，所以云母片的厚度为

$$e=\frac{4\lambda}{n-1}=4\ 062\ \text{nm}$$

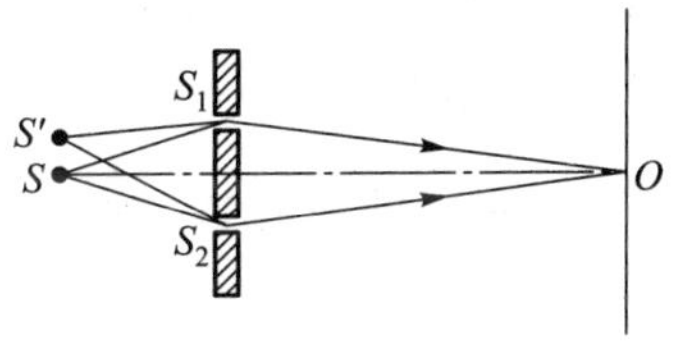

图 4-2　习题 4-5 解答用图

4-6

劳埃德镜干涉装置如图 4-3 所示，光源波长为 720 nm，试求劳埃德镜的右边缘到第 1 条明纹的距离。

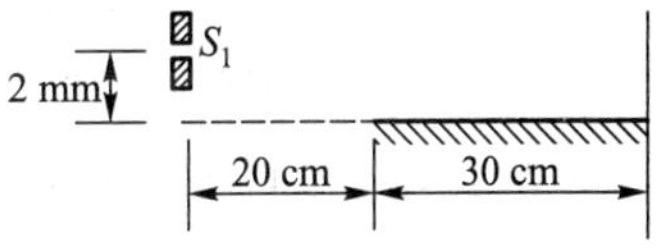

图 4-3　习题 4-6 用图

解　劳埃德镜干涉相当于如图 4-4 所示的双缝干涉，其明纹的间距为

$$\Delta x=\frac{D}{d}\lambda=\left(\frac{20+30}{0.2\times2}\times7.2\times10^{-7}\right)\text{ m}=9\times10^{-5}\text{ m}$$

考虑到半波损失，劳埃德镜的右边缘处应为暗条纹，所以劳埃德镜的右边缘到第 1 条明纹的距离为 $\Delta x/2=4.5\times10^{-5}$ m.

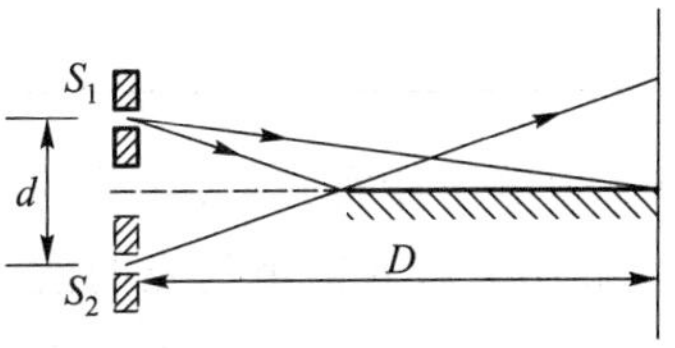

图 4-4　习题 4-6 解答用图

4-7

波长为 λ 的两个相干的单色平行光束 1、2，分别以如图 4-5 所示的入射角 θ、φ 入射在屏幕面 MN 上，求屏幕上干涉条纹的间距？

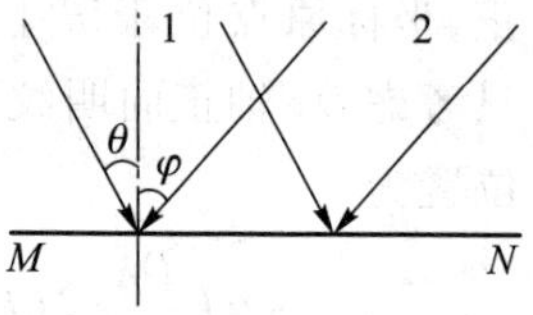

图 4-5 习题 4-7 用图

解 如图 4-6 所示，设 AB 为相邻两明纹间距 Δx，则相邻两明纹的光程差的改变量为 λ，假定 A 点两束光的光程差为零，则 B 点两束光的光程差为 $\Delta x(\sin\varphi+\sin\theta)$，所以，相邻两明纹的光程差的改变量为 $\Delta x(\sin\varphi+\sin\theta)=\lambda$. 所以，屏幕上干涉条纹的间距为

$$\Delta x=\frac{\lambda}{\sin\varphi+\sin\theta}$$

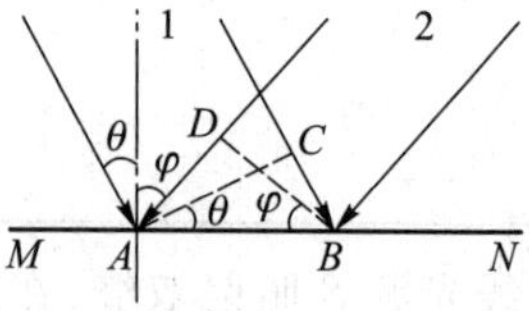

图 4-6 习题 4-7 解答用图

*4-8

将一块凸透镜一分为二，如图 4-7 放置，主光轴上物点 S 通过它们分别可成两个实像 S_1、S_2，实像的位置如图 4-7 所示. (1) 在图面上画出可产生光的相干叠加区域；(2) 图面相干区域中相干叠加所成亮线是什么形状？

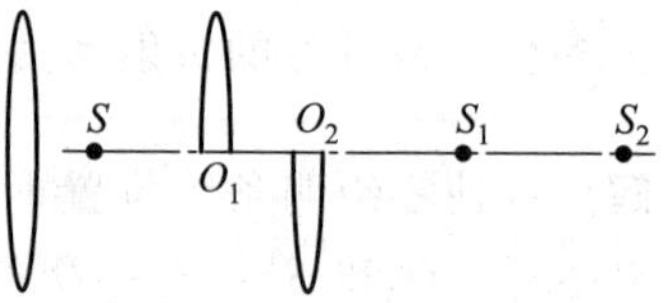

图 4-7 习题 4-8 用图

解 (1) 图 4-8 中的 $\triangle S_1AS_2$ 为光的相干叠加区域.

(2) 设从物点 S 发出的光通过被一分为二的凸透镜，获得两束相干光，在 P 点相遇. 在 P 点处的光程差为

$$\delta=L_{SBP}-L_{SCP}=(L_{SBS_1}+|PS_1|)-(L_{SCS_2}-|PS_2|)$$
$$=(L_{SO_1S_1}+|PS_1|)-(L_{SO_2S_2}-|PS_2|)$$
$$=-|S_1S_2|+(|PS_1|+|PS_2|)$$

P 点为亮纹的条件是 $\delta=k\lambda$，即有

$$-|S_1S_2|+(|PS_1|+|PS_2|)=k\lambda\quad(k=1,2,3,\cdots)$$

对给定的波长 λ 和级次 k 来说，$k\lambda$ 是定值，所以有

$$|PS_1|+|PS_2|=\text{常量}$$

所以 P 点构成以 S_1、S_2 为焦点的半椭圆形曲线.

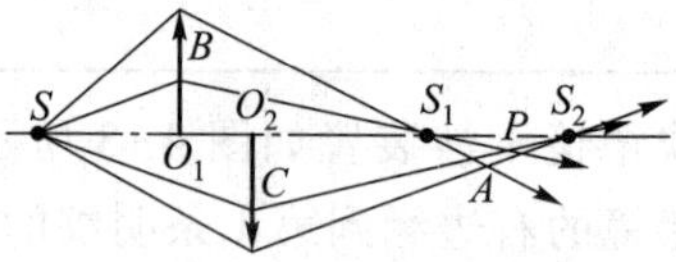

图 4-8 习题 4-8 解答用图

4-9

在杨氏双缝干涉实验中，双缝的间距为 1 mm，光源至双缝的距离为 2 m，双缝至观察屏的距离为 3 m. (1) 若入射单色光的波长为 589.3 nm，为了得到可见的干涉条纹，线光源的宽度不能大于多少？(2)若光源发光时间为 1.5×10^{-12} s，观察屏上多大范围内可观察到干涉条纹？

解　(1) 线光源的宽度最大为

$$b_0=\frac{l}{d}\lambda=\frac{2\times589.3\times10^{-9}}{1\times10^{-3}}\ \text{m}\approx1.18\times10^{-3}\ \text{m}$$

(2) $x=\frac{D}{d}\delta_{\max}=\frac{D}{d}ct$

$$=\left(\frac{3}{1\times10^{-3}}\times3\times10^{8}\times1.5\times10^{-12}\right)\ \text{m}$$

$$=1.35\ \text{m}$$

离观察屏中心上下 1.35 m 范围内可观察到干涉条纹.

4-10

若用太阳光照射杨氏双缝干涉装置,为不使条纹模糊不清,两缝间距的最大值是多少? 已知太阳光的发散角为 1′,平均波长为 500 nm.

解　由 $d_{\max}=\frac{l}{b}\lambda$,太阳光的发散角为 $\theta=\frac{b}{l}$,所以两缝间距的最大值为

$$d_{\max}=\frac{l}{b}\lambda=\frac{\lambda}{\theta}=\frac{500\times10^{-6}}{\frac{1}{60}\times\frac{2\pi}{360}}\ \text{mm}\approx1.72\ \text{mm}$$

4-11

借助于滤光片从白光中取得蓝绿色光作为杨氏双缝干涉的光源,其波长范围 $\Delta\lambda=100$ nm,平均波长为 $\lambda=490$ nm. 求干涉条纹大约从第几级开始变得模糊不清?

解　蓝绿波长上、下限分别为

$$\lambda_{\max}=\lambda+\frac{\Delta\lambda}{2}=540\ \text{nm}$$

$$\lambda_{\min}=\lambda-\frac{\Delta\lambda}{2}=440\ \text{nm}$$

设从第 k 级变得模糊不清,则有

$$k\lambda_{\max}\geqslant(k+1)\lambda_{\min}$$

所以

$$k\geqslant\frac{\lambda_{\min}}{\lambda_{\max}-\lambda_{\min}}=4.4$$

取 $k=5$,即从第 5 级开始变得模糊.

4-12

一平面单色光波垂直照射在厚度均匀的薄油膜上,油膜覆盖在玻璃板上,所用单色光的波长可以连续变化,观察到 500 nm 和 700 nm 这两个波长的光在反射中消失. 已知油膜的折射率为 1.30,玻璃的折射率为 1.50,求油膜的厚度.

解　设 $\lambda_1=500$ nm,$\lambda_2=700$ nm,油膜折射率 $n=1.30$,油膜的厚度为 e,由题意可知

$$\delta=2ne=(2k+1)\frac{\lambda_1}{2}=(2k-1)\frac{\lambda_2}{2}$$

解得 $k=3$,所以油膜的厚度

$$e=(2k+1)\frac{\lambda_1}{4n}\approx673\ \text{nm}$$

4-13

折射率为 n_1 的玻璃上覆盖着一层厚度均匀的介质膜，其折射率 $n_2>n_1$，用波长 λ_1 和 λ_2 的光分别垂直入射到介质膜上，反射光中分别出现干涉极小和干涉极大，且在 $\lambda_1 \sim \lambda_2$ 之间没有其他极小和极大，求介质膜的厚度.

解 如图 4-9 所示，介质膜上下表面反射光线①和②是相干光，其光程差为

$$\delta=2n_2e+\frac{\lambda}{2}$$

由题意知 λ_1 和 λ_2 产生的极小和极大是同一级 k，则有

$$2n_2e+\frac{\lambda_1}{2}=\left(k+\frac{1}{2}\right)\lambda_1,\quad 2n_2e+\frac{\lambda_2}{2}=k\lambda_2$$

解得介质膜的厚度为

$$e=\frac{\lambda_1\lambda_2}{4n_2(\lambda_2-\lambda_1)}$$

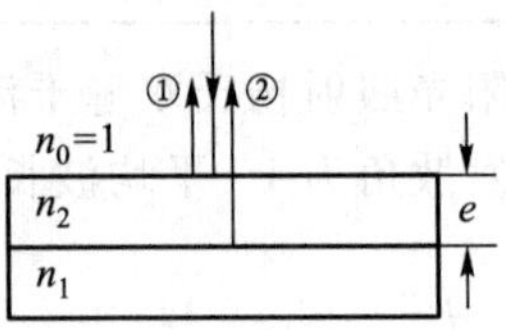

图 4-9 习题 4-13 解答用图

4-14

如图 4-10 所示，G_1 和 G_2 是两个块规（块规是两个端面经过磨平抛光，达到相互平行的钢质长方体），G_1 的长度是标准的，G_2 是同规格待校准的复制品（两者长度在图中是夸大的）. G_1 和 G_2 放置在平台上，用一块样板玻璃 T 压住. (1) 设垂直入射光的波长 $\lambda=589.3$ nm，G_1 与 G_2 相隔 $d=5$ cm，T 与 G_1 以及 T 与 G_2 间的干涉条纹的间距都是 0.5 mm. 求 G_1 与 G_2 的长度差. (2) 如何判断 G_1 与 G_2 哪一个块规长一些？(3) 如果 T 与 G_1 间的干涉条纹的间距是 0.5 mm，而 T 与 G_2 间的干涉条纹的间距是 0.3 mm，则说明了什么问题？

解 (1) 出现干涉条纹，说明两个块规不等高；干涉条纹间距相等，说明两个块规的端面平行. 空气劈尖相邻两明纹（或暗纹）的间距 L 为

$$L=\frac{\lambda}{2\sin\,\theta}$$

设两个块规的端面的高度差为 h，则有 $h=d\cdot\sin\,\theta$，得

$$h=\frac{d\lambda}{2L}=2.95\times10^{-5}\ \text{m}$$

(2) 在反射光干涉中，空气劈尖的棱边是暗纹. 所以，当暗纹出现在 A、C 两处时，G_2 长一些；当暗纹出现在 B、D 两处时，G_1 长一些.

(3) 由相邻两明纹（或暗纹）的厚度差为空气劈尖中的半波长，即

$$L_1\sin\,\theta_1=L_2\sin\,\theta_2=\frac{\lambda}{2}$$

可知，当 $L_1>L_2$ 时，两劈尖的夹角 $\theta_1<\theta_2$，说明 G_2 的 CD 端面与底面不平行.

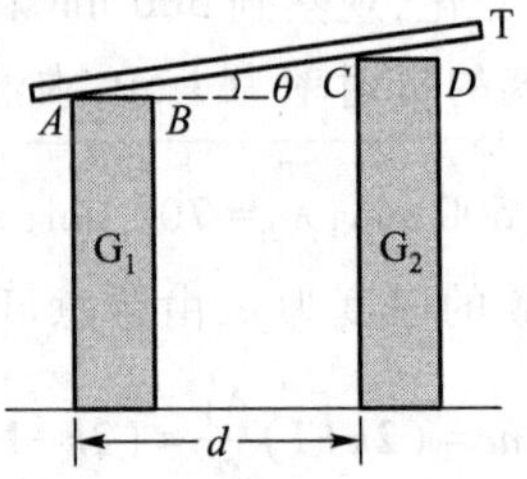

图 4-10 习题 4-14 解答用图

4-15

一实验装置如图 4-11 所示，一块平板玻璃上放一油滴．当油滴展开成油膜时，在波长 $\lambda=600$ nm 的单色光垂直照射下，在垂直方向上观察油膜所形成的反射光干涉条纹（用读数显微镜观察）．已知玻璃的折射率 $n_1=1.50$，油膜的折射率 $n_2=1.20$．(1) 当油膜中心最高点与玻璃的上表面相距 $h=1\ 200$ nm 时，描述所看到的条纹情况．可以看到几条明条纹？明条纹所在处的油膜厚度是多少？中心点的明暗如何？(2) 当油膜继续扩展时，所看到的条纹情况将如何变化？中心点的情况如何变化？

解　从油膜的上下界面反射的光波相干，形成等厚干涉条纹．空气、油膜、玻璃的折射率依次增大，因此，在两界面反射的光波都发生半波损失，油膜边缘处应出现明条纹．

(1) 油膜中心处，反射加强的光程差为

$$\delta=2n_2h=k\lambda\quad(k=0,1,2,\cdots)$$

当该光程差为波长的整数倍时，油膜中心处应为亮点，若为半波长的奇数倍时，则应为暗点，代入数据可得

$$k=\frac{2n_2h}{\lambda}=4.8$$

即中心点介于明、暗间，偏向于明．从中心点到边缘处，依次可见到的亮纹级次分别为 $k=4,3,2,1,0$.

亮纹对应的油膜厚度由 $h_k=k\dfrac{\lambda}{2n_2}$ 可知，分别为

$$h_4=4\times\frac{\lambda}{2n_2}=1\ 000\ \text{nm},\quad h_3=3\times\frac{\lambda}{2n_2}=750\ \text{nm}$$

$$h_2=2\times\frac{\lambda}{2n_2}=500\ \text{nm},\quad h_1=1\times\frac{\lambda}{2n_2}=250\ \text{nm}$$

$k=0$ 时，$h_0=0$，对应油膜边缘处．

由反射减弱的光程差

$$\delta=2n_2h=(2k+1)\frac{1}{2}\quad(k=0,1,2,\cdots)$$

可知，中心点外侧为第 4 级暗纹，所以，可见到的暗纹级次为 $k=4,3,2,1,0$.

(2) 随着油膜的扩展，中心点的膜厚不断减小，反射光的光程差将依次满足干涉加强或减弱条件，中心点出现明、暗交替变化．相邻条纹的间隔变大，视场内的条纹数不断减少．

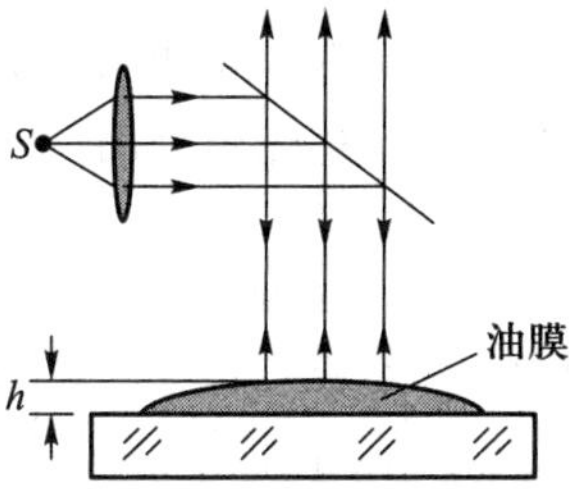

图 4-11　习题 4-15 解答用图

4-16

波长为 680 nm 的平行光垂直照射到 12 cm 长的两块玻璃片上，两玻璃片一边相互接触，另一边被厚度 0.048 mm 的纸片隔开，求在这 12 cm 内呈现多少条明纹？

解　可根据劈尖斜面总长度 L 与相邻两明（或暗）纹间距的关系求解，也可根据劈的总厚度与相邻两明（或暗）纹的厚度差求解．

方法一：空气劈尖（$n=1$），因 $\sin\theta=0.048/120$，所以，相邻两明纹间距为

$$l=\frac{\lambda}{2\sin\theta}=0.85\ \text{mm}$$

在 $L=12$ cm 长度范围内的明纹数目为 $N=L/l=141$ 条．

方法二：已知最大厚度 $h=0.048$ mm，相邻

两明纹的厚度差为

$$\Delta e=e_{k+1}-e_k=\frac{\lambda}{2}$$

所以 $N=\dfrac{h}{\lambda/2}=141$ 条.

4-17

用波长 $\lambda=600\ \text{nm}$ 的单色光垂直照射由两块平板玻璃构成的空气劈尖，劈尖角 $\theta=2\times10^{-4}\ \text{rad}$. 改变劈尖角，相邻两明纹间距缩小了 $\Delta l=1.0\ \text{mm}$，求劈尖角的改变量 $\Delta\theta$.

解 先求得对应劈尖角 $\theta=2\times10^{-4}\ \text{rad}$ 时，相邻两明纹间距为

$$l=\frac{\lambda}{2n\sin\theta}\approx\frac{\lambda}{2n\theta}=\frac{600\times10^{-9}}{2\times1\times2\times10^{-4}}\ \text{m}=1.5\times10^{-3}\ \text{m}$$

再求得相邻两明纹间距缩小 1.0 mm 后，对应的劈尖角为 θ_0，

$$(1.5-1.0)\ \text{mm}=\frac{\lambda}{2\theta_0}$$

所以 $\qquad\theta_0=\dfrac{\lambda}{2\times0.5\ \text{mm}}=6\times10^{-4}\ \text{rad}$

劈尖角的改变量

$$\Delta\theta=\theta_0-\theta=4\times10^{-4}\ \text{rad}$$

4-18

用波长为 λ 的平行单色光垂直照射如图 4-12 所示的装置，观察柱面凹透镜和平板玻璃构成的空气薄膜上的反射光干涉. 假设空气薄膜最大厚度为 $7\lambda/4$. 试画出相应干涉条纹的条纹的形状、数目和疏密分布.

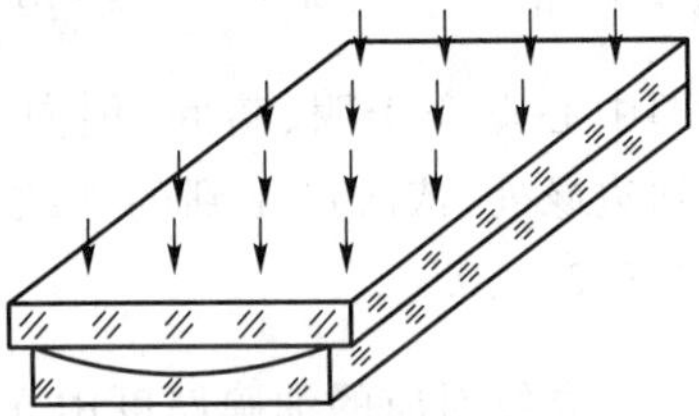

图 4-12 习题 4-18 用图

解 干涉图样是沿柱面轴向分布的直条纹，且中间疏两边密. 考虑到半波损失，反射光在边缘处为暗条纹，图 4-13 给出了干涉明条纹的分布.

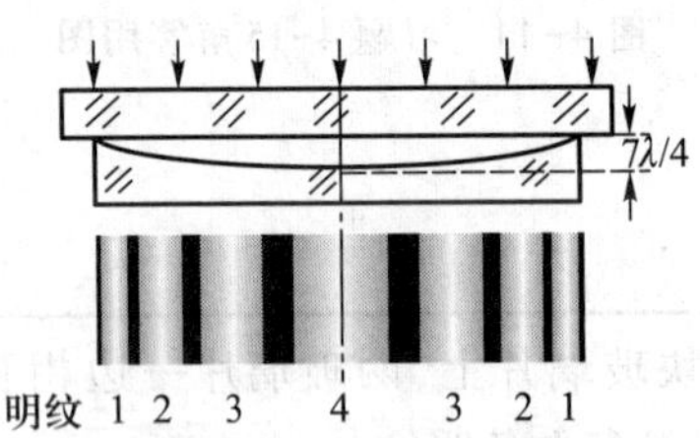

图 4-13 习题 4-18 解答用图

计算中心处的明暗情况，因中心处（即沿轴向）的光程差为

$$\delta=2\times\frac{7\lambda}{4}+\frac{\lambda}{2}=4\lambda$$

所以中心处是 4 级明纹. 沿轴的径向朝两边依次排开的是 3 级、2 级、1 级明纹，共有 7 条明纹出现.

4-19

在牛顿环实验中，测得第 k 级明环的半径为 2.10 mm，第 $k+10$ 级明环半径为 4.70 mm，已知平凸透镜的曲率半径为 3.00 m，求入射单色光的波长.

解　根据牛顿环的明环半径条件,有

$$r_k=\sqrt{\frac{(2k-1)R\lambda}{2}},\quad r_{k+10}=\sqrt{\frac{(2k+20-1)R\lambda}{2}}$$

可得 $r_{k+10}^2-r_k^2=10R\lambda$ 所以,入射单色光的波长为

$$\lambda=\frac{r_{k+10}^2-r_k^2}{10R}=\frac{4.70^2-2.10^2}{10\times3.00\times10^3}\ \mathrm{mm}=589.3\ \mathrm{nm}$$

4-20

以波长 $\lambda=600$ nm 的单色平行光束垂直入射到牛顿环装置上,观测到某一暗环 n 的半径为 1.56 mm,在它外面第 5 个暗环 m 的半径为 2.34 mm. 求在暗环 m 处的干涉条纹间距是多少?

解　设 r_m 和 r_n 分别为第 m 暗环和第 n 暗环半径,R 为平凸透镜的曲率半径. 由题意可得 $r_m^2-r_n^2=5R\lambda$,所以 $R=\dfrac{r_m^2-r_n^2}{5\lambda}=\dfrac{2.34^2-1.56^2}{5\times600\times10^{-6}}\ \mathrm{mm}=1.014\times10^3\ \mathrm{mm}$. 由 $r_m^2=mR\lambda$ 两边取微分得 $2r_m\cdot \mathrm{d}r_m=R\lambda\cdot\mathrm{d}m$,又因 $\mathrm{d}m=1$,所以暗环 m 处的干涉条纹间距为 $\mathrm{d}r_m=\dfrac{R\lambda}{2r_m}=0.13$ mm.

4-21

用波长为 589 nm 的单色光照射迈克耳孙干涉仪,欲使干涉条纹移动 1 000 条,怎样做才能实现?

解　一种方法是,只要平移 M_1 镜,就可改变两臂间光路的光程差. 当 M_1 镜平移为 d 时,两臂间光路的光程差的改变为 $2d$,又因条纹移过一条时,需改变光程差 λ,所以,条纹移过 1 000 条时,需改变光程差为 1 000λ. 因此,只要 $2d=1\ 000\lambda$ 时,干涉条纹就移动 1 000 条. 相应的 $d=500\lambda=0.294\ 5$ mm.

另一种方法是,在其中的一条光路上放入一个折射率为 n、厚度为 h 的介质,两臂间光路的光程差的改变为 $2(n-1)h$. 因此,只要 $2(n-1)h=1\ 000\lambda$ 时,干涉条纹就移动 1 000 条. 相应的介质厚度为

$$h=\frac{1\ 000\lambda}{2(n-1)}$$

*4-22

钠灯中含有 589.0 nm 和 589.6 nm 两条强度相近的谱线,以钠灯照射迈克耳孙干涉仪,调节 M_1 时,条纹为什么会出现清晰→模糊→清晰的周期性变化?一个周期中,一共移动多少条?M_1 移动了多少距离?

解　设 $\lambda_1=589.0$ nm,$\lambda_2=589.6$ nm,由于 λ_1 和 λ_2 强度相等,所以当 λ_1 和 λ_2 的极大值重叠时,条纹清晰;当 λ_1 的极大值与 λ_2 的极小值重叠时,条纹模糊.

观察干涉条纹中心,条纹清晰时有 $\delta=2d=k_1\lambda_1=k_2\lambda_2$,所以

$$\Delta k=k_1-k_2=\frac{2d}{\lambda_1}-\frac{2d}{\lambda_2}=\frac{2d(\lambda_2-\lambda_1)}{\lambda_1\lambda_2}$$

当 $\Delta k+1$, M_1 从 d 变到 $d+\Delta d$ 时,条纹出现下一次清晰周期,即有

$$\frac{2d(\lambda_2-\lambda_1)}{\lambda_1\lambda_2}+1=\frac{2(d+\Delta d)(\lambda_2-\lambda_1)}{\lambda_1\lambda_2}$$

一个周期中,M_1 移动了

$$\Delta d=\frac{\lambda_1\lambda_2}{2(\lambda_2-\lambda_1)}=\frac{589.0\times589.6}{2\times(589.6-589.0)}\ \text{nm}$$
$$=0.289\ 4\ \text{mm}$$

移动条数为

$$N=\frac{\Delta d}{\lambda_1/2}=\frac{2\Delta d}{\lambda_1}=\frac{2\times0.289\ 4}{589.0\times10^{-6}}\approx982(\text{条})$$

第 5 章　光 的 衍 射

5.1　内容提要

1. 惠更斯-菲涅耳原理

惠更斯-菲涅耳原理:波阵面上各点都可以看成子波波源,在其后的波场中各点波的强度由各子波在该点的相干叠加决定.

处理衍射问题时,菲涅耳半波带法是简单而直观的方法.

2. 夫琅禾费衍射

(1) 夫琅禾费单缝衍射

利用菲涅耳半波带可以解释单缝衍射. 把缝宽为 a 的单缝处的波面分割成等宽的平行窄带,使分得的相邻两条窄带上的对应点发出的沿衍射角为 θ 方向的子波线的光程差为 $\lambda/2$,则这两条窄带所对应的子波束经透镜会聚后在屏幕上相遇,相位差为 π,彼此完全抵消,这样分得的窄带称为菲涅耳半波带. 在观察屏 P 点处,当衍射角 θ 满足

$$a\cdot\sin\theta=\pm 2k\frac{\lambda}{2}\quad (k=1,2,3,\cdots)$$

时,P 点出现暗条纹中心. 当衍射角 θ 满足

$$a\cdot\sin\theta=\pm(2k+1)\frac{\lambda}{2}\quad (k=1,2,3,\cdots)$$

时,P 点出现明条纹中心. 当衍射角 θ 满足

$$-\lambda<a\cdot\sin\theta<\lambda$$

时,为中央明纹.

在观察屏上中央明纹的宽度为

$$\Delta x=\frac{2f\lambda}{a}\quad (f\text{ 为凸透镜焦距})$$

(2) 夫琅禾费圆孔衍射

单色光垂直入射时,艾里斑(中央亮斑)的角半径 θ_{Airy} 满足

$$\theta_{\mathrm{Airy}}=\frac{1.22\lambda}{d}\quad (d\text{ 为圆孔直径})$$

3. 光学仪器的分辨本领

由于衍射现象，光源上一个点所发出的光波经光学仪器的孔径后，并不能成一个像点，而是形成一个中央为艾里斑的衍射图样. 物体上两点 S_1、S_2 发出的光波通过光学仪器成像时，若 S_1 像的艾里斑最亮处恰与 S_2 像的第一暗环相重合，该两点恰可分辨，称为瑞利判据. 此时物体上两点 S_1、S_2 对光学仪器透镜光心的张角 $\theta_{\min}$ 称为最小分辨角.

根据圆孔衍射规律和瑞利判据，可得圆孔光学仪器的最小分辨角为

$$\theta_{\min}=\theta_{\text{Airy}}=\frac{1.22\lambda}{d}$$

圆孔光学仪器的分辨本领为

$$R=\frac{1}{\theta_{\min}}=\frac{d}{1.22\lambda}$$

由此可见，光学仪器的入射孔径 d 越大，所使用波长 λ 越短，分辨率 R 越高.

4. 光栅衍射

光栅衍射条纹是在黑暗背景上一系列又窄、又亮、间隔又远的明条纹（又叫谱线）.

（1）光栅方程

衍射角 θ 满足相邻两缝发出的光束的光程差等于波长的整数倍时，彼此叠加相长出现明纹. 当单色光垂直入射时，光栅衍射明纹的条件为

$$d\cdot\sin\theta=\pm k\lambda\quad(k=0,1,2,\cdots)$$

称为光栅方程. 满足光栅方程的明纹称为主极大.

主极大强度受到单缝衍射的调制. 当主极大的位置和单缝衍射的极小位置重合时，该主极大消失，称为缺级. 光栅衍射主极大的缺级满足

$$k=\pm\frac{d}{a}k''\quad(k''=1,2,3,\cdots)$$

（2）光栅光谱

当用复色光垂直照射光栅时，在衍射图样中，将出现由不同波长产生的不同颜色的主极大亮线，称之为光谱线或谱线. 从而得到，除中央 0 级明纹各种波长的谱线不能分开以外，不同波长产生的同级谱线是不重合的，并且按波长由短到长的次序自中央 0 级明纹两侧形成由里向外依次分开排列的谱线. 光栅衍射产生的这种按波长排列的谱线称为光栅光谱.

光栅光谱的谱线有重叠现象，不同波长的光，不同级次的明条纹，在屏幕上占据同一位置. 例如对于衍射角 θ，波长 λ_1、λ_2 同时满足

$$d\cdot\sin\theta=k_1\lambda_1=k_2\lambda_2$$

（3）光栅的色散本领和光栅的分辨本领

光栅的分光性能主要体现在两方面：一是光栅的色散本领，二是光栅的分辨本领.

光栅的色散本领：

$$D_\theta=\frac{\Delta\theta}{\Delta\lambda}=\frac{k}{d\cos\theta}\quad\text{（角色散本领）}$$

$$D_l=\frac{\Delta l}{\Delta\lambda}=f\frac{\mathrm{d}\theta}{\mathrm{d}\lambda}=\frac{fk}{d\cos\theta}\quad\text{（线色散本领）}$$

光栅的分辨本领：

光栅的分辨本领是指将两个靠得很近的波长产生的两条谱线能否分辨得开. 把恰能分辨的两条谱线的平均波长 λ 与这两条谱线的波长差 $\Delta\lambda$ 之比，定义为光栅的分辨本领，用 R 表示. 由瑞利判据可得

$$R=\frac{\lambda}{\Delta\lambda}=kN \quad (N\text{ 为光栅总缝数})$$

5. X 射线衍射

当 X 射线以 θ 角掠射到晶面距离为 d 的晶体表面上时，若满足布拉格公式

$$2d\cdot\sin\theta=k\lambda \quad (k=1,2,3,\cdots)$$

则从晶体原子上散射的 X 射线互相干涉加强.

5.2 习题解答

5-1

一束波长 $\lambda=589$ nm 的平行光垂直照射到宽度 $a=0.4$ mm 的单缝上，缝后放一焦距 $f=1.0$ m 的凸透镜，在透镜的焦平面处的屏上形成衍射条纹. 求：(1) 第一级明纹离中央明纹中心的距离；(2) 中央明纹的宽度.

解　单缝夫琅禾费衍射的明纹宽度定义为相邻两个暗纹中心的距离. 利用半波带概念，容易确定明纹或暗纹中心的位置或角位置.

(1) 设光屏上第 k 级明纹离中央明纹中心的距离为 x_k，由单缝夫琅禾费衍射明纹条件

$$a\sin\theta=(2k+1)\frac{\lambda}{2}$$

因 θ 很小，有 $\sin\theta\approx\tan\theta=x_k/f$，即

$$x_k=(2k+1)\frac{f\lambda}{2a}$$

所以，第一级明纹离中央明纹中心的距离为

$$x_1=\frac{3f\lambda}{2a}=\frac{3\times1.0\times589\times10^{-9}}{2\times0.40\times10^{-3}}\text{ m}$$

$$=2.21\times10^{-3}\text{ m}$$

(2) 设光屏上第 k 级暗纹离中央明纹中心的距离为 x_k，由单缝夫琅禾费衍射暗纹条件

$$a\sin\theta=k\lambda$$

可得

$$x_k=k\frac{f\lambda}{a}$$

$k=\pm1$ 时，对应中央明纹宽度为

$$\Delta x_0=x_1-x_{-1}=2\frac{f\lambda}{a}$$

$$=\frac{2\times1.0\times589\times10^{-9}}{0.40\times10^{-3}}\text{ m}$$

$$=2.945\times10^{-3}\text{ m}$$

5-2

用橙黄色(波长约为 600~650 nm)的平行光垂直照射到宽度 $a=0.60$ mm 的单缝上,缝后放一焦距 $f=40$ cm 的凸透镜,在透镜的焦平面处的屏上形成衍射条纹.若屏上离中央明纹中心 1.4 mm 处的 P 点为一明纹.(1) 求入射光的波长;(2) 求 P 点的条纹级数;(3) 问从 P 点来看,对该光波而言,单缝处的波阵面可分成几个半波带?

解 (1) 由单缝衍射明纹公式

$$a\sin\theta=(2k+1)\frac{\lambda}{2}$$

因为 $f\gg a$,所以,有

$$\sin\theta\approx\tan\theta=\frac{x}{f}$$

由以上两式,可得

$$k=\frac{ax}{f\lambda}-\frac{1}{2}$$

代入已知数据,在可见光范围(400~760 nm)内,求得相应的 k 值范围是 2.3~4.7,所以,$k=3$ 或 4.其相应的波长为 600 nm(橙黄色)和 467 nm(紫色,舍去).

(2) P 点的条纹级数为第三级明纹($k=3$).

(3) 从 P 点来看,对该光波(600 nm),单缝处的波阵面可分成 $2k+1=7$ 个半波带.

5-3

用波长 $\lambda_1=400$ nm 和 $\lambda_2=700$ nm 的混合光垂直照射单缝,在衍射图样中,λ_1 的第 k_1 级明纹中心位置恰与 λ_2 的第 k_2 级暗纹中心位置重合.求 k_1 和 k_2.试问 λ_1 的暗纹中心位置能否与 λ_2 的暗纹中心位置重合?

解 由单缝衍射的明纹和暗纹公式,可得

$$a\sin\theta=(2k_1+1)\frac{\lambda_1}{2}$$

$$a\sin\theta=k_2\lambda_2$$

以上两式联立可得

$$\frac{2k_1+1}{2k_2}=\frac{\lambda_2}{\lambda_1}=\frac{7}{4}$$

当 $k_1=3,k_2=2$ 时,上式成立.当 $k_1=10$,$k_2=6,\cdots$ 时,上式也成立,但光强很弱.只要 $k_1\lambda_1=k_2\lambda_2$ 能成立,λ_1 的暗纹中心位置就与 λ_2 的暗纹中心位置重合.显然,能重合.

5-4

迎面而来的汽车,两个车灯相距 1.2 m.假设夜间人眼的瞳孔直径为 5 mm,灯光波长为 550 nm.求汽车在多远处,人眼刚好能分辨这两个车灯?

解 远处车灯对瞳孔的夫琅禾费圆孔衍射,在视网膜上形成的两个艾里斑恰可分辨时,应满足瑞利判据.设 l 为两车灯的距离,s 为人车之间的距离.恰可分辨时两车灯对瞳孔的最小分辨角为

$$\theta_{\min}\approx\frac{l}{s}$$

由瑞利判据,可得

$$\theta_{\min}=\theta_R=1.22\frac{\lambda}{d}=\frac{l}{s}$$

所以

$$s=\frac{ld}{1.22\lambda}=8.94\times10^3\ \text{m}$$

5-5

一星体发出波长为 550 nm 的单色光，夜间人看到星体是一个小亮斑，设人眼的瞳孔直径为 5 mm，瞳孔到视网膜的距离为 23 mm．问视网膜上的像斑直径是多少？

解　在视网膜上艾里斑角半径为

$$\theta_{\text{Airy}}=\frac{1.22\lambda}{d}$$

艾里斑半径为

$$R_{\text{Airy}}=f\theta_{\text{Airy}}=\frac{1.22\lambda f}{d}$$

$$=\frac{1.22\times550\times10^{-6}\times23}{5}\ \text{mm}$$

$$=3.1\times10^{-3}\ \text{mm}$$

所以，视网膜上的像斑直径为 $d_{\text{Airy}}=2R_{\text{Airy}}=6.2\times10^{-3}$ mm．

5-6

人的眼睛对可见光（500 nm）敏感，瞳孔的直径约为 5 mm，一射电望远镜接收波长为 1 m 的射电波，若要求其分辨本领与人眼相同，求射电望远镜的直径是多少？

解　由题意可知 $\theta_{\text{Airy}}=\dfrac{1.22\lambda_1}{d_1}=\dfrac{1.22\lambda_2}{d_2}$，所以射电望远镜的直径为

$$d_2=\frac{\lambda_2 d_1}{\lambda_1}=\frac{1\times10^9\times5}{500}\ \text{mm}=10^7\ \text{mm}$$

5-7

一双缝间距 $d=1.0\times10^{-4}$ m，每个缝宽度 $a=2.0\times10^{-5}$ m，透镜焦距 $f=0.5$ m，入射光的波长 $\lambda=4.8\times10^{-7}$ m，(1) 求屏上干涉条纹的间距；(2) 求单缝衍射的中央明纹宽度；(3) 在单缝衍射的中央明纹内有多少干涉主极大？

解　(1) 屏上干涉条纹的间距为

$$\Delta x=\frac{f\lambda}{d}=\frac{0.5\times4.8\times10^{-7}}{1.0\times10^{-4}}\ \text{m}=2.4\times10^{-3}\ \text{m}$$

(2) 单缝衍射的中央明纹宽度为

$$\Delta x_0=\frac{2f\lambda}{a}=\frac{2\times0.5\times4.8\times10^{-7}}{2.0\times10^{-5}}\ \text{m}=2.4\times10^{-2}\ \text{m}$$

(3) 由于 $d/a=5$，即 ±5 级为缺级，所以在单缝衍射的中央明纹内能见到的干涉主极大级次为 0，±1，±2，±3，±4，因此在单缝衍射的中央明纹内干涉主极大的数目为 9 条．

5-8

用波长 $\lambda=600$ nm 的平行光垂直照射光栅，第二级明条纹在 $\sin\theta=0.2$ 处，设光栅不透明部分的宽度是透明部分宽度的 3 倍．(1) 求光栅常量；(2) 求透明部分的宽度 a；(3) 能出现哪些级明纹？共多少条明纹？

解 (1) 由光栅方程 $(a+b)\cdot\sin\theta=k\lambda$,得光栅常量为

$$a+b=\frac{k\lambda}{\sin\theta}=6\times10^{-4}\ \text{cm}$$

(2) 由题意可知,第四级为缺级,再由缺级条件得 $(a+b)/a=4$,所以

$$a=\frac{a+b}{4}=1.5\times10^{-4}\ \text{cm}$$

(3) 由光栅方程 $(a+b)\cdot\sin\theta=k\lambda$,令 $\sin\theta=1$,解得

$$k_{\max}=\frac{(a+b)\sin\theta}{\lambda}=10$$

即 $k=0,\pm1,\pm2,\pm3,\pm4,\pm5,\pm6,\pm7,\pm8,\pm9,\pm10$ 时出现极大. 考虑到 $k=\pm4,\pm8$ 时为缺级,$k=\pm10$时实际不可见. 因此,能出现 $k=0,\pm1,\pm2,\pm3,\pm5,\pm6,\pm7,\pm9$ 级明条纹,共 15 条明纹.

5-9

用白光(波长为 400~760 nm)垂直照射每厘米有 4 000 条缝的光栅,可以产生多少级完整清晰可见的谱线?第二级谱线与第三级谱线是否重叠?有多少级完整可见的谱线?

解 光栅常量 $(a+b)=1/4\,000\ \text{cm}=2.5\times10^{-4}\ \text{cm}$,设 λ 为可见光中的最大波长,即红光的波长. 由光栅方程 $d\cdot\sin\theta=k\lambda$,令 $\sin\theta=1$,得

$$k_{\max}=\frac{(a+b)\sin\theta}{\lambda}=3.28$$

取整数 $k_{\max}=3$,所以,理论上可以产生三级完整的谱线. 又因为紫光波长为 400 nm 的第三级主极大与红光波长为 600 nm 的第二级主极大重合. 所以,可见光的第二级与第三级谱线将发生重叠. 因此,完整清晰可见的谱线(即不重叠的完整可见谱线)是 $k=1$ 的第一级谱线,且第二级谱线与第三级谱线将发生重叠.

5-10

有三个透射光栅,单位长度的缝数分别为 100 条/mm、500 条/mm 及 1 000 条/mm. 钠光灯光谱中,有两条很靠近的谱线,其平均波长为 589.3 nm. 今以钠光灯为光源,经准直正入射到光栅上,要求两条黄谱线分离得尽量远. 如果观察的是一级衍射谱线,应选用哪个光栅?如果观察的是二级衍射谱线,应选用哪个光栅?

解 对光栅方程 $d\cdot\sin\theta=k\lambda$,两边微分得 $d\cdot\cos\theta\cdot\Delta\theta=k\Delta\lambda$,所以,对同一级光谱,两条很靠近的谱线,它们分开的角宽度为

$$\Delta\theta=\frac{k\Delta\lambda}{d\cdot\cos\theta}=\frac{k\Delta\lambda}{\sqrt{d^2-k^2\lambda^2}}$$

由上式可知,光栅常量 d 越大,两条谱线分离得越远. 所以,观察一级衍射谱线时,应选用 1 000 条/mm 的光栅. 但观察二级衍射谱线时,因为

$$\sin\theta=\frac{k\lambda}{d}=\frac{2\times589.3\times10^{-6}}{1/1\,000}=1.178\,6$$

所以,若选用 1 000 条/mm 的光栅,观察不到完整的二级衍射光谱. 因此,观察二级衍射谱线时,应选用 500 条/mm 的光栅.

5-11

波长为 500 nm 的单色光平行垂直入射在光栅上,如要求第一级谱线的衍射角为 30°,问:(1) 光栅每毫米应刻几条线?(2) 如果单色光不纯,波长在 0.5%范围内变化,则相应的衍射角变化范围 $\Delta\theta$ 如何?

解　(1) 由光栅方程 $d\sin\theta=k\lambda$ 可得光栅每毫米应刻条痕数为

$$\frac{1}{d}=\frac{\sin\theta}{k\lambda}=\frac{\sin 30^\circ}{1\times500\times10^{-6}}=1\ 000(\text{条})$$

(2) 由光栅方程 $d\sin\theta=k\lambda$ 两边取微分得 $d\cos\theta\cdot\Delta\theta=k\Delta\lambda$，则相应的衍射角变化范围为

$$\Delta\theta=\frac{k\Delta\lambda}{d\cos\theta}=\frac{1\times500\times0.005}{0.001\times10^{6}\cos 30^\circ}=0.17^\circ$$

5-12

一平面光栅，当用光垂直照射时，能在 30°角的衍射方向上得到 $\lambda_1=600$ nm 的第二级主极大，并能分辨 $\Delta\lambda=0.05$ nm 的两条光谱线，但 $\lambda_2=400$ nm 第三级主极大消失，(1) 求光栅的透光部分的宽度 a 和不透光部分的宽度 b；(2) 光栅的总缝数 N 至少是多少？

解　根据光栅方程和缺级条件可以求得光栅的参量，而光栅的分辨本领正比于级次 k 和被光照射到的总缝数 N.

(1) 在 $\theta=30^\circ$ 方向上得到 $\lambda_1=600$ nm 的第二级主极大，光栅方程为

$$(a+b)\sin\theta=2\lambda_1$$

可得光栅常量为

$$a+b=\frac{2\lambda_1}{\sin\theta}=2\ 400\ \text{nm}$$

由题意可知 $\lambda_2=400$ nm 的第三级主极大为缺级，即 $(a+b)/a=3$，所以光栅的透光部分的宽度 a 和不透光部分的宽度 b 分别为

$$a=\frac{a+b}{3}=800\ \text{nm}$$

$$b=(a+b)-a=1\ 600\ \text{nm}$$

(2) 由光栅分辨本领

$$\frac{\lambda}{\Delta\lambda}=kN$$

可求得被光照射到的总缝数为

$$N=\frac{\lambda_1}{k\Delta\lambda}=\frac{600}{2\times0.05}=6\ 000(\text{条})$$

5-13

一光栅每厘米有 3 000 条缝，用波长为 555 nm 的单色光以 30°角斜入射，试问在衍射屏的中心位置是光栅光谱的第几级谱线？

解　如图 5-1 所示的斜入射，衍射屏上任一点 P 满足的光栅方程为

$$d(\sin\theta-\sin\varphi)=k\lambda$$

对于衍射屏的中心位置 O，衍射角 $\theta=0$，所以得

$$k=-\frac{d\sin\varphi}{\lambda}=-\frac{(10^{-2}/3\ 000)\times\sin 30^\circ}{555\times10^{-9}}=-3$$

负号表示此第 3 级与入射角 φ 位于光栅平面法线的同侧.

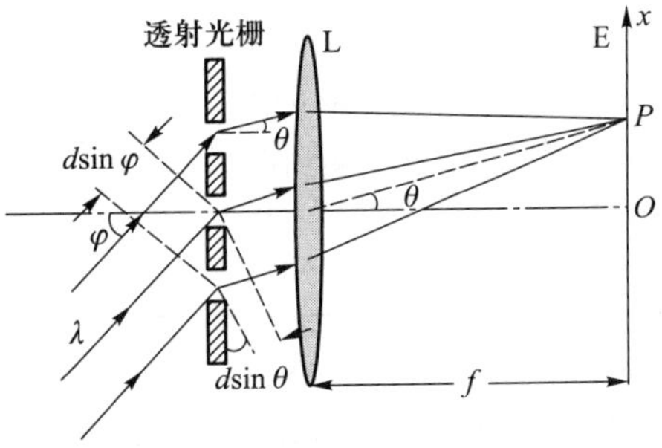

图 5-1　习题 5-13 解答用图

*5-14

含有红光λ_r、紫光λ_v的光垂直入射在每毫米有300条缝的光栅上，在24°角处二种波长光的谱线重合($\sin 24°=0.406\ 7$). 问：(1) 紫光波长为多少？(2) 屏上可能单独呈现紫光的各级谱线的级次(只写出正级次)？

解 (1) 在衍射角$\theta=0$处红、紫光谱线重合，在$\theta=24°$处红、紫光谱线再次重合，设k_r为此处红光谱线的级次，则在$\theta=24°$处，满足光栅方程$d\cdot\sin 24°=k_r\lambda_r=(k_r+1)\lambda_v$，所以，

$$k_r=\frac{d\sin 24°}{\lambda_r}=\frac{d\sin 24°}{600\sim700\ \text{nm}}=2.3\sim1.9$$

取$k_r=2$，所以紫光波长为

$$\lambda_v=\frac{d\sin 24°}{2+1}=452\ \text{nm}$$

(2) 由满足紫光谱线的光栅方程$d\cdot\sin\theta=k_v\lambda_v$，令衍射角$\theta=90°$，就可以得到可见的紫光谱线的最高级次为

$$k_{v,\max}=\frac{d\sin 90°}{\lambda_v}=7.37$$

取$k_{v,\max}=7$. 所以，可见的紫光各级谱线的正级次为0，1，2，3，4，5，6，7. 又因$2\lambda_r=3\lambda_v$，$4\lambda_r=6\lambda_v$，所以，$k_v=0,3,6$级次的紫光谱线与红光谱线是重合的. 因此，屏上可能单独呈现紫光的各级谱线的正级次为1，2，4，5，7.

5-15

N根天线沿一水平直线等距离排列成天线列阵，每根天线发射同一波长λ的球面波，从第1根天线到第N根天线，相位依次落后$\pi/2$，相邻天线间的距离$d=\lambda/2$. 求在什么方向(即与天线列阵法线的夹角θ)上，天线列阵发射的电磁波最强？

解 将每根天线发射的球面波视为子波，则N根天线组成的列阵可视为光栅. 光栅常量为相邻天线间的距离d，相邻天线的相位差可等效成波程差.

设在与天线列阵法线成θ角的方向上，电磁波子波干涉加强. 相邻两根天线在θ方向上的波程差为

$$\delta=d\sin\theta+\delta'$$

其中δ'为相邻两根天线的相位差$\Delta\varphi=\pi/2$引起的附加波程差. 由

$$\Delta\varphi=\frac{2\pi}{\lambda}\delta'$$

可得$\delta'=\lambda/4$. 所以光栅方程为

$$\delta=d\sin\theta+\frac{\lambda}{4}=k\lambda\quad(k=0,\pm1,\pm2,\cdots)$$

$$\theta=\arcsin(2k-0.5)$$

当$k=0$时为零级主极大，即在$\theta=-30°$方向上电磁波最强.

*5-16

如图5-2所示为一种制造光栅的原理图，激光器发出波长为600 nm的光束经分束器得到两束相干的平行光，这两束光分别以0°和30°的入射角射到感光板H上，形成一组等距的干涉条纹，经一定时间的曝光和显影、定影等处理后，H就成为一块透射光栅，其光栅常量等于干涉条纹的间距. (1) 为了在第一级光谱能将500.00 nm和500.02 nm的两谱线分开，所制得的光栅沿x方向应有的最小宽度是多少？(2) 若入射到H上的两光束的光强之比为1∶4，干涉图

样合成光强的最小值与最大值之比是多少？

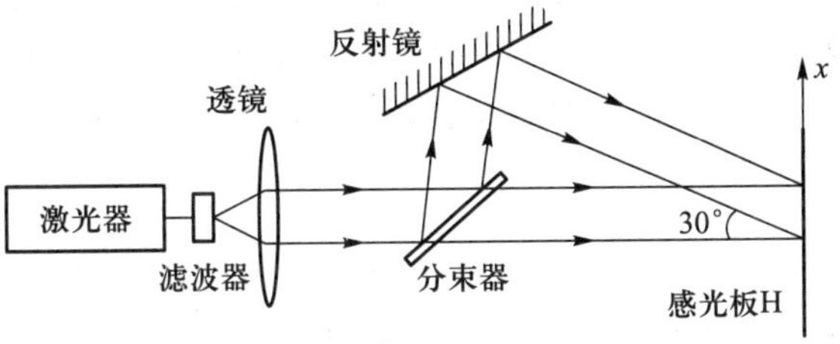

图 5-2　习题 5-16 用图

解　(1) 设 N、d 分别为光栅缝数和光栅常量.

光栅缝数为

$$N=\frac{\lambda}{k\Delta\lambda}$$

光栅常量 d，即干涉条纹的间距，设 AB 为干涉条纹的间距，则 A、B 两点的光程差为（见图 5-3）

$$\Delta\delta=\overline{AB}\cdot\sin\theta=d\cdot\sin 30°=\frac{d}{2}$$

又因 $\Delta\delta=\lambda_0$，所以 $d=2\lambda_0$. 所制得的光栅沿 x 方向应有的最小宽度为

$$d\cdot N=\frac{2\lambda_0\lambda}{k\Delta\lambda}=\frac{2\times600\times10^{-6}\times500.01\times10^{-6}}{1\times0.02\times10^{-6}}\ \text{mm}$$
$$=30\ \text{mm}$$

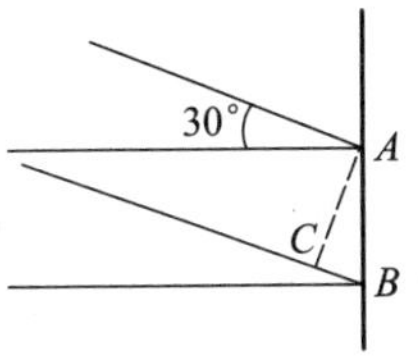

图 5-3　习题 5-16 解答用图

(2) 干涉图样合成光强为

$$I=I_1+I_2+2\sqrt{I_1I_2}\cos\Delta\varphi$$

又因 $I_1:I_2=1:4$，干涉图样合成光强的最小值与最大值之比为

$$\frac{I_{\min}}{I_{\max}}=\frac{I_1+I_2-2\sqrt{I_1I_2}}{I_1+I_2+2\sqrt{I_1I_2}}=\frac{1}{9}$$

5-17

绿光 500 nm 正入射在光栅常量为 2.5×10^{-4} cm，宽度为 3 cm 的光栅上，聚光镜的焦距为 50 cm. (1) 求第一级光谱的线色散；(2) 求第一级光谱中能分辨的最小波长差；(3) 该光栅最多能看见第几级光谱？

解　(1) 由光栅方程 $d\sin\theta=k\lambda$ 可得

$$\sin\theta=\frac{k\lambda}{d}=\frac{1\times500\times10^{-7}}{2.5\times10^{-4}}=0.2$$

所以　　$\theta=11°32'$

由线色散本领公式 $D_l=\dfrac{fk}{d\cos\theta}$ 可得第 1 级光谱的线色散为

$$D_l=\frac{fk}{d\cos\theta}=\frac{500\times1}{2.5\times10^{-4}\times10^{7}\times\cos 11°32'}=0.204$$

(2) 光栅的缝数为

$$N=\frac{L}{d}=\frac{3}{2.5\times10^{-4}}=12\ 000(\text{条})$$

第 1 级光谱中能分辨的最小波长差为

$$\Delta\lambda=\frac{\lambda}{kN}=\frac{500}{1\times12\ 000}\ \text{nm}=0.042\ \text{nm}$$

(3) 由光栅方程 $d\sin\theta=k\lambda$ 可得

$$k=\frac{d\sin 90°}{\lambda}=\frac{2.5\times10^{-4}\times1}{500\times10^{-6}}=5$$

所以该光栅最多能看见第 4 级光谱.

5-18

若 $\theta=45°$,入射的 X 射线包含有从 0.095 nm 到 0.130 nm 这一波段中的各种波长. 已知晶体的晶格常量 $d=0.275$ nm,对于相应的晶面族,是否会有干涉加强的衍射 X 射线产生? 如果有,这种 X 射线的波长是多少?

解 由布拉格公式 $2d\cdot\sin\theta=k\lambda$ 可得

$$k=\frac{2d\sin\theta}{\lambda}=\frac{2\times0.275\times\sin 45°}{0.095\sim0.13}=4.09\sim2.99$$

即 $k=3$ 时,$\lambda=0.13$ nm 和 $k=4$ 时,$\lambda=0.097$ nm.

5-19

比较两条单色的 X 射线的谱线时注意到,谱线 A 在与一个晶体的光滑面成 30°的掠射角处给出第一级反射极大,已知谱线 B 的波长为 0.097 nm,谱线 B 在与同一晶体的同一光滑面成 60°的掠射角处,给出第三级反射极大. 求谱线 A 的波长.

解 设谱线 A 的波长为 λ_1,级次为 $k_1=1$;谱线 B 的波长为 λ_2,级次为 $k_2=3$.

根据布拉格公式,得

$$2d\sin\theta_1=k_1\lambda_1=\lambda_1,\quad k_1=1$$

$$2d\sin\theta_2=k_2\lambda_2=3\lambda_2,\quad k_2=3$$

解得 $\lambda_1=\sqrt{3}\lambda_2=0.168$ nm

第 6 章　光 的 偏 振

6.1　内容提要

1. 光的偏振性

光波是横波,光矢量就是电矢量 $\boldsymbol{E}$. 只有横波才产生偏振现象.

光的偏振态有三类:

(1) 自然光(无偏振)

光矢量 $\boldsymbol{E}$ 在垂直于传播方向的平面上可以取任何方向,没有哪个方向比其他方向占优势,即在所有可能的方向上,光矢量 $\boldsymbol{E}$ 的振幅都相等,这种光称为自然光.

(2) 偏振光

① 线偏振光:在垂直于传播方向的平面上光矢量 $\boldsymbol{E}$ 只沿一个确定的方向振动,光矢量 $\boldsymbol{E}$ 末端轨迹为直线,称为线偏振光.

② 椭圆偏振光和圆偏振光:在垂直于传播方向的平面上光矢量 $\boldsymbol{E}$ 的大小和方向有规律地变化,光矢量 $\boldsymbol{E}$ 末端轨迹为椭圆,称为椭圆偏振光. 光矢量 $\boldsymbol{E}$ 末端轨迹为圆,称为圆偏振光.

(3) 部分偏振光

在垂直于传播方向的平面上光矢量 $\boldsymbol{E}$ 可以取任何方向,但在不同方向上,其振幅不同,在某一方向上的光振动较强,而在与之垂直方向上的光振动较弱,这种光称为部分偏振光.

部分偏振光也可以看成是自然光和线偏振光的非相干混合.

2. 偏振片起偏、检偏和马吕斯定律

利用晶体的选择性吸收制成的偏振片可以从自然光中获得线偏振光,称偏振片为起偏器. 偏振片还可以用来检验一束光的偏振态,这时称为检偏器.

偏振片只允许沿某个方向的光矢量或光振动的分量透过,这个方向称为偏振片的偏振化方向或透光方向.

由马吕斯定律可知,强度为 I_0 的线偏振光,通过偏振片后的强度为

$$I = I_0 \cos^2\theta$$

式中 θ 为入射偏振光振动方向与偏振片偏振化方向之间的夹角.

3. 反射、折射起偏和布儒斯特定律

自然光以布儒斯特角 i_B 入射时，利用在各向同性介质中的反射可以得到线偏振光，但折射光是部分偏振光.

布儒斯特定律： $\tan i_B = n_2/n_1$

4. 双折射

（1）双折射现象

光线射入各向异性晶体后，分成两束光线沿不同方向折射的现象称为双折射. 其中一束光线遵守折射定律，称为寻常光，简称 o 光；另一束光线不遵守折射定律，称为非寻常光，简称 e 光. o 光和 e 光都是线偏振光.

（2）光轴

在晶体内存在着一些特殊的方向，沿着这些方向传播的光并不发生双折射，即 o 光和 e 光在晶体内的传播速度及传播方向都相同. 在晶体内平行于这些特殊方向的任何直线，称为晶体的光轴. 应当注意，光轴标志的是一确定的方向，而不限于某一特殊的直线. 具有一个特殊方向的晶体，称为单轴晶体.

（3）光线的主平面

在单轴晶体中，o 光光线与光轴所决定的平面，称为 o 光的主平面；e 光光线与光轴所决定的平面，称为 e 光的主平面. o 光的振动方向垂直于 o 光的主平面，而 e 光的振动方向平行于 e 光的主平面. 一般情况下，o 光和 e 光的主平面并不重合，仅当光轴平行于入射面时，入射面、o 光的主平面和 e 光的主平面三者重合，这时，o 光和 e 光都在入射面内传播，且 o 光和 e 光的光振动互相垂直.

5. 偏振棱镜和波片

（1）偏振棱镜

利用偏振棱镜（如尼科耳棱镜、格兰棱镜）可以从自然光得到线偏振光.

（2）波片

光轴与晶体表面平行的平行平面薄片称为波晶片，简称波片. 波片可以改变 o 光和 e 光之间的相位差，波片产生的相位差为

$$\Delta\varphi_C = \frac{2\pi}{\lambda}(n_o - n_e)d$$

利用这一特点，波片可以改变入射光的偏振态.

利用 1/4 波片可以从线偏振光得到椭圆或圆偏振光.

利用 1/2 波片可以改变入射光偏振态的旋向，例如，左旋椭圆偏振光经过 1/2 波片后变成右旋椭圆偏振光.

6. 偏振光的干涉

一束光通过两个互相正交的偏振片后出现消光，在两个互相正交的偏振片之间插入波片，就会有光透过，并呈现出干涉条纹. 白光入射时会出现色彩，称为色偏振. 利用色偏振可以检验晶体是否存在双折射.

当 P_1 和 P_2 的偏振化方向互相正交时，光强分布为

$$I_{\perp}=\frac{A_1^2}{2}\cos^2\frac{\Delta\varphi}{2}=\frac{A_1^2}{2}(1-\cos\Delta\varphi_C)$$

当 P_1 和 P_2 的偏振化方向互相平行时，光强分布为

$$I_{/\!/}=\frac{A_1^2}{2}\cos^2\frac{\Delta\varphi}{2}=\frac{A_1^2}{2}(1+\cos\Delta\varphi_C)$$

其中 $\Delta\varphi_C=\frac{2\pi}{\lambda}(n_o-n_e)d$，$d$ 为波片厚度.

7. 光弹性效应

有些各向同性的物质在外力作用下，呈现出单轴晶体的双折射现象.

光弹性效应：
$$n_o-n_e=C\frac{F}{S}$$

利用光弹性效应研究物质内部的应力分布是十分有效的.

8. 旋光性

线偏振光的光矢量在旋光物质中发生转动. 很多物质具有左、右旋光性，物质旋光性反映了分子的手性结构，同种物质可以有旋光异构体.

6.2 习题解答

6-1

两个偏振片平行放置，它们的偏振化方向互相垂直，在中间平行位置放置另一偏振片，其偏振化方向与前两个偏振片的偏振化方向均成 45°角. 以自然光垂直入射，求最后透射光的强度与自然光的强度的百分比.

解　如图 6-1(a)所示，自然光通过 P_1 后成为光强为 $I_1=I_0/2$ 的线偏振光，通过 P_3、P_2 后的光强依次由马吕斯定律计算，由图 6-1(b)可知

$$I_2=I_1\cos^2 45°=\frac{I_0}{4}$$

$$I=I_2\cos^2 45°=\frac{I_0}{8}$$

最后透射光的强度与自然光的强度的百分比为 $I/I_0=1/8=12.5\%$.

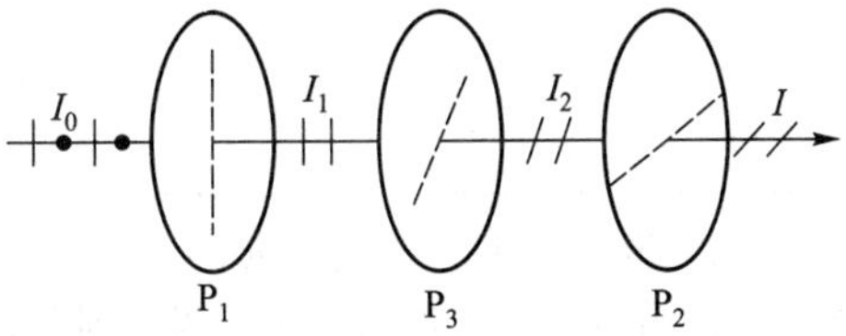

(a)

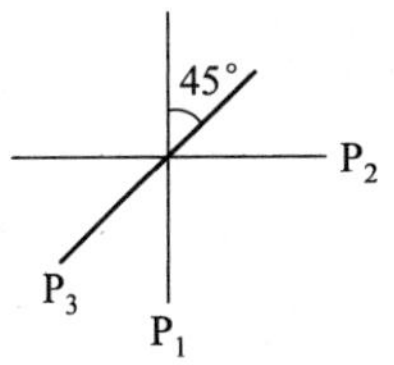

(b)

图 6-1　习题 6-1 解答用图

6-2

一束自然光入射到由四块偏振片组成的偏振片组上，每片的透光轴相对于前面一片沿顺时针方向转过30°角. 试问入射光中有多少强度透过了这组偏振片？

解 自然光通过第一块偏振片变为线偏振光，光强减半，即 $I_0/2$，之后每透过一块偏振片，强度符合马吕斯定律，即有

$$I=\frac{I_0}{2}(\cos^2 30°)^3=\frac{27I_0}{128}$$

入射光透过这组偏振片的百分比为 $\frac{I}{I_0}=\frac{27}{128}\approx 21\%$.

6-3

通过偏振片观察混在一起而又不相干的线偏振光和自然光，在透过的光强为最大位置时，再将偏振片从此位置旋转30°角，结果发现光强减少了20%. 求自然光与线偏振光的强度之比.

解 自然光通过偏振片后，光强减半；线偏振光通过偏振片后，透过光强由马吕斯定律决定. 设自然光强为 I_N，线偏振光强为 I_L. 所以，透过偏振片的最大光强为 $I_N/2+I_L$. 由题意可得

$$\left(\frac{1}{2}I_N+I_L\right)(1-0.2)=\frac{1}{2}I_N+I_L\cos^2 30°$$

所以，自然光与线偏振光的强度之比为 $I_N/I_L=0.5$.

6-4

一束自然光以60°角入射在石英玻璃表面上，发现反射光为偏振光. 求折射角和石英玻璃的折射率.

解 当反射光为偏振光时，有入射角 i+折射角 $r=90°$，所以，折射角 $r=90°-60°=30°$. 设石英玻璃的折射率为 n，空气折射率为 $n_0=1$. 此时，$n/n_0=\tan i=\tan 60°=1.73$. 所以，石英玻璃的折射率 $n=1.73$.

6-5

一束线偏振光垂直入射到波片上，如果光矢量的方向与晶体的光轴成30°角. 求晶体中o光和e光的光强比值；若自然光入射，则晶体中o光和e光的光强比值如何？

解 如图6-2所示，线偏振光进入晶体后，光矢量分解成沿光轴振动的e光和垂直光轴振动的o光. 其振幅分别为

$$A_e=A\cos 30°,\quad A_o=A\sin 30°$$

由于光强与振幅的平方成正比，所以

$$\frac{I_o}{I_e}=\frac{A_o^2}{A_e^2}=\tan 30°=\frac{1}{3}$$

如果是自然光入射，则 $I_o/I_e=1$.

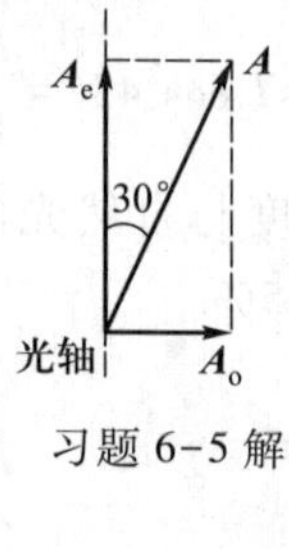

图6-2 习题6-5解答用图

6-6

一线偏振光垂直入射到一方解石晶体上，它的振动面和主截面成 30°角. 两束折射光通过在方解石后面的一个尼科耳棱镜，其主截面与入射光的振动方向成 50°角. 求两束透射光的相对强度.

解 偏振光通过晶体后，射出两线偏振光的光强分别为

$$I_e=I_0\cos^2 30°=\frac{3I_0}{4},\quad I_o=I_0\sin^2 30°=\frac{I_0}{4}$$

（1）若振动面与尼科耳主截面在晶体主截面两侧时，

$$I_e'=I_e\cos^2 20°=\frac{3I_0}{4}\cos^2 20°,$$

$$I_o'=I_o\sin^2 20°=\frac{I_0}{4}\sin^2 20°$$

所以

$$\frac{I_o'}{I_e'}\approx 0.044$$

（2）若振动面与尼科耳主截面在晶体主截面同侧时，

$$I_e'=I_e\sin^2 10°=\frac{3I_0}{4}\sin^2 10°,$$

$$I_o'=I_o\cos^2 10°=\frac{I_0}{4}\cos^2 10°$$

所以

$$\frac{I_o'}{I_e'}\approx 10.72$$

6-7

光强为 I_0 的圆偏振光垂直通过 1/4 波片后，又经过一块透光方向与波片光轴夹角为 15°的偏振片，不考虑吸收，求最后的透射光强.

解 圆偏振光通过 1/4 波片后成为线偏振光. 光矢量与晶片光轴成 45°角，光强不变，再经过偏振片，光强遵守马吕斯定律. 由图 6-3 可知

$$I=I_0\cos^2(45°-15°)=0.75I_0$$

或 $$I=I_0\cos^2(45°+15°)=0.25I_0$$

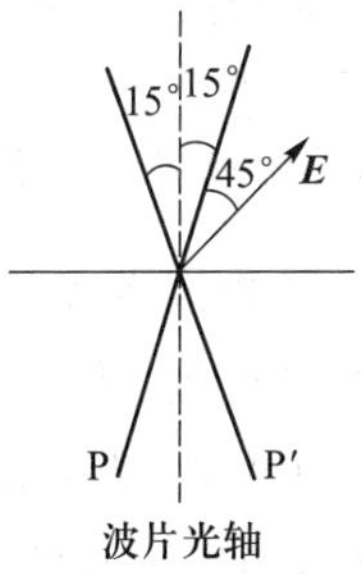

图 6-3 习题 6-7 解答用图

6-8

用旋转的检偏镜对某一单色光进行检偏，在旋转一圈的过程中，发现从检偏镜出射的光强并无变化. 若先让这一束光通过一块 1/4 波片，再通过旋转的检偏镜检偏，则测得最大出射光强是最小出射光强的 2 倍. 求：（1）入射光的偏振态；（2）自然光光强占总光强的百分比.

解 (1) 由题意可知,在旋转检偏镜时,若图 6-4(a)中②区的光强无变化,说明图 6-4(a)中①区的入射光有三种可能:自然光、圆偏振光、自然光与圆偏振光的混合.

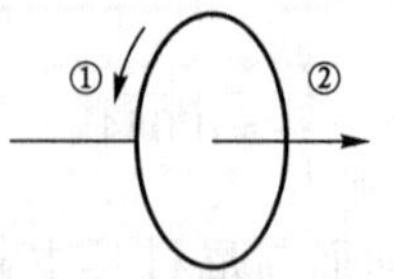

(a)

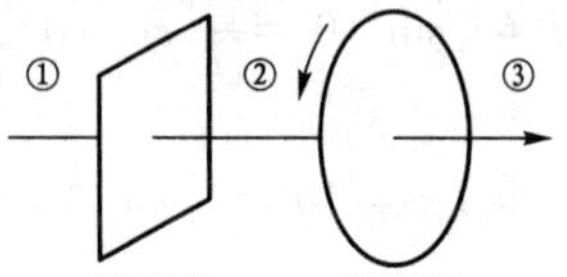

(b)

图 6-4 习题 6-8 解答用图

在图 6-4(b)中,若入射光是自然光,③区的光强应不变. 若入射光是圆偏振光,通过 1/4 波片后,②区的光是线偏振光,所以通过检偏镜后,③区的光应出现消光现象. 但题意告诉以上情况均未发生,由此可知,①区的光是自然光与圆偏振光的混合.

(2) 设入射总光强为 1,其中自然光强为 x,则圆偏光强为$(1-x)$. 在图 6-4(b)中③区的最大光强为

$$I_{\max}=\frac{x}{2}+(1-x)$$

在图 6-4(b)中③区的最小光强为

$$I_{\min}=\frac{x}{2}+0$$

由题意可知 $I_{\max}=2I_{\min}$,所以得 $x=\frac{2}{3}=66.7\%$.

*6-9

一束椭圆偏振光沿 z 轴方向传播,通过一个线起偏器,当起偏器透光轴方向沿 x 方向时,透射强度最大,其值为 $1.5I_0$;当透光轴方向沿 y 方向时,透射强度最小,其值为 I_0. (1) 当透光轴方向与 x 轴成 θ 角时,透射强度为多少? (2) 使原来的光束先通过一个 1/4 波片后再通过线起偏器,1/4 波片的光轴沿 x 方向. 调整后观察到当起偏器透光轴与 x 轴成 30°角时,透过两个元件的光强最大,求光强的最大值,并确定入射光强中非偏振成分占多少?

解 (1) 由题意可知该束光沿 x 和 y 轴上的投影分别为 $I_x=1.5I_0$, $I_y=I_0$. 当线起偏器透光轴方向与 x 轴成 θ 角时,透射强度为

$$I(\theta)=I_x\cos^2\theta+I_y\sin^2\theta=1.5I_0\cos^2\theta+I_0\sin^2\theta$$

(2) 设原来的光束中自然光强度为 I_n,则椭圆偏振光沿 x 和 y 轴上的投影分别为 $I_{px}=I_x-\frac{I_n}{2}$ 和 $I_{py}=I_y-\frac{I_n}{2}$. 又因椭圆偏振光经 1/4 波片后成为线偏振光,由题意可知线偏振光方向与 x 轴夹角为 30°. 由此可知 $I_{py}/I_{px}=\tan^2 30°$,即

$$\left(I_0-\frac{I_n}{2}\right)\Big/\left(1.5I_0-\frac{I_n}{2}\right)=\frac{1}{3}$$

所以

$$I_n=1.5I_0$$

混合光总强度为 $I_{总}=I_x+I_y=2.5I_0$. 原来的光束通过 1/4 波片后光强不变仍为 $I_{总}=2.5I_0$ 但偏振态变为线偏振光与自然光的混合. 透过两个元件的光强最大值为

$$I_{\max}=I_{总}-\frac{I_n}{2}=1.75I_0$$

自然光占入射光强之比为 $\frac{I_n}{I_{总}}=0.6$.

6-10

用一块 1/4 波片和一块偏振片检查一束椭圆偏振光，达到消光位置时，1/4 波片的光轴与偏振片的透光轴夹角为 25°，求椭圆偏振光长短轴之比.

解　椭圆偏振光 1/4 波片后成为线偏振光，由题意可知线偏振光与 1/4 波片光轴的夹角为 65°. 设线偏振光的振幅为 A，则椭圆偏振光长轴振幅为 $A\cdot\sin 65°$，椭圆偏振光短轴振幅为 $A\cdot\cos 65°$，椭圆偏振光长短轴之比为 $(A\cdot\sin 65°)/(A\cdot\cos 65°)=2.145$.

6-11

如图 6-5 所示，用方解石制成一个正三角形棱镜，其光轴与棱镜的棱边平行. 以自然光入射棱镜，求棱镜内折射光中的 e 光平行棱镜底边时的入射角 i，并在图中画出 o 光的光路. 已知 $n_e=1.49$，$n_o=1.66$.

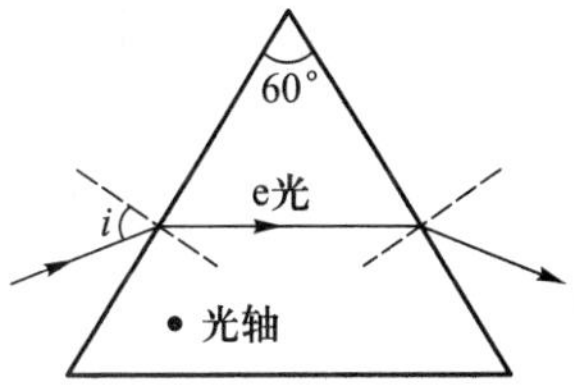

图 6-5　习题 6-11 用图

解　自然光以偏离光轴方向入射于方解石晶体时，由于双折射晶体的各向异性，晶体中的折射光线分为 o 光和 e 光，传播速度 $v_e>v_o$，都是线偏振光. o 光的振动方向垂直于 o 光的主平面，e 光的振动方向平行于 e 光的主平面. 在垂直于光轴的平面内，e 光的传播速度对应其主折射率，为一常量. 因此，在该平面内，o 光和 e 光的子波波面是同心圆弧，半径大的圆弧为 e 光的子波波面.

本题的入射光线、两条折射光线都在图 6-6 所示的平面内，且两个折射率已知，根据折射定律即可求得入射角 i：$\sin i=n_e\sin r_e$. 其中 r_e 是 e 光的折射角. 由几何关系可知 $r_e=30°$，所以，入射角 $i=48°10'$.

对于 o 光，由折射定律 $\sin i=n_o\sin r_o$，其中 r_o 是 o 光的折射角. 可以求得 o 光的折射角 $r_o=26°40'$. o 光和 e 光的振动方向画在图 6-6 中.

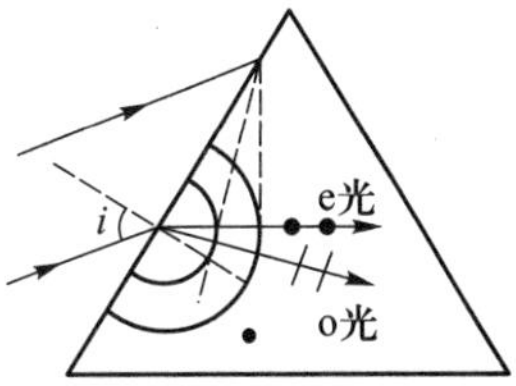

图 6-6　习题 6-11 解答用图

6-12

如图 6-7 所示，P_1、P_2 是两个平行放置的正交偏振片，C 是相对入射光的$\frac{1}{4}$波片，其光轴与 P_1 的透光轴方向的夹角为 60°，光强为 I_0 的自然光从 P_1 入射.（1）讨论①②③各区域光的偏振态，用符号在图中表示；（2）计算①②③各区域的光强.

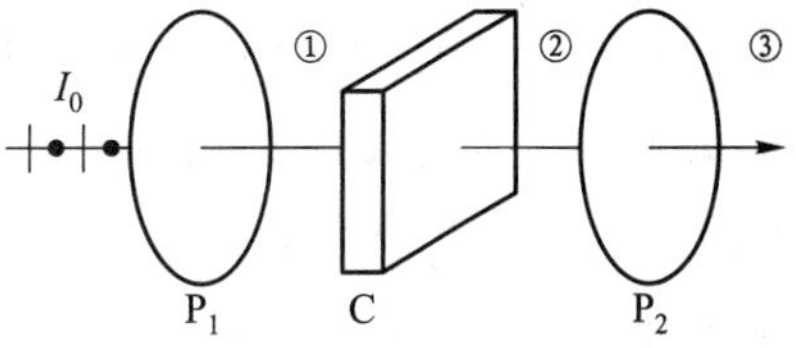

图 6-7　习题 6-12 用图

解 (1) 如图 6-8 所示,①区:线偏振光,振动方向沿 P_1 的偏振化方向.

②区:椭圆偏振光,椭圆的短轴沿 C 的光轴方向.

③区:线偏振光,振动方向沿 P_2 的偏振化方向.

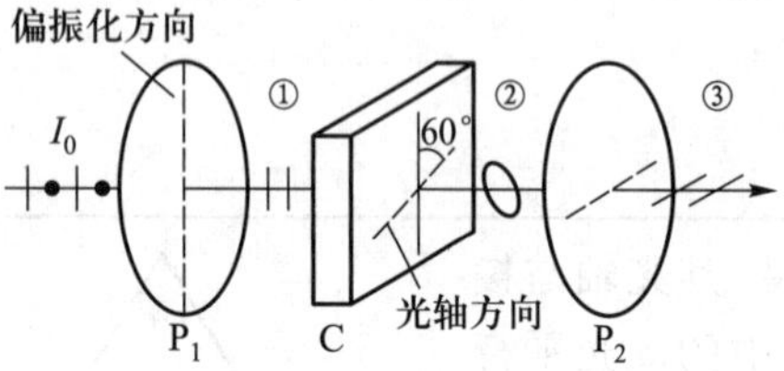

图 6-8 习题 6-12 解答用图

(2) 不考虑吸收,自然光通过一偏振片后,光强减半,所以,①区光强为

$$I_1=\frac{I_0}{2}$$

又因光通过$\frac{1}{4}$波片不影响光强,所以,②区光强为

$$I_2=\frac{I_0}{2}$$

$\frac{1}{4}$波片 C 将线偏振光分为沿光轴振动的 e 光和垂直光轴振动的 o 光.

如图 6-9 所示,这束光包含两个模式,两者频率相同、振动方向互相垂直、振幅分别为 $A_e=A\cos 60°$,$A_o=A\cos 30°$,相位差 $\Delta\varphi=\pi/2$. 通过偏振片 P_2 后,两者沿 P_2 的偏振化方向的振动分量,成为同频率、同方向、相位差恒定的相干光. 两光的振幅分别为

$$A_o'=A\cos 30°\cos 60°=\frac{\sqrt{3}}{4}A,$$

$$A_e'=A\cos 60°\cos 30°=\frac{\sqrt{3}}{4}A$$

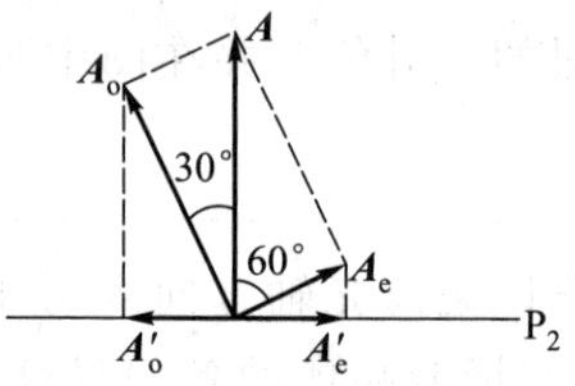

图 6-9 习题 6-12 解答用图

相位差为 $\Delta\varphi'=\frac{\pi}{2}+\pi$. 所以,相干后的光强(即③区光强)为

$$\begin{aligned}I_3&=I_o'+I_e'+2\sqrt{I_o'I_e'}\cos\Delta\varphi'\\&=2I_o'=\frac{3}{8}A^2=\frac{3}{16}I_0\end{aligned}$$

*6-13

图 6-10 所示为杨氏双缝干涉装置,其中 S 为单色自然光源,S_1 和 S_2 为双孔,O_0 处为 0 级亮纹,O_4 处为 1 级亮纹,O_1、O_2、O_3 为 O_0O_4 间的等间距点. (1) 如果在 S 后面放置一偏振片 P,干涉条纹是否发生变化?有何变化?(2) 如果在 S_1 和 S_2 之前再各放置一偏振片 P_1、P_2,它们的偏振化方向互相垂直,并都与 P 的偏振化方向成 45°角,说明 O_0、O_1、O_2、O_3、O_4 处光的偏振态,并比较它们的相对强度. (3) 在幕前(O_0、O_1 等点所在平面)再放置偏振片 P′,其透光轴与 P 的垂直,则上述各点光的偏振态和相对强度变为如何?

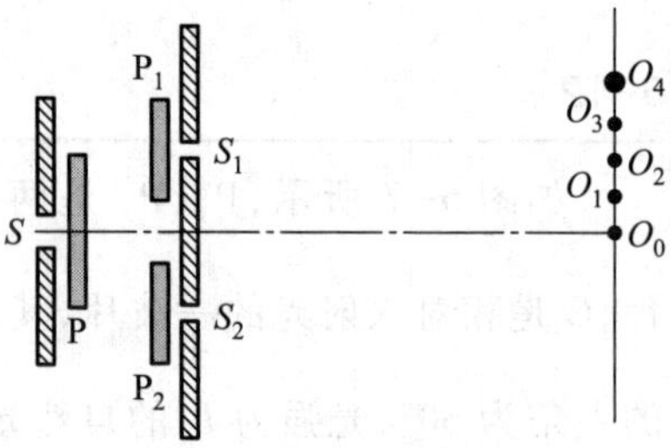

图 6-10 习题 6-13 用图

解 (1) 只有当 P 的偏振化方向与图面垂直时，有干涉条纹，但强度变小；P 的偏振化方向为其他时，无干涉条纹.

(2) S_1、S_2 的出射光振动互相垂直，故两束在光屏上相遇时不发生干涉. 在 O_0、O_1、O_2、O_3、O_4 处的光程差分别为

$$\delta_{O_0}=0,\quad \delta_{O_1}=\frac{\lambda}{4},\quad \delta_{O_2}=\frac{\lambda}{2},$$

$$\delta_{O_3}=\frac{3\lambda}{4},\quad \delta_{O_4}=\lambda$$

在 O_0、O_1、O_2、O_3、O_4 处的相位差分别为

$$\Delta\varphi_{O_0}=0,\quad \Delta\varphi_{O_1}=\frac{\pi}{2},\quad \Delta\varphi_{O_2}=\pi,$$

$$\Delta\varphi_{O_3}=\frac{3\pi}{2},\quad \Delta\varphi_{O_4}=2\pi$$

故分别为线偏振光（1-3 象限），右旋圆偏振光，线偏振光（2-4 象限），左旋圆偏振光，线偏振光（1-3 象限）.

在 O_0、O_1、O_2、O_3、O_4 点为非相干叠加，得各点光强之比为

$$I_{O_0}:I_{O_1}:I_{O_2}:I_{O_3}:I_{O_4}=1:1:1:1:1$$

(3) 经 P′后的两出射光互相平行，故发生干涉且 O_0、O_1、O_2、O_3、O_4 点都是线振偏光. P′对 S_1、S_2 后的光产生了附加相位差 π. 在 O_0、O_1、O_2、O_3、O_4 处的相位差分别为

$$\Delta\varphi_{O_0}=\pi,\quad \Delta\varphi_{O_1}=\frac{3\pi}{2},\quad \Delta\varphi_{O_2}=2\pi,$$

$$\Delta\varphi_{O_3}=\frac{5\pi}{2},\quad \Delta\varphi_{O_4}=3\pi$$

在 O_0、O_1、O_2、O_3、O_4 点为相干叠加，由光强公式 $I=I_{S_1}+I_{S_2}+2\sqrt{I_{S_1}I_{S_2}}\cos(\Delta\varphi)$，得各点光强之比为

$$I_{O_0}:I_{O_1}:I_{O_2}:I_{O_3}:I_{O_4}=0:1:2:1:0$$

6-14

厚度为 0.025 mm 的方解石波片，其表面平行于光轴，放在两个正交的尼科耳棱镜之间，光轴与两个尼科耳棱镜各成 45°. 如果射入第一个尼科耳棱镜的光是波长为 400~760 nm 的可见光，问透过第二个尼科耳棱镜的光中，少了哪些波长的光？

解 由题意可知，凡是未通过第二个尼科耳棱镜的光一定与第二个尼科耳棱镜垂直的光，即 $I_{2\perp}=0$，又因 $I_{2\perp}=I_0(1-\cos\Delta\varphi)$，所以

$$1-\cos\Delta\varphi=0$$

$$\Delta\varphi=\frac{2\pi}{\lambda}(n_o-n_e)d=2k\pi\quad(k=0,\pm1,\pm2,\cdots)$$

所以有 $\lambda=\frac{(n_o-n_e)d}{k}$，因此在可见光范围内少了以下波长的光：$k=6$ 时，$\lambda=710$ nm，$k=7$ 时，$\lambda=610$ nm，$k=8$ 时，$\lambda=540$ nm，$k=9$ 时，$\lambda=480$ nm，$k=10$ 时，$\lambda=430$ nm.

6-15

将厚度为 1 mm 且垂直于光轴切出的石英片放在两个平行的尼科耳棱镜之间，使从第一个尼科耳棱镜出射的光垂直射到石英片上，某一波长的光波经此石英片后，振动面旋转了 20°. 问石英片厚度至少为多少时，该波长的光将完全不能通过了？

解 由 $\theta=\alpha d$ 可知 $\theta_1=\alpha d_1$

所以

$$\alpha=\frac{\theta_1}{d_1}=\frac{20^\circ}{1\ \mathrm{mm}}=20(^\circ)\cdot\mathrm{mm}^{-1}$$

要使该波长的光将完全不能通过，必须使 $\theta_2=90^\circ$，所以石英片厚度至少为

$$d_2=\frac{\theta_2}{\alpha}=\frac{90^\circ}{20(^\circ)\cdot\mathrm{mm}^{-1}}=4.5\ \mathrm{mm}$$

第　三　卷

电　磁　学

第1章 静 电 场

1.1 内容提要

1. 电荷的基本性质

两种电荷,相对论不变性,电荷守恒,量子性.

2. 库仑定律

库仑定律:真空中两静止的点电荷之间的相互作用力为

$$\boldsymbol{F}_{12}=\frac{1}{4\pi\varepsilon_0}\frac{q_1q_2}{r_{12}^2}\boldsymbol{e}_{r12}$$

式中,$\varepsilon_0=8.85\times10^{-12}\ \mathrm{C^2\cdot N^{-1}\cdot m^{-2}}$,称为真空介电常量或真空电容率.

电场力的叠加原理:一个点电荷所受的多个点电荷的作用力等于它所受的各个点电荷单独存在时的作用力的矢量和,即

$$\boldsymbol{F}=\sum_i \boldsymbol{F}_i$$

3. 电场 电场强度

电场:任何电荷都在其周围的空间激发电场,电荷与电荷之间的相互作用是通过电场对电荷的作用来实现的. 电场是一种特殊形态的物质,具有能量、动量等物质的属性.

电场强度:由静止试验电荷 q_0 的受力 $\boldsymbol{F}$ 测定,即

$$\boldsymbol{E}=\frac{\boldsymbol{F}}{q_0}$$

已知电场强度分布时,点电荷 q 在场中所受到的电场力为

$$\boldsymbol{F}=q\boldsymbol{E}$$

任意带电体在外电场中所受的电场力为

$$\boldsymbol{F}=\int \mathrm{d}\boldsymbol{F}=\int \boldsymbol{E}\mathrm{d}q$$

4. 高斯定理

电场强度通量($\boldsymbol{E}$ 通量):电场中通过某一面积 S 的 $\boldsymbol{E}$ 通量为

$$\boldsymbol{\Phi}_{\mathrm{e}}=\int_S \boldsymbol{E}\cdot\mathrm{d}\boldsymbol{S}$$

它一般形象地等于通过面积 S 的电场线的条数.

高斯定理:在真空静电场中,通过任意闭合曲面的 $\boldsymbol{E}$ 通量等于该闭合曲面所包围的电荷量的代数和的$\frac{1}{\varepsilon_0}$倍,即

$$\oint_S \boldsymbol{E}\cdot \mathrm{d}\boldsymbol{S}=\frac{1}{\varepsilon_0}\sum q_{内}$$

静电场是有源场. 高斯定理说明了通过闭合曲面的总的 $\boldsymbol{E}$ 通量只取决于它所包围的电荷量的代数和,而与曲面内电荷的分布无关,与曲面外的电荷也无关. 但高斯定理表达式中的场强 $\boldsymbol{E}$ 是曲面上各点的电场强度,它是由曲面内、外的电荷共同产生的,且与电荷的分布有关.

库仑定律只适用于静电场,而高斯定理适用于各类电场,包括静电场和随时间变化的电场,是一条关于场源电荷与其电场关系的普遍规律.

5. 静电场的环路定理

静电场的环路定理:在静电场中,电场强度沿任一闭合路径的线积分(称为电场强度的环流)为零,即

$$\oint_L \boldsymbol{E}\cdot \mathrm{d}\boldsymbol{l}=0$$

静电场是保守场. 它是对静电场引入电势概念的依据.

6. 电势能　电势　电势差

在静电场中将试验电荷 q_0 从 a 点经任意路径移至 b 点,电场力做的功等于静电势能的减少量,即

$$A_{ab}=W_{ea}-W_{eb}$$

电势能:电势能是静电势能的简称. 电场中试验电荷 q_0 在某点具有的电势能等于将其从该点沿任意路径移至电势能零点时,静电场力所做的功, 即

$$W_{ea}=q_0\int_a^{电势能零点}\boldsymbol{E}\cdot \mathrm{d}\boldsymbol{l}$$

电势:对于静电场,可以引入一个仅仅与位置有关的标量函数,并把此标量函数称为电势. 电场中某点的电势等于将单位正电荷从该点沿任意路径移至电势零点时,静电场力所做的功,即

$$\varphi_a=\frac{W_{ea}}{q_0}=\int_a^{电势零点}\boldsymbol{E}\cdot \mathrm{d}\boldsymbol{l}$$

或电场中某点的电势等于电场强度沿任意路径从该点到电势零点的线积分.

电势差:

$$U_{ab}=\varphi_a-\varphi_b=\int_a^b \boldsymbol{E}\cdot \mathrm{d}\boldsymbol{l}$$

即电场中 a 和 b 两点间的电势差,等于从 a 点到 b 点电场强度沿任意路径的线积分,也就等于将单位正电荷从 a 点移至 b 点时静电场力所做的功.

7. 电场强度与电势的关系

积分关系:
$$\varphi_a=\int_a^{电势零点}\boldsymbol{E}\cdot \mathrm{d}\boldsymbol{l}$$

微分关系:
$$\boldsymbol{E}=-\nabla\varphi=-\left(\frac{\partial\varphi}{\partial x}\boldsymbol{i}+\frac{\partial\varphi}{\partial y}\boldsymbol{j}+\frac{\partial\varphi}{\partial z}\boldsymbol{k}\right)$$

形象地看,电场线处处与等势面垂直,并指向电势降低的方向;电场线密集处等势面间距小.

8. 电荷在外电场中的电势能

点电荷 q 在外电场中的电势能:

$$W_e = q\varphi$$

任意带电体在外电场中的电势能:

$$W_e = \int \mathrm{d}W_e = \int \varphi \mathrm{d}q$$

移动点电荷 q 时静电力做的功:

$$A_{ab} = W_{ea} - W_{eb} = q(\varphi_a - \varphi_b) = qU_{ab}$$

9. 电场强度的计算

(1) 用场强叠加原理计算.

离散电荷系: $\boldsymbol{E} = \sum_i \boldsymbol{E}_i$

由此,已知静止电荷分布时,对点电荷系:

$$\boldsymbol{E} = \sum_i \frac{q_i}{4\pi\varepsilon_0 r_i^2}\boldsymbol{e}_{ri}$$

连续带电体:

$$\boldsymbol{E} = \int \mathrm{d}\boldsymbol{E}$$

由此,当带电体分成若干点电荷元时:

$$\boldsymbol{E} = \int \frac{\mathrm{d}q}{4\pi\varepsilon_0 r^2}\boldsymbol{e}_r$$

(2) 当电荷分布具有特殊对称性时,可应用高斯定理计算,例如

均匀带电球面: $\boldsymbol{E} = 0$ (球面内)

$$\boldsymbol{E} = \frac{q}{4\pi\varepsilon_0 r^2}\boldsymbol{e}_r \quad (球面外)$$

均匀带电球体: $\boldsymbol{E} = \frac{q}{4\pi\varepsilon_0 R^3}\boldsymbol{r} = \frac{\rho_e}{3\varepsilon_0}\boldsymbol{r}$ (球体内)

$$\boldsymbol{E} = \frac{q}{4\pi\varepsilon_0 r^2}\boldsymbol{e}_r \quad (球体外)$$

均匀带电无限长直线: $E = \frac{\lambda_e}{2\pi\varepsilon_0 r}$,方向垂直于带电直线.

均匀带电无限大平面: $E = \frac{\sigma_e}{2\varepsilon_0}$,方向垂直于带电平面.

(3) 当电势分布已知时,可应用电场强度与电势的微分关系计算.

10. 电势的计算

(1) 用电势叠加原理计算.

离散电荷系: $\varphi = \sum_i \varphi_i$

由此，已知静止电荷分布时，对点电荷系：

$$\varphi=\sum_i \frac{q_i}{4\pi\varepsilon_0 r_i}$$

连续带电体：
$$\varphi=\int \mathrm{d}\varphi$$

由此，当带电体分成点电荷元时：

$$\varphi=\int \frac{\mathrm{d}q}{4\pi\varepsilon_0 r}$$

（2）当电场强度分布已知时，可应用电场强度与电势的积分关系计算，例如

均匀带电球面：
$$\varphi=\frac{q}{4\pi\varepsilon_0 R}\quad（球面内）$$

$$\varphi=\frac{q}{4\pi\varepsilon_0 r}\quad（球面外）$$

11. 静电场中的电偶极子

电偶极子在均匀外电场中所受的力矩：$\boldsymbol{M}=\boldsymbol{p}\times\boldsymbol{E}$

电偶极子在均匀外电场中的电势能：$W_{\mathrm{e}}=-\boldsymbol{p}\cdot\boldsymbol{E}$

1.2 习题解答

1-1

在边长为 a 的正方形的四角，依次放置点电荷 q、$2q$、$-4q$ 和 $2q$，中心放置一个单位正电荷，求这个电荷受力的大小和方向.

解　单位正电荷所带的电荷量 $q_0=1$ C. 如图 1-1 所示，电荷量为 $2q$ 的两个点电荷对单位正电荷 q_0 的作用力 $\boldsymbol{F}_2$ 和 $\boldsymbol{F}_4$ 相互抵消；q_0 受的力 $\boldsymbol{F}$ 为 q 和 $-4q$ 对它的作用力 $\boldsymbol{F}_1$ 和 $\boldsymbol{F}_3$ 的合力，其大小为

$$F=\frac{qq_0}{4\pi\varepsilon_0 r^2}+\frac{4qq_0}{4\pi\varepsilon_0 r^2}=\frac{5qq_0}{2\pi\varepsilon_0 a^2}=\frac{5q}{2\pi\varepsilon_0 a^2}$$

方向从单位正电荷 q_0 指向 $-4q$.

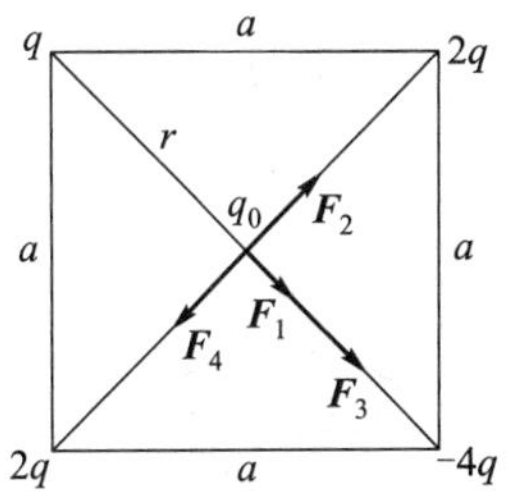

图 1-1　习题 1-1 解答用图

1-2

如图 1-2 所示，在一长度为 L、电荷线密度为 λ_{e} 的均匀带电细棒的延长线上，距棒端为 a 处有一点电荷 q. 求 q 所受到的库仑力.

解 如图 1-2 所示，在均匀带电细棒上 x 处取线元 $\mathrm{d}x$，电荷元 $\mathrm{d}q=\lambda_e\mathrm{d}x$ 对点电荷 q 的库仑力大小为

$$\mathrm{d}F=\frac{q\mathrm{d}q}{4\pi\varepsilon_0(L+a-x)^2}=\frac{q\lambda_e\mathrm{d}x}{4\pi\varepsilon_0(L+a-x)^2}$$

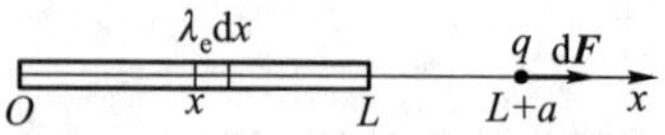

图 1-2 习题 1-2 解答用图

根据电场力的叠加原理，q 受到整个带电细棒的库仑力大小为

$$F=\int\mathrm{d}F=\int_0^L\frac{q\lambda_e\mathrm{d}x}{4\pi\varepsilon_0(L+a-x)^2}=\frac{q\lambda_e}{4\pi\varepsilon_0}\frac{L}{a(L+a)}$$

若 λ_e、q 同号，库仑力的方向指向远离带电细棒的方向；若 λ_e、q 异号，库仑力的方向指向带电细棒.

1-3

一长为 L 的均匀带电直线，电荷线密度为 λ_e. 求直线的延长线上距直线中点为 $r(r>L/2)$ 处的电场强度.

解 如图 1-3 所示，电荷元 $\mathrm{d}q=\lambda_e\mathrm{d}x$ 在 P 点的电场强度大小为

$$\mathrm{d}E=\frac{\lambda_e\mathrm{d}x}{4\pi\varepsilon_0(r-x)^2}$$

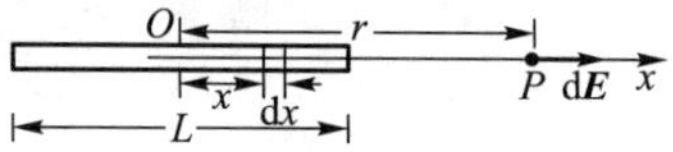

图 1-3 习题 1-3 解答用图

整个带电直线在 P 点的电场强度大小为

$$E=\int\mathrm{d}E=\int_{-L/2}^{L/2}\frac{\lambda_e\mathrm{d}x}{4\pi\varepsilon_0(r-x)^2}=\frac{\lambda_e L}{4\pi\varepsilon_0(r^2-L^2/4)}$$

方向沿 x 轴正向.

1-4

一半径为 R 的半球面，均匀带有电荷，电荷面密度为 σ_e. 求球心处电场强度的大小.

解 如图 1-4 所示，取半径为 $R\cos\theta$、宽度为 $R\mathrm{d}\theta$ 的窄圆环，其面积为

$$\mathrm{d}S=2\pi R\cos\theta\cdot R\mathrm{d}\theta=2\pi R^2\cos\theta\mathrm{d}\theta$$

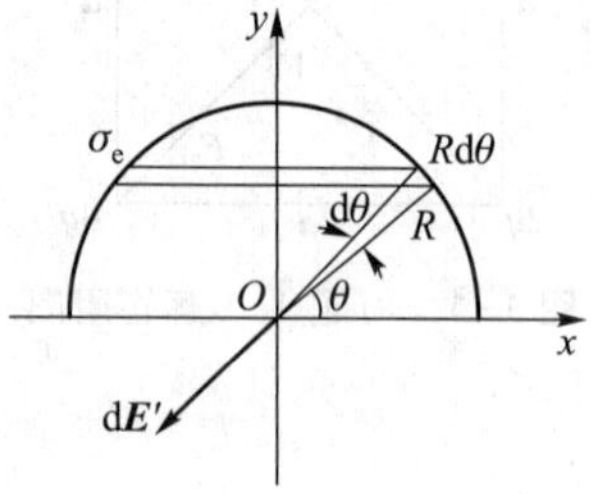

图 1-4 习题 1-4 解答用图

所带的电荷量为

$$\mathrm{d}q=\sigma_e\mathrm{d}S=\sigma_e\cdot 2\pi R^2\cos\theta\mathrm{d}\theta$$

该窄圆环上各电荷元 $\mathrm{d}q'$ 在球心处产生的电场强度大小为

$$\mathrm{d}E'=\frac{\mathrm{d}q'}{4\pi\varepsilon_0R^2}$$

由窄圆环上电荷对 y 轴的对称性可知，此窄圆环在球心处产生的电场 $\mathrm{d}\boldsymbol{E}$ 只有 y 分量，所以

$$\mathrm{d}E=\int\mathrm{d}E'\sin\theta=\int\frac{\mathrm{d}q'}{4\pi\varepsilon_0R^2}\sin\theta=\frac{\mathrm{d}q}{4\pi\varepsilon_0R^2}\sin\theta$$

$$=\frac{\sigma_e\cdot 2\pi R^2\cos\theta\mathrm{d}\theta}{4\pi\varepsilon_0R^2}\sin\theta=\frac{\sigma_e}{2\varepsilon_0}\cos\theta\sin\theta\mathrm{d}\theta$$

整个半球面在球心处产生的电场强度大小为

$$E=\int \mathrm{d}E=\frac{\sigma_e}{2\varepsilon_0}\int_0^{\pi/2}\cos\theta\sin\theta\mathrm{d}\theta=\frac{\sigma_e}{4\varepsilon_0}$$

$\boldsymbol{E}$ 的方向沿 y 轴反方向，或写成矢量形式：

$$\boldsymbol{E}=-\frac{\sigma_e}{4\varepsilon_0}\boldsymbol{j}$$

1-5

如图 1-5 所示，一带电细线弯成半径为 R 的半圆形，电荷线密度为 $\lambda_e=\lambda_0\cos\theta$. 其中，$\lambda_0$ 为正常量，θ 为径向与 x 轴的夹角. 求圆心 O 处的电场强度.

解　如图 1-5 所示，取长度为 $\mathrm{d}l$ 的圆弧状的电荷元，其所带的电荷量为

$$\mathrm{d}q=\lambda_e\mathrm{d}l=\lambda_e R\mathrm{d}\theta=\lambda_0\cos\theta R\mathrm{d}\theta$$

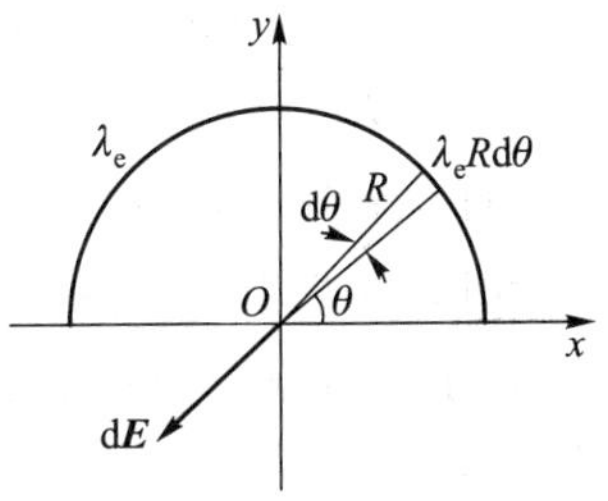

图 1-5　习题 1-5 解答用图

该电荷元 $\mathrm{d}q$ 在圆心处的电场强度为

$$\mathrm{d}E=\frac{\mathrm{d}q}{4\pi\varepsilon_0R^2}=\frac{\lambda_0\cos\theta\mathrm{d}\theta}{4\pi\varepsilon_0R}$$

此电场强度在 x、y 轴上的两个分量分别为

$$\mathrm{d}E_x=-\mathrm{d}E\cos\theta=-\frac{\lambda_0\cos^2\theta\mathrm{d}\theta}{4\pi\varepsilon_0R}$$

$$\mathrm{d}E_y=-\mathrm{d}E\sin\theta=-\frac{\lambda_0\sin\theta\cos\theta\mathrm{d}\theta}{4\pi\varepsilon_0R}$$

将上述两个分量分别积分可得

$$E_x=\int\mathrm{d}E_x=\int_0^{\pi}-\frac{\lambda_0\cos^2\theta\mathrm{d}\theta}{4\pi\varepsilon_0R}=-\frac{\lambda_0}{8\varepsilon_0R}$$

$$E_y=\int\mathrm{d}E_y=0$$

$$\boldsymbol{E}=E_x\boldsymbol{i}+E_y\boldsymbol{j}=-\frac{\lambda_0}{8\varepsilon_0R}\boldsymbol{i}$$

1-6

如图 1-6 所示，一个半径为 R、长为 L 的均匀带电圆筒面，所带电荷量为 Q. 求距圆柱面一侧为 a 的轴线上 P 点处的电场强度.

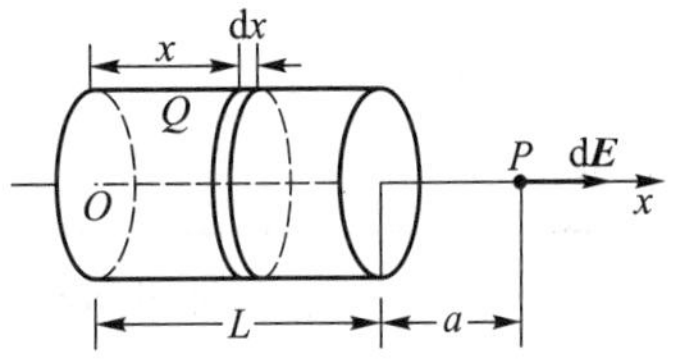

图 1-6　习题 1-6 用图

解　如图 1-6 所示，以圆筒轴线为 x 轴，原点在左侧面上. 在 x 处的圆筒面上取宽为 $\mathrm{d}x$ 的细圆环，其所带的电荷量为

$$\mathrm{d}q=\frac{Q}{L}\mathrm{d}x$$

该圆环状电荷元 $\mathrm{d}q$ 距场点 P 点的距离为 $(L+a-x)$，根据例 1-6 的结果，$\mathrm{d}q$ 在 P 点产生的电场强度为

$$\mathrm{d}E=\frac{(L+a-x)\mathrm{d}q}{4\pi\varepsilon_0[(L+a-x)^2+R^2]^{3/2}}$$

$$=\frac{Q(L+a-x)\mathrm{d}x}{4\pi\varepsilon_0L[(L+a-x)^2+R^2]^{3/2}}$$

方向沿 x 轴正向. 则整个圆筒面在 P 点产生的电场强度为

$$E=\int \mathrm{d}E=\int_0^L \frac{Q(L+a-x)\,\mathrm{d}x}{4\pi\varepsilon_0 L[(L+a-x)^2+R^2]^{3/2}}$$

$$=\frac{Q}{4\pi\varepsilon_0 L}\left[\frac{1}{\sqrt{a^2+R^2}}-\frac{1}{\sqrt{R^2+(L+a)^2}}\right]$$

$\boldsymbol{E}$ 的方向沿 x 轴正向,或写成矢量形式:

$$\boldsymbol{E}=\frac{Q}{4\pi\varepsilon_0 L}\left[\frac{1}{\sqrt{a^2+R^2}}-\frac{1}{\sqrt{R^2+(L+a)^2}}\right]\boldsymbol{i}$$

1-7

真空中有半个无限长均匀带电圆柱面,截面半径为 R,电荷面密度为 σ_e,如图 1-7(a)所示. 求中部轴线上 O 点的电场强度.

解 把带电圆柱面分成许多与轴线平行的细长条,每条可视为无限长均匀带电直线. 如图 1-7(b)所示,取其中一条直线,其电荷线密度 $\lambda_e=\sigma_e R\mathrm{d}\theta$,它在 O 点产生的电场强度大小为

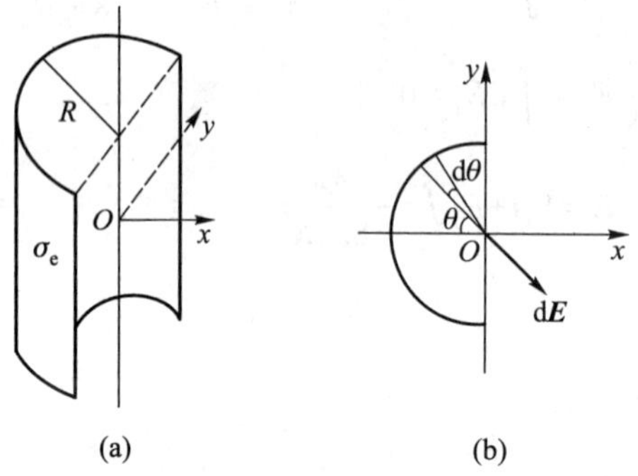

图 1-7 习题 1-7 解答用图

$$\mathrm{d}E=\frac{\lambda_e}{2\pi\varepsilon_0 R}=\frac{\sigma_e R\mathrm{d}\theta}{2\pi\varepsilon_0 R}=\frac{\sigma_e \mathrm{d}\theta}{2\pi\varepsilon_0}$$

其在 x、y 轴上的两个分量分别为

$$\mathrm{d}E_x=\mathrm{d}E\cos\theta,\ \mathrm{d}E_y=\mathrm{d}E\sin\theta$$

根据对称性,y 方向的分量相互抵消,因此,O 点的电场强度为

$$E=E_x=\int_{-\frac{\pi}{2}}^{\frac{\pi}{2}}\mathrm{d}E\cos\theta$$

$$=2\int_0^{\frac{\pi}{2}}\frac{\sigma_e\cos\theta\mathrm{d}\theta}{2\pi\varepsilon_0}=\frac{\sigma_e}{\pi\varepsilon_0}$$

场强的方向沿 x 轴正向,或写成矢量形式:

$$\boldsymbol{E}=\frac{\sigma_e}{\pi\varepsilon_0}\boldsymbol{i}$$

1-8

一根不导电的细塑料杆,被弯成近乎完整的圆,圆的半径为 0.5 m,杆的两端有 2 cm 的缝隙,3.12×10^{-9} C 的正电荷均匀分布在杆上. 求圆心处电场强度的大小和方向.

解 圆心处的电场强度应等于完整的均匀圆周上的电荷和具有相同电荷线密度且填满缝隙的负电荷的电场强度的叠加. 由于前者在圆心处的电场强度为零,所以圆心处的电场强度为

$$E=\frac{\lambda_e d}{4\pi\varepsilon_0 r^2}=\frac{Qd}{4\pi\varepsilon_0 r^2(2\pi r-d)}$$

$$=\frac{9\times10^9\times3.12\times10^{-9}\times0.02}{0.5^2\times(2\pi\times0.5-0.02)}\ \mathrm{V\cdot m^{-1}}$$

$$=0.72\ \mathrm{V\cdot m^{-1}}$$

方向指向负电荷,即指向缝隙.

1-9

如图 1-8 所示，两根平行长直线间距为 $2a$，一端用半圆形线连起来，整体均匀带电. 试证明在圆心 O 处的电场强度为零.

证 如图 1-8 所示，以 λ_e 表示线上的电荷线密度，考虑对顶的 $d\theta$ 所对应的电荷 dq 和 dq' 在 O 点的电场强度.

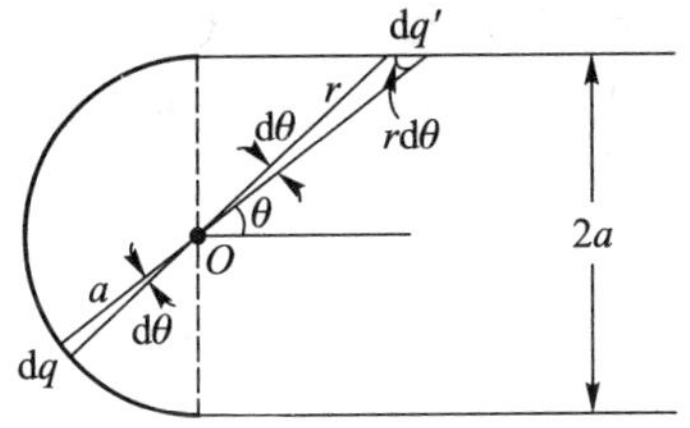

图 1-8 习题 1-9 证明用图

$dq=\lambda_e a d\theta$ 在 O 点的电场强度为

$$dE=\frac{dq}{4\pi\varepsilon_0 a^2}=\frac{\lambda_e a d\theta}{4\pi\varepsilon_0 a^2}=\frac{\lambda_e d\theta}{4\pi\varepsilon_0 a}$$

方向由 O 点指向远离 dq.

$dq'=\lambda_e r d\theta/\sin\theta$ 在 O 点的电场强度为

$$dE'=\frac{dq'}{4\pi\varepsilon_0 r^2}=\frac{\lambda_e r d\theta}{4\pi\varepsilon_0 r^2\sin\theta}=\frac{\lambda_e d\theta}{4\pi\varepsilon_0 r\sin\theta}=\frac{\lambda_e d\theta}{4\pi\varepsilon_0 a}$$

方向由 O 点指向远离 dq'.

由于 $dE=dE'$ 且方向相反，所以合场强为零. 又由于此结果与 θ 无关，所以任一对与对顶的 $d\theta$ 相应的电荷元在 O 点的电场强度都为零，因此全线电荷在 O 点的总场强也为零.

1-10

如图 1-9(a) 所示，一环形薄片由细绳悬吊着，环的外半径为 R，内半径为 $R/2$，并有电荷 Q 均匀地分布在环面上，细绳长 $3R$，也有电荷 Q 均匀分布在绳上. 求圆环中心 O 点（在细绳延长线上）的电场强度.

解 先计算细绳上的电荷在 O 点产生的场强. 如图 1-9(b) 所示，选细绳顶端作为坐标原点 O'，x 轴向下为正. 在 x 处细绳上取一电荷元，其所带的电荷量为

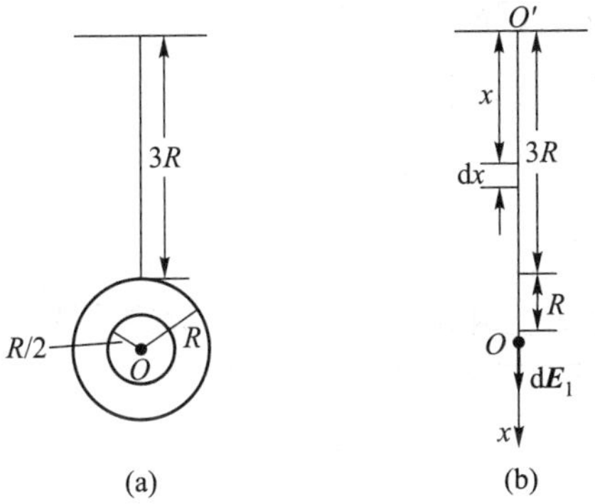

图 1-9 习题 1-10 解答用图

$$dq=\lambda_e dx=\frac{Q}{3R}dx$$

它在圆环中心 O 点产生的电场强度为

$$dE_1=\frac{dq}{4\pi\varepsilon_0(4R-x)^2}=\frac{Q dx}{12\pi\varepsilon_0 R(4R-x)^2}$$

方向竖直向下. 整个细绳上的电荷在圆环中心 O 点产生的电场强度为

$$E_1=\int dE_1=\int_0^{3R}\frac{Q dx}{12\pi\varepsilon_0 R(4R-x)^2}=\frac{Q}{16\pi\varepsilon_0 R^2}$$

圆环上的电荷分布对环心对称，它在圆环中心 O 点产生的电场强度为

$$E_2=0$$

因此 O 点的总场强为

$$E=E_1=\frac{Q}{16\pi\varepsilon_0R^2}$$

方向竖直向下,或写成矢量形式:

$$\boldsymbol{E}=\frac{Q}{16\pi\varepsilon_0R^2}\boldsymbol{i}$$

1-11

在电场强度为 300 $\mathrm{N\cdot C^{-1}}$ 的匀强电场中,有一半径为 5 cm 的圆形平面. 试计算平面法线与电场强度的夹角 θ 取以下数值时通过此平面的电场强度通量. (1) $\theta=0°$;(2) $\theta=30°$;(3) $\theta=90°$;(4) $\theta=120°$;(5) $\theta=180°$.

解 通过圆形平面的 $\boldsymbol{E}$ 通量为

$$\begin{aligned}\Phi_e&=\int_S\boldsymbol{E}\cdot\mathrm{d}\boldsymbol{S}=\int_S E\cos\theta\mathrm{d}S\\&=E\cos\theta\int_S\mathrm{d}S=E\cdot\pi R^2\cos\theta\\&=300\times\pi\times0.05^2\cos\theta\ \mathrm{N\cdot m^2\cdot C^{-1}}\\&=2.36\cos\theta\ \mathrm{N\cdot m^2\cdot C^{-1}}\end{aligned}$$

(1) $\theta=0°$时:$\Phi_e=2.36\cos 0°\ \mathrm{N\cdot m^2\cdot C^{-1}}=2.36\ \mathrm{N\cdot m^2\cdot C^{-1}}$;

(2) $\theta=30°$时:$\Phi_e=2.36\cos 30°\ \mathrm{N\cdot m^2\cdot C^{-1}}=2.04\ \mathrm{N\cdot m^2\cdot C^{-1}}$;

(3) $\theta=90°$时:$\Phi_e=2.36\cos 90°\ \mathrm{N\cdot m^2\cdot C^{-1}}=0$;

(4) $\theta=120°$时:$\Phi_e=2.36\cos 120°\ \mathrm{N\cdot m^2\cdot C^{-1}}=-1.18\ \mathrm{N\cdot m^2\cdot C^{-1}}$;

(5) $\theta=180°$时:$\Phi_e=2.36\cos 180°\ \mathrm{N\cdot m^2\cdot C^{-1}}=-2.36\ \mathrm{N\cdot m^2\cdot C^{-1}}$.

1-12

实验表明:在靠近地面处有一定的电场,$\boldsymbol{E}$ 方向竖直向下,大小约为 100 $\mathrm{V\cdot m^{-1}}$;在离地面 1.5 km 高的地方,$\boldsymbol{E}$ 也是竖直向下的,大小约为 25 $\mathrm{V\cdot m^{-1}}$. (1) 求从地面到此高度大气中的平均电荷的平均体密度;(2) 若地球上的电荷全部均匀分布在表面,且地球内部的电场强度为零. 求地面上的电荷面密度.

解 (1) 如图 1-10(a)所示,在靠近地面处到 $h=1\ 500$ m 高空取底面积为 ΔS 的闭合柱面 S 为高斯面. 高斯面的侧面垂直于地面,上、下两底面 ΔS 平行于地面,且上下底面处的场强分别为 $\boldsymbol{E}_2$ 和 $\boldsymbol{E}_1$. 由高斯定理可得高斯面内电荷为

$$\begin{aligned}q&=\varepsilon_0\oint_S\boldsymbol{E}\cdot\mathrm{d}\boldsymbol{S}\\&=\varepsilon_0\left(\int_{侧}\boldsymbol{E}\cdot\mathrm{d}\boldsymbol{S}+\int_{下底}\boldsymbol{E}\cdot\mathrm{d}\boldsymbol{S}+\int_{上底}\boldsymbol{E}\cdot\mathrm{d}\boldsymbol{S}\right)\\&=\varepsilon_0(0+E_1\Delta S-E_2\Delta S)=\varepsilon_0\Delta S(E_1-E_2)\end{aligned}$$

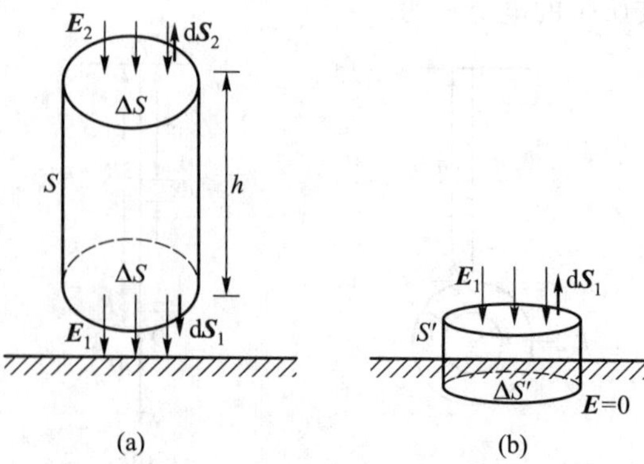

图 1-10 习题 1-12 解答用图

则从地面到此高度大气中电荷的平均体密度为

$$\rho_e=\frac{q}{V}=\frac{\varepsilon_0\Delta S(E_1-E_2)}{h\Delta S}=\frac{\varepsilon_0(E_1-E_2)}{h}$$
$$=\frac{8.85\times10^{-12}\times(100-25)}{1\ 500}\ \mathrm{C\cdot m^{-3}}$$
$$=4.43\times10^{-13}\ \mathrm{C\cdot m^{-3}}$$

（2）如图 1-10(b)所示，在地球表面上下取底面积为 $\Delta S'$ 的扁平状的闭合柱面 S' 为高斯面. 高斯面的侧面垂直于地面，上、下两底面 $\Delta S'$ 平行于地面，且在地球外的上底面处的场强为 $\boldsymbol{E}_1$，而在地球内的下底面处的场强为零. 由高斯定理可得面内电荷为

$$q'=\varepsilon_0\oint_{S'}\boldsymbol{E}\cdot\mathrm{d}\boldsymbol{S}$$
$$=\varepsilon_0\left(\int_{侧}\boldsymbol{E}\cdot\mathrm{d}\boldsymbol{S}+\int_{下底}\boldsymbol{E}\cdot\mathrm{d}\boldsymbol{S}+\int_{上底}\boldsymbol{E}\cdot\mathrm{d}\boldsymbol{S}\right)$$
$$=\varepsilon_0(0+0-E_1\Delta S')=-\varepsilon_0E_1\Delta S'$$

则地面上的电荷面密度为

$$\sigma_e=\frac{q'}{\Delta S'}=\frac{-\varepsilon_0E_1\Delta S'}{\Delta S'}$$
$$=-\varepsilon_0E_1=-8.85\times10^{-12}\times100\ \mathrm{C\cdot m^{-2}}$$
$$=-8.85\times10^{-10}\ \mathrm{C\cdot m^{-2}}$$

1-13

如图 1-11 所示，在边长 $a=1.0$ m 的立方体区域中，电场强度分布为

$$\boldsymbol{E}=E_0\left(1+\frac{z}{a}\right)\boldsymbol{i}+E_0\left(\frac{z}{a}\right)\boldsymbol{j}$$

式中，$E_0=1.0\ \mathrm{N\cdot C^{-1}}$. 立方体的一个顶点为坐标原点，其表面分别平行于 Oxy、Oyz 和 Ozx 平面. 求立方体内的净电荷.

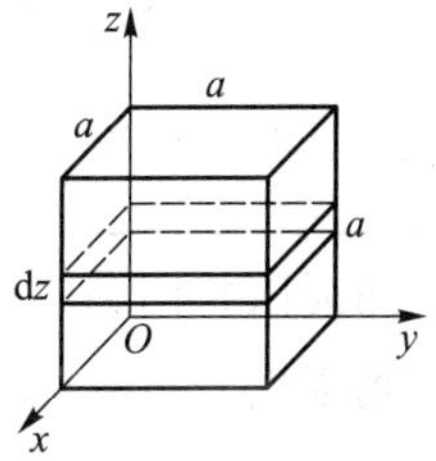

图 1-11 习题 1-13 解答用图

解 由于电场强度只有 x 和 y 分量，所以通过立方体下底面和上底面的 $\boldsymbol{E}$ 通量为

$$\Phi_{e,z=0}=\Phi_{e,z=a}=\int\boldsymbol{E}\cdot\mathrm{d}\boldsymbol{S}=0$$

如图 1-11 所示，取高为 $\mathrm{d}z$ 的水平窄条，则通过立方体的后表面、前表面、左侧面和右侧面的 $\boldsymbol{E}$ 通量分别为

$$\Phi_{e,x=0}=\int\boldsymbol{E}\cdot\mathrm{d}\boldsymbol{S}$$
$$=\int_0^a\left[E_0\left(1+\frac{z}{a}\right)\boldsymbol{i}+E_0\left(\frac{z}{a}\right)\boldsymbol{j}\right]\cdot a\mathrm{d}z(-\boldsymbol{i})$$
$$=-\frac{3}{2}E_0a^2$$

$$\Phi_{e,x=a}=\int\boldsymbol{E}\cdot\mathrm{d}\boldsymbol{S}$$
$$=\int_0^a\left[E_0\left(1+\frac{z}{a}\right)\boldsymbol{i}+E_0\left(\frac{z}{a}\right)\boldsymbol{j}\right]\cdot a\mathrm{d}z(\boldsymbol{i})$$
$$=\frac{3}{2}E_0a^2$$

$$\Phi_{e,y=0}=\int\boldsymbol{E}\cdot\mathrm{d}\boldsymbol{S}$$
$$=\int_0^a\left[E_0\left(1+\frac{z}{a}\right)\boldsymbol{i}+E_0\left(\frac{z}{a}\right)\boldsymbol{j}\right]\cdot a\mathrm{d}z(-\boldsymbol{j})$$
$$=-\frac{1}{2}E_0a^2$$

$$\Phi_{e,y=a}=\int\boldsymbol{E}\cdot\mathrm{d}\boldsymbol{S}$$
$$=\int_0^a\left[E_0\left(1+\frac{z}{a}\right)\boldsymbol{i}+E_0\left(\frac{z}{a}\right)\boldsymbol{j}\right]\cdot a\mathrm{d}z(\boldsymbol{j})$$
$$=\frac{1}{2}E_0a^2$$

因此通过立方体表面的总的 $\boldsymbol{E}$ 通量为

$$\Phi_e=\Phi_{e,x=0}+\Phi_{e,x=a}+\Phi_{e,y=0}+\Phi_{e,y=a}+\Phi_{e,z=0}+\Phi_{e,z=a}$$

$$=\left(-\frac{3}{2}E_0a^2\right)+\frac{3}{2}E_0a^2+\left(-\frac{1}{2}E_0a^2\right)+\frac{1}{2}E_0a^2+0+0=0$$

根据高斯定理

$$q_{净}=\varepsilon_0\Phi_e=0$$

1-14

两根无限长的均匀带电直线相互平行，相距为 $2a$，电荷线密度分别为 $+\lambda_e$ 和 $-\lambda_e$. 求每单位长度的带电直线所受的电场力.

解 一根无限长带电直线 A 在与其相距为 $r=2a$ 的另一带电直线 B 处产生的电场强度的大小为

$$E=\frac{\lambda_e}{2\pi\varepsilon_0 r}=\frac{\lambda_e}{4\pi\varepsilon_0 a}$$

方向垂直于直线. 带电直线 B 单位长度受此电场的作用力大小为

$$F=E\lambda_e=\frac{\lambda_e^2}{4\pi\varepsilon_0 a}$$

此力方向垂直于直线，为相互吸引力.

1-15

两无限长同轴圆筒，半径分别为 R_1 和 $R_2(R_1<R_2)$，单位长度所带电荷量分别为 $+\lambda_e$ 和 $-\lambda_e$. 求电场强度分布.

解 由电荷分布的轴对称性可知，电场分布也具有轴对称性. 如图 1-12 所示，取高为 l，截面半径为 r，且与圆筒同轴的上下封底的圆柱面为高斯面，则由高斯定理可得

$$\oint_S \boldsymbol{E}\cdot d\boldsymbol{S}=E\cdot 2\pi rl=q_{内}/\varepsilon_0$$

在内筒内，$r<R_1$，$q_{内}=0$，$E=0$.

在两筒间，$R_1<r<R_2$，$q_{内}=\lambda_e l$，$E=\dfrac{\lambda_e}{2\pi\varepsilon_0 r}$，方向垂直于轴线，沿径矢由内筒面指向外筒面.

在外筒外，$r>R_2$，$q_{内}=0$，$E=0$.

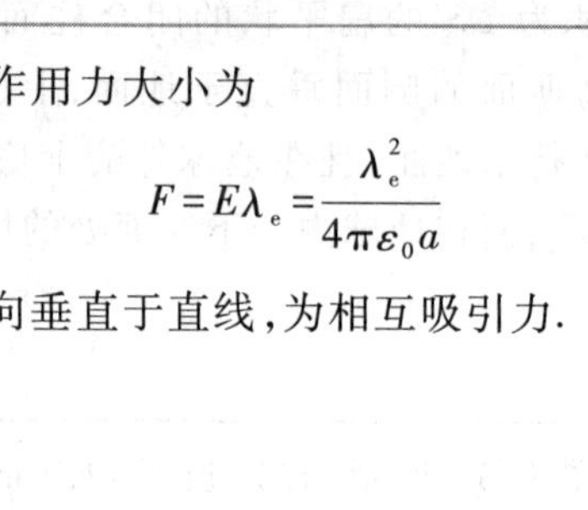

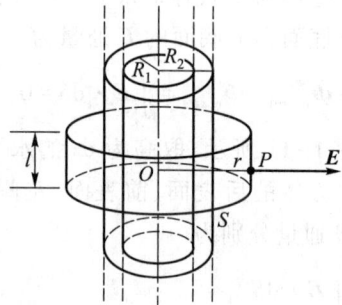

图 1-12 习题 1-15 解答用图

1-16

设气体放电形成的等离子体圆柱内的体电荷分布可用电荷体密度 $\rho_e(r)=\dfrac{\rho_0}{[1+(r/a)^2]^2}$ 表示，式中，r 是到轴线的距离，ρ_0 是轴线上的 ρ_e 值，a 是常量. 求电场强度分布.

解　由电荷分布的轴对称性,可知电场分布也具有轴对称性. 取与带电圆柱体同轴,截面半径为 r',长为 l 且两端封底的圆柱面为高斯面. 由高斯定理可得

$$\oint_S \boldsymbol{E}\cdot \mathrm{d}\boldsymbol{S}=E\cdot 2\pi r'l=q_{内}/\varepsilon_0$$

式中,

$$q_{内}=\int \rho_e \mathrm{d}V=\int_0^r \rho_e\cdot 2\pi r'l\mathrm{d}r'$$

$$=\int_0^r \frac{\rho_0}{[1+(r'/a)^2]^2}\cdot 2\pi r'l\mathrm{d}r'=\frac{\pi\rho_0 la^2r^2}{a^2+r^2}$$

所以

$$E=\frac{\rho_0 a^2 r}{2\varepsilon_0(a^2+r^2)}$$

考虑方向垂直于轴线,则

$$\boldsymbol{E}=\frac{\rho_0 a^2 \boldsymbol{r}}{2\varepsilon_0(a^2+r^2)}$$

1-17

如图 1-13 所示,半径为 R_1 的无限长均匀带电圆柱体,电荷体密度为 ρ_e. 其外套以内、外半径分别为 R_2 和 R_3 的均匀带电同轴圆柱管,电荷体密度同为 ρ_e. 求该带电系统的电场强度分布.

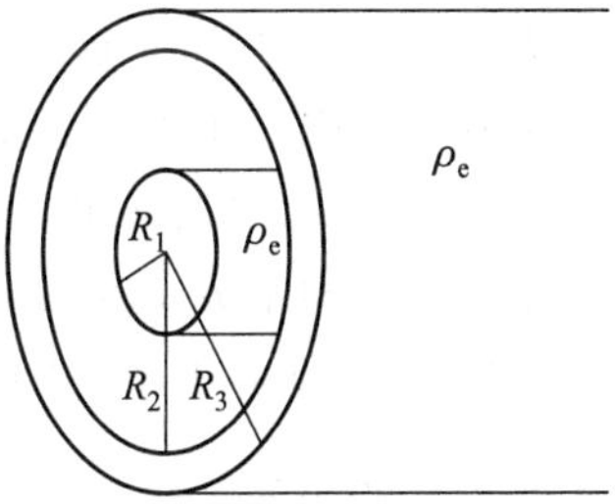

图 1-13　习题 1-17 用图

解　由电荷分布的轴对称性,可知电场分布也具有轴对称性. 取与带电圆柱体同轴,截面半径为 r,长为 l 且两端封底的圆柱面为高斯面. 由高斯定理可得

$$\oint_S \boldsymbol{E}\cdot \mathrm{d}\boldsymbol{S}=E\cdot 2\pi rl=q_{内}/\varepsilon_0$$

当 $r\leqslant R_1$ 时,

$$q_{内}=\pi r^2 l\rho_e,\quad E=\frac{\rho_e}{2\varepsilon_0}r$$

当 $R_1\leqslant r\leqslant R_2$ 时,

$$q_{内}=\pi R_1^2 l\rho_e,\quad E=\frac{R_1^2\rho_e}{2\varepsilon_0 r}$$

当 $R_2\leqslant r\leqslant R_3$ 时,

$$q_{内}=\pi R_1^2 l\rho_e+\pi(r^2-R_2^2)l\rho_e,\quad E=\frac{(r^2+R_1^2-R_2^2)\rho_e}{2\varepsilon_0 r}$$

当 $r\geqslant R_3$ 时,

$$q_{内}=\pi R_1^2 l\rho_e+\pi(R_3^2-R_2^2)l\rho_e,\quad E=\frac{(R_3^2+R_1^2-R_2^2)\rho_e}{2\varepsilon_0 r}$$

1-18

设在半径为 R 的球体内,电荷分布是球对称的,电荷体密度为 $\rho_e=kr(r\leqslant R)$,k 为正的常量,r 为到球心的距离. 求电场强度分布.

解　由电荷分布的球对称性可知,电场分布也具有球对称性. 取与带电球体同心、半径为 r 的球面为高斯面. 由高斯定理可得

$$\oint_S \boldsymbol{E}\cdot \mathrm{d}\boldsymbol{S}=E\cdot 4\pi r^2=q_{内}/\varepsilon_0$$

在高斯面内取一半径为 r'、厚度为 $\mathrm{d}r'$的同心薄球壳,其所带的电荷量为

$$\mathrm{d}q=\rho_e\cdot 4\pi r'^2\mathrm{d}r'=4k\pi r'^3\mathrm{d}r'$$

式中,$4\pi r'^2\mathrm{d}r'$为同心薄球壳的体积,则当 $r\leqslant$

R 时，

$$q_{内} = \int \mathrm{d}q = \int_0^r 4k\pi r'^3 \mathrm{d}r' = k\pi r^4$$

$$\boldsymbol{E}_{内} = \frac{kr^2}{4\varepsilon_0}\boldsymbol{e}_r$$

当 $r \geqslant R$ 时，$q_{内} = \int \mathrm{d}q = \int_0^R 4k\pi r'^3 \mathrm{d}r' = k\pi R^4$

$$\boldsymbol{E}_{外} = \frac{kR^4}{4\varepsilon_0 r^2}\boldsymbol{e}_r$$

中，$\boldsymbol{e}_r$ 为径矢方向上的单位矢量.

1-19

一厚度为 b 的无限大均匀带电厚壁，电荷体密度为 ρ_e，x 为垂直于壁面的坐标，原点在厚壁的中心.求电场强度分布并画出 $E-x$ 曲线.

解 根据电荷分布对壁的平分面的面对称性，可知电场分布也具有这种对称性. 即在中心平面两侧离中心平面距离相等处场强大小相等而方向相反. 取底面积为 ΔS，长为 $2|x|$，且平分面与壁的平分面重合的长方盒子为高斯面，如图 1-14(a) 所示. 由高斯定理可得

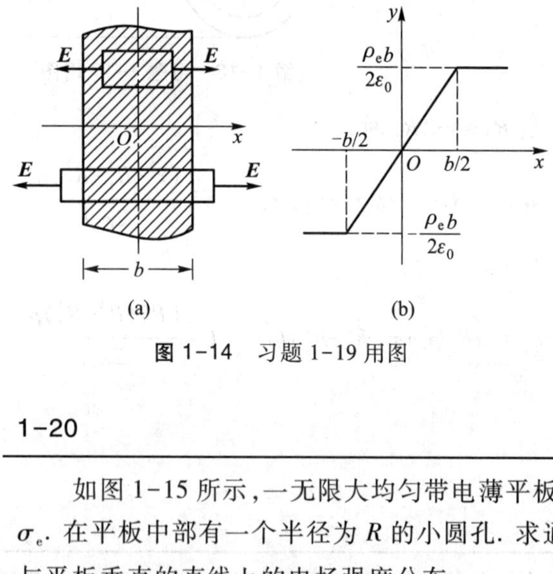

图 1-14 习题 1-19 用图

$$\oint_S \boldsymbol{E} \cdot \mathrm{d}\boldsymbol{S} = E\Delta S + E\Delta S = 2E\Delta S = q_{内}/\varepsilon_0$$

当 $|x| \leqslant b/2$ 时，

$$q_{内} = 2|x|\Delta S\rho_e, \quad E = \frac{x\rho_e}{\varepsilon_0}$$

式中，若 $E>0$ 表示 $\boldsymbol{E}$ 沿 x 轴正方向；$E<0$ 表示 $\boldsymbol{E}$ 沿 x 轴反方向.

当 $|x| \geqslant b/2$ 时，

$$q_{内} = b\Delta S\rho_e, \quad E = \begin{cases} \dfrac{\rho_e b}{2\varepsilon_0} & (x \geqslant b/2) \\ -\dfrac{\rho_e b}{2\varepsilon_0} & (x \leqslant -b/2) \end{cases}$$

$E-x$ 曲线如图 1-14(b) 所示.

1-20

如图 1-15 所示，一无限大均匀带电薄平板，电荷面密度为 σ_e. 在平板中部有一个半径为 R 的小圆孔. 求通过圆孔中心并与平板垂直的直线上的电场强度分布.

解 由场强叠加原理可知，在所述直线上距板为 x 处的电场强度等于电荷面密度为 σ_e 的无限大均匀带电平板和半径为 R 的带相反电荷（电荷面密度为 $-\sigma_e$）的圆盘在该处的电场（例 1-7 的结果）的叠加，即

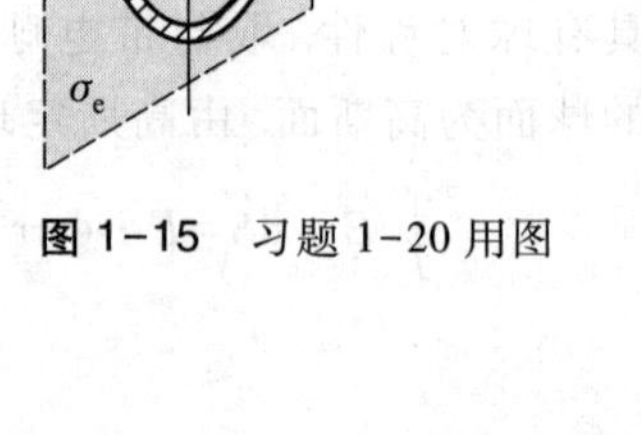

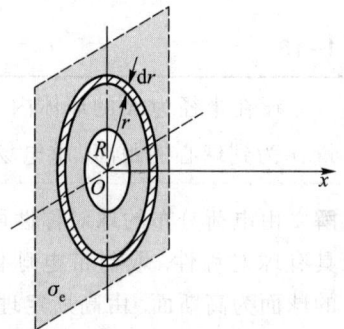

图 1-15 习题 1-20 用图

$$E=\frac{\sigma_e}{2\varepsilon_0}-\frac{\sigma_e}{2\varepsilon_0}\left[1-\frac{x}{(R^2+x^2)^{1/2}}\right]=\frac{\sigma_e x}{2\varepsilon_0(R^2+x^2)^{1/2}}$$

方向沿直线指向远方,或写成矢量形式:

$$\boldsymbol{E}=\frac{\sigma_e x}{2\varepsilon_0(R^2+x^2)^{1/2}}\boldsymbol{i}$$

另解　如图 1-15 所示,在平板上取以 O 为圆心,r 为半径,宽为 dr 的细圆环,其所带的电荷量为

$$\mathrm{d}q=\sigma_e\mathrm{d}S=\sigma_e\cdot 2\pi r\mathrm{d}r$$

根据例 1-6 的结果,dq 在所述直线上距板为 x 处的电场强度大小为

$$\mathrm{d}E=\frac{x\mathrm{d}q}{4\pi\varepsilon_0(x^2+r^2)^{3/2}}=\frac{2\pi r\sigma_e\mathrm{d}rx}{4\pi\varepsilon_0(x^2+r^2)^{3/2}}$$

整个平板在所述直线上距板为 x 处的电场强度大小为

$$E=\int\mathrm{d}E=\frac{\sigma_e x}{2\varepsilon_0}\int_R^{\infty}\frac{r\mathrm{d}r}{(x^2+r^2)^{3/2}}$$
$$=\frac{\sigma_e x}{2\varepsilon_0(x^2+R^2)^{1/2}}$$

考虑其方向沿直线指向远方,则

$$\boldsymbol{E}=\frac{\sigma_e x}{2\varepsilon_0(R^2+x^2)^{1/2}}\boldsymbol{i}$$

1-21

设电荷体密度 ρ_e 沿 x 轴方向按余弦规律 $\rho_e=\rho_0\cos x$ 分布在整个空间,式中,ρ_0 为其幅值.求空间的场强分布.

解　由题意知,电荷沿 x 轴方向按余弦规律变化,可判断场强 $\boldsymbol{E}$ 方向必然只有 x 分量,且 $\boldsymbol{E}$ 相对 yOz 平面对称分布. 即在 yOz 两侧离 yOz 距离相等处场强大小相等而方向相反,如图 1-16 所示. 在$\pm x$ 处作与 x 轴垂直的两个相同的平面 ΔS,用与 x 轴平行的侧面将其封闭作为高斯面. 由高斯定理可得

$$\oint_S\boldsymbol{E}\cdot\mathrm{d}\boldsymbol{S}=E\Delta S+E\Delta S=2E\Delta S=q_{内}/\varepsilon_0$$

式中,$q_{内}=\int\rho_e\mathrm{d}V=\int_{-x}^{+x}\rho_e\Delta S\mathrm{d}x=\Delta S\rho_0\int_{-x}^{+x}\cos x\mathrm{d}x=2\Delta S\rho_0\sin x$

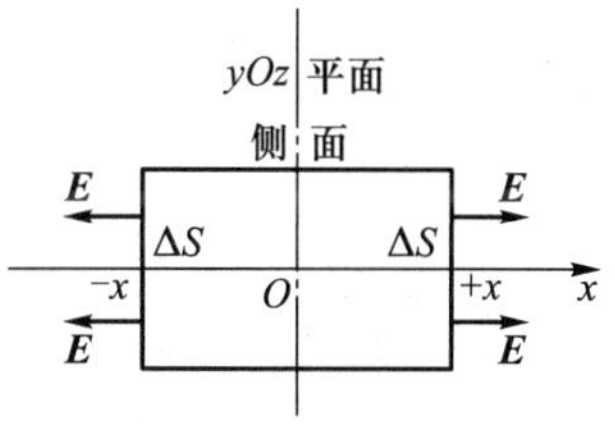

图 1-16　习题 1-21 用图

所以

$$E=\rho_0\sin x/\varepsilon_0$$

方向可由 E 值正、负确定,$E>0$ 表示沿 x 轴正向;$E<0$ 表示沿 x 轴负向.

1-22

如图 1-17 所示,三块互相平行的无限大均匀带电平面,电荷面密度分别为 $\sigma_1=1.2\times10^{-4}$ C·m^{-2},$\sigma_2=2.0\times10^{-5}$ C·m^{-2},$\sigma_3=1.1\times10^{-4}$ C·m^{-2}. A 点与平面Ⅱ相距 5.0 cm,B 点与平面Ⅱ相距 7.0 cm.(1)计算 A、B 两点的电势差;(2)若把电荷量 $q_0=-1.0\times10^{-8}$ C 的点电荷从 A 点移到 B 点,外力克服电场力做的功是多少?

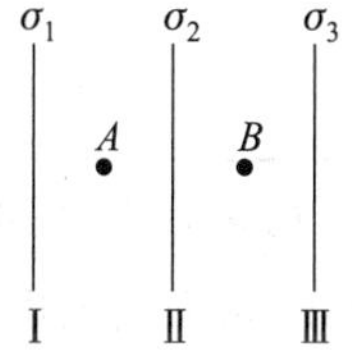

图 1-17　习题 1-22 用图

解 (1) 如图 1-17 所示，平面Ⅰ和平面Ⅱ之间的电场强度为

$$E_{\text{Ⅰ-Ⅱ}}=\frac{1}{2\varepsilon_0}(\sigma_1-\sigma_2-\sigma_3)$$

平面Ⅱ和平面Ⅲ之间的电场强度为

$$E_{\text{Ⅱ-Ⅲ}}=\frac{1}{2\varepsilon_0}(\sigma_1+\sigma_2-\sigma_3)$$

A、B 两点的电势差为

$$U_{AB}=\int_A^B \boldsymbol{E}\cdot \mathrm{d}\boldsymbol{l}=\int_A^{\text{Ⅱ}} \boldsymbol{E}\cdot \mathrm{d}\boldsymbol{l}+\int_{\text{Ⅱ}}^B \boldsymbol{E}\cdot \mathrm{d}\boldsymbol{l}$$

$$=E_{\text{Ⅰ-Ⅱ}}l_{A\text{Ⅱ}}+E_{\text{Ⅱ-Ⅲ}}l_{\text{Ⅱ}B}$$

$$=\frac{1}{2\varepsilon_0}[(\sigma_1-\sigma_2-\sigma_3)l_{A\text{Ⅱ}}+(\sigma_1+\sigma_2-\sigma_3)l_{\text{Ⅱ}B}]$$

$$=\frac{10^{-4}}{2\times 8.85\times 10^{-12}}[(1.2-0.2-1.1)\times 0.05+(1.2+0.2-1.1)\times 0.07]\ \text{V}$$

$$=9.0\times 10^4\ \text{V}$$

(2) 把点电荷 q_0 从 A 点移到 B 点，外力克服电场力做功为

$$A'_{AB}=-A_{AB}=-q_0U_{AB}$$

$$=-(-1.0\times 10^{-8})\times 9.0\times 10^4\ \text{J}$$

$$=9.0\times 10^{-4}\ \text{J}$$

1-23

在氢原子中，正常状态下电子到质子的距离为 5.29×10^{-11} m，已知氢原子核（质子）和电子所带电荷量各为$\pm e$. 把氢原子中的电子从正常状态下离核的距离拉开到无穷远处所需的能量，称为氢原子的电离能，求此电离能的值（以 eV 为单位）.

解 电子在氢原子核（质子）的电场中的电势能为

$$W_e=\frac{(-e)e}{4\pi\varepsilon_0 r}=-\frac{e^2}{4\pi\varepsilon_0 r}$$

所以，氢原子处于正常状态下的总能量为

$$E_1=E_k+W_e=\frac{1}{2}m_e v^2-\frac{e^2}{4\pi\varepsilon_0 r}$$

式中，m_e 为电子的质量，v 为电子速度. 电子在库仑力作用下的运动方程为

$$m_e\frac{v^2}{r}=\frac{e^2}{4\pi\varepsilon_0 r^2}$$

由此式解得 $m_e v^2=\dfrac{e^2}{4\pi\varepsilon_0 r}$，代入到 E_1 的表达式中，得

$$E_1=\frac{e^2}{8\pi\varepsilon_0 r}-\frac{e^2}{4\pi\varepsilon_0 r}=-\frac{e^2}{8\pi\varepsilon_0 r}$$

电子与质子相距无穷远时，动能和电势能均为零. 因此要把基态氢原子的电子和质子分开到相距无穷远处，需要外力做功. 这功的最小值便等于氢原子的电离能，其为

$$\Delta E=E_\infty-E_1=0-\left(-\frac{e^2}{8\pi\varepsilon_0 r}\right)=\frac{e^2}{8\pi\varepsilon_0 r}$$

$$=\frac{(1.60\times 10^{-19})^2}{8\times 3.14\times 8.85\times 10^{-12}\times 5.29\times 10^{-11}}\ \text{J}$$

$$=2.18\times 10^{-18}\ \text{J}=13.6\ \text{eV}$$

1-24

两均匀带电球面同心放置，半径分别为 R_1 和 $R_2(R_1<R_2)$. 已知内外球面之间的电势差为 U_{12}，求两球面间的电场强度分布.

解　设内球面所带电荷量为 q，则

$$U_{12}=\int_1^2 \boldsymbol{E}\cdot \mathrm{d}\boldsymbol{l}=\int_{R_1}^{R_2} E\mathrm{d}r$$

$$=\int_{R_1}^{R_2}\frac{q}{4\pi\varepsilon_0 r^2}\mathrm{d}r=\frac{q}{4\pi\varepsilon_0}\left(\frac{1}{R_1}-\frac{1}{R_2}\right)$$

由此解得

$$\frac{q}{4\pi\varepsilon_0}=U_{12}\frac{R_1R_2}{R_2-R_1}$$

则两球面间的电场分布为

$$E=\frac{q}{4\pi\varepsilon_0 r^2}=\frac{U_{12}}{r^2}\frac{R_1R_2}{R_2-R_1}$$

方向沿径向. 或写成矢量形式：

$$\boldsymbol{E}=\frac{U_{12}}{r^2}\frac{R_1R_2}{R_2-R_1}\boldsymbol{e}_r$$

1-25

一半径为 R 的均匀带电球体，电荷体密度为 ρ_e. 求：(1) 球外任一点的电势；(2) 球表面上的电势；(3) 球内任一点的电势.

解　由电荷分布的球对称性可知，电场分布也具有球对称性. 取与带电球体同心、半径为 r 的球面为高斯面. 由高斯定理可得

$$\oint_S \boldsymbol{E}\cdot \mathrm{d}\boldsymbol{S}=E\cdot 4\pi r^2=q_{内}/\varepsilon_0$$

当 $r\leqslant R$ 时，

$$q_{内}=\frac{4}{3}\pi r^3\rho_e,\quad \boldsymbol{E}_{内}=\frac{\rho_e}{3\varepsilon_0}\boldsymbol{r}$$

当 $r\geqslant R$ 时，

$$q_{内}=\frac{4}{3}\pi R^3\rho_e,\quad \boldsymbol{E}_{外}=\frac{R^3\rho_e}{3\varepsilon_0 r^2}\boldsymbol{e}_r$$

(1) 当 $r\geqslant R$ 时，球外任一点的电势为

$$\varphi=\int_r^\infty E_{外}\,\mathrm{d}r=\int_r^\infty \frac{R^3\rho_e}{3\varepsilon_0 r^2}\mathrm{d}r=\frac{\rho_e R^3}{3\varepsilon_0 r}$$

(2) 当 $r=R$ 时，球表面上的电势为

$$\varphi=\int_R^\infty E_{外}\,\mathrm{d}r=\int_R^\infty \frac{R^3\rho_e}{3\varepsilon_0 r^2}\mathrm{d}r=\frac{\rho_e R^2}{3\varepsilon_0}$$

(3) 当 $r\leqslant R$ 时，球内任一点的电势为

$$\varphi=\int_r^R E_{内}\,\mathrm{d}r+\int_R^\infty E_{外}\,\mathrm{d}r$$

$$=\int_r^R \frac{\rho_e}{3\varepsilon_0}r\mathrm{d}r+\int_R^\infty \frac{R^3\rho_e}{3\varepsilon_0 r^2}\mathrm{d}r=\frac{\rho_e}{6\varepsilon_0}(3R^2-r^2)$$

1-26

已知一无限长均匀带电圆柱面的半径为 R，沿轴线方向单位长度所带电荷量为 $\lambda_e(\lambda_e>0)$. 选取带电圆柱面外距轴线为 r_0 的 P_0 点为电势零点，求此无限长均匀带电圆柱面的电场中电势的分布.

解　由于电荷分布具有轴对称性，应用高斯定理容易求出电场强度分布为

$$E=\begin{cases}0 & (r<R)\\ \dfrac{\lambda_e}{2\pi\varepsilon_0 r} & (r>R)\end{cases}$$

电场强度方向垂直于带电圆柱面.

若选取带电圆柱面外距轴线为 r_0 的 P_0 点为电势零点，如图 1-18 所示. 当 $r\geqslant R$ 时，距轴线为 r 的 P 点的电势为

$$\varphi=\int_P^{P_0}\boldsymbol{E}\cdot \mathrm{d}\boldsymbol{l}=\int_P^{P'}\boldsymbol{E}\cdot \mathrm{d}\boldsymbol{l}+\int_{P'}^{P_0}\boldsymbol{E}\cdot \mathrm{d}\boldsymbol{l}$$

式中，积分路径 PP' 与轴线平行，因此与电场

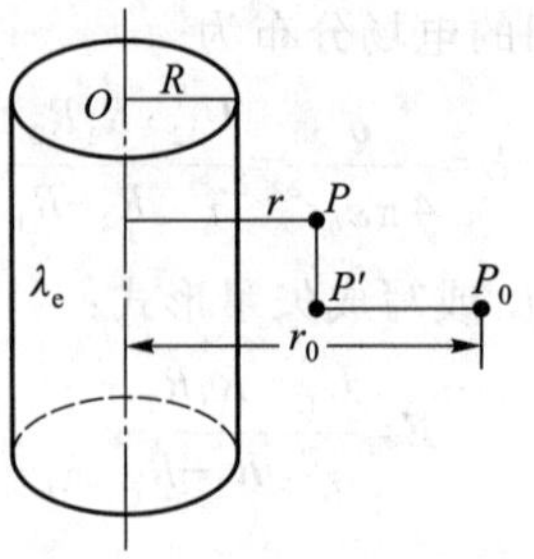

图 1-18 习题 1-26 用图

强度方向垂直，所以上式等号右侧第一项积分为零. 积分路径 $P'P_0$ 与轴线垂直，故

$$\varphi=\int_{P'}^{P_0}\boldsymbol{E}\cdot\mathrm{d}\boldsymbol{l}=\int_r^{r_0}\frac{\lambda_e}{2\pi\varepsilon_0 r}\mathrm{d}r$$

$$=\frac{\lambda_e}{2\pi\varepsilon_0}\ln\frac{r_0}{r}\quad(r\geqslant R)$$

当 $r\leqslant R$ 时，P 点的电势为

$$\varphi=\int_r^R E\mathrm{d}r+\int_R^{r_0}E\mathrm{d}r=0+\int_R^{r_0}\frac{\lambda_e}{2\pi\varepsilon_0 r}\mathrm{d}r$$

$$=\frac{\lambda_e}{2\pi\varepsilon_0}\ln\frac{r_0}{R}\quad(r\leqslant R)$$

1-27

两无限长同轴圆柱面，半径分别为 $R_1=3.0\times10^{-2}$ m 和 $R_2=0.10$ m，带有等量异号电荷，两者的电势差为 450 V. 求：(1) 圆柱面沿轴线方向的电荷线密度. (2) 两圆柱面之间的电场强度分布.

解 (1) 设内、外圆柱面沿轴线方向的电荷线密度分别为 $+\lambda_e$ 和 $-\lambda_e$，则由高斯定理，两柱面间的电场强度大小为

$$E=\frac{\lambda_e}{2\pi\varepsilon_0 r}$$

内、外两柱面间的电势差为

$$U=\int_{内}^{外}\boldsymbol{E}\cdot\mathrm{d}\boldsymbol{l}=\int_{R_1}^{R_2}E\mathrm{d}r=\int_{R_1}^{R_2}\frac{\lambda_e}{2\pi\varepsilon_0 r}\mathrm{d}r$$

$$=\frac{\lambda_e}{2\pi\varepsilon_0}\ln\frac{R_2}{R_1}$$

所以

$$\lambda_e=\frac{2\pi\varepsilon_0 U}{\ln(R_2/R_1)}$$

$$=\frac{2\pi\times8.85\times10^{-12}\times450}{\ln(0.10/0.03)}\ \mathrm{C\cdot m^{-1}}$$

$$=2.1\times10^{-8}\ \mathrm{C\cdot m^{-1}}$$

(2) 两圆柱面之间的电场强度为

$$E=\frac{\lambda_e}{2\pi\varepsilon_0 r}=\frac{2.1\times10^{-8}\ \mathrm{V}}{2\pi\times8.85\times10^{-12}r}=3.78\times10^2\ \frac{1}{r}\ \mathrm{V}$$

1-28

一无限长均匀带电圆柱体，半径为 R，电荷体密度为 ρ_e. 求柱体内外的电势分布（以轴线为电势零点），并画出 $\varphi-r$ 曲线.

解 由例 1-17 的结果可知，柱体内外的电场分布分别为

当 $r\leqslant R$ 时，$\boldsymbol{E}_{内}=\dfrac{\rho_e}{2\varepsilon_0}\boldsymbol{r}$

当 $r\geqslant R$ 时，$\boldsymbol{E}_{外}=\dfrac{R^2\rho_e}{2\varepsilon_0 r}\boldsymbol{e}_r$

由电场分布可得电势分布为

当 $r\leqslant R$ 时，$\varphi_{内}=\int_r^0 E_{内}\,\mathrm{d}r=\int_r^0 \frac{\rho_e}{2\varepsilon_0}r\mathrm{d}r$

$$=-\frac{\rho_e}{4\varepsilon_0}r^2$$

当 $r\geqslant R$ 时，$\varphi_{外}=\int_R^0 E_{内}\,\mathrm{d}r+\int_r^R E_{外}\,\mathrm{d}r$

$$=\int_R^0 \frac{\rho_e}{2\varepsilon_0}r\mathrm{d}r+\int_r^R \frac{R^2\rho_e}{2\varepsilon_0 r}\mathrm{d}r$$

$$=-\frac{\rho_e R^2}{4\varepsilon_0}+\frac{\rho_e R^2}{2\varepsilon_0}\ln\frac{R}{r}$$

$$=\frac{R^2\rho_e}{4\varepsilon_0}\left(2\ln\frac{R}{r}-1\right)$$

$\varphi-r$ 曲线如图 1-19 所示.

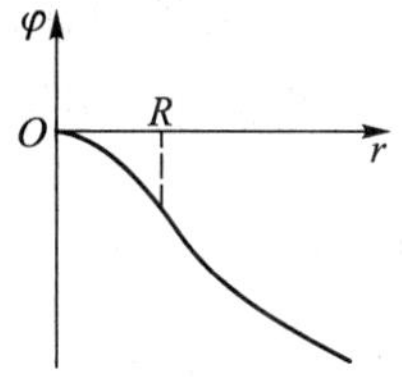

图 1-19　习题 1-28 解题用图

1-29

设在半径为 R 的无限长圆柱形带电体内，电荷分布是轴对称的，电荷体密度为 $\rho_e=Ar(r\leqslant R)$，A 为正的常量，r 为到轴线的垂直距离. 选距轴线为 L $(L>R)$ 处为电势零点，求柱体内、外的电势分布.

解　由电荷分布的轴对称性，可知电场分布也具有轴对称性. 取与带电圆柱体同轴，截面半径为 r，长为 l 且两端封底的圆柱面为高斯面. 由高斯定理可得

$$\oint_S \boldsymbol{E}\cdot\mathrm{d}\boldsymbol{S}=E\cdot 2\pi rl=q_{内}/\varepsilon_0$$

当 $r\leqslant R$ 时，$q_{内}=\int\rho_e\mathrm{d}V=\int_0^r\rho_e\cdot 2\pi rl\mathrm{d}r$

$$=\int_0^r Ar\cdot 2\pi rl\mathrm{d}r=\frac{2}{3}A\pi lr^3$$

$$\boldsymbol{E}_{内}=\frac{Ar^2}{3\varepsilon_0}\boldsymbol{e}_r$$

当 $r\geqslant R$ 时，$q_{内}=\int\rho_e\mathrm{d}V=\int_0^R\rho_e\cdot 2\pi rl\mathrm{d}r$

$$=\int_0^R Ar\cdot 2\pi rl\mathrm{d}r=\frac{2}{3}A\pi lR^3$$

$$\boldsymbol{E}_{外}=\frac{AR^3}{3\varepsilon_0 r}\boldsymbol{e}_r$$

由电场分布可得电势分布，当 $r\leqslant R$ 时，

$$\varphi_{内}=\int_r^R E_{内}\,\mathrm{d}r+\int_R^L E_{外}\,\mathrm{d}r$$

$$=\int_r^R\frac{A}{3\varepsilon_0}r^2\mathrm{d}r+\int_R^L\frac{AR^3}{3\varepsilon_0 r}\mathrm{d}r$$

$$=\frac{A}{9\varepsilon_0}(R^3-r^3)+\frac{AR^3}{3\varepsilon_0}\ln\frac{L}{R}$$

当 $r\geqslant R$ 时，$\varphi_{外}=\int_r^L E_{外}\,\mathrm{d}r$

$$=\int_r^L\frac{AR^3}{3\varepsilon_0 r}\mathrm{d}r$$

$$=\frac{AR^3}{3\varepsilon_0}\ln\frac{L}{r}$$

1-30

如图 1-20 所示，A 点有点电荷$+q$，B 点有点电荷$-q$，$AB=2R$，OCD 是以 B 点为中心、R 为半径的半圆.（1）将正电荷 q_0 从 O 点沿 OCD 移到 D 点，电场力做的功是多少？（2）将负电荷$-q_0$ 从 D 点沿 AB 延长线移到无限远处，电场力做的功是多少？

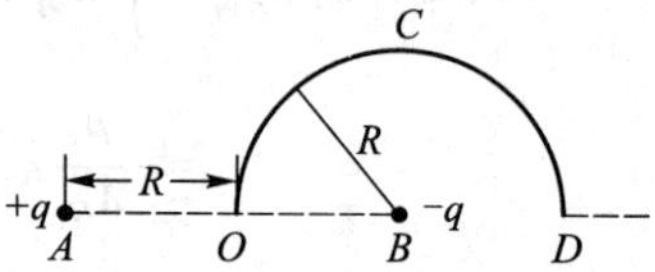

图 1-20 习题 1-30 用图

解 （1）根据电势叠加原理，O 点的电势为

$$\varphi_O=\frac{q}{4\pi\varepsilon_0 R}+\frac{-q}{4\pi\varepsilon_0 R}=0$$

D 点的电势为

$$\varphi_D=\frac{q}{4\pi\varepsilon_0(3R)}+\frac{-q}{4\pi\varepsilon_0 R}=-\frac{q}{6\pi\varepsilon_0 R}$$

将正电荷 q_0 从 O 点沿 OCD 移到 D 点，电场力做功为

$$A_{OD}=q_0(\varphi_O-\varphi_D)=q_0\left(0-\frac{-q}{6\pi\varepsilon_0 R}\right)=\frac{qq_0}{6\pi\varepsilon_0 R}$$

（2）将负电荷$-q_0$ 从 D 点沿延长线移到无限远处，电场力做功为

$$A_{D\infty}=-q_0(\varphi_D-\varphi_\infty)=-q_0\left(\frac{-q}{6\pi\varepsilon_0 R}-0\right)=\frac{qq_0}{6\pi\varepsilon_0 R}$$

1-31

一细直杆沿 z 轴由 $z=-a$ 延伸到 $z=a$，杆上均匀带电，电荷线密度为 λ_e. 求 x 轴上 $x>0$ 各点的电势.

解 如图 1-21 所示，在带电直线上任意选取电荷元 dq，其坐标为 z，线元为 dz，所带的电荷量为 $dq=\lambda_e dz$. 将该电荷元视为点电荷，其到 $P(x,0,0)$ 点的距离为 $r=\sqrt{x^2+z^2}$，在 P 点产生的电势为

$$d\varphi=\frac{1}{4\pi\varepsilon_0}\frac{dq}{r}=\frac{\lambda_e dz}{4\pi\varepsilon_0\sqrt{x^2+z^2}}$$

由电势叠加原理，可得 P 点的电势为

$$\varphi=\int_q d\varphi=\int_{-a}^{a}\frac{\lambda_e dz}{4\pi\varepsilon_0\sqrt{x^2+z^2}}$$

$$=\frac{\lambda_e}{4\pi\varepsilon_0}\ln\left(\frac{\sqrt{x^2+a^2}+a}{\sqrt{x^2+a^2}-a}\right)$$

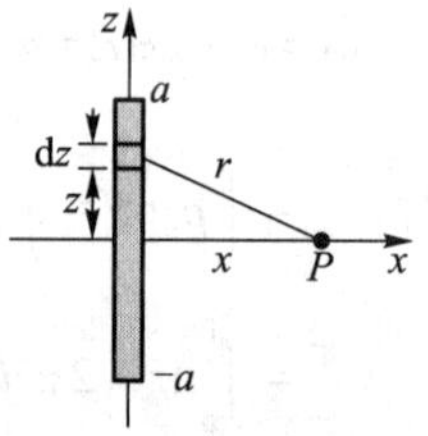

图 1-21 习题 1-31 解题用图

1-32

如图 1-22 所示，一均匀带电细杆，长 $l=15.0$ cm，电荷线密度 $\lambda_e=2.0\times10^{-7}$ C · m^{-1}. 求：（1）带电细杆延长线上与杆的一端相距 $a=5.0$ cm 处的 A 点的电势；（2）细杆中垂线上与带电细杆相距 $b=5.0$ cm 处的 B 点的电势.（3）现将一单位正电荷从 A 点沿图 1-22 所示的路径移至 B 点，求带电细杆的电场对单位正电荷做的功.

解 (1) 如图 1-22 所示,在例 1-26 中已由电势叠加原理,得到 A 点的电势为

$$\varphi_A=\int_0^l\frac{\lambda_e\mathrm{d}x}{4\pi\varepsilon_0(l+a-x)}=\frac{\lambda_e}{4\pi\varepsilon_0}\ln\frac{a+l}{a}$$

$$=\frac{2.0\times10^{-7}}{4\pi\times8.85\times10^{-12}}\times\ln\frac{5.0+15.0}{5.0}\ \mathrm{V}$$

$$=2.5\times10^3\ \mathrm{V}$$

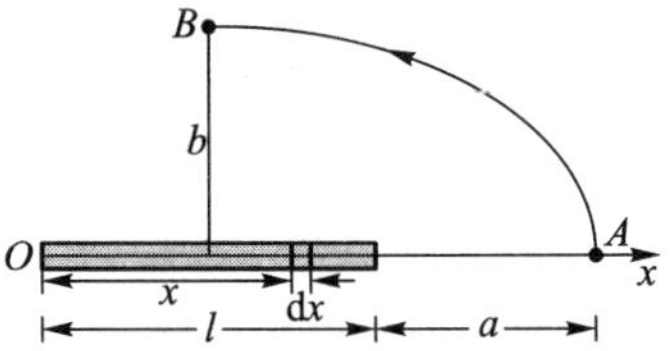

图 1-22 习题 1-32 解题用图

(2) 利用习题 1-31 的结果,可得 B 点的电势为

$$\varphi_B=\frac{\lambda_e}{4\pi\varepsilon_0}\ln\left(\frac{\sqrt{b^2+l^2/4}+l/2}{\sqrt{b^2+l^2/4}-l/2}\right)$$

$$=\frac{2.0\times10^{-7}}{4\pi\times8.85\times10^{-12}}\times\ln\left(\frac{\sqrt{5.0^2+15.0^2/4}+15.0/2}{\sqrt{5.0^2+15.0^2/4}-15.0/2}\right)\ \mathrm{V}$$

$$=4.3\times10^3\ \mathrm{V}$$

(3) 将一单位正电荷从 A 点移至 B 点时,电场力所做的功为

$$A_{AB}=q_0(\varphi_A-\varphi_B)=1\times(2.5\times10^3-4.3\times10^3)\ \mathrm{J}$$

$$=-1.8\times10^3\ \mathrm{J}$$

1-33

两个同心的均匀带电球面,半径分别为 $R_1=5.0\ \mathrm{cm}$,$R_2=20.0\ \mathrm{cm}$,已知内球面的电势为 $\varphi_1=60\ \mathrm{V}$,外球面的电势为 $\varphi_2=-30\ \mathrm{V}$. (1) 求内、外球面上所带电荷量;(2) 在两个球面之间何处的电势为零?

解 (1) 以 q_1 和 q_2 分别表示内外球面所带的电荷量. 由电势叠加原理可得

$$\varphi_1=\frac{1}{4\pi\varepsilon_0}\left(\frac{q_1}{R_1}+\frac{q_2}{R_2}\right)=60\ \mathrm{V}$$

$$\varphi_2=\frac{1}{4\pi\varepsilon_0}\frac{q_1+q_2}{R_2}=-30\ \mathrm{V}$$

将 R_1 和 R_2 值代入以上两式并联立求解可得

$$q_1=6.7\times10^{-10}\ \mathrm{C},\quad q_2=-1.3\times10^{-9}\ \mathrm{C}$$

(2) 由 $\varphi=\dfrac{1}{4\pi\varepsilon_0}\left(\dfrac{q_1}{r}+\dfrac{q_2}{R_2}\right)=0$,可得

$$r=\frac{q_1}{-q_2}R_2=\frac{6.7\times10^{-10}}{1.3\times10^{-9}}\times0.2\ \mathrm{m}=0.1\ \mathrm{m}$$

1-34

如图 1-23 所示,一均匀带电圆环板,内外半径分别为 R_1 和 R_2,电荷面密度为 σ_e. (1) 求通过环心垂直于环面的轴线上任意 P 点的电势;(2) 若有一质子沿轴线从无限远处射向带正电的圆环,要使质子能穿过圆环,它的初速度至少应为多少?

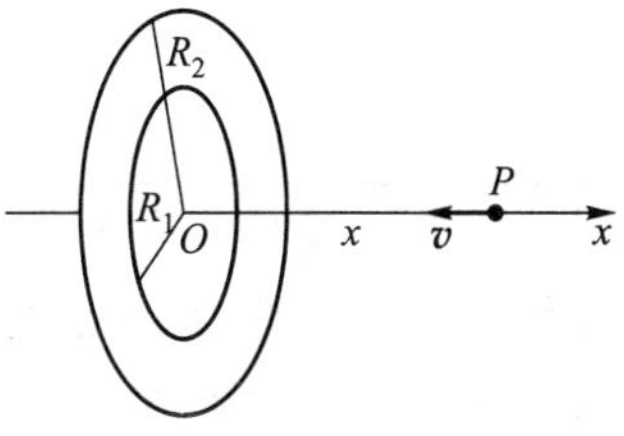

图 1-23 习题 1-34 解答用图

解 (1) 将带电圆环板分割为一系列半径为 r、宽度为 $\mathrm{d}r$ 的同心带电圆环,圆环上各点与轴线上一点 P 的距离均为 $\sqrt{r^2+x^2}$. 利用例 1-27 所得的结果,该带电细圆环在 P 点产生的电势为

$$\mathrm{d}\varphi=\frac{\sigma_e\cdot 2\pi r\mathrm{d}r}{4\pi\varepsilon_0\sqrt{r^2+x^2}}$$

式中,$\sigma_e\cdot 2\pi r\mathrm{d}r$ 为该细圆环上所带的电荷量. 由电势叠加原理,整个带电圆环板在 P 点产生的电势为

$$\varphi=\int\mathrm{d}\varphi=\int_{R_1}^{R_2}\frac{2\pi\sigma_e r\mathrm{d}r}{4\pi\varepsilon_0\sqrt{r^2+x^2}}$$

$$=\frac{\sigma_e}{2\varepsilon_0}\left(\sqrt{R_2^2+x^2}-\sqrt{R_1^2+x^2}\right)$$

(2) 在圆环中心处,$x=0$,其电势为

$$\varphi=\frac{\sigma_e}{2\varepsilon_0}(R_2-R_1)$$

质子在沿轴线从无限远处射向带正电的圆环板时,能量守恒,因此其最小初速度满足

$$\frac{1}{2}mv_0^2=e\varphi$$

所以

$$v_0=\sqrt{\frac{e\sigma_e}{\varepsilon_0 m}(R_2-R_1)}$$

1-35

如图 1-24(a)所示,一锥顶角为 θ 的圆台,上下底面半径分别为 R_1 和 R_2,在它的侧面上均匀带电,电荷面密度为 σ_e. 求顶点 O 的电势.

解 如图 1-24(b)所示,以顶点 O 作为坐标原点,圆锥轴线为 x 轴,且向下为正. 在任意位置 x 处取高度为 $\mathrm{d}x$ 的小圆环,其面积为

$$\mathrm{d}S=2\pi r\frac{\mathrm{d}x}{\cos(\theta/2)}=2\pi\frac{\tan(\theta/2)}{\cos(\theta/2)}x\mathrm{d}x$$

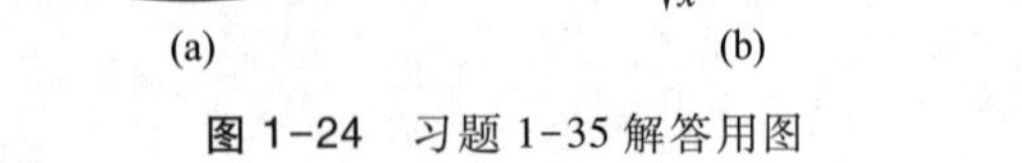

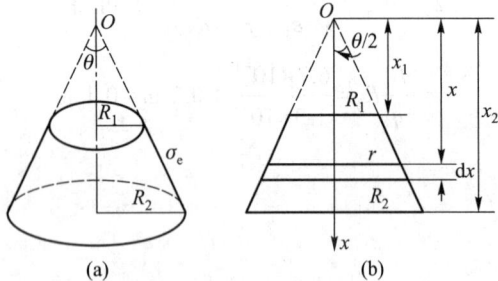

图 1-24 习题 1-35 解答用图

其上电荷量为

$$\mathrm{d}q=\sigma_e\mathrm{d}S=2\pi\sigma_e\frac{\tan(\theta/2)}{\cos(\theta/2)}x\mathrm{d}x$$

它在 O 点产生的电势为

$$\mathrm{d}\varphi=\frac{\mathrm{d}q}{4\pi\varepsilon_0\sqrt{r^2+x^2}}=\frac{2\pi\sigma_e\frac{\tan(\theta/2)}{\cos(\theta/2)}x\mathrm{d}x}{4\pi\varepsilon_0\sqrt{x^2\tan^2(\theta/2)+x^2}}$$

$$=\frac{\sigma_e\tan(\theta/2)\mathrm{d}x}{2\varepsilon_0}$$

则 O 点的总电势为

$$\varphi=\int\mathrm{d}\varphi=\frac{\sigma_e}{2\varepsilon_0}\tan\frac{\theta}{2}\int_{x_1}^{x_2}\mathrm{d}x=\frac{\sigma_e(R_2-R_1)}{2\varepsilon_0}$$

1-36

一半径为 R 的均匀带正电的细圆环,所带的电荷线密度为 λ_e,在通过环心垂直于环面的轴线上有 A、B 两点,它们与环心 O 的距离分别为 R 和 $2R$. 一质量为 m、所带电荷量为 q 的点电荷在环的轴线上运动. 求:(1) 点电荷 q 在 O 处的电势能;(2) 点电荷 q 从 A 点运动到 B 点过程中,电场力所做的功.

解　如图 1-25 所示，均匀带电细圆环在其轴线上距环心距离为 x 处的电势在例 1-27 中由电势叠加原理得到

$$\varphi=\frac{Q}{4\pi\varepsilon_0\sqrt{R^2+x^2}}=\frac{\lambda_e\cdot 2\pi R}{4\pi\varepsilon_0\sqrt{R^2+x^2}}=\frac{\lambda_e R}{2\varepsilon_0\sqrt{R^2+x^2}}$$

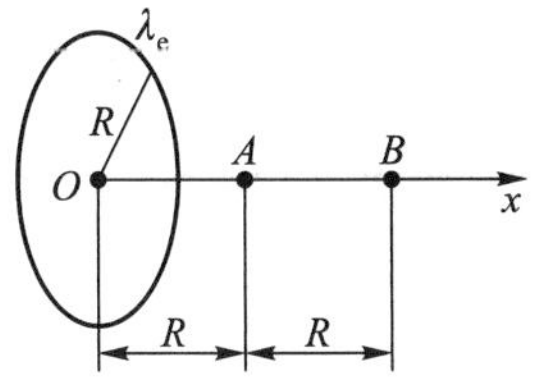

图 1-25　习题 1-36 解答用图

（1）在环心 O 点，$x=0$，$\varphi=\dfrac{\lambda_e}{2\varepsilon_0}$，则点电荷 q 在 O 处的电势能为

$$W_e=q\varphi=\frac{\lambda_e q}{2\varepsilon_0}$$

（2）均匀带电细圆环在 A、B 两点的电势分别为

$$\varphi_A=\frac{\lambda_e R}{2\varepsilon_0\sqrt{R^2+R^2}}=\frac{\lambda_e}{2\sqrt{2}\varepsilon_0},$$

$$\varphi_B=\frac{\lambda_e R}{2\varepsilon_0\sqrt{R^2+4R^2}}=\frac{\lambda_e}{2\sqrt{5}\varepsilon_0}$$

点电荷 q 在 A、B 两点的电势能分别为

$$W_{eA}=q\varphi_A=\frac{\lambda_e q}{2\sqrt{2}\varepsilon_0},\quad W_{eB}=q\varphi_B=\frac{\lambda_e q}{2\sqrt{5}\varepsilon_0}$$

点电荷 q 从 A 点运动到 B 点过程中，电场力所做的功为

$$A_{AB}=W_{eA}-W_{eB}=\frac{\lambda_e q}{2\sqrt{2}\varepsilon_0}-\frac{\lambda_e q}{2\sqrt{5}\varepsilon_0}=\frac{\lambda_e q}{2\varepsilon_0}\left(\frac{1}{\sqrt{2}}-\frac{1}{\sqrt{5}}\right)$$

1-37

一个动能为 4.0 MeV 的 α 粒子射向金原子核，求二者最接近时的距离. α 粒子的电荷量为 $2e$，金原子核的电荷量为 $79e$，将金原子核视为均匀带电球体并且认为它保持不动. 已知 α 粒子的质量为 6.68×10^{-27} kg，金核的质量为 3.29×10^{-25} kg，求在此距离时二者的万有引力势能多大？

解　由能量守恒可得

$$\frac{q_\alpha q_{Au}}{4\pi\varepsilon_0 r_{min}}=E_{k,\alpha}$$

由此可得

$$r_{min}=\frac{q_\alpha q_{Au}}{4\pi\varepsilon_0 E_{k,\alpha}}=\frac{9\times10^9\times2\times79\times(1.6\times10^{-19})^2}{4.0\times10^6\times1.6\times10^{-19}}\ \mathrm{m}=5.7\times10^{-14}\ \mathrm{m}$$

在此距离时

$$E_p=-\frac{Gm_\alpha m_{Au}}{r_{min}}=-\frac{6.67\times10^{-11}\times6.68\times10^{-27}\times3.29\times10^{-25}}{5.7\times10^{-14}}\ \mathrm{J}=-2.57\times10^{-48}\ \mathrm{J}=-1.6\times10^{-35}\ \mathrm{MeV}$$

1-38

用电势梯度法求习题 1-31 中 x 轴上 $x>0$ 各点的电场强度.

解 已知,沿 x 轴有

$$\varphi=\frac{\lambda_e}{4\pi\varepsilon_0}\ln\left(\frac{\sqrt{x^2+a^2}+a}{\sqrt{x^2+a^2}-a}\right)$$

在 x 轴上

$$E_y=-\frac{\partial\varphi}{\partial y}=0,\quad E_z=-\frac{\partial\varphi}{\partial z}=0$$

$$E=E_x=-\frac{\partial\varphi}{\partial x}=\frac{\lambda_e a}{2\pi\varepsilon_0 x\sqrt{x^2+a^2}}$$

1-39

用电势梯度法求习题 1-34 中 x 轴上各点的电场强度.

解 已知,沿 x 轴有

$$\varphi=\frac{\sigma_e}{2\varepsilon_0}\left(\sqrt{R_2^2+x^2}-\sqrt{R_1^2+x^2}\right)$$

在 x 轴上

$$E_y=-\frac{\partial\varphi}{\partial y}=0,\quad E_z=-\frac{\partial\varphi}{\partial z}=0$$

$$E=E_x=-\frac{\partial\varphi}{\partial x}=\frac{\sigma_e}{2\varepsilon_0}\left(\frac{x}{\sqrt{R_1^2+x^2}}-\frac{x}{\sqrt{R_2^2+x^2}}\right)$$

1-40

图 1-26 中给出了电势沿 x 轴方向的分布,计算 x 轴上的电场强度分布.

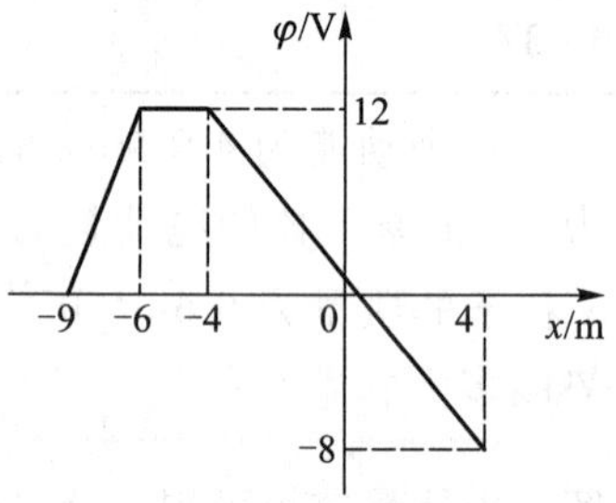

图 1-26 习题 1-40 解答用图

解 这是一种一维的电势分布情况,所以

$$E=E_x=-\frac{\Delta\varphi}{\Delta x}=-\frac{\varphi_2-\varphi_1}{x_2-x_1}$$

对于 $-9\ \text{m}<x<-6\ \text{m}$ 段:

$$E_x=-\frac{12-0}{-6-(-9)}\ \text{V}\cdot\text{m}^{-1}=-4.0\ \text{V}\cdot\text{m}^{-1}$$

对于 $-6\ \text{m}<x<-4\ \text{m}$ 段:

$$E_x=-\frac{12-12}{-4-(-6)}\ \text{V}\cdot\text{m}^{-1}=0$$

对于 $-4\ \text{m}<x<4\ \text{m}$ 段:

$$E_x=-\frac{-8-12}{4-(-4)}\ \text{V}\cdot\text{m}^{-1}=2.5\ \text{V}\cdot\text{m}^{-1}$$

第 2 章　静电场中的导体和电介质

2.1　内容提要

1. 导体的静电平衡条件

导体内部电场强度为零,导体表面外紧邻处电场强度方向与该处导体表面垂直;或导体是等势体,导体表面是等势面.

2. 静电平衡时导体上电荷的分布

(1) 导体内部没有净电荷.

(2) 若导体空腔内无带电体,则导体壳内表面不带电;若导体空腔内有带电体,则导体壳内表面所带电荷量与腔内带电体所带电荷量等值异号.

(3) 导体表面的电荷面密度 $\sigma_e=\varepsilon_0 E$. 这一公式虽然表明了导体表面电荷面密度和当地表面外紧邻处电场强度的关系,但应注意:该处的电场并非仅仅由当地导体表面上的电荷产生,它是由所有的电荷(包括导体上的全部电荷和导体外的其他电荷)共同产生的.

(4) 孤立导体处于静电平衡时,表面曲率大的地方电荷面密度大.

3. 静电屏蔽

在静电平衡状态下,导体壳外的带电体及导体壳外表面上的电荷对导体壳内的空间电场无影响;接地的空腔导体将腔内带电体对外界的影响隔绝.

4. 电介质的电结构特征和电介质的极化

电介质的电结构特征在于其中没有可以自由移动的电荷. 在电介质分子中,有极分子有固有电矩,无极分子没有固有电矩.

电介质的极化:在外电场中电介质的表面(或内部)出现束缚电荷的现象.

在外电场中,无极分子中的正、负电荷"重心"发生相对位移而产生位移极化,有极分子的固有电矩转向外电场方向而产生转向极化.

电极化强度用单位体积内分子电偶极矩的矢量和表示. 对各向同性电介质,在电场不太强的情况下,电极化强度 $\boldsymbol{P}$ 与电场强度 $\boldsymbol{E}$ 呈线性关系,即

$$\boldsymbol{P}=\varepsilon_0(\varepsilon_r-1)\boldsymbol{E}=\chi_e\varepsilon_0\boldsymbol{E}$$

式中,ε_r 为电介质的相对介电常量或相对电容率,χ_e 为电介质的电极化率.

束缚电荷面密度:$\sigma'_e = \boldsymbol{P}\cdot\boldsymbol{e}_n$.

5. 有介质时的高斯定理

有电介质存在时的总场强:

$$\boldsymbol{E}=\boldsymbol{E}_0+\boldsymbol{E}'$$

式中,$\boldsymbol{E}'$为束缚电荷的电场强度,$\boldsymbol{E}_0$ 为自由电荷的电场强度.

电位移 $\boldsymbol{D}$:

$$\boldsymbol{D}=\varepsilon_0\boldsymbol{E}+\boldsymbol{P}$$

对各向同性电介质有 $\boldsymbol{D}=\varepsilon_0\varepsilon_r\boldsymbol{E}=\varepsilon\boldsymbol{E}$.

$\boldsymbol{D}$ 的高斯定理:

$$\oint_S \boldsymbol{D}\cdot \mathrm{d}\boldsymbol{S}=\sum q_{0内}$$

即通过任意封闭曲面 S 的 $\boldsymbol{D}$ 通量等于该封闭曲面所包围的自由电荷的代数和 $\sum q_{0内}$. 这一关系式应用于有电介质时电场的分析.

6. 电容器

电容器由两个用电介质或真空隔开的导体组成,其电容定义为

$$C=\frac{Q}{U}$$

对一定结构的电容器,C 由其结构决定,为常量.

平行板电容器: $$C=\frac{\varepsilon_0\varepsilon_r S}{d}$$

球形电容器: $$C=\frac{4\pi\varepsilon_0\varepsilon_r R_1R_2}{R_2-R_1}$$

圆柱形电容器: $$C=\frac{2\pi\varepsilon_0\varepsilon_r l}{\ln(R_2/R_1)}$$

并联电容器组: $$C=\sum C_i$$

串联电容器组: $$\frac{1}{C}=\sum\frac{1}{C_i}$$

7. 电场的能量

电荷系的静电能: $$W_e=\frac{1}{2}\sum_{i=1}^{n}q_i\varphi_i,\quad W_e=\frac{1}{2}\int_q\varphi\mathrm{d}q$$

电容器的能量: $$W_e=\frac{1}{2}\frac{Q^2}{C}=\frac{1}{2}QU=\frac{1}{2}CU^2$$

电场的能量密度: $$w_e=\frac{1}{2}\varepsilon E^2=\frac{1}{2}DE\quad(各向同性电介质)$$

电场的能量: $$W_e=\int_V w_e\mathrm{d}V$$

2.2 习题解答

2-1

(1) 如图 2-1 所示,一个半径为 R 的导体球带正电荷 Q,今将一试验电荷 q_0 放在球外距球心 O 为 r 的 P 点处,求该试验电荷所受的静电场力 $\boldsymbol{F}$;(2) 若将试验电荷换为带有较大电荷量 q 的正的点电荷,测得该点电荷所受的作用力为 $\boldsymbol{F}'$,比较一下 F/q_0 与 F'/q 的数值大小.

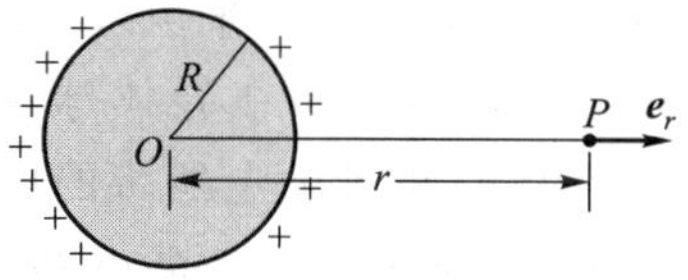

图 2-1　习题 2-1 解答用图

解　(1) 导体球所带的电荷 Q 均匀分布在其球表面上,在球外距球心为 r 的 P 点处产生的电场强度为

$$\boldsymbol{E}=\frac{Q}{4\pi\varepsilon_0 r^2}\boldsymbol{e}_r$$

式中,$\boldsymbol{e}_r$ 为沿 OP 方向的单位矢量. 置于 P 点处的试验电荷 q_0 所受的静电力为

$$\boldsymbol{F}=\frac{Qq_0}{4\pi\varepsilon_0 r^2}\boldsymbol{e}_r$$

(2) 若置于 P 点处的点电荷所带的电荷量 q 较大,则将影响导体球表面的电荷分布,导体球表面靠近点电荷一侧的电荷比原来少一些,而远离点电荷的另一侧的电荷比原来多一些,即电荷由均匀分布变为非均匀分布,如图 2-1 所示. 此时,导体球在 P 点产生的场强 $\boldsymbol{E}'$ 比原来电荷均匀分布时的 $\boldsymbol{E}$ 要小,因此

$$\frac{F}{q_0}>\frac{F'}{q}$$

这说明,试验电荷所带的电荷量必须足够小,否则将影响原来电场的分布,使实际测得的电场强度是电荷重新分布后的场强.

2-2

一导体球 A 半径为 R_1,其外同心地罩以内、外半径分别为 R_2 和 R_3 的厚导体球壳 B,此系统带电后导体球 A 电势为 φ_1,外球壳 B 所带电荷量为 Q. 求此系统各处的电势和电场分布.

解　设导体球 A 所带电荷量为 q,则外球壳 B 内表面带电为 $-q$,外表面带电为 $q+Q$. 因此导体球 A 电势为

$$\varphi_1=\frac{1}{4\pi\varepsilon_0}\left(\frac{q}{R_1}+\frac{-q}{R_2}+\frac{q+Q}{R_3}\right)$$

由此式可解得

$$q=\frac{4\pi\varepsilon_0 R_1R_2R_3\varphi_1-R_1R_2Q}{R_2R_3-R_1R_3+R_1R_2}$$

于是可进一步求得

$r<R_1:\varphi=\varphi_1,\quad E=0$

$$R_1<r<R_2:\varphi=\frac{1}{4\pi\varepsilon_0}\left(\frac{q}{r}+\frac{-q}{R_2}+\frac{q+Q}{R_3}\right),\quad \boldsymbol{E}=\frac{q}{4\pi\varepsilon_0 r^2}\boldsymbol{e}_r$$

$$R_2<r<R_3:\varphi=\frac{q+Q}{4\pi\varepsilon_0 R_3},\quad E=0$$

$$r>R_3:\varphi=\frac{q+Q}{4\pi\varepsilon_0 r},\quad \boldsymbol{E}=\frac{q+Q}{4\pi\varepsilon_0 r^2}\boldsymbol{e}_r$$

2-3

如图 2-2 所示，一半径为 R_1 的金属球 A 所带电荷量为 q_1，外面有一同心金属球壳 B 所带总电荷量为 q_2，内、外半径分别为 R_2 和 R_3. 求此系统的电荷及电势分布.

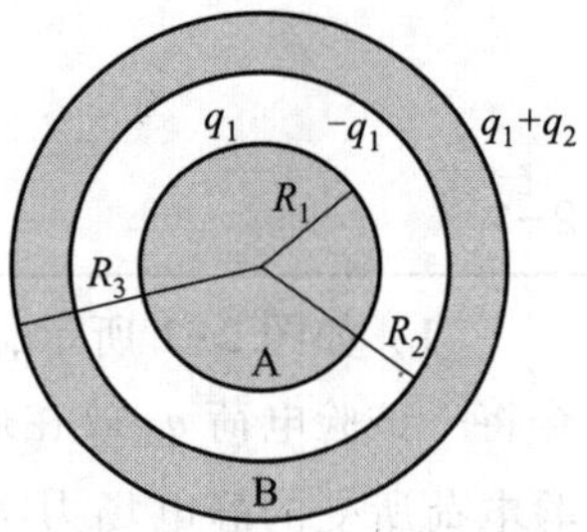

图 2-2 习题 2-3 解答用图

解 由导体的静电平衡条件及高斯定理可知，电荷均匀地分布在导体球和球壳的表面上. 半径为 R_1 的球面上所带的电荷量为 q_1，半径为 R_2 的球面上所带的电荷量为 $-q_1$，半径为 R_3 的球面上所带的电荷量为 q_1+q_2，如图 2-2 所示. 空间各点的电势就是这三个均匀带电球面所产生电势的叠加. 由例 1-21 所求均匀带电球面的电场中电势的分布和电势叠加原理可得此系统的电势分布如下

$$\varphi=\frac{q_1}{4\pi\varepsilon_0 R_1}-\frac{q_1}{4\pi\varepsilon_0 R_2}+\frac{q_1+q_2}{4\pi\varepsilon_0 R_3}\quad (r\leqslant R_1)$$

$$\varphi=\frac{q_1}{4\pi\varepsilon_0 r}-\frac{q_1}{4\pi\varepsilon_0 R_2}+\frac{q_1+q_2}{4\pi\varepsilon_0 R_3}\quad (R_1<r<R_2)$$

$$\varphi=\frac{q_1+q_2}{4\pi\varepsilon_0 R_3}\quad (R_2\leqslant r\leqslant R_3)$$

$$\varphi=\frac{q_1+q_2}{4\pi\varepsilon_0 r}\quad (r>R_3)$$

2-4

一导体球 A 半径为 R_1，其外同心地罩以内、外半径分别为 R_2 和 R_3 的导体球壳 B，二者带电后导体球 A 电势为 φ_1，外球壳 B 电势为 φ_2. (1) 求此系统的电荷和电场分布. (2) 若用导线将导体球 A 和球壳 B 连接起来，结果又如何?

解 (1) 静电平衡时，导体球 A 内和球壳 B 内的电场强度均为零，电荷均匀分布在它们的表面上. 如图 2-3 所示，设 q_1、q_2、q_3 分别表示半径为 R_1、R_2、R_3 的球面上所带的电荷量. 由电势叠加原理可得

$$\varphi_1=\frac{q_1}{4\pi\varepsilon_0 R_1}+\frac{q_2}{4\pi\varepsilon_0 R_2}+\frac{q_3}{4\pi\varepsilon_0 R_3}$$

$$\varphi_2=\frac{q_1+q_2+q_3}{4\pi\varepsilon_0 R_3}$$

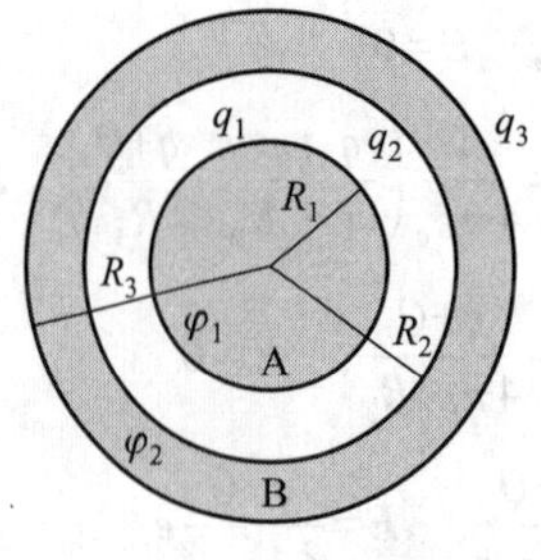

图 2-3 习题 2-4 解答用图

由高斯定理可得

$$q_1+q_2=0$$

联立求解以上三个方程可得

$$q_1=\frac{4\pi\varepsilon_0(\varphi_1-\varphi_2)R_1R_2}{R_2-R_1}$$

$$q_2=\frac{4\pi\varepsilon_0(\varphi_2-\varphi_1)R_1R_2}{R_2-R_1}$$

$$q_3=4\pi\varepsilon_0\varphi_2 R_3$$

由此电荷分布可得电场分布为

$E=0\quad(r<R_1)$

$\boldsymbol{E}=\dfrac{(\varphi_1-\varphi_2)R_1R_2}{(R_2-R_1)r^2}\boldsymbol{e}_r\quad(R_1<r<R_2)$

$E=0\quad(R_2<r<R_3)$

$\boldsymbol{E}=\dfrac{\varphi_2R_3}{r^2}\boldsymbol{e}_r\quad(r>R_3)$

（2）若用导线将球 A 和球壳 B 连接起来，则球 A 表面和球壳 B 的内表面的电荷会完全中和，从而使两个表面都不再带电，两者之间的电场为零，电势差也变为零. 球壳 B 外表面上的电荷仍为 q_3，且均匀分布，它外面的电场分布也保持为 $\varphi_2R_3\boldsymbol{e}_r/r^2$.

2-5

如图 2-4 所示，有三块互相平行的导体板 A、B 和 C.外面的两块导体板 A 和 C 用导线连接，原来不带电，A 和 C 之间的导体板 B 上所带总电荷面密度为 $1.3\times10^{-5}\ \text{C}\cdot\text{m}^{-2}$. 试问每块板的两个表面的电荷面密度各是多少？（忽略边缘效应.）

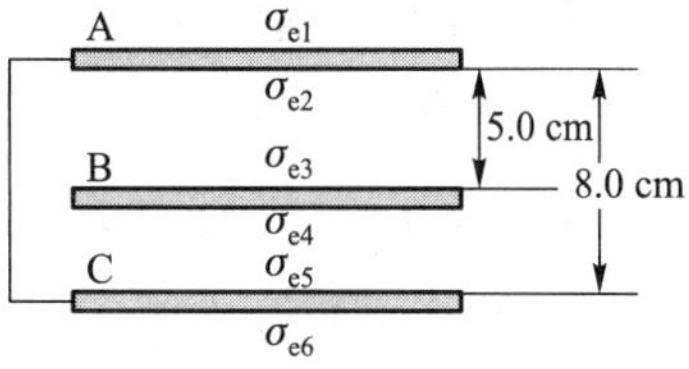

图 2-4　习题 2-5 解答用图

解　如图 2-4 所示，设各板表面所带电荷面密度分别为 σ_{e1}、σ_{e2}、σ_{e3}、σ_{e4}、σ_{e5}和 σ_{e6}. 由 A、B 和 C 三块导体板内部的电场为零，可得

$$\sigma_{e1}-\sigma_{e2}-\sigma_{e3}-\sigma_{e4}-\sigma_{e5}-\sigma_{e6}=0$$

$$\sigma_{e1}+\sigma_{e2}+\sigma_{e3}-\sigma_{e4}-\sigma_{e5}-\sigma_{e6}=0$$

$$\sigma_{e1}+\sigma_{e2}+\sigma_{e3}+\sigma_{e4}+\sigma_{e5}-\sigma_{e6}=0$$

由于 A 和 C 两板相连而等势，即

$$U_{AB}=U_{CB}$$

因此有

$$(\sigma_{e1}+\sigma_{e2}-\sigma_{e3}-\sigma_{e4}-\sigma_{e5}-\sigma_{e6})d_{AB}$$
$$=(\sigma_{e5}+\sigma_{e6}-\sigma_{e1}-\sigma_{e2}-\sigma_{e3}-\sigma_{e4})d_{CB}$$

又由电荷守恒可得，对 B 板

$$\sigma_{e3}+\sigma_{e4}=\sigma_{eB}=1.3\times10^{-5}\ \text{C}\cdot\text{m}^{-2}$$

对相连接的 A 板和 C 板

$$\sigma_{e1}+\sigma_{e2}+\sigma_{e5}+\sigma_{e6}=0$$

联立求解以上 6 个方程，可得

$$\sigma_{e1}=6.5\times10^{-6}\ \text{C}\cdot\text{m}^{-2}$$

$$\sigma_{e2}=-\sigma_{e3}=-4.9\times10^{-6}\ \text{C}\cdot\text{m}^{-2}$$

$$\sigma_{e4}=-\sigma_{e5}=8.1\times10^{-6}\ \text{C}\cdot\text{m}^{-2}$$

$$\sigma_{e6}=6.5\times10^{-6}\ \text{C}\cdot\text{m}^{-2}$$

2-6

如图 2-5 所示，不带电的导体球 A 含有两个球形空腔，两空腔中心分别有一点电荷 q_b 和 q_c，导体球外距导体球很远的 r 处有另一点电荷 q_d. 试问：q_b、q_c 和 q_d 各受到多大的力？哪个答案是近似的？

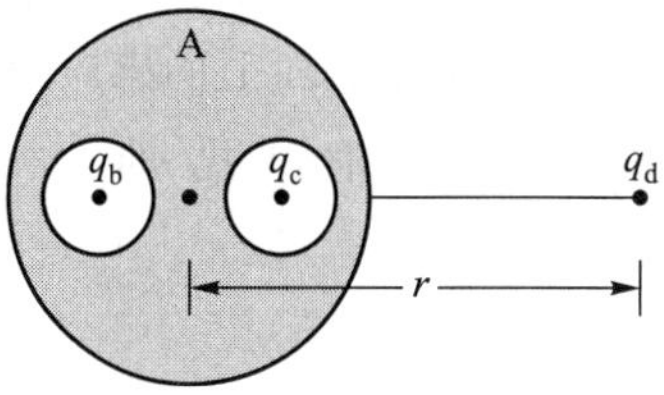

图 2-5　习题 2-6 解答用图

解　由于 q_b 和 q_c 所在球形空腔被周围金属所屏蔽，空腔中心的点电荷 q_b 和 q_c 分别使其所在的球形空腔内表面均匀带上感应电荷，则 q_b 和 q_c 所在处 $E=0$，所以 q_b 和 q_c 受的力都严格等于零.

由于电荷守恒，导体球外表面所带电荷量

为 q_b+q_c. 由于受远处电荷 q_d 的影响,这些电荷只能说近似地均匀分布在导体球外表面,因而近似地对 q_d 有作用力

$$F_d=\frac{(q_b+q_c)q_d}{4\pi\varepsilon_0 r^2}$$

2-7

如图 2-6 所示,一半径为 R、球心位于 O 点的导体球所带电荷量为 Q. 将所带电荷量为 $q(q>0)$ 的点电荷放在导体球外距球心 O 点为 $x(x>R)$ 处. P 点在点电荷 q 与球心 O 的连线上,且 $OP=R/2$. 求:(1) O 点的场强和电势;(2) 导体球上电荷在 P 点激发电场的场强和电势.

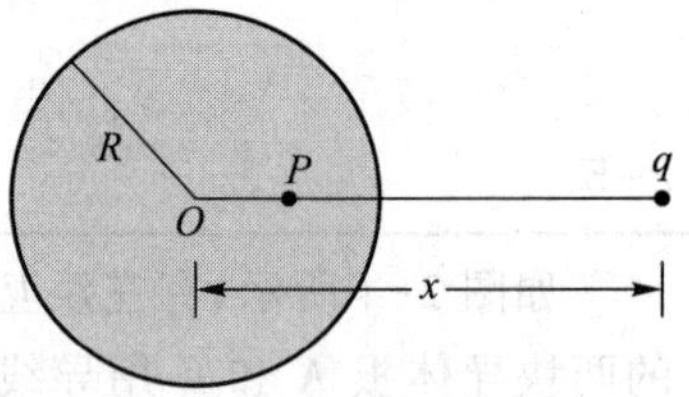

图 2-6 习题 2-7 解答用图

解 (1) 根据静电平衡条件,O 点的场强$E_O=0$.

球心 O 点的电势为

$$\varphi_O=\frac{Q}{4\pi\varepsilon_0 R}+\frac{q}{4\pi\varepsilon_0 x}$$

(2) 根据静电平衡条件,P 点总的电场强度 $E_P=0$. 这是空间所有电荷在 P 点产生的电场包括点电荷 q 在 P 点产生的电场 $\boldsymbol{E}_{1P}$ 与导体球表面上的电荷在 P 点产生的电场 $\boldsymbol{E}_{2P}$ 矢量叠加的结果. 则导体球上电荷在 P 点激发电场的场强大小为

$$E_{2P}=0-\frac{q}{4\pi\varepsilon_0\left(x-\frac{R}{2}\right)^2}=-\frac{q}{4\pi\varepsilon_0\left(x-\frac{R}{2}\right)^2}$$

方向沿球心 O 与点电荷 q 的连线,向右指向点电荷.

P 点的电势也是由空间所有电荷在 P 点产生的电势包括点电荷 q 在 P 点产生的电势 φ_{1P} 与导体球表面上的感应电荷在 P 点产生的电势 φ_{2P} 叠加的结果. 即

$$\varphi_P=\varphi_{1P}+\varphi_{2P}$$

式中,点电荷 q 在 P 点产生的电势为

$$\varphi_{1P}=\frac{q}{4\pi\varepsilon_0\left(x-\frac{R}{2}\right)}$$

则导体球上电荷在 P 点激发电场的电势为

$$\varphi_{2P}=\varphi_P-\varphi_{1P}=\varphi_P-\frac{q}{4\pi\varepsilon_0\left(x-\frac{R}{2}\right)}$$

导体球达到静电平衡后,P 点的总电势与 O 点的总电势相等,即

$$\varphi_P=\varphi_O$$

所以,导体球上电荷在 P 点激发电场的电势为

$$\varphi_{2P}=\varphi_O-\frac{q}{4\pi\varepsilon_0\left(x-\frac{R}{2}\right)}$$

$$=\frac{Q}{4\pi\varepsilon_0 R}+\frac{q}{4\pi\varepsilon_0 x}-\frac{q}{4\pi\varepsilon_0\left(x-\frac{R}{2}\right)}$$

2-8

如图 2-7(a)所示,电荷面密度为 σ_{e1}的均匀带电无限大平板 A 旁边有一带电导体 B,今测得导体 B 表面靠近 P 点处的电荷面密度为 σ_{e2}. 求:(1) P 点处的电场强度;(2) 导体表面靠近 P 点处面积为 ΔS 的电荷元 $\sigma_{e2}\Delta S$ 所受的静电场力.

解　(1) 如图 2-7(b)所示，导体 B 表面小面积 ΔS 所带电荷在它的两侧分别产生电场强度大小为 $\sigma_{e2}/(2\varepsilon_0)$ 的电场 $\boldsymbol{E}_1'$ 和 $\boldsymbol{E}_1''$，导体 B 上其他地方的电荷以及 A 板上的电荷在 ΔS 附近产生的电场为 $\boldsymbol{E}_2$，可视为均匀的. 由场强叠加原理，在 ΔS 的导体内一侧应有

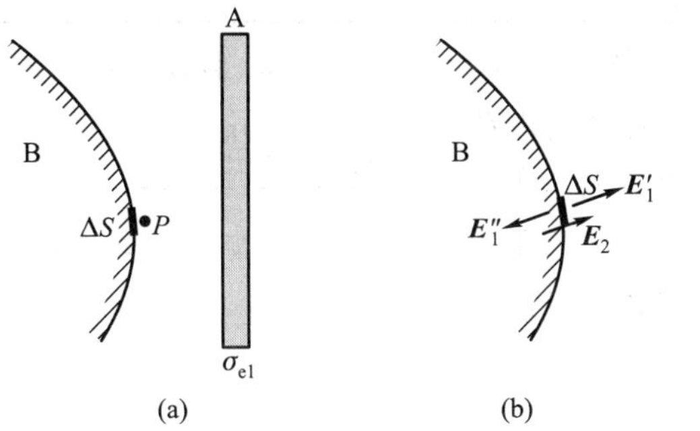

图 2-7　习题 2-8 解答用图

$$\boldsymbol{E}_{内}=\boldsymbol{E}_1''+\boldsymbol{E}_2=0$$

因此

$$\boldsymbol{E}_2=-\boldsymbol{E}_1''=\boldsymbol{E}_1'$$

在 ΔS 的导体外一侧，合电场应为

$$\boldsymbol{E}_{外}=\boldsymbol{E}_1'+\boldsymbol{E}_2=2\boldsymbol{E}_1'$$

所以 P 点的电场强度大小为

$$E_P=\frac{\sigma_{e2}}{\varepsilon_0}$$

方向垂直于导体表面.

(2) 由(1)可知，在导体 B 表面小面积 ΔS 处，导体 B 上其他地方的电荷以及 A 板上的电荷产生的电场强度大小为

$$E_2=\frac{\sigma_{e2}}{2\varepsilon_0}$$

方向垂直于导体表面，向内向外依 σ_{e2} 的正负而定. 因此，导体 B 表面靠近 P 点处的电荷元 $\sigma_{e2}\Delta S$ 所受的电场力大小为

$$F=\sigma_{e2}\Delta SE_2=\sigma_{e2}\Delta S\frac{\sigma_{e2}}{2\varepsilon_0}=\frac{\sigma_{e2}^2}{2\varepsilon_0}\Delta S$$

由于此结果中出现的是 σ_{e2} 的平方，故 $\boldsymbol{F}$ 的方向与 σ_{e2} 的正负无关，都垂直于导体表面指向导体外部.

2-9

如图 2-8(a)所示，一个点电荷 q 放在一无限大接地金属平板上方距离为 h 处，试根据场强叠加原理求出板面上距 q 为 R 的 P 点处的感应电荷面密度.

解　如图 2-8(b)所示，考虑距 q 为 R 的两点 a 和 b，二者分别位于金属表面的上和下，且距离金属表面非常近. 点电荷 q 在 a 和 b 产生的电场基本相同，即

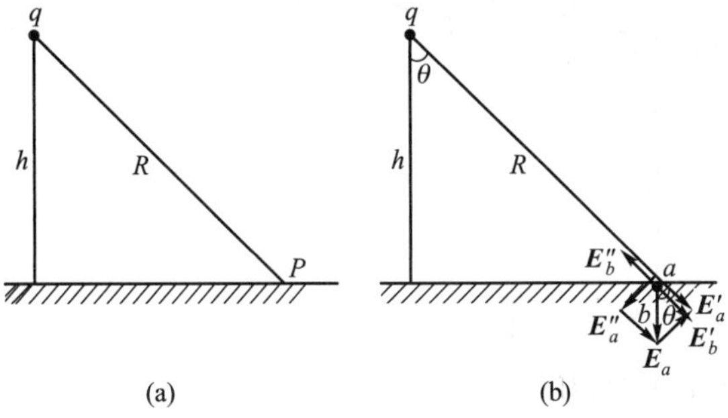

图 2-8　习题 2-9 解答用图

$$\boldsymbol{E}_a'=\boldsymbol{E}_b'=\frac{q}{4\pi\varepsilon_0R^2}\boldsymbol{e}_R$$

式中，$\boldsymbol{e}_R$ 为由 q 所在处沿 R 指向 a 或 b 点方向的单位矢量. 对于在金属内部的 b 点，应该有 $\boldsymbol{E}_b=0$，所以金属表面的感应电荷在 b 点产生的电场应该为 $\boldsymbol{E}_b''=-\boldsymbol{E}_a'$. 根据金属表面上感应电荷的电场对于金属表面应具有平面对称性，所以感应电荷在表面外的 a 点产生的电场应为如图 2-8(b)所示的 $\boldsymbol{E}_a''$，而 $E_a''=E_b''=E_a'$，$\boldsymbol{E}_a''$ 的方向与 $\boldsymbol{E}_b''$ 和平面成同样的角度. 根据场强叠加原理，在表面紧邻处 a 点的电场应为 $\boldsymbol{E}_a=$

$E'_a+E''_a$，如图 2-8(b)所示，E_a 垂直于表面，大小为

$$E_a=2E'_a\cos\theta=\frac{2qh}{4\pi\varepsilon_0R^3}$$

而感应电荷的面密度为

$$\sigma_e=-\varepsilon_0E_a=-\frac{qh}{2\pi R^3}$$

2-10

如图 2-9 所示，在 HCl 分子中，氯核和质子(氢核)的距离 $l_0=0.128$ nm. 假设氢原子的电子完全转移到氯原子上并与其他电子构成一球对称的负电荷分布，而且其中心就在氯核上. 此模型的电偶极矩多大？实测的 HCl 分子的电偶极矩的大小为 3.4×10^{-30} C·m，HCl 分子中的负电荷分布的"重心"应在何处？即求 l 的值(氯核的电荷量为 17e.)

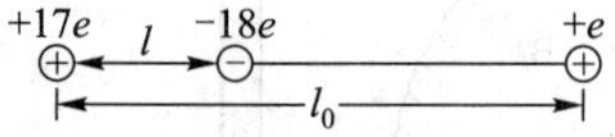

图 2-9　习题 2-10 解答用图

解　按假设模型计算，HCl 分子的电偶极矩为

$$p_0=el_0=1.6\times10^{-19}\times0.128\times10^{-9}\text{ C}\cdot\text{m}=2.0\times10^{-29}\text{ C}\cdot\text{m}$$

此结果比实测数值大.

如图 2-9 所示，设在 HCl 分子中负电分布的"重心"在氯核与质子中间离氯核 l 距离处. 这时 HCl 分子的电偶极矩应为

$$p=-18el+el_0$$

$$l=\frac{el_0-p}{18e}=\frac{(20-3.4)\times10^{-30}}{18\times1.6\times10^{-19}}\text{ m}=5.8\times10^{-12}\text{ m}$$

2-11

如图 2-10(a)所示，两个同心的薄金属球壳，内、外球壳半径分别为 $R_1=0.02$ m 和 $R_2=0.06$ m. 球壳间充满两层均匀电介质，相对介电常量分别为 $\varepsilon_{r1}=6$ 和 $\varepsilon_{r2}=3$. 两层电介质的分界面半径 $R=0.04$ m. 设内球壳带电荷量 $Q=-6\times10^{-8}$ C，求：(1) $\boldsymbol{D}$ 和 $\boldsymbol{E}$ 的分布，并画 $D-r$、$E-r$ 曲线；(2) 两球壳之间的电势差；(3) 贴近内金属壳的电介质表面上的束缚电荷面密度.

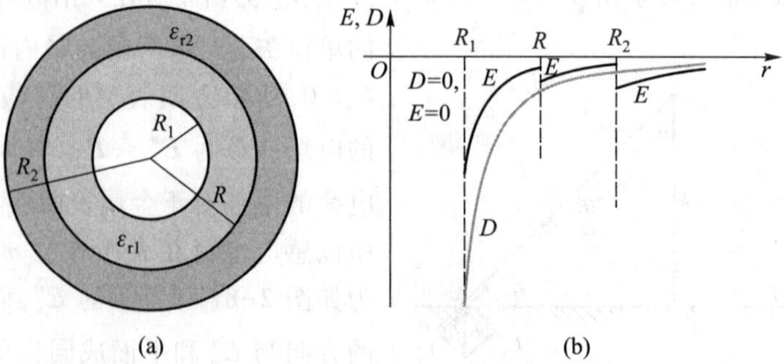

图 2-10　习题 2-11 解答用图

解　(1) 由 $\boldsymbol{D}$ 的高斯定理可得

当 $r<R_1$ 时：　$D=0$

当 $r>R_1$ 时：　$\boldsymbol{D}=\dfrac{Q}{4\pi r^2}\boldsymbol{e}_r$

再由 $\boldsymbol{E}=\boldsymbol{D}/\varepsilon_0\varepsilon_r$，可得

当 $r<R_1$ 时：$E=0$

当 $R_1<r<R$ 时：$\boldsymbol{E}=\dfrac{Q}{4\pi\varepsilon_0\varepsilon_{r1}r^2}\boldsymbol{e}_r$

当 $R<r<R_2$ 时：$\boldsymbol{E}=\dfrac{Q}{4\pi\varepsilon_0\varepsilon_{r2}r^2}\boldsymbol{e}_r$

当 $r>R_2$ 时：$\boldsymbol{E}=\dfrac{Q}{4\pi\varepsilon_0 r^2}\boldsymbol{e}_r$

$D-r$ 和 $E-r$ 曲线如图 2-10(b)所示.

(2) 两球壳之间的电势差为

$$U=\int_{R_1}^{R}E\mathrm{d}r+\int_{R}^{R_2}E\mathrm{d}r$$

$$=\int_{R_1}^{R}\frac{Q}{4\pi\varepsilon_0\varepsilon_{r1}r^2}\mathrm{d}r+\int_{R}^{R_2}\frac{Q}{4\pi\varepsilon_0\varepsilon_{r2}r^2}\mathrm{d}r$$

$$=\frac{Q}{4\pi\varepsilon_0}\left(\frac{1}{\varepsilon_{r1}R_1}-\frac{1}{\varepsilon_{r1}R}+\frac{1}{\varepsilon_{r2}R}-\frac{1}{\varepsilon_{r2}R_2}\right)$$

$$=9\times10^9\times(-6\times10^{-8})\times\left(\frac{1}{6\times0.02}-\frac{1}{6\times0.04}+\frac{1}{3\times0.04}-\frac{1}{3\times0.06}\right)\ \mathrm{V}$$

$$=-3.8\times10^3\ \mathrm{V}$$

(3) 贴近内金属壳的电介质表面上的束缚电荷面密度为

$$\sigma'=\boldsymbol{P}\cdot\boldsymbol{e}_n=-P_n=-\varepsilon_0(\varepsilon_{r1}-1)E$$

$$=-\varepsilon_0(\varepsilon_{r1}-1)\frac{Q}{4\pi\varepsilon_0\varepsilon_{r1}R_1^2}$$

$$=-(6-1)\times\frac{-6\times10^{-8}}{4\pi\times6\times0.02^2}\ \mathrm{C\cdot m^{-2}}$$

$$=9.9\times10^{-6}\ \mathrm{C\cdot m^{-2}}$$

2-12

半径为 R 的介质球，相对介电常量为 ε_r，其电荷体密度为 $\rho_e=\rho_0(1-r/R)$，式中，ρ_0 为常量，r 是球心到球内某点的距离. (1) 求介质球内的电位移和电场强度分布；(2) 问在半径 r 多大处电场强度最大？

解　(1) 取半径为 r'，厚度为 $\mathrm{d}r'$的薄球壳，其中包含电荷量

$$\mathrm{d}q=\rho_e\mathrm{d}V=\rho_0\left(1-\frac{r'}{R}\right)4\pi r'^2\mathrm{d}r'=4\pi\rho_0\left(r'^2-\frac{r'^3}{R}\right)\mathrm{d}r'$$

取半径为 r 的同心球形高斯面，应用 $\boldsymbol{D}$ 的高斯定理，则

$$4\pi r^2D=4\pi\rho_0\int_0^r\left(r'^2-\frac{r'^3}{R}\right)\mathrm{d}r'=4\pi\rho_0\left(\frac{r^3}{3}-\frac{r^4}{4R}\right)$$

则电位移大小为

$$D=\rho_0\left(\frac{r}{3}-\frac{r^2}{4R}\right)$$

矢量式为

$$\boldsymbol{D}=\rho_0\left(\frac{r}{3}-\frac{r^2}{4R}\right)\boldsymbol{e}_r$$

电场强度大小为

$$E=\frac{D}{\varepsilon_0\varepsilon_r}=\frac{\rho_0}{\varepsilon_0\varepsilon_r}\left(\frac{r}{3}-\frac{r^2}{4R}\right)$$

矢量式为

$$\boldsymbol{E}=\frac{\rho_0}{\varepsilon_0\varepsilon_r}\left(\frac{r}{3}-\frac{r^2}{4R}\right)\boldsymbol{e}_r$$

(2) 对 $E(r)$ 求极值

$$\frac{\mathrm{d}E}{\mathrm{d}r}=\frac{\rho_0}{\varepsilon_0\varepsilon_r}\left(\frac{1}{3}-\frac{r}{2R}\right)=0$$

得

$$r=\frac{2R}{3}$$

且

$$\frac{\mathrm{d}^2E}{\mathrm{d}r^2}<0$$

所以 $r=2R/3$ 处电场强度最大.

2-13

两同心导体球壳之间充满各向同性均匀电介质,外球壳半径为 r_2,内外球壳电势差 U 保持不变. 问内球壳半径 r_1 多大时才能使内球壳表面附近的电场强度最小?

解 设内球壳带电荷量为 q,均匀电介质的介电常量为 ε,则内外球壳之间电场强度大小为

$$E=\frac{q}{4\pi\varepsilon r^2}$$

因此,内外球壳之间的电势差为

$$U=\int E\mathrm{d}r=\int_{r_1}^{r_2}\frac{q}{4\pi\varepsilon r^2}\mathrm{d}r=\frac{q}{4\pi\varepsilon}\left(\frac{1}{r_1}-\frac{1}{r_2}\right)$$

则

$$\frac{q}{4\pi\varepsilon}=\frac{Ur_1r_2}{r_2-r_1}$$

所以内球壳表面外邻近处的电场强度大小为

$$E_{内}=\frac{q}{4\pi\varepsilon r_1^2}=\frac{Ur_2}{(r_2-r_1)r_1}$$

对 $E_{内}$ 求极值

$$\frac{\mathrm{d}E_{内}}{\mathrm{d}r_1}=\frac{Ur_2(2r_1-r_2)}{(r_2-r_1)^2r_1^2}=0$$

得

$$r_1=\frac{r_2}{2}$$

且

$$\frac{\mathrm{d}^2E_{内}}{\mathrm{d}r_1^2}=\frac{32Ur_2}{r_2^4}>0$$

所以内球壳半径 $r_1=r_2/2$ 时才能使内球壳表面的电场强度最小.

2-14

两共轴的导体长圆筒的内、外筒半径分别为 R_1 和 R_2,且 $R_2<2R_1$. 其间有两层各向同性均匀电介质,分界面半径为 r_0. 内层介质相对介电常量为 ε_{r1},外层介质相对介电常量为 ε_{r2},且 $\varepsilon_{r2}=\varepsilon_{r1}/2$. 两层介质的击穿场强都是 E_{max}. 当电压升高时,哪层介质先击穿? 两筒间能加的最大电压多大?

解 设内筒带电的电荷线密度为 λ_e,则内外筒之间电场强度为

当 $R_1<r<r_0$ 时:$\boldsymbol{E}_1=\dfrac{\lambda_e}{2\pi\varepsilon_0\varepsilon_{r1}r}\boldsymbol{e}_r$

当 $r_0<r<R_2$ 时:$\boldsymbol{E}_2=\dfrac{\lambda_e}{2\pi\varepsilon_0\varepsilon_{r2}r}\boldsymbol{e}_r=\dfrac{\lambda_e}{\pi\varepsilon_0\varepsilon_{r1}r}\boldsymbol{e}_r$

因此,内外筒之间的电压为

$$U=\int_{R_1}^{r_0}E_1\mathrm{d}r+\int_{r_0}^{R_2}E_2\mathrm{d}r$$

$$=\int_{R_1}^{r_0}\frac{\lambda_e}{2\pi\varepsilon_0\varepsilon_{r1}r}\mathrm{d}r+\int_{r_0}^{R_2}\frac{\lambda_e}{\pi\varepsilon_0\varepsilon_{r1}r}\mathrm{d}r$$

$$=\frac{\lambda_e}{2\pi\varepsilon_0\varepsilon_{r1}}\ln\frac{R_2^2}{R_1r_0}$$

则

$$\frac{\lambda_e}{2\pi\varepsilon_0\varepsilon_{r1}}=\frac{U}{\ln\dfrac{R_2^2}{R_1r_0}}$$

内层介质中的最大电场强度在 $r=R_1$ 处,大小为

$$E_1=\frac{\lambda_e}{2\pi\varepsilon_0\varepsilon_{r1}R_1}=\frac{U}{R_1\ln\dfrac{R_2^2}{R_1r_0}}$$

则外层介质中的最大电场强度在 $r=r_0$ 处,大小为

$$E_2=\frac{\lambda_e}{\pi\varepsilon_0\varepsilon_{r1}r_0}=\frac{2U}{r_0\ln\frac{R_2^2}{R_1r_0}}$$

两结果相比

$$E_2/E_1=2R_1/r_0$$

由于 $r_0<R_2$，且 $R_2<2R_1$，所以总有 $E_2/E_1>1$. 因此当电压升高时，外层介质中先达到 E_{max} 而被击穿. 而最大的电压可由 $E_2=E_{max}$ 求得为

$$U_{max}=\frac{E_{max}r_0}{2}\ln\frac{R_2^2}{R_1r_0}$$

2-15

如图 2-11 所示，两平行金属带电平板上的自由电荷面密度分别为 $+\sigma_{e0}$ 和 $-\sigma_{e0}$，板间充满两层各向同性均匀电介质，相对介电常量分别为 ε_{r1} 和 ε_{r2}，厚度分别为 d_1 和 d_2. 忽略边缘效应求：(1) 各层电介质中的电场强度；(2) 两电介质表面上的束缚电荷面密度.

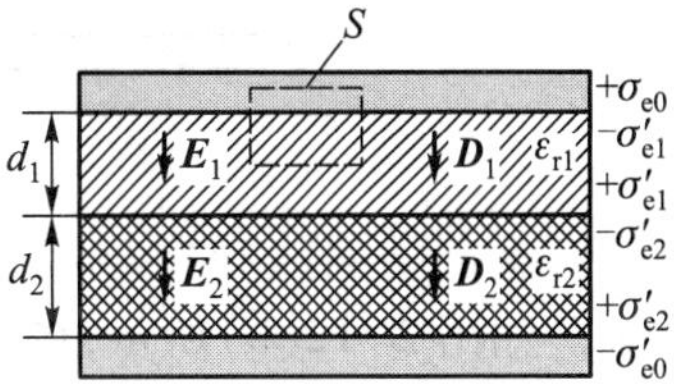

图 2-11　习题 2-15 解答用图

解　(1) 由于两层电介质都是均匀的，且不考虑边缘效应，因此板间各处的电位移 $\boldsymbol{D}$ 与电场 $\boldsymbol{E}$ 的方向都垂直于板面且在两层内部均匀分布. 设两层电介质中的电位移分别为 $\boldsymbol{D}_1$ 和 $\boldsymbol{D}_2$，电场强度分别为 $\boldsymbol{E}_1$ 和 $\boldsymbol{E}_2$.

在板间作一底面积为 ΔS 的封闭柱面 S 为高斯面，其轴线与板面垂直，两底面与板面平行，且上底面在金属平板内，如图 2-11 所示. 由于在上底面处电场强度为零，在侧面上面元矢量方向与电场强度方向垂直，所以通过上底面和侧面的 $\boldsymbol{D}$ 通量为零，通过整个封闭曲面的 $\boldsymbol{D}$ 通量就是通过下底面的 $\boldsymbol{D}$ 通量. 由 $\boldsymbol{D}$ 的高斯定理可知

$$\oint_S \boldsymbol{D}\cdot d\boldsymbol{S}=D\cdot\Delta S=\sigma_{e0}\Delta S$$

因此有

$$D=\sigma_{e0}$$

根据 $\boldsymbol{D}=\varepsilon_0\varepsilon_r\boldsymbol{E}$，可得相对介电常量为 ε_{r1} 的电介质中的电场强度大小为

$$E_1=\frac{D}{\varepsilon_0\varepsilon_{r1}}=\frac{\sigma_{e0}}{\varepsilon_0\varepsilon_{r1}}$$

同理可得相对介电常量为 ε_{r2} 的电介质中的电场强度大小为

$$E_2=\frac{D}{\varepsilon_0\varepsilon_{r2}}=\frac{\sigma_{e0}}{\varepsilon_0\varepsilon_{r2}}$$

可见，两层电介质中的电位移相等，但电场强度不等.

(2) 由 $\boldsymbol{P}=\varepsilon_0(\varepsilon_r-1)\boldsymbol{E}$ 及 $\sigma'_e=\boldsymbol{P}\cdot\boldsymbol{e}_n$，可得 ε_{r1} 电介质中的束缚电荷面密度的数值为

$$\sigma'_{e1}=\frac{\varepsilon_{r1}-1}{\varepsilon_{r1}}\sigma_{e0}$$

ε_{r2} 电介质中的束缚电荷面密度的数值为

$$\sigma'_{e2}=\frac{\varepsilon_{r2}-1}{\varepsilon_{r2}}\sigma_{e0}$$

束缚电荷面密度的正负号，如图 2-11 所示.

2-16

如图 2-12(a)所示，两平行金属板相距为 d，板间充以介电常量分别为 ε_1 和 ε_2 的两种各向同性均匀电介质，其面积分别占 S_1 和 S_2. 设两板分别带等量异号电荷 $+Q$ 和 $-Q$，求金属板上电荷面密度的分布以及与金属板相邻的电介质表面上的束缚电荷面密度的分布(忽略边缘效应).

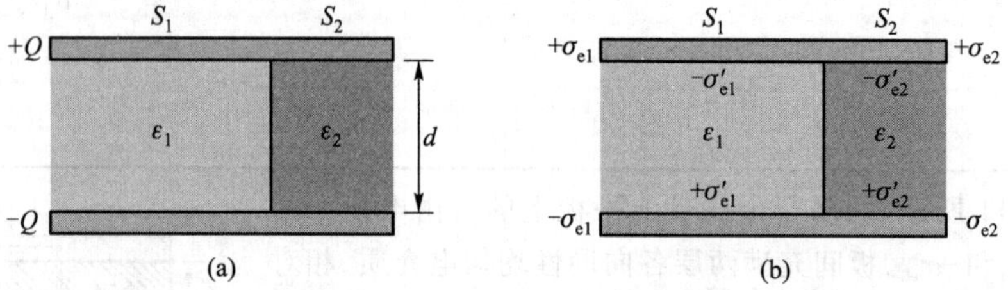

图 2-12 习题 2-16 解答用图

解 如图 2-12(b)所示，在忽略边缘效应的条件下，设在金属板 S_1 和 S_2 两部分上的电荷面密度分别为 $\pm\sigma_{e1}$ 和 $\pm\sigma_{e2}$，在与金属板相邻的电介质表面上的束缚电荷面密度分别为 $\mp\sigma'_{e1}$ 和 $\mp\sigma'_{e2}$. 应用高斯定理可得电介质内的电位移和电场分布分别为

$$D_1=\sigma_{e1},\quad E_1=\frac{\sigma_{e1}}{\varepsilon_1}$$

$$D_2=\sigma_{e2},\quad E_2=\frac{\sigma_{e2}}{\varepsilon_2}$$

$\boldsymbol{D}_1$、$\boldsymbol{E}_1$ 和 $\boldsymbol{D}_2$、$\boldsymbol{E}_2$ 都与板面垂直. 由于静电平衡时金属板是等势体，所以左右两部分两板间的电势差是相等的，即

$$E_1 d=E_2 d$$

由上可解得

$$E_1=E_2=\frac{\sigma_{e1}}{\varepsilon_1}=\frac{\sigma_{e2}}{\varepsilon_2}$$

而板上的总电荷量为

$$Q=\sigma_{e1}S_1+\sigma_{e2}S_2$$

联立解得

$$\sigma_{e1}=\frac{\varepsilon_1 Q}{\varepsilon_1 S_1+\varepsilon_2 S_2},\quad \sigma_{e2}=\frac{\varepsilon_2 Q}{\varepsilon_1 S_1+\varepsilon_2 S_2}$$

于是

$$E_1=E_2=\frac{Q}{\varepsilon_1 S_1+\varepsilon_2 S_2}$$

束缚电荷面密度分别为

$$\sigma'_{e1}=P_1=\varepsilon_0(\varepsilon_{r1}-1)E_1=(\varepsilon_1-\varepsilon_0)E_1=\frac{(\varepsilon_1-\varepsilon_0)Q}{\varepsilon_1 S_1+\varepsilon_2 S_2}=\frac{\varepsilon_1-\varepsilon_0}{\varepsilon_1}\sigma_{e1}$$

$$\sigma'_{e2}=P_2=\varepsilon_0(\varepsilon_{r2}-1)E_2=(\varepsilon_2-\varepsilon_0)E_2=\frac{(\varepsilon_2-\varepsilon_0)Q}{\varepsilon_1 S_1+\varepsilon_2 S_2}=\frac{\varepsilon_2-\varepsilon_0}{\varepsilon_2}\sigma_{e2}$$

2-17

如图 2-13 所示，两块面积相等的大金属板平行放置，分别带有等量异号的电荷，电荷面密度 $\sigma_e=8.85\times10^{-8}\ \mathrm{C\cdot m^{-2}}$. 两板间平行插入一块 $\varepsilon_r=5.0$ 的各向同性均匀电介质板(忽略边缘效应.). 求：(1) 金属板与电介质板之间缝中的电位移和电场强度；(2) 电介质中的电位移、电场强度和电极化强度；(3) 电介质表面束缚电荷面密度.

解　由于电介质是均匀的，且不考虑边缘效应，因此板间各处的电场强度与电位移的方向都垂直于板面且在缝内和电介质内分别均匀分布. 设缝内和电介质中的电场强度分别为 $\boldsymbol{E}_0$ 和 $\boldsymbol{E}$，电位移分别为 $\boldsymbol{D}_0$ 和 $\boldsymbol{D}$.

（1）如图 2-13 所示，作一底面积为 ΔS 的封闭柱面 S 为高斯面，其轴线与板面垂直，两底面与板面平行，且左底面在金属平板内，右底面在缝内. 由于在左底面处电场强度为零，在侧面上面元矢量方向与电场强度方向垂直，所以通过左底面和侧面的 $\boldsymbol{E}$ 通量为零，通过整个闭合曲面的 $\boldsymbol{E}$ 通量就是通过右底面的 $\boldsymbol{E}$ 通量. 由 $\boldsymbol{E}$ 的高斯定理可知

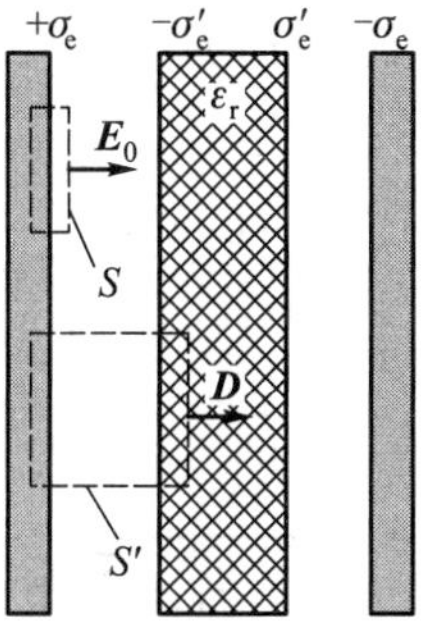

图 2-13　习题 2-17 解答用图

$$\oint_S \boldsymbol{E}\cdot d\boldsymbol{S}=E_0\cdot\Delta S=\frac{\sigma_e\Delta S}{\varepsilon_0}$$

因此有

$$E_0=\frac{\sigma_e}{\varepsilon_0}=\frac{8.85\times10^{-8}}{8.85\times10^{-12}}\ \text{V}\cdot\text{m}^{-1}$$
$$=1.0\times10^4\ \text{V}\cdot\text{m}^{-1}$$

方向垂直于板面向右.

$$D_0=\varepsilon_0E_0=8.85\times10^{-12}\times1.0\times10^4\ \text{C}\cdot\text{m}^{-2}$$
$$=8.85\times10^{-8}\ \text{C}\cdot\text{m}^{-2}$$

方向与 $\boldsymbol{E}_0$ 相同.

（2）与封闭柱面 S 相似，作一底面积为 $\Delta S'$ 的封闭柱面 S' 为高斯面，其左底面在金属平板内，右底面在电介质内，如图 2-13 所示. 通过整个闭合曲面的 $\boldsymbol{D}$ 通量就是通过右底面的 $\boldsymbol{D}$ 通量. 由 $\boldsymbol{D}$ 的高斯定理可知

$$\oint_S \boldsymbol{D}\cdot d\boldsymbol{S}=D\cdot\Delta S'=\sigma_e\Delta S'$$

因此有

$$D=\sigma_e=8.85\times10^{-8}\ \text{C}\cdot\text{m}^{-2}$$

方向垂直于板面向右.

$$E=\frac{D}{\varepsilon_0\varepsilon_r}=\frac{8.85\times10^{-8}}{8.85\times10^{-12}\times5.0}\ \text{V}\cdot\text{m}^{-1}$$
$$=2.0\times10^3\ \text{V}\cdot\text{m}^{-1}$$

方向与 $\boldsymbol{D}$ 相同.

$$P=\varepsilon_0(\varepsilon_r-1)E$$
$$=8.85\times10^{-12}\times(5.0-1)\times2.0\times10^3\ \text{C}\cdot\text{m}^{-2}$$
$$=7.08\times10^{-8}\ \text{C}\cdot\text{m}^{-2}$$

方向垂直于板面向右.

（3）电介质表面束缚电荷面密度为

$$\sigma'_e=\boldsymbol{P}\cdot\boldsymbol{e}_n=7.08\times10^{-8}\ \text{C}\cdot\text{m}^{-2}$$

束缚电荷面密度的正负号如图 2-13 所示.

2-18

如图 2-14 所示，一铜球所带电荷量为 Q，半径为 R，上半铜球被相对介电常量为 ε_{r1} 的电介质包围，下半铜球被相对介电常量为 ε_{r2} 的电介质包围. 若将上、下两个铜半球上的电荷分别视为均匀分布，求贴近铜球上、下表面的电介质表面上的束缚电荷面密度.

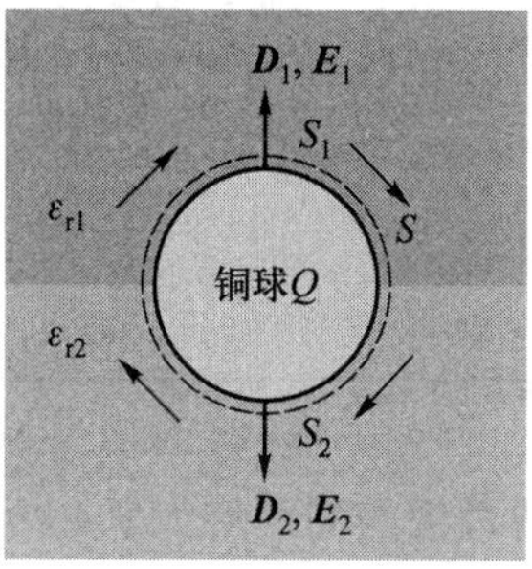

图 2-14　习题 2-18 解答用图

解　在铜球外紧贴球面取同心球面 S 作为高斯面，其中半球面 S_1 在相对介电常量为 ε_{r1} 的电介质中，半球面 S_2 在相对介电常量为 ε_{r2} 的

电介质中. 若上、下两个铜半球上的电荷均匀分布,设 S_1 面和 S_2 面上的电位移分别为 $\boldsymbol{D}_1$ 和 $\boldsymbol{D}_2$,则通过 S 面的 $\boldsymbol{D}$ 通量为

$$\oint_S \boldsymbol{D}\cdot d\boldsymbol{S}=\int_{S_1}\boldsymbol{D}_1\cdot d\boldsymbol{S}+\int_{S_2}\boldsymbol{D}_2\cdot d\boldsymbol{S}$$

$$=2\pi R^2(D_1+D_2)$$

利用 $\boldsymbol{D}$ 的高斯定理 $\oint_S \boldsymbol{D}\cdot d\boldsymbol{S}=Q$,得

$$D_1+D_2=\frac{Q}{2\pi R^2} \quad ①$$

由于铜球上下为等势体,铜球相对于无穷远处的电势差可以表示为

$$U=\int_R^\infty E_1 dr=\int_R^\infty E_2 dr$$

故两种电介质中电场强度分布相同,即 $E_1=E_2$,或

$$\frac{D_1}{\varepsilon_0\varepsilon_{r1}}=\frac{D_2}{\varepsilon_0\varepsilon_{r2}} \quad ②$$

联立求解式①和式②,可得 S_1 面和 S_2 面上

$$D_1=\frac{\varepsilon_{r1}Q}{2\pi(\varepsilon_{r1}+\varepsilon_{r2})R^2},\quad D_2=\frac{\varepsilon_{r2}Q}{2\pi(\varepsilon_{r1}+\varepsilon_{r2})R^2}$$

所以

$$E_1=E_2=\frac{D_1}{\varepsilon_0\varepsilon_{r1}}=\frac{Q}{2\pi\varepsilon_0(\varepsilon_{r1}+\varepsilon_{r2})R^2}$$

贴近铜球上、下表面的电介质表面上的束缚电荷面密度为

$$\sigma'_{e1}=-P_1=-\varepsilon_0(\varepsilon_{r1}-1)E_1=-\frac{(\varepsilon_{r1}-1)Q}{2\pi(\varepsilon_{r1}+\varepsilon_{r2})R^2}$$

$$\sigma'_{e2}=-P_2=-\varepsilon_0(\varepsilon_{r2}-1)E_2=-\frac{(\varepsilon_{r2}-1)Q}{2\pi(\varepsilon_{r1}+\varepsilon_{r2})R^2}$$

2-19

某介质的相对介电常量为 $\varepsilon_r=2.8$,击穿场强大小为 18 MV · m^{-1},若用其制作平行板电容器的电介质,要获得电容为 0.047 μF 而耐压值为 4 000 V 的电容器,它的极板面积至少要多大?

解 电容器的电压

$$U=Ed$$

两板间的电场最大为击穿场强 $\boldsymbol{E}_{max}$,所以两板间距离的最小值为

$$d_{min}=\frac{U}{E_{max}}$$

平行板电容器的电容为

$$C=\frac{\varepsilon_0\varepsilon_r S}{d}$$

因此极板面积至少为

$$S_{min}=\frac{Cd_{min}}{\varepsilon_0\varepsilon_r}=\frac{CU}{\varepsilon_0\varepsilon_r E_{max}}$$

$$=\frac{0.047\times10^{-6}\times4\ 000}{8.85\times10^{-12}\times2.8\times18\times10^6}\ m^2$$

$$=0.42\ m^2$$

2-20

将一个极板面积为 500 cm^2 的空气平行板电容器充电到一定电压后与电源断开. 然后把两极板的间距增大 0.4 cm,此时两极板间的电压增大了 100 V. 问:平行板电容器的电荷量 Q 为多少?

解　设平行板电容器两极板上的电荷面密度为$\pm\sigma_e$，则两板间电场强度大小为

$$E=\frac{\sigma_e}{\varepsilon_0}$$

对平行板电容器

$$\Delta U=E\cdot\Delta d$$

则其所带电荷量为

$$Q=\sigma_e S=\varepsilon_0 ES=\frac{\varepsilon_0 S\cdot\Delta U}{\Delta d}$$

$$=\frac{8.85\times10^{-12}\times500\times10^{-4}\times100}{0.4\times10^{-2}}\ \mathrm{C}$$

$$=1.11\times10^{-8}\ \mathrm{C}$$

2-21

如图 2-15 所示，同轴电缆由半径为 R_1 的导线和半径为 R_3 的导体圆筒构成，在两导体圆筒之间用两层电介质隔离，分界面的半径为 R_2，其介电常量分别为 ε_1 和 ε_2. 若使两层电介质中最大电场强度相等，其条件如何？并求此情况下电缆单位长度的电容.

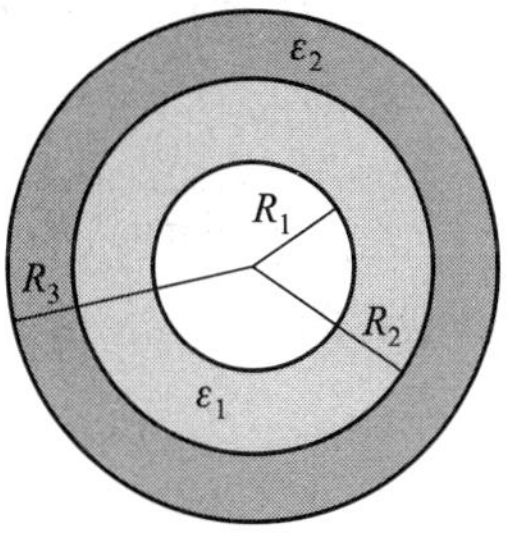

图 2-15　习题 2-21 解答用图

解　设内层导线带电的电荷线密度为 λ_e，则内层电介质中的最大电场强度（在 $r=R_1$ 处）为

$$E_{1\max}=\frac{\lambda_e}{2\pi\varepsilon_1 R_1}$$

外层电介质中的最大电场强度（在 $r=R_2$ 处）为

$$E_{2\max}=\frac{\lambda_e}{2\pi\varepsilon_2 R_2}$$

由于

$$E_{1\max}=E_{2\max}$$

所以

$$\frac{\lambda_e}{2\pi\varepsilon_1 R_1}=\frac{\lambda_e}{2\pi\varepsilon_2 R_2}$$

即

$$\frac{\varepsilon_1}{\varepsilon_2}=\frac{R_2}{R_1}$$

在此条件下，两导体间的电势差为

$$U=\int\boldsymbol{E}\cdot\mathrm{d}\boldsymbol{l}=\int_{R_1}^{R_2}E_1\mathrm{d}r+\int_{R_2}^{R_3}E_2\mathrm{d}r$$

$$=\int_{R_1}^{R_2}\frac{\lambda_e}{2\pi\varepsilon_1 r}\mathrm{d}r+\int_{R_2}^{R_3}\frac{\lambda_e}{2\pi\varepsilon_2 r}\mathrm{d}r$$

$$=\frac{\lambda_e}{2\pi\varepsilon_1}\ln\frac{R_2}{R_1}+\frac{\lambda_e}{2\pi\varepsilon_2}\ln\frac{R_3}{R_2}$$

则电缆单位长度的电容为

$$C=\frac{\lambda_e}{U}=\frac{2\pi}{\dfrac{1}{\varepsilon_1}\ln\dfrac{R_2}{R_1}+\dfrac{1}{\varepsilon_2}\ln\dfrac{R_3}{R_2}}$$

2-22

如图 2-16 所示，一球形电容器内外两导体薄球壳的半径分别为 R_1 和 R_4，两球壳之间放一个内外半径为 R_2 和 R_3 的同心导体球层.（1）求半径为 R_1 与 R_4 两球面间的电容；（2）如两导体壳之间放一个内外半径分别为 R_2 和 R_3 的同心电介质球层，电介质的相对介电常量为 ε_r，则半径为 R_1 与 R_4 两球面间的电容又如何？

解 (1) 导体球层:设半径为 R_1 的内球壳带电荷量为 Q,由于静电感应,各球面带电情况如图 2-16 所示. 电场分布为

$$\boldsymbol{E}_1=\frac{Q}{4\pi\varepsilon_0 r^2}\boldsymbol{e}_r \quad (R_1<r<R_2)$$

$$E_2=0 \quad (R_2<r<R_3)$$

$$\boldsymbol{E}_3=\frac{Q}{4\pi\varepsilon_0 r^2}\boldsymbol{e}_r \quad (R_3<r<R_4)$$

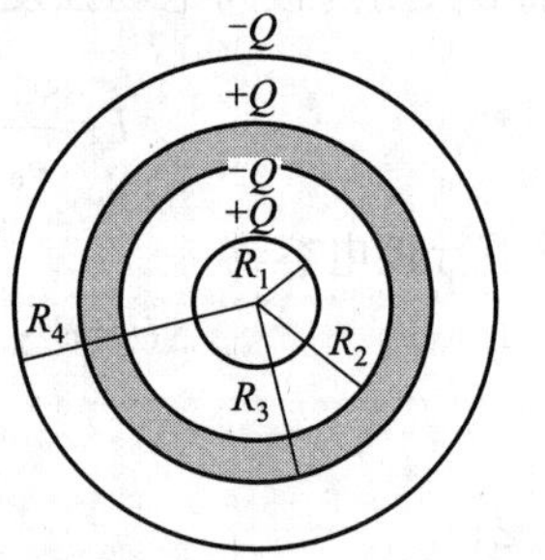

图 2-16　习题 2-22 解答用图

半径 R_1 和 R_4 之间的电势差为

$$U=\int_{R_1}^{R_4}\boldsymbol{E}\cdot \mathrm{d}\boldsymbol{r}=\int_{R_1}^{R_2}\frac{Q}{4\pi\varepsilon_0 r^2}\mathrm{d}r+\int_{R_3}^{R_4}\frac{Q}{4\pi\varepsilon_0 r^2}\mathrm{d}r$$

$$=\frac{Q}{4\pi\varepsilon_0}\left(\frac{1}{R_1}-\frac{1}{R_2}+\frac{1}{R_3}-\frac{1}{R_4}\right)$$

所以电容为

$$C=\frac{Q}{U}=\frac{4\pi\varepsilon_0 R_1R_2R_3R_4}{R_2R_3R_4-R_1R_3R_4+R_1R_2R_4-R_1R_2R_3}$$

(2) 电介质球壳:设内外球壳带电 $+Q$ 和 $-Q$,电介质球壳上没有自由电荷. 电场分布为

$$\boldsymbol{E}_1=\frac{Q}{4\pi\varepsilon_0 r^2}\boldsymbol{e}_r \quad (R_1<r<R_2)$$

$$\boldsymbol{E}_2=\frac{Q}{4\pi\varepsilon_0\varepsilon_r r^2}\boldsymbol{e}_r \quad (R_2<r<R_3)$$

$$\boldsymbol{E}_3=\frac{Q}{4\pi\varepsilon_0 r^2}\boldsymbol{e}_r \quad (R_3<r<R_4)$$

半径 R_1 和 R_4 之间的电势差为

$$U=\int_{R_1}^{R_4}\boldsymbol{E}\cdot \mathrm{d}\boldsymbol{r}=\int_{R_1}^{R_2}\frac{Q}{4\pi\varepsilon_0 r^2}\mathrm{d}r+\int_{R_2}^{R_3}\frac{Q}{4\pi\varepsilon_0\varepsilon_r r^2}\mathrm{d}r+\int_{R_3}^{R_4}\frac{Q}{4\pi\varepsilon_0 r^2}\mathrm{d}r$$

$$=\frac{Q}{4\pi\varepsilon_0}\left(\frac{1}{R_1}-\frac{1}{R_2}+\frac{1}{\varepsilon_r R_2}-\frac{1}{\varepsilon_r R_3}+\frac{1}{R_3}-\frac{1}{R_4}\right)$$

所以电容为

$$C=\frac{Q}{U}=\frac{4\pi\varepsilon_0\varepsilon_r R_1R_2R_3R_4}{\varepsilon_r R_2R_3R_4-(\varepsilon_r-1)R_1R_3R_4+(\varepsilon_r-1)R_1R_2R_4-\varepsilon_r R_1R_2R_3}$$

2-23

如图 2-17(a)所示,一个平行板电容器的 A、B 两极板相距 0.50 mm,每个极板的面积均为 0.02 m^2,放在一个金属盒子 K 中. 电容器两极板到盒子上下底面的距离各为 0.25 mm,忽略边缘效应,求此电容器的电容. 若将一个极板和盒子用导线连接,电容器的电容又是多大?

解　原电容器和盒子相当于图 2-17(b)所示的组合电容器,其总电容为

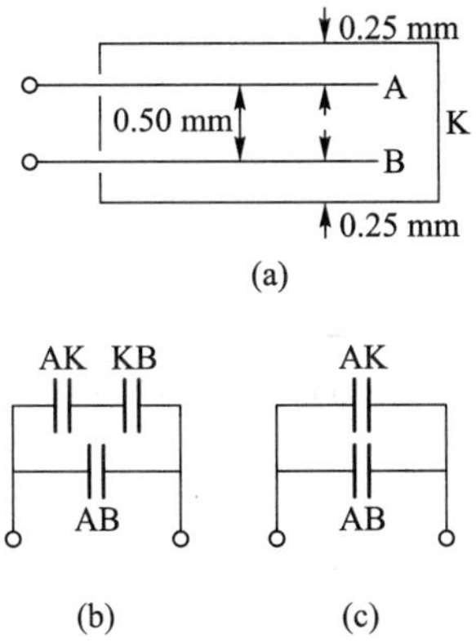

图 2-17　习题 2-23 解答用图

$$C=C_{AB}+\frac{C_{AK}C_{BK}}{C_{AK}+C_{BK}}$$

利用公式 $C=\varepsilon_0 S/d$,将已给数据代入,可求得

$$C=7.08\times10^{-10}\ \mathrm{F}$$

当一个极板(如 B 板)和盒子相连后,就相当于如图 2-17(c)所示的组合电容器,其总电容为

$$C'=C_{AB}+C_{AK}=1.06\times10^{-9}\ \mathrm{F}$$

2-24

如图 2-18 所示,一个电容器由两块长方形金属平板组成,两板的长度为 a,宽度为 b. 两宽边相互平行,两长边的一端相距为 d,另一端略微抬起一段距离 $l(l\ll d)$. 板间为真空. 求此电容器的电容.

解　如图 2-18 所示,选取 x 轴和 y 轴,则 $y=\frac{lx}{a}+d$. 总电容为

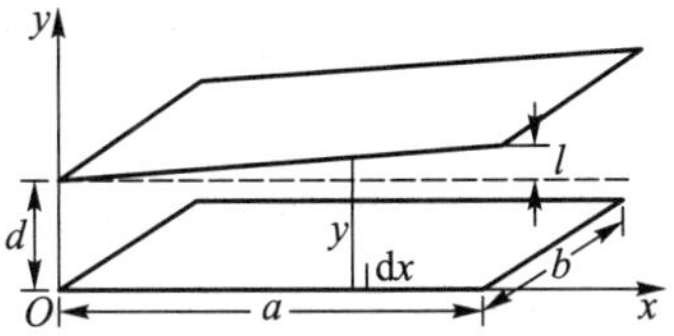

图 2-18　习题 2-24 解答用图

$$C=\int_0^a\frac{\varepsilon_0 b\mathrm{d}x}{y}=\int_0^a\frac{\varepsilon_0 b\mathrm{d}x}{\frac{lx}{a}+d}=\frac{\varepsilon_0 ab}{l}\ln\left(1+\frac{l}{d}\right)$$

$$\approx\frac{\varepsilon_0 ab}{l}\left(\frac{l}{d}-\frac{l^2}{2d^2}\right)=\frac{\varepsilon_0 ab}{d}\left(1-\frac{l}{2d}\right)$$

2-25

为了测量电介质材料的相对介电常量,将一块厚为 $d_0=1.5$ cm 的电介质平板慢慢地插进一平行板电容器间距 $d=2.0$ cm 的两极板之间. 在插入过程中,电容器的电荷保持不变. 插入电介质板之后,电容器两极板间的电势差减小为原来的 60%. 求电介质的相对介电常量.

解　设厚为 1.5 cm 的电介质板插入后和电容器极板平行,则由于极板上电荷保持不变,在板间空气中的电场不变,大小仍为 E_0,而介质中的电场减弱为 E_0/ε_r. 这时两极板间电势差为

$$U=E_0(d-d_0)+E_0 d_0/\varepsilon_r$$

$$=E_0d\left(1-\frac{d_0}{d}+\frac{d_0}{\varepsilon_r d}\right)=U_0\left(1-\frac{d_0}{d}+\frac{d_0}{\varepsilon_r d}\right)$$

由于 $U=0.60U_0$，所以有

$$1-\frac{d_0}{d}\left(1-\frac{1}{\varepsilon_r}\right)=0.60$$

将 $d=2.0\ \mathrm{cm}, d_0=1.5\ \mathrm{cm}$ 代入可求得

$$\varepsilon_r=2.1$$

2-26

将一个 12 μF 和两个 2 μF 的电容器连接起来组成电容为 3 μF 的电容器组. 若每个电容器的耐压值都是 200 V，则此电容器组能承受的最大电压是多大?

解 要组成电容为 3 μF 的电容器组，需要把两个 2 μF 的电容器并联起来，再和 12 μF 的电容器串联. 当外加电压为 U 时，2 μF 的电容器上的电压为 $3U/4$，而 12 μF 的电容器上的电压为 $U/4$. 要保证电容器不被击穿，2 μF 电容器上的电压应不大于 200 V，即 $3U/4\leqslant 200\ \mathrm{V}$，而

$$U\leqslant\frac{4\times200}{3}\ \mathrm{V}=267\ \mathrm{V}$$

即电容器组能承受的最大电压是 267 V.

2-27

如图 2-19 所示，一平行板电容器面积为 S，极板间距为 d，板间以两层厚度相同而相对介电常量分别为 ε_{r1} 和 ε_{r2} 的电介质充满. 求此电容器的电容.

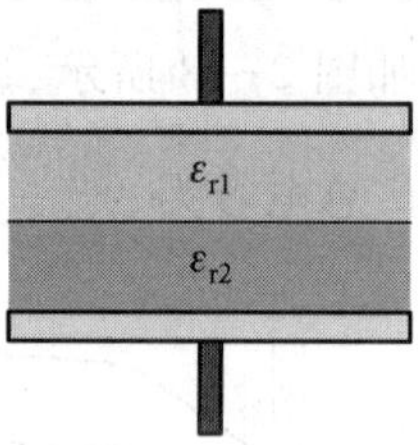

图 2-19　习题 2-27 解答用图

解 此电容器可视为电容分别为 $C_1=\dfrac{\varepsilon_0\varepsilon_{r1}S}{d/2}$ 和 $C_2=\dfrac{\varepsilon_0\varepsilon_{r2}S}{d/2}$ 的两个电容器串联，其总电容应为

$$C=\frac{C_1C_2}{C_1+C_2}$$

$$=\frac{\varepsilon_0\varepsilon_{r1}S}{d/2}\frac{\varepsilon_0\varepsilon_{r2}S}{d/2}\Big/\left(\frac{\varepsilon_0\varepsilon_{r1}S}{d/2}+\frac{\varepsilon_0\varepsilon_{r2}S}{d/2}\right)$$

$$=\frac{2\varepsilon_0\varepsilon_{r1}\varepsilon_{r2}S}{d(\varepsilon_{r1}+\varepsilon_{r2})}$$

2-28

如图 2-20 所示，一平行板电容器填充介电常量分别为 ε_1、ε_2 和 ε_3 的三种电介质，它们分别占电容器体积的 1/2、1/4 和 1/4，极板面积为 S，两极板间距离为 $2d$. 求此电容器的电容.

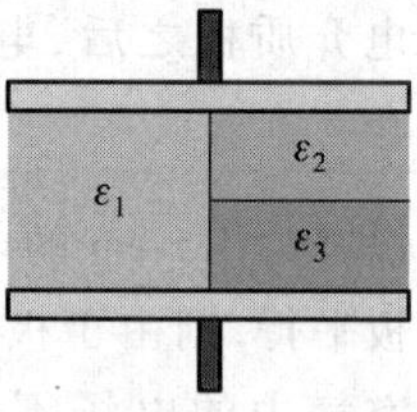

图 2-20　习题 2-28 解答用图

解 此电容器可视为电容分别为 $C_1=\dfrac{\varepsilon_2S/2}{d}$ 和

$C_2=\dfrac{\varepsilon_3 S/2}{d}$的两个电容器串联后，再与电容为$C_3=\dfrac{\varepsilon_1 S/2}{2d}$的电容器并联，其总电容应为

$$C=\frac{C_1C_2}{C_1+C_2}+C_3$$

$$=\frac{\dfrac{\varepsilon_2 S/2}{d}\dfrac{\varepsilon_3 S/2}{d}}{\dfrac{\varepsilon_2 S/2}{d}+\dfrac{\varepsilon_3 S/2}{d}}+\frac{\varepsilon_1 S/2}{2d}$$

$$=\frac{S}{2d}\left(\frac{\varepsilon_1}{2}+\frac{\varepsilon_2\varepsilon_3}{\varepsilon_2+\varepsilon_3}\right)$$

2-29

如图 2-21 所示，一球形电容器的内外半径分别为 R_1 和 R_2. 电容器下半部充有相对介电常量为 ε_r 的油，求此电容器的电容.

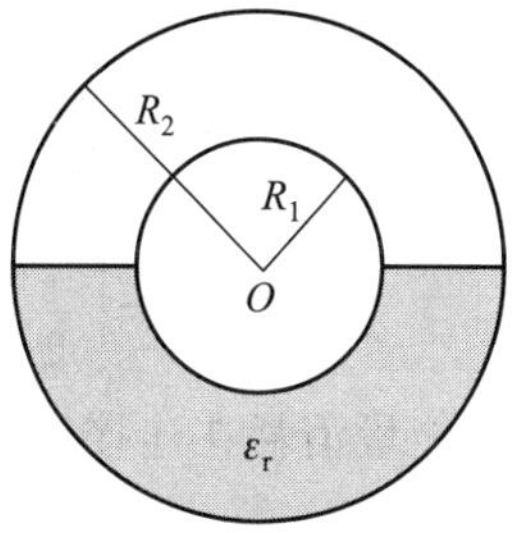

图 2-21　习题 2-29 解答用图

解　此电容器可视为两个半球形电容器 C_1 和 C_2 的并联，其中

$$C_1=\frac{1}{2}\ \frac{4\pi\varepsilon_0 R_1R_2}{R_2-R_1},$$

$$C_2=\varepsilon_r C_1=\frac{1}{2}\ \frac{4\pi\varepsilon_0\varepsilon_r R_1R_2}{R_2-R_1}$$

所以此电容器的电容为

$$C=C_1+C_2=2\pi\varepsilon_0(\varepsilon_r+1)\frac{R_1R_2}{R_2-R_1}$$

2-30

将一个电容为 4 μF 的电容器和一个电容为 6 μF 的电容器串联后接到 200 V 的电源上，充电后，将电源断开并将两个电容器分离. 在下列两种情况下，每个电容器的电压各变为多少？(1) 将每一个电容器的正极板与另一电容器的负极板相连；(2) 将两电容器的正极板与正极板相连，负极板与负极板相连.

解　两电容器串联充电后，带有相同的电荷量 Q_0，而

$$Q_0=\frac{C_1C_2}{C_1+C_2}U_0=\frac{4\times6}{4+6}\times200\ \mu\text{C}=480\ \mu\text{C}$$

(1) 一电容器与另一电容器“反向”相连后，正负电荷将等量中和，总电荷量为零，电容器电压都变为零.

(2) 两电容器“同向”相连后，总电荷量为 $Q=2Q_0$. 此时电容器为并联，所以总电容为 $C=C_1+C_2=(4+6)\ \mu\text{F}=10\ \mu\text{F}$，而每个电容器的电压均为

$$U=\frac{Q}{C}=\frac{2\times480}{10}\ \text{V}=96\ \text{V}$$

2-31

将一个 100 pF 的电容器充电到 100 V,然后把它和电源断开,再把它和另一电容器并联,最后电压为 30 V. 第二个电容器的电容多大?并联时损失了多少电能?这电能哪里去了?

解 由于并联前后电荷量不变,所以有

$$C_1U_1=(C_1+C_2)U_2$$

由此可得

$$C_2=\frac{C_1(U_1-U_2)}{U_2}=\frac{100\times(100-30)}{30}\ \mathrm{pF}=233\ \mathrm{pF}$$

静电能的减少为

$$-\Delta W_e=\frac{1}{2}C_1U_1^2-\frac{1}{2}(C_1+C_2)U_2^2$$

$$=\left[\frac{1}{2}\times100\times10^{-12}\times100^2-\frac{1}{2}\times(100+233)\times10^{-12}\times30^2\right]\ \mathrm{J}=3.5\times10^{-7}\ \mathrm{J}$$

这些能量消耗在连接导线的焦耳热上了.

2-32

如图 2-22 所示,球型电容器的内、外半径分别为 R_1 和 R_2,内外球壳分别带有电荷量$+Q$ 和$-Q$,两球壳间充满相对介电常量为 ε_r 的电介质. 求此电容器所储存的电场能量.

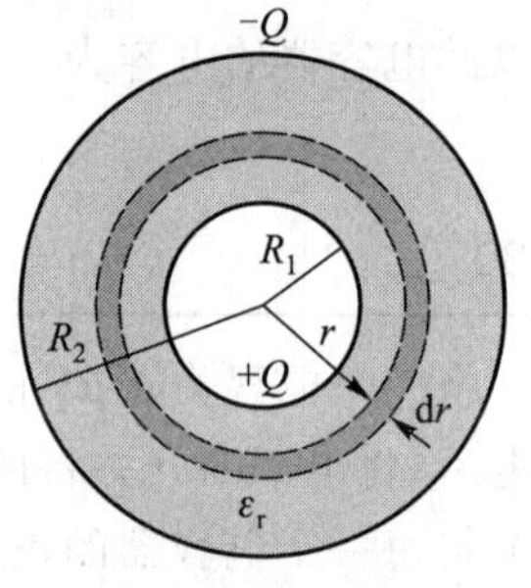

图 2-22 习题 2-32 解答用图

解 该球型电容器的电场分布具有球对称性,根据高斯定理可求得内球内部和外球外部的电场强度均为零. 两球壳间的电场强度为

$$\boldsymbol{E}=\frac{Q}{4\pi\varepsilon_0\varepsilon_r r^2}\boldsymbol{e}_r$$

因此两球壳间的电场能量密度为

$$w_e=\frac{1}{2}\varepsilon_0\varepsilon_r E^2=\frac{Q^2}{32\pi^2\varepsilon_0\varepsilon_r r^4}$$

如图 2-22 所示,取半径为 r、厚为 $\mathrm{d}r$ 的球壳,其体积元为 $\mathrm{d}V=4\pi r^2\mathrm{d}r$. 在此体积元内电场的能量为

$$\mathrm{d}W_e=w_e\mathrm{d}V=\frac{Q^2}{8\pi\varepsilon_0\varepsilon_r r^2}\mathrm{d}r$$

则电场总能量为

$$W_e=\int\mathrm{d}W_e=\frac{Q^2}{8\pi\varepsilon_0\varepsilon_r}\int_{R_1}^{R_2}\frac{\mathrm{d}r}{r^2}=\frac{Q^2}{8\pi\varepsilon_0\varepsilon_r}\left(\frac{1}{R_1}-\frac{1}{R_2}\right)$$

另解 由教材中式(2-35),球型电容器的电容为

$$C=\frac{4\pi\varepsilon_0\varepsilon_r R_1R_2}{R_2-R_1}$$

根据电容器的能量公式有

$$W_e=\frac{1}{2}\frac{Q^2}{C}=\frac{Q^2}{8\pi\varepsilon_0\varepsilon_r}\left(\frac{1}{R_1}-\frac{1}{R_2}\right)$$

2-33

求半径为 R，所带电荷量为 Q 的均匀带电球体（非导体）的静电能.

解　此均匀带电球体的电场强度为

$$\boldsymbol{E}_1=\frac{Q}{4\pi\varepsilon_0R^3}\boldsymbol{r}\quad(r\leqslant R)$$

$$\boldsymbol{E}_2=\frac{Q}{4\pi\varepsilon_0r^3}\boldsymbol{r}\quad(r\geqslant R)$$

球内距球心为 r，厚度为 $\mathrm{d}r$ 的薄球壳处的电势为

$$\varphi=\int_r^R\boldsymbol{E}_1\cdot\mathrm{d}\boldsymbol{l}+\int_R^\infty\boldsymbol{E}_2\cdot\mathrm{d}\boldsymbol{l}$$

$$=\int_r^R\frac{Q}{4\pi\varepsilon_0R^3}r\mathrm{d}r+\int_R^\infty\frac{Q}{4\pi\varepsilon_0r^3}r\mathrm{d}r$$

$$=\frac{Q}{8\pi\varepsilon_0R^3}(3R^2-r^2)$$

此均匀带电球体的静电能为

$$W_\mathrm{e}=\frac{1}{2}\int_q\varphi\mathrm{d}q=\frac{1}{2}\int_q\varphi\rho\mathrm{d}V$$

$$=\frac{1}{2}\int_0^R\frac{Q}{8\pi\varepsilon_0R^3}(3R^2-r^2)\frac{Q}{\frac{4}{3}\pi R^3}4\pi r^2\mathrm{d}r$$

$$=\frac{3Q^2}{20\pi\varepsilon_0R}$$

2-34

如图 2-23 所示，一圆柱形电容器的两导体圆柱面之间充满击穿场强为 $3\times10^6\ \mathrm{V\cdot m^{-1}}$ 的空气. 已知外圆柱面的半径为 $R_2=1.0\times10^{-2}\ \mathrm{m}$，在空气不被击穿的情况下，内圆柱面的半径 R_1 取多大值时可使电容器所储存的电场能量最多？

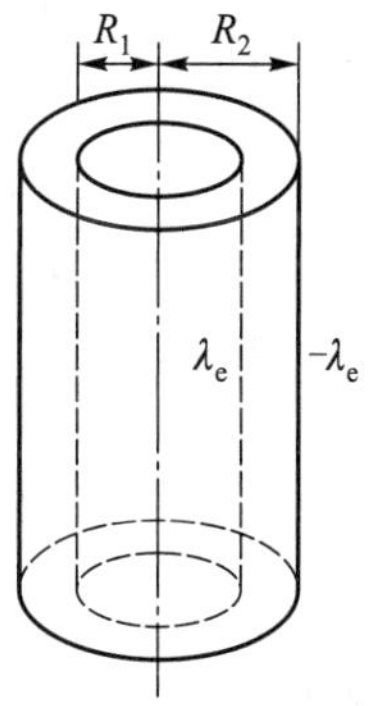

图 2-23　习题 2-34 解答用图

解　设内外圆柱面所带的电荷线密度分别为 $+\lambda_\mathrm{e}$、$-\lambda_\mathrm{e}$，则两柱面间的电场强度大小为

$$E=\frac{\lambda_\mathrm{e}}{2\pi\varepsilon_0r}$$

由上式可知，R_1 附近处的电场最强. 因此，若此处的电场强度为击穿场强，则圆柱形电容器既可带电荷最多，又不会使空气介质击穿. 于是有

$$E_{\max}=\frac{\lambda_{\mathrm{e},\max}}{2\pi\varepsilon_0R_1}$$

所以

$$\lambda_{\mathrm{e},\max}=2\pi\varepsilon_0R_1E_{\max}$$

圆柱形电容器单位长度的电容为

$$C=\frac{2\pi\varepsilon_0}{\ln(R_2/R_1)}$$

所以，单位长度圆柱形电容器所储存的电场能量为

$$W_\mathrm{e}=\frac{Q^2}{2C}=\frac{\lambda_\mathrm{e}^2}{4\pi\varepsilon_0}\ln\frac{R_2}{R_1}$$

把 $\lambda_{\mathrm{e},\max}$ 代入上式得

$$W_\mathrm{e}=\pi\varepsilon_0E_{\max}^2R_1^2\ln\frac{R_2}{R_1}$$

当 W_e 对 R_1 的一阶导数为零时，W_e 取极值. 即

$$\frac{\mathrm{d}W_\mathrm{e}}{\mathrm{d}R_1}=\pi\varepsilon_0E_{\max}^2R_1\left(2\ln\frac{R_2}{R_1}-1\right)=0$$

有

$$2\ln\frac{R_2}{R_1}-1=0$$

所以

$$R_1=\frac{R_2}{\sqrt{e}}=\frac{10^{-2}}{\sqrt{e}}\ \text{m}=6.07\times10^{-3}\ \text{m}$$

此时圆柱形电容器所储存的电场能量最多.

2-35

如图 2-24 所示，一平行板电容器，极板面积为 S，极板间距为 d. (1) 充电后保持其电荷量 Q 不变，将一块厚为 b 的金属板平行于两极板插入. 与金属板插入前相比，电容器储能增加多少？(2) 金属板进入时，外力（非静电力）对它做功多少？是被吸入还是需要推入？(3) 若充电后保持电容器的电压 U 不变，则(1)、(2)两问结果又如何？

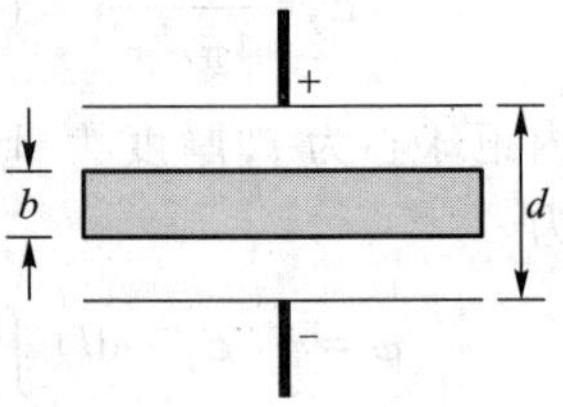

图 2-24　习题 2-34 解答用图

解　电容器原来的电容为 $C_0=\varepsilon_0S/d$，插入金属板后相当于把两极板移近一段距离 b，电容变为 $C=\varepsilon_0S/(d-b)$.

(1)
$$\Delta W_e=\frac{1}{2}\frac{Q^2}{C}-\frac{1}{2}\frac{Q^2}{C_0}=\frac{Q^2}{2}\left(\frac{d-b}{\varepsilon_0S}-\frac{d}{\varepsilon_0S}\right)=-\frac{Q^2b}{2\varepsilon_0S}$$

(2) 由于

$$A_{外}=\Delta W_e=-\frac{Q^2b}{2\varepsilon_0S}<0$$

所以外力做了负功，即电场力做了功，因而导体板是被吸入的. 这是边缘电场对插入的板上的感应电荷的力作用的结果.

(3) 若电压 U 保持不变，则电容器的电荷量就要改变，其增加量为

$$\Delta Q=(C-C_0)U$$

此电荷量是电源在恒定电压 U 作用下供给的，电源将随同供给电容器的能量为

$$W_S=\Delta Q\cdot U=(C-C_0)U^2$$

电容器储存的能量增加为

$$\Delta W_e=\frac{1}{2}CU^2-\frac{1}{2}C_0U^2=\frac{1}{2}(C-C_0)U^2=\frac{\varepsilon_0U^2Sb}{2d(d-b)}$$

以 A' 表示外力做的功，则能量守恒给出

$$W_S+A'=\Delta W_e$$

由此得

$$A'=\Delta W_e-W_S=\frac{1}{2}(C-C_0)U^2-(C-C_0)U^2=-\frac{1}{2}(C-C_0)U^2=-\frac{\varepsilon_0U^2Sb}{2d(d-b)}$$

第3章　恒定磁场

3.1　内容提要

1. 电流密度

电流密度矢量 $\boldsymbol{J}$:导体中任意一点电流密度的方向为该点正电荷漂移运动的方向,大小等于通过该点附近垂直于电流方向单位面积的电流,即

$$\boldsymbol{J}=nq\boldsymbol{v}_{\mathrm{d}}$$

式中,n 为导体内部的载流子数密度,$\boldsymbol{v}_{\mathrm{d}}$ 为载流子的漂移速度.

通过某一面积 S 的电流为　$I=\dfrac{\mathrm{d}q}{\mathrm{d}t}=\int_S \boldsymbol{J}\cdot\mathrm{d}\boldsymbol{S}$

电流的连续性方程:　$\oint_S \boldsymbol{J}\cdot\mathrm{d}\boldsymbol{S}=-\dfrac{\mathrm{d}q_{内}}{\mathrm{d}t}$

恒定电流的条件:　$\oint_S \boldsymbol{J}\cdot\mathrm{d}\boldsymbol{S}=0$

2. 欧姆定律的微分形式

$$\boldsymbol{J}=\sigma\boldsymbol{E}$$

式中 σ 为导体的电导率,其值为该导体电阻率 ρ 的倒数,即 $\sigma=1/\rho$.

3. 电动势

电动势:非静电力把单位正电荷经电源内部从负极移动到正极所做的功,用 $\mathscr{E}$ 表示,其定义式为

$$\mathscr{E}=\int_{-}^{+}\boldsymbol{E}_{\mathrm{k}}\cdot\mathrm{d}\boldsymbol{l}$$

式中 $\boldsymbol{E}_{\mathrm{k}}$为非静电场场强,即

$$\boldsymbol{E}_{\mathrm{k}}=\frac{\boldsymbol{F}_{\mathrm{k}}}{q}$$

4. 毕奥-萨伐尔定律

电流元矢量 $I\mathrm{d}\boldsymbol{l}$:载有电流的一段矢量线元. I 为载流导线上的电流,$\mathrm{d}\boldsymbol{l}$ 的方向与电流方向相同,大小代表电流元长度.

毕奥-萨伐尔定律给出了真空中电流元 $I\mathrm{d}\boldsymbol{l}$ 在场点 P 产生的磁场为

$$\mathrm{d}\boldsymbol{B}=\frac{\mu_0}{4\pi}\frac{I\mathrm{d}\boldsymbol{l}\times\boldsymbol{e}_r}{r^2}$$

式中 $\mu_0=4\pi\times10^{-7}\,\mathrm{N/A^2}$,为真空磁导率. r 为该电流元到场点 P 的距离, $\boldsymbol{e}_r$ 为从电流元指向场点 P 的径矢方向的单位矢量. $\mathrm{d}\boldsymbol{B}$ 的方向取决于 $I\mathrm{d}\boldsymbol{l}\times\boldsymbol{e}_r$,可通过右手螺旋定则来判断.

求任意形状载流导线的磁场时,可将载流导线看成是由许多电流元组成的. 根据毕奥-萨伐尔定律和磁场的叠加原理,整个载流导线在场点所产生的磁感应强度为

$$\boldsymbol{B}=\int_L\mathrm{d}\boldsymbol{B}=\int_L\frac{\mu_0}{4\pi}\frac{I\mathrm{d}\boldsymbol{l}\times\boldsymbol{e}_r}{r^2}$$

5. 运动电荷产生的磁场

$$\boldsymbol{B}=\frac{\mu_0}{4\pi}\frac{q\boldsymbol{v}\times\boldsymbol{e}_r}{r^2}$$

6. 磁场的高斯定理(磁通连续原理)

通过磁场中任一曲面 S 的磁通量为

$$\Phi=\int_S\boldsymbol{B}\cdot\mathrm{d}\boldsymbol{S}$$

通过任意封闭曲面的磁通量为零,即

$$\oint_S\boldsymbol{B}\cdot\mathrm{d}\boldsymbol{S}=0$$

上式即为磁场的高斯定理,又称为磁通连续原理,表明磁场是无源场,磁感应线是无头无尾的闭合曲线,不存在磁单极子.

7. 安培环路定理

安培环路定理:在恒定电流的磁场中,磁感应强度 $\boldsymbol{B}$ 沿任何闭合路径 L 的线积分(即 $\boldsymbol{B}$ 的环流)等于路径 L 所包围的电流的代数和的 μ_0 倍,即

$$\oint_L\boldsymbol{B}\cdot\mathrm{d}\boldsymbol{l}=\mu_0\sum I_{内}$$

式中右侧的 $\sum I_{内}$ 是闭合路径 L 所包围的电流的代数和,电流的正负通过右手螺旋定则判断:当电流 I 的流向与闭合路径 L 的环绕方向服从右手螺旋关系时,电流 I 为正;反之则电流 I 为负. 式中左侧的磁感应强度 $\boldsymbol{B}$ 是由空间所有恒定电流(无论是否被 L 包围)共同产生的.

8. 几种典型电流的磁场

无限长直电流的磁场: $B=\dfrac{\mu_0 I}{2\pi a}$

圆电流中心的磁场: $B=\dfrac{\mu_0 I}{2R}$

载流无限长直螺线管内的磁场: $B=\mu_0 nI$

载流螺绕环内的磁场: $B=\dfrac{\mu_0 NI}{2\pi r}$

无限大平面电流的磁场: $B=\dfrac{\mu_0}{2}j$

9. 磁场对载流导线的作用

对电流元的安培力为

$$\mathrm{d}\boldsymbol{F}=I\mathrm{d}\boldsymbol{l}\times\boldsymbol{B}$$

式中,$I\mathrm{d}\boldsymbol{l}$ 是载流导线上任一电流元,$\boldsymbol{B}$ 是该电流元所在处的磁感应强度. $\mathrm{d}\boldsymbol{F}$ 的方向沿 $I\mathrm{d}\boldsymbol{l}\times\boldsymbol{B}$ 的方向,由右手螺旋定则确定.

任意形状载流导线 L 在磁场中所受安培力,是导线上各电流元所受安培力的矢量叠加,即

$$\boldsymbol{F}=\int_L I\mathrm{d}\boldsymbol{l}\times\boldsymbol{B}$$

10. 均匀磁场对载流线圈的作用

线圈磁矩为

$$\boldsymbol{m}=NIS\boldsymbol{e}_{\mathrm{n}}$$

式中,S 为线圈回路所围面积,N 为线圈匝数,磁矩方向与线圈中电流方向满足右手螺旋关系.

平面载流线圈在均匀磁场中所受磁力矩为

$$\boldsymbol{M}=\boldsymbol{m}\times\boldsymbol{B}$$

任意载流线圈在均匀磁场中整体受力为零,但要受到磁力矩作用. 在外磁场中,载流线圈所受磁力矩总是使线圈磁矩转向外磁场的方向.

11. 磁场对运动电荷的作用

洛伦兹力:当电荷量为 q 的带电粒子以一定速度 $\boldsymbol{v}$ 在磁场中运动时,将受到磁场的作用力,其作用规律为

$$\boldsymbol{F}=q\boldsymbol{v}\times\boldsymbol{B}$$

当 $q>0$ 时,$\boldsymbol{F}$ 沿 $\boldsymbol{v}\times\boldsymbol{B}$ 的方向;当 $q<0$ 时,$\boldsymbol{F}$ 沿 $\boldsymbol{v}\times\boldsymbol{B}$ 的反方向. 洛伦兹力与带电粒子的速度方向始终垂直,因此洛伦兹力对带电粒子不做功.

带电粒子在均匀磁场中的运动:

质量为 m、电荷量为 q 的带电粒子,以速度 $\boldsymbol{v}$ 在均匀磁场 $\boldsymbol{B}$ 中运动.

(1) 若 $\boldsymbol{v}/\!/\boldsymbol{B}$,则洛伦兹力 $\boldsymbol{F}=0$,此时带电粒子沿磁场方向做匀速直线运动.

(2) 若 $\boldsymbol{v}\perp\boldsymbol{B}$,洛伦兹力为向心力,粒子将在垂直于磁场的平面内做匀速率圆周运动.

回旋半径:
$$R=\frac{m\boldsymbol{v}}{qB}$$

回旋周期:
$$T=\frac{2\pi m}{qB}$$

可见回旋周期与运动速度无关.

(3) 若 $\boldsymbol{v}$ 与 $\boldsymbol{B}$ 夹角为 θ,带电粒子做以磁场方向为轴线的等螺距螺旋运动.

螺距:
$$h=v_{/\!/}T=\frac{2\pi mv\cos\theta}{qB}$$

12. 霍耳效应

霍耳效应:载流导体在磁场中出现横向电势差的现象. 该横向电势差被称为霍耳电压.

霍耳电压:
$$U_{\mathrm{H}}=\frac{IB}{nqb}$$

霍耳系数：$$K=\frac{1}{nq}$$

式中，n 为导体内部的载流子数密度，b 为沿磁场方向导体的厚度.

13. 磁介质

磁介质的磁化：在外磁场作用下，磁介质分子的固有磁矩沿外磁场方向取向，或者磁介质分子产生与外磁场方向相反的感生磁矩，这种过程称为磁介质的磁化.

磁化强度矢量 $\boldsymbol{M}$：单位体积内分子磁矩的矢量和，用来表示磁介质磁化的强弱程度.

$$\boldsymbol{M}=\chi_{\mathrm{m}}\boldsymbol{H}$$

式中比例系数 χ_{m} 称为磁介质的磁化率.

磁化使磁介质的表面出现磁化电流（束缚电流），面磁化电流密度为

$$\boldsymbol{j}'=\boldsymbol{M}\times\boldsymbol{e}_{\mathrm{n}}$$

磁场强度矢量：$\boldsymbol{H}=\dfrac{\boldsymbol{B}}{\mu_0}-\boldsymbol{M}$

相对磁导率：$\mu_{\mathrm{r}}=1+\chi_{\mathrm{m}}$

对于顺磁质，$\mu_{\mathrm{r}}>1$；对于抗磁质，$\mu_{\mathrm{r}}<1$；对于铁磁质，$\mu_{\mathrm{r}}\gg 1$.

对各向同性的磁介质：$\boldsymbol{B}=\mu_0\mu_{\mathrm{r}}\boldsymbol{H}=\mu\boldsymbol{H}$，式中 $\mu=\mu_0\mu_{\mathrm{r}}$ 称为磁介质的磁导率.

$\boldsymbol{H}$ 的环路定理：在恒定磁场中，磁场强度 $\boldsymbol{H}$ 沿任一闭合路径 L 的环路积分等于该闭合路径所包围的自由电流的代数和，与磁化电流以及闭合路径外的自由电流都无关. 即

$$\oint_L \boldsymbol{H}\cdot\mathrm{d}\boldsymbol{l}=\sum I_{0内}$$

式中 $\sum I_{0内}$ 是闭合路径 L 所包围的自由电流的代数和.

铁磁质：相对磁导率非常大，且随磁场的强弱发生变化. 当外磁场撤去后某些铁磁质仍可保留极强的磁性，即具有磁滞效应.

磁畴：铁磁质磁性的起源可以用磁畴理论来解释，即铁磁质中的原子磁矩可以在小区域内自发地平行排列起来，形成一个小的自发磁化区，这种自发磁化的小区域称为磁畴.

居里点：当铁磁质的温度达到临界温度（称为居里点）时，磁畴将全部瓦解，这时铁磁质呈现出顺磁性.

3.2 习题解答

3-1

一导线长 5.00 m，直径 2.0 mm. 当导线两端的电势差为 22.0 mV 时，其中通过的电流为 750 mA. 如果导线中电子的漂移速度为 1.7×10^{-5} m/s，求：(1) 这段导线的电阻 R；(2) 电阻率 ρ；(3) 电流密度 j；(4) 导线内的电场强度 E；(5) 电子的数密度 n.

解　(1) 导线的电阻为

$$R=\frac{V}{I}=\frac{22.0\ \text{mV}}{750\ \text{mA}}=0.029\ 3\ \Omega$$

(2) 根据电阻定律

$$R=\rho\frac{l}{S}$$

所以电阻率为

$$\rho=\frac{RS}{l}=\frac{R\times\pi(d/2)^2}{l}=\frac{(0.029\ 3\ \Omega)\times3.14\times(2.0\times10^{-3}\ \text{m}/2)^2}{5.00\ \text{m}}=1.84\times10^{-8}\ \Omega\cdot\text{m}$$

(3) 电流密度为

$$j=\frac{I}{S}=\frac{I}{\pi(d/2)^2}=\frac{750\times10^{-3}\ \text{A}}{3.14\times(2.0\times10^{-3}\ \text{m}/2)^2}=2.39\times10^5\ \text{A/m}^2$$

(4) 导线内的电场强度为

$$E=\rho j=(1.84\times10^{-8}\ \Omega\cdot\text{m})\times(2.39\times10^5\ \text{A/m}^2)=4.40\times10^{-3}\ \text{V/m}$$

(5) 根据电流密度

$$j=nev_{\text{D}}$$

所以电子的数密度为

$$n=\frac{j}{ev_{\text{D}}}=\frac{2.39\times10^5\ \text{A/m}^2}{(1.60\times10^{-19}\ \text{C})\times(1.7\times10^{-5}\ \text{m/s})}=8.79\times10^{28}\ \text{m}^{-3}$$

3-2

如图 3-1 所示，几种载流导线在平面内分布，电流均为 I，它们在 O 点的磁感应强度为多少？

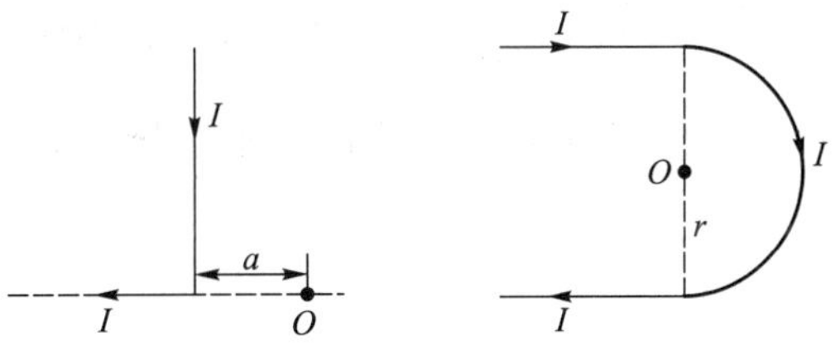

图 3-1　习题 3-2 用图

解　(1) O 点在水平导线的延长线上，因此水平段导线在 O 点不产生磁场. 竖直导线可看作"半无限长"直导线，因此 O 点磁感应强度为

$$B=\frac{\mu_0 I}{4\pi a}\quad（方向垂直于纸面向外）$$

(2) 两水平直导线在 O 点产生的磁场相当于两个"半无限长"载流直导线产生磁场的叠加，而半圆载流导线在 O 点产生的磁场为圆电流在圆心处磁场的一半，这三部分导线在 O 点的磁场方向都相同，因此 O 点的磁感应强度为

$$B=\frac{\mu_0 I}{2\pi r}+\frac{\mu_0 I}{4r}\quad（方向垂直于纸面向里）$$

3-3

高为 h 的等边三角形回路载有电流 I，试求该三角形中心处的磁感应强度.

解　如图 3-2 所示，中心 O 点到各边的距离都是 $h/3$，三边在 O 点产生的磁场方向相同，因此可知 O 点磁感应强度大小为

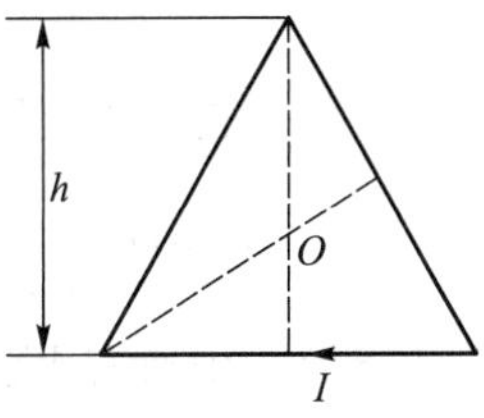

图 3-2　习题 3-3 解答用图

$$B=3\times\frac{\mu_0 I}{4\pi h/3}(\cos 30^\circ-\cos 150^\circ)$$

$$=\frac{9\sqrt{3}\mu_0 I}{4\pi h}$$

方向与三角形回路电流方向成右手螺旋关系.

3-4

如图 3-3 所示,两根长直导线沿铜环的半径方向与环上的 a,b 两点相接,并与很远的电源相连,直导线中的电流为 I. 设圆环由均匀导线弯曲而成,求各段载流导线在环心 O 点产生的磁感应强度以及 O 点的总磁感应强度.

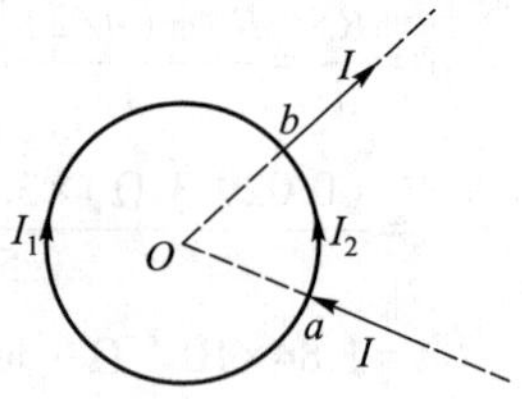

图 3-3 习题 3-4 用图

解 因为 O 点在长直导线的延长线上,故载流直导线在 O 点产生的磁感应强度为零.

电流 I_1 在 O 点产生的磁感应强度 $\boldsymbol{B}_1$ 大小为

$$B_1=\frac{\mu_0}{4\pi}\int_0^{l_1}\frac{I_1\mathrm{d}l}{r^2}=\frac{\mu_0}{4\pi}\frac{I_1 l_1}{r^2}\quad（方向垂直环面向里）$$

电流 I_2 在 O 点产生的磁感应强度 $\boldsymbol{B}_2$ 大小为

$$B_2=\frac{\mu_0}{4\pi}\int_0^{l_2}\frac{I_2\mathrm{d}l}{r^2}=\frac{\mu_0}{4\pi}\frac{I_2 l_2}{r^2}\quad（方向垂直于环面向外）$$

由于两段圆弧形导线是并联的,所以有 $\frac{I_1}{I_2}=\frac{R_2}{R_1}=\frac{l_2}{l_1}$,则 $I_1l_1=I_2l_2$. 因为 $B_1=B_2$,且方向相反,所以 O 点的总磁感应强度为零,即 $B=0$.

3-5

如图 3-4 所示,一导线被弯成正 n 边形,各顶点到中心 O 点的距离为 R(图中显示的是正六边形的情况). 如果导线中通有电流 I_0,(1) 求中心 O 点的磁感应强度;(2) 证明当 $n\to\infty$ 时,(1)中所求结果约化为圆电流中心处的磁感应强度.

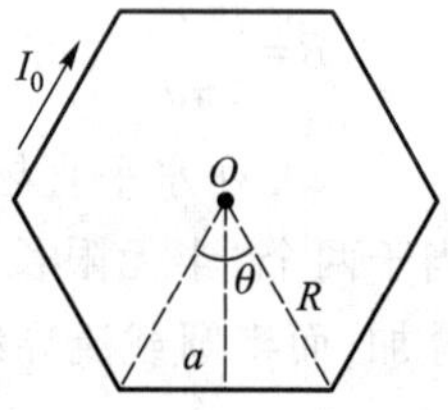

图 3-4 习题 3-5 用图

解 (1) 正 n 边形每一边对中心 O 点所张的角为

$$\theta=\frac{2\pi}{n}$$

O 点到每一边的垂直距离为

$$a=R\cos\left(\frac{\theta}{2}\right)=R\cos\left(\frac{\pi}{n}\right)$$

当导线中通有电流 I_0 时,每一边在中心 O 点产生的磁感应强度方向相同,大小为

$$B_1=\frac{\mu_0 I_0}{4\pi a}\left(\cos\frac{\pi-\theta}{2}-\cos\frac{\pi+\theta}{2}\right)$$

$$=\frac{\mu_0 I_0}{2\pi a}\sin\frac{\theta}{2}=\frac{\mu_0 I_0}{2\pi R}\tan\frac{\pi}{n}$$

所以中心 O 点的磁感应强度大小为

$$B=nB_1=\frac{n\mu_0 I_0}{2\pi R}\tan\frac{\pi}{n}$$

方向与电流成右手螺旋关系，即垂直于纸面向里.

（2）如果 $n\to\infty$，$\dfrac{\pi}{n}\to 0$，$\tan\dfrac{\pi}{n}\to\dfrac{\pi}{n}$，因此中心 O 点的磁感应强度大小

$$B\to\frac{n\mu_0 I_0}{2\pi R}\cdot\frac{\pi}{n}=\frac{\mu_0 I_0}{2R}$$

这恰好是圆电流中心处的磁感应强度.

3-6

如图 3-5 所示，半径为 R 的无限长半圆柱面导体，沿长度方向的电流 I 在柱面上均匀分布，求半圆柱面轴线 OO' 上的磁感应强度.

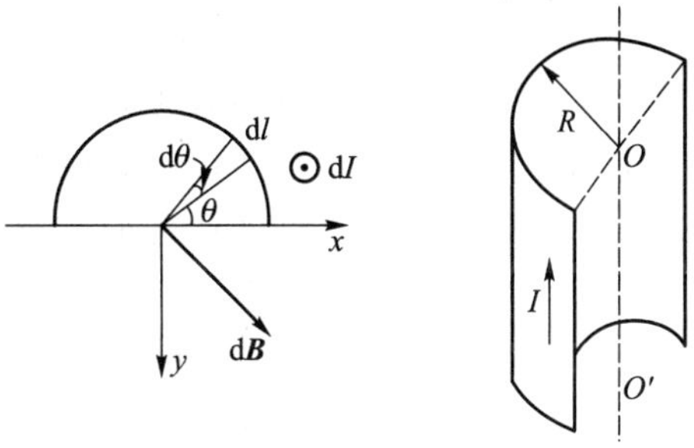

图 3-5　习题 3-6 用图

解　建立如图所示的坐标系，在半圆柱面上沿母线取宽为 $\mathrm{d}l$ 的窄条，其电流

$$\mathrm{d}I=\frac{I}{\pi R}\mathrm{d}l=\frac{I}{\pi}\mathrm{d}\theta$$

它在轴线上一点产生的磁感应强度大小为

$$\mathrm{d}B=\frac{\mu_0\mathrm{d}I}{2\pi R}=\frac{\mu_0 I\mathrm{d}\theta}{2\pi^2 R}$$

其方向如图所示. 由电流分布的对称性可知：$B_y=0$，则

$$B=B_x=\int\mathrm{d}B_x=\int\mathrm{d}B\sin\theta$$

$$=\int_0^{\pi}\frac{\mu_0 I}{2\pi^2 R}\sin\theta\mathrm{d}\theta=\frac{\mu_0 I}{\pi^2 R}$$

$\boldsymbol{B}$ 的方向沿 x 轴.

3-7

如图 3-6 所示，半径为 R 的木球上绕有细导线，所有线圈依次紧密排列，单层盖住半个球面，共有 N 匝. 设导线中电流为 I，求球心处的磁感应强度.

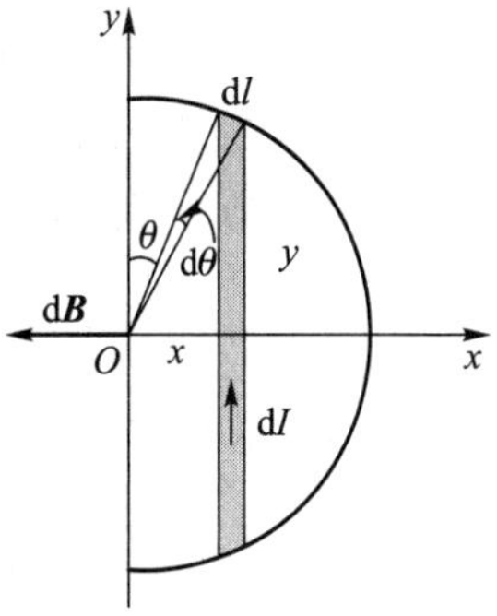

图 3-6　习题 3-7 用图

解　建立如图所示的坐标系 Oxy. 将载流半球面看成是由许多半径不同的圆电流组成. 在坐标 x 处取半径为 y，宽为 $\mathrm{d}l$ 的电流元（窄圆环），其所在处球面半径与 y 轴夹角为 θ.

窄圆环上共有 $\mathrm{d}N$ 匝电流，$\mathrm{d}N=\dfrac{N}{\pi R/2}\mathrm{d}l$，其上的电流为

$$\mathrm{d}I=I\mathrm{d}N=I\frac{N}{\pi R/2}\mathrm{d}l$$

该窄圆环在圆心 O 处产生的磁感应强度大小为

$$\mathrm{d}B=\frac{\mu_0}{2}\frac{\mathrm{d}Iy^2}{R^3}$$

将几何关系 $y=R\cos\theta$，$\mathrm{d}l=R\mathrm{d}\theta$ 代入上式，可得

$$\mathrm{d}B=\frac{\mu_0 IN}{\pi R}\cos^2\theta\mathrm{d}\theta$$

该磁场方向与电流方向满足右手螺旋关系，即

沿 x 轴负向. 由于各圆电流在 O 点产生的磁感应强度方向一致，因此 O 点的总磁感应强度大小应对上式积分求得，即

$$B=\int \mathrm{d}B=\int_0^{\frac{\pi}{2}}\frac{\mu_0 IN}{\pi R}\cos^2\theta \mathrm{d}\theta=\frac{\mu_0 IN}{4R}$$

磁场方向与电流方向满足右手螺旋关系.

3-8

如图 3-7 所示，有一无限长通电的扁平铜片，宽度为 a，厚度不计，电流 I 均匀分布，求与铜片共面且到近边距离为 b 的一点 P 的磁感应强度 $\boldsymbol{B}$.

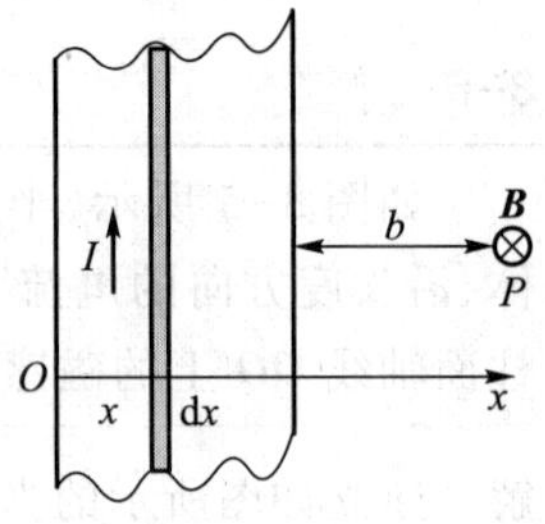

图 3-7　习题 3-8 用图

解　建立如图所示坐标 Ox，将无限长通电的扁平铜片分割成许多窄条，任取其中一窄条，宽为 $\mathrm{d}x$. 该窄条在 P 点处产生的磁感应强度大小为

$$\mathrm{d}B=\frac{\mu_0 \mathrm{d}I}{2\pi r}=\frac{\mu_0 I\mathrm{d}x}{2\pi a(a+b-x)}$$

由于各窄条电流在 P 点处产生的磁感应强度方向相同，因此 P 点处的总磁感应强度 $\boldsymbol{B}$ 的大小为

$$B=\int \mathrm{d}B=\frac{\mu_0 I}{2\pi a}\int_0^a\frac{\mathrm{d}x}{(a+b-x)}=\frac{\mu_0 I}{2\pi a}\ln\frac{a+b}{b}$$

$\boldsymbol{B}$ 的方向垂直于纸面向里.

3-9

如图 3-8 所示，一扇形薄片，半径为 R，张角为 θ，其上均匀分布正电荷，电荷面密度为 σ. 薄片绕过顶角 O 点且垂直于薄片的轴转动，角速度为 ω，求 O 点处的磁感应强度.

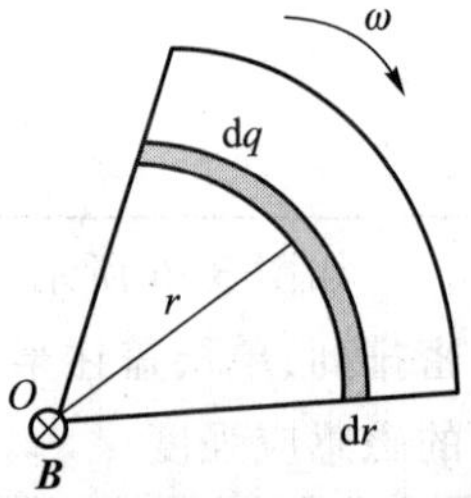

图 3-8　习题 3-9 用图

解　如图所示，将扇形分割成许多弧形窄条，任取其中一半径为 r，宽为 $\mathrm{d}r$ 的窄条，其所带电荷量为 $\mathrm{d}q=\sigma\theta r\mathrm{d}r$. 旋转时，相当于一圆电流 $\mathrm{d}I$

$$\mathrm{d}I=\frac{\mathrm{d}q}{T}=\frac{\mathrm{d}q}{2\pi/\omega}=\frac{\omega\sigma\theta r\mathrm{d}r}{2\pi}$$

圆电流 $\mathrm{d}I$ 在 O 点处的磁感应强度大小为

$$\mathrm{d}B=\frac{\mu_0 \mathrm{d}I}{2r}\quad（方向垂直于纸面向里）$$

整个扇形薄片在 O 点处的磁感应强度大小为

$$B=\int_0^R \mathrm{d}B=\frac{\mu_0\omega\sigma\theta R}{4\pi}$$

$\boldsymbol{B}$ 方向垂直于纸面向里.

3-10

如图 3-9(a) 所示，一无限长同轴电缆，内导体圆柱的半径为 R_1，外导体的内、外半径分别为 R_2 和 R_3，电流 I 均匀流入内导体圆柱的横截面，并沿外导体均匀流回. 导体的磁性可不考

虑. 试计算以下各处的磁感应强度 $\boldsymbol{B}$:(1) $r<R_1$;(2) $R_1<r<R_2$;(3) $R_2<r<R_3$;(4) $r>R_3$.

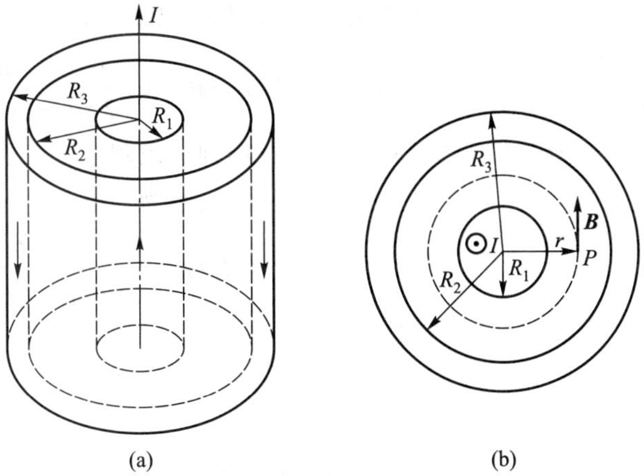

图 3-9　习题 3-10 用图

解　无限长同轴电缆中,电流分布具有轴对称性,因此其激发的磁场也具有轴对称性. 如图 3-9(b)所示,选择半径为 r、圆心在轴上的圆形环路,其绕行方向与圆柱内电流成右手螺旋关系. 由对称性可知,圆形环路上各点,磁感应强度 $\boldsymbol{B}$ 大小均相同,方向沿各点切线方向,与中心圆柱内电流方向成右手螺旋关系,即与环路绕行方向相同. 应用安培环路定理可求得各区域的磁感应强度大小.

根据安培环路定理有

$$\oint_L \boldsymbol{B}\cdot \mathrm{d}\boldsymbol{l}=\oint_L B\mathrm{d}l=B\cdot 2\pi r=\mu_0\sum I_{内}$$

式中 $\sum I_{内}$ 是环路所包围的电流.

(1) $r<R_1$　　$\sum I_{内}=\dfrac{\pi r^2}{\pi R_1^2}I$

故
$$B_1=\frac{\mu_0 r}{2\pi R_1^2}I$$

(2) $R_1<r<R_2$　$\sum I_{内}=I$

故
$$B_2=\frac{\mu_0 I}{2\pi r}$$

(3) $R_2<r<R_3$

$$\sum I_{内}=I-\frac{\pi(r^2-R_2^2)}{\pi(R_3^2-R_2^2)}I=\frac{R_3^2-r^2}{R_3^2-R_2^2}I$$

故
$$B_3=\frac{\mu_0 I}{2\pi r}\frac{R_3^2-r^2}{R_3^2-R_2^2}$$

(4) $r>R_3$　　$\sum I_{内}=0$

故
$$B_4=0$$

3-11

在半径为 R 的无限长金属圆柱体内部挖去一半径为 r 的无限长圆柱体,两柱体的轴线平行,相距为 d,其横截面如图 3-10 所示. 在带有空心的圆柱体中,电流 I 沿轴线方向流动,且均匀分布在其截面上. 求圆柱轴线上和空心部分轴线上的磁感应强度的大小.

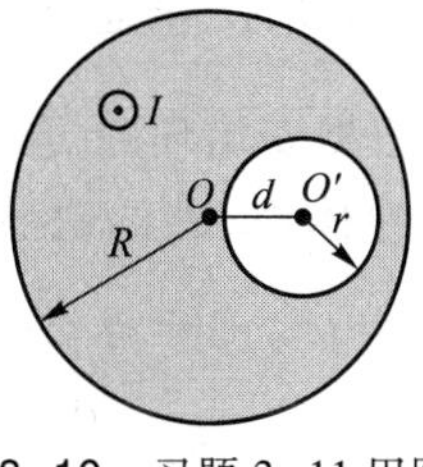

图 3-10　习题 3-11 用图

解 可采用填补法求解此题,所求圆柱轴线 O 上的磁感应强度可视为由一个半径为 R 的完整无限长载流金属圆柱体和一个半径为 r、电流密度大小相同、但电流方向相反的无限长载流圆柱体在轴线 O 上的磁场叠加. 两柱体电流密度大小皆为

$$j=\frac{I}{\pi(R^2-r^2)}$$

对于大实心载流圆柱体,在自身轴线 O 上产生的磁感应强度为零,故可得轴线 O 上的总磁感应强度大小为

$$B=B_1+B_2=0+\frac{\mu_0}{2\pi d}\frac{\pi I r^2}{\pi(R^2-r^2)}=\frac{\mu_0 I r^2}{2\pi d(R^2-r^2)}$$

同理可求得空心部分的轴线 O'上的磁感应强度大小为

$$B'=B_1'+B_2'=\frac{\mu_0}{2\pi d}\frac{\pi I d^2}{\pi(R^2-r^2)}+0=\frac{\mu_0 I d}{2\pi(R^2-r^2)}$$

3-12

如图 3-11 所示,两平行长直导线相距 $d=40$ cm,每根导线载有电流 $I=20$ A. 求:(1) 两导线所在平面内与两导线等距离的一点处的磁感应强度;(2) 通过图中阴影面积的磁通量. ($r_1=r_3=10$ cm,$l=25$ cm.)

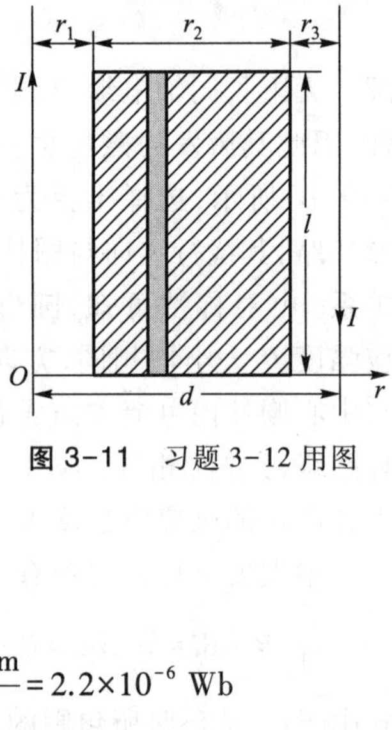

图 3-11 习题 3-12 用图

解 (1) 两导线所在平面内与两导线等距离处的磁感应强度大小为

$$B=2\frac{\mu_0 I}{2\pi d/2}=\frac{2\times(4\pi\times10^{-7}\ \text{N/A}^2)\times(20\ \text{A})}{\pi\times(0.4\ \text{m})}=4.0\times10^{-5}\ \text{T}$$

方向垂直于纸面向里.

(2) 通过图中阴影面积的磁通量为

$$\Phi=2\int \boldsymbol{B}\cdot \mathrm{d}\boldsymbol{S}=2\int_{r_1}^{r_1+r_2}\frac{\mu_0 I}{2\pi r}l\mathrm{d}r=\frac{\mu_0 I l}{\pi}\ln\frac{r_1+r_2}{r_1}$$

$$=\frac{(0.25\ \text{m})\times(4\pi\times10^{-7}\ \text{N/A}^2)\times(20\ \text{A})}{\pi}\ln\frac{0.10\ \text{m}+0.20\ \text{m}}{0.10\ \text{m}}=2.2\times10^{-6}\ \text{Wb}$$

3-13

一无限长圆柱形铜导体(磁导率 μ_0),半径为 R,通有均匀分布的电流 I. 今取一矩形平面 S(长为 1 m,宽为 $2R$),位置如图 3-12 所示,求通过该矩形平面的磁通量.

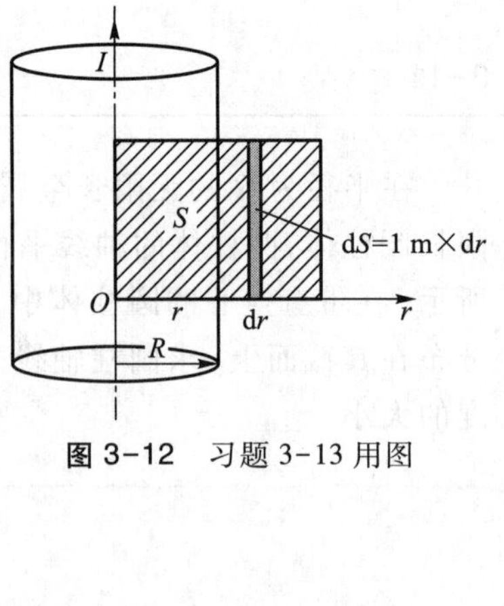

图 3-12 习题 3-13 用图

解 根据安培环路定理可以分别求出圆柱形载流导体内、外的磁感应强度大小 B_1、B_2 分别为

$$B_1=\frac{\mu_0 I}{2\pi R^2}r \quad (r<R)$$

$$B_2=\frac{\mu_0 I}{2\pi r}\quad (r>R)$$

因为 r 相同处 B 相同，取如图所示面积元 $\mathrm{d}S$，设面法线方向与 $\boldsymbol{B}$ 的方向相同，则通过该面积元的磁通量为

$$\mathrm{d}\Phi=\boldsymbol{B}\cdot\mathrm{d}\boldsymbol{S}=B\mathrm{d}S=B\mathrm{d}r$$

通过整个矩形平面的磁通量为

$$\begin{aligned}\Phi&=\int_S\boldsymbol{B}\cdot\mathrm{d}\boldsymbol{S}=\int_0^R B_1\mathrm{d}r+\int_R^{2R}B_2\mathrm{d}r\\&=\int_0^R\frac{\mu_0 I}{2\pi R^2}r\mathrm{d}r+\int_R^{2R}\frac{\mu_0 I}{2\pi r}\mathrm{d}r\\&=\frac{\mu_0 I}{4\pi}+\frac{\mu_0 I}{2\pi}\ln 2\end{aligned}$$

3-14

一边长为 $l=0.15$ m 的正立方体如图 3-13 所示，有一均匀磁场 $\boldsymbol{B}=(6\boldsymbol{i}+3\boldsymbol{j}+1.5\boldsymbol{k})$ T 通过立方体所在区域. 求：(1) 通过立方体阴影面积的磁通量；(2) 通过立方体六个面的总磁通量.

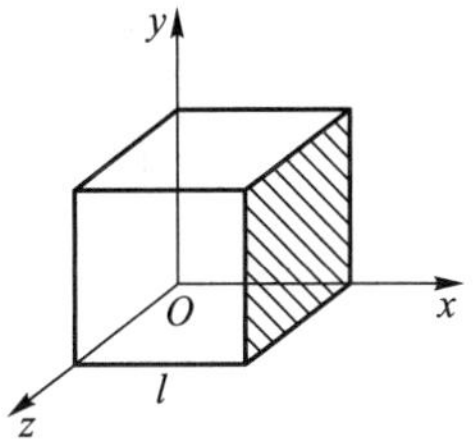

图 3-13　习题 3-14 用图

解　(1) 立方体阴影面积

$$S=l^2=(0.15\ \mathrm{m})^2=2.25\times10^{-2}\ \mathrm{m}^2$$

阴影面积的法线方向单位矢量 $\boldsymbol{e}_n=\boldsymbol{i}$，因此通过阴影面积的磁通量为

$$\begin{aligned}\Phi&=\boldsymbol{B}\cdot\boldsymbol{S}=(6\boldsymbol{i}+3\boldsymbol{j}+1.5\boldsymbol{k})\mathrm{T}\cdot(2.25\times10^{-2}\boldsymbol{i})\ \mathrm{m}^2\\&=0.135\ \mathrm{Wb}\end{aligned}$$

(2) 根据磁场的高斯定理，通过立方体六个面的总磁通量

$$\Phi=\oint\boldsymbol{B}\cdot\mathrm{d}\boldsymbol{S}=0$$

3-15

利用安培环路定理证明：在任何没有电流通过的空间中，磁场不能同时满足同一方向和大小非均匀这两个条件，如图 3-14 所示.

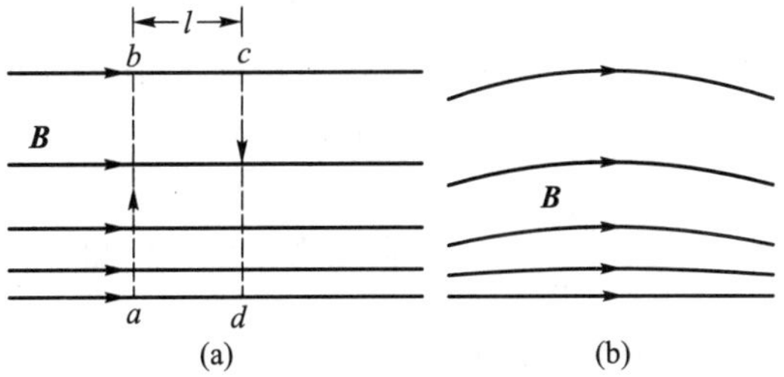

图 3-14　习题 3-15 用图

证明　如图 3-14(a)所示，假设在没有电流通过的空间中，磁场方向水平向右，磁感应线的疏密表示上部空间的磁感应强度小于下部空间的磁感应强度. 对图 3-14(a)中矩形回路 $abcd$ 应用安培环路定理. 由于回路没有包围电流，因此

$$\oint\boldsymbol{B}\cdot\mathrm{d}\boldsymbol{l}=0$$

在回路的 ab 段和 cd 段，由于 $\boldsymbol{B}\perp\mathrm{d}\boldsymbol{l}$，$\boldsymbol{B}$ 的线积分为零，所以

$$\oint\boldsymbol{B}\cdot\mathrm{d}\boldsymbol{l}=B_{bc}l-B_{da}l=(B_{bc}-B_{da})l$$

因为回路的 bc 段上的磁感应强度 B_{bc} 小于回路的 da 段上的磁感应强度 B_{da}，所以这一环路积分不为零. 这与安培环路定理的结果相矛盾，所以在任何没有电流通过的空间中，磁场不能同时满足同一方向和大小非均匀这两个条件. 大小非均匀的磁场的方向也改变，如图 3-14(b)所示.

3-16

如图 3-15 所示的导线中通有电流 I. 置于一个与均匀磁场 $\boldsymbol{B}$ 垂直的平面上，电流方向如图 3-15 所示. 求此导线所受的安培力的大小与方向.

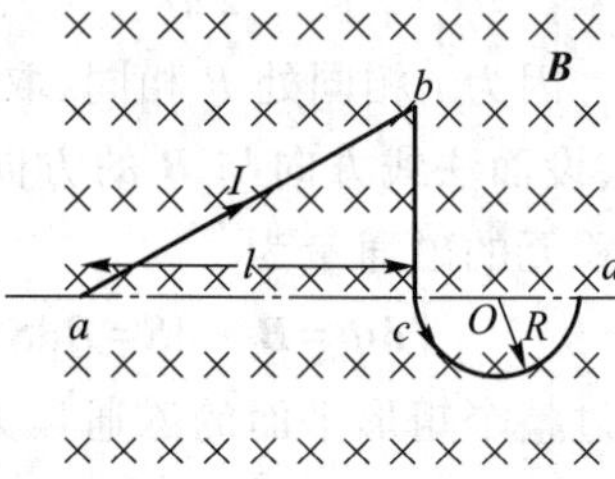

图 3-15 习题 3-16 用图

解 在载流导线上任取一段电流元 $I\mathrm{d}\boldsymbol{l}$，该电流元在均匀磁场 $\boldsymbol{B}$ 中所受安培力为

$$\mathrm{d}\boldsymbol{F}=I\mathrm{d}\boldsymbol{l}\times\boldsymbol{B}$$

对上式积分可得整段导线在磁场中所受安培力为

$$\boldsymbol{F}=\int_a^d I\mathrm{d}\boldsymbol{l}\times\boldsymbol{B}$$

由于磁场为均匀磁场，可将电流和磁感应强度提出积分号外得

$$\boldsymbol{F}=I\left(\int_a^d \mathrm{d}\boldsymbol{l}\right)\times\boldsymbol{B}$$

根据矢量求和法则可知，对所有线元矢量 $\mathrm{d}\boldsymbol{l}$ 积分即得到从 a 指向 d 的有向线段 $\overrightarrow{ad}$，故

$$\boldsymbol{F}=I\,\overrightarrow{ad}\times\boldsymbol{B}$$

其大小为

$$F=(l+2R)IB$$

$\boldsymbol{F}$ 的方向竖直向上.

3-17

如图 3-16 所示，半径为 R 的半圆线圈通有电流 I_2，置于电流为 I_1 的无限长直电流的磁场中，直电流 I_1 恰好通过半圆的直径，两导线相互绝缘. 求半圆线圈受到长直电流 I_1 的安培力.

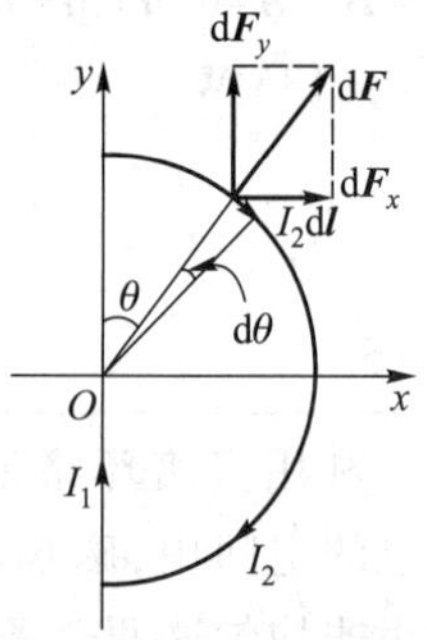

图 3-16 习题 3-17 用图

解 建立如图 3-16 所示的坐标系 Oxy，在半圆线圈上任选一电流元 $I_2\mathrm{d}\boldsymbol{l}$，该电流元至圆心的连线与 y 轴的夹角为 θ，直电流 I_1 在 $I_2\mathrm{d}\boldsymbol{l}$ 所在处产生的磁感应强度大小为

$$B=\frac{\mu_0 I_1}{2\pi R\sin\theta}\quad（方向垂直于纸面向里）$$

则 $I_2\mathrm{d}\boldsymbol{l}$ 所受的安培力为

$$\mathrm{d}\boldsymbol{F}=I_2\mathrm{d}\boldsymbol{l}\times\boldsymbol{B}$$

$\mathrm{d}\boldsymbol{F}$ 的方向就在纸面内，沿 $I_2\mathrm{d}\boldsymbol{l}\times\boldsymbol{B}$ 的方向. 由于 $\mathrm{d}\boldsymbol{l}\perp\boldsymbol{B}$，则 $\mathrm{d}\boldsymbol{F}$ 的大小为

$$\mathrm{d}F=I_2\mathrm{d}lB=\frac{\mu_0 I_1 I_2}{2\pi R\sin\theta}R\mathrm{d}\theta$$

将 $\mathrm{d}\boldsymbol{F}$ 分解为 x 方向与 y 方向两个分量 $\mathrm{d}F_x$ 和 $\mathrm{d}F_y$，即

$$\mathrm{d}F_x=\mathrm{d}F\sin\theta$$

$$\mathrm{d}F_y=\mathrm{d}F\cos\theta$$

根据对称性可知

$$F_y=\int\mathrm{d}F_y=0$$

$$F_x=\int_0^{\pi}\mathrm{d}F_x=\frac{\mu_0 I_1 I_2}{2\pi}\cdot\pi=\frac{\mu_0 I_1 I_2}{2}$$

所以半圆线圈受直电流 I_1 的安培力大小为

$$F=F_x=\frac{1}{2}\mu_0 I_1 I_2$$

$\boldsymbol{F}$ 方向垂直于 I_1 指向右.

3-18

半径为 R 的无限长半圆柱面导体如图 3-17 所示，其上电流与其轴线上一无限长直导线的电流等值反向. 电流 I 在半圆柱面上均匀分布.（1）求轴线上导线单位长度所受的安培力;（2）若将另一无限长直导线（通有大小、方向与半圆柱面相同的电流 I）代替半圆柱面，产生同样的作用力，该导线应放在何处?

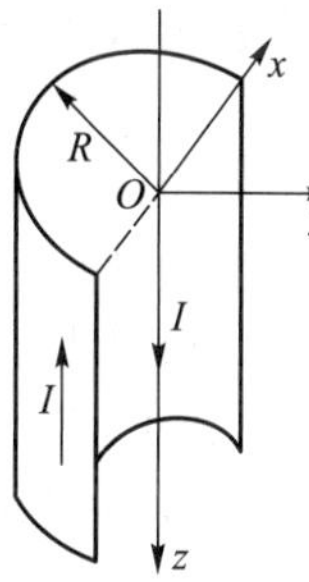

图 3-17　习题 3-18 用图

解　（1）建立如图 3-17 所示的坐标系，利用习题3-6 中求得的结果，均匀载流半圆柱面在轴线上产生的磁感应强度大小为

$$B=\frac{\mu_0 I}{\pi^2 R}$$

$\boldsymbol{B}$ 的方向沿 x 轴正向，与轴线处电流方向垂直，轴线上导线单位长度所受安培力为

$$F=BI=\frac{\mu_0 I^2}{\pi^2 R}$$

$\boldsymbol{F}$ 的方向沿 y 轴正向，此力是斥力.

（2）若将另一无限长直导线（通有大小、方向与半圆柱面相同的电流 I）代替半圆柱面，产生同样的作用力，另一无限长直导线应平行于轴线上的直导线并放置于 y 轴负半轴上，以 d 表示两直导线间的距离，则

$$\frac{\mu_0 I^2}{\pi^2 R}=\frac{\mu_0 I^2}{2\pi d}$$

可得满足受力条件的两导线距离为 $d=\frac{\pi R}{2}$.

3-19

如图 3-18 所示，将一均匀分布着电流的无限大载流平面放入均匀磁场中，电流方向与此磁场垂直. 已知平面两侧的磁感应强度分别为 $\boldsymbol{B}_1$ 和 $\boldsymbol{B}_2$，求该载流平面单位面积所受的磁力的大小和方向.

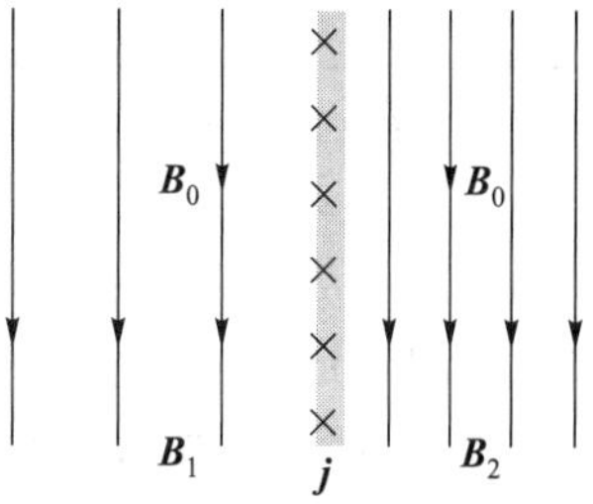

图 3-18　习题 3-19 用图

解　要求载流平面单位面积所受的磁力，须先求出外磁场的磁感应强度 $\boldsymbol{B}_0$. 由图中所示的磁感应线的疏密程度可知，$B_2>B_1$. 已知无限大载流平面在其两侧产生的磁场大小相等、方向相反，即

$$B_{左}=B_{右}=\frac{\mu_0}{2}j$$

式中 j 表示无限大载流平面内通过垂直于电流方向单位长度的电流. 因此，$\boldsymbol{j}$ 的方向为垂直纸面向里，均匀外磁场 $\boldsymbol{B}_0$ 在平面两侧方向相同，如图所示. 由叠加原理可得

$$B_0-B_{左}=B_1$$

$$B_0+B_{右}=B_2$$

解得

$$B_0=\frac{B_1+B_2}{2}$$

（方向竖直向下）

$$j=\frac{B_2-B_1}{\mu_0}$$

载流平面单位面积所受磁力为

$$\boldsymbol{F}=\boldsymbol{j}\times\boldsymbol{B}_0$$

由于电流方向与外磁场方向垂直，因此磁力大小为

$$F=jB_0=\frac{(B_2^2-B_1^2)}{2\mu_0}$$

$\boldsymbol{F}$ 的方向垂直于载流平面指向 $\boldsymbol{B}_1$ 一侧.

3-20

半径为 R 的导线圆环中通有电流 I,置于磁感应强度为 $\boldsymbol{B}$ 的均匀磁场中,磁场方向与环面垂直. 求导线所受张力的大小.

解 如图 3-19 所示,在导线环上任取一电流元 $I\mathrm{d}\boldsymbol{l}$,它相对于环心 O 点所张的圆心角用 $\mathrm{d}\theta$ 表示. 对该电流元进行受力分析,可知该电流元在磁场 $\boldsymbol{B}$ 中受竖直向上的安培力 $\mathrm{d}\boldsymbol{F}$,其大小为 $\mathrm{d}F=IB\mathrm{d}l=IBR\mathrm{d}\theta$.

此外,电流元 $I\mathrm{d}\boldsymbol{l}$ 还要受到导线环两侧沿切线方向的张力 $\boldsymbol{F}_{\mathrm{T}}$. 由图可知,两侧切向张力与水平方向夹角是 $\mathrm{d}\theta/2$. 在水平方向,两切向张力的水平分力彼此平衡;在竖直方向,两切向张力的竖直分力与电流元所受安培力平衡,即

$$\mathrm{d}F=2F_{\mathrm{T}}\sin\frac{\mathrm{d}\theta}{2}$$

由于 $\mathrm{d}\theta/2$ 很小,有

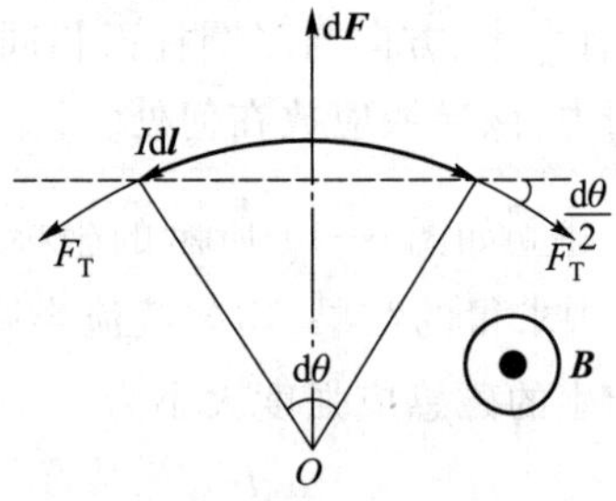

图 3-19 习题 3-20 解答用图

$$\frac{\mathrm{d}\theta}{2}\approx\sin\frac{\mathrm{d}\theta}{2}$$

因此

$$\mathrm{d}F=F_{\mathrm{T}}\cdot\mathrm{d}\theta=IBR\mathrm{d}\theta$$

可得导线环内任意点所受张力的大小为

$$F_{\mathrm{T}}=IBR$$

3-21

长为 l 的细杆均匀分布着电荷 Q. 它绕通过细杆一端并垂直于细杆的轴匀速旋转,角速度为 ω. 求此细杆磁矩的大小.

解 如图 3-20 所示,在距转轴 y 处选取长度为 $\mathrm{d}y$ 的线元,其所带电荷量为

$$\mathrm{d}q=\frac{Q}{l}\mathrm{d}y$$

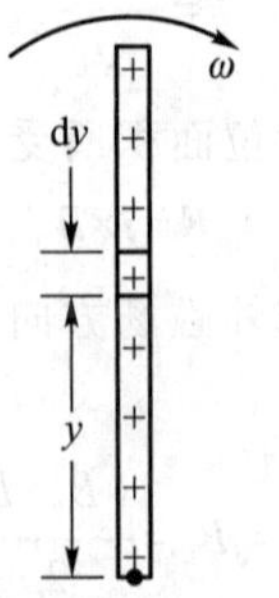

图 3-20 习题 3-21 解答用图

当带电线元旋转时,它相当于一个圆电流,电流为

$$\mathrm{d}I=\mathrm{d}q\,\frac{\omega}{2\pi}=\frac{Q\omega}{2\pi l}\mathrm{d}y$$

其磁矩大小为

$$\mathrm{d}m=\pi y^{2}\,\mathrm{d}I=\frac{Q\omega}{2l}y^{2}\,\mathrm{d}y$$

所有旋转线元的磁矩方向都相同,因此细杆的磁矩大小为

$$m=\int\mathrm{d}m=\int_{0}^{l}\frac{Q\omega}{2l}y^{2}\,\mathrm{d}y=\frac{1}{6}Q\omega l^{2}$$

3-22

半径为 R 的 1/4 圆弧 $\widehat{AB}$，处于均匀磁场 $\boldsymbol{B}_0$ 中，可绕 z 轴转动，其中通有电流 I，求在如图 3-21 所示位置时，(1) 圆弧 AB 所受的磁力；(2) 圆弧 AB 所受的磁力矩.

解 可采用填补法将四分之一圆弧填补为一扇形线圈 $ABOA$ 来求解此题.

(1) 如图 3-21 所示位置时，扇形线圈 $ABOA$ 在均匀磁场中所受磁力的合力为零，而 BO 导线所受磁力为

$$\boldsymbol{F}_{BO}=-IRB_0\sin\theta\boldsymbol{k}$$

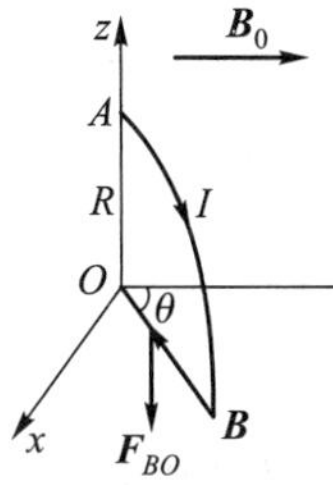

图 3-21 习题 3-22 解答用图

OA 导线所受磁力为

$$\boldsymbol{F}_{OA}=-IRB_0\boldsymbol{i}$$

可得 AB 圆弧所受的磁力为

$$\begin{aligned}\boldsymbol{F}_{AB}&=\boldsymbol{F}_{ABOA}-\boldsymbol{F}_{BO}-\boldsymbol{F}_{OA}\\&=IRB_0\boldsymbol{i}+IRB_0\sin\theta\boldsymbol{k}\end{aligned}$$

(2) 扇形线圈在磁场 $\boldsymbol{B}_0$ 中所受磁力矩为

$$\boldsymbol{M}_{ABOA}=\boldsymbol{m}\times\boldsymbol{B}=ISB_0\cos\theta(-\boldsymbol{k})$$

由于 BO 和 OA 在磁场中所受相对于转轴 z 轴的磁力矩都为零，故可得圆弧 AB 所受的磁力矩为

$$\boldsymbol{M}_{AB}=-ISB_0\cos\theta\boldsymbol{k}=-\frac{1}{4}\pi R^2IB_0\cos\theta\boldsymbol{k}$$

3-23

如图 3-22 所示，一根 U 形轻质导线，质量为 m，两端浸没在水银槽中，导线上段长 l，处在磁感应强度为 $\boldsymbol{B}$ 的均匀磁场中. 当电源接通时，导线就会从水银槽中跳起来. 假定电流脉冲的时间和导线上升时间相比非常小，试由导线跳起所达高度 h 计算电流脉冲的电荷量 q.

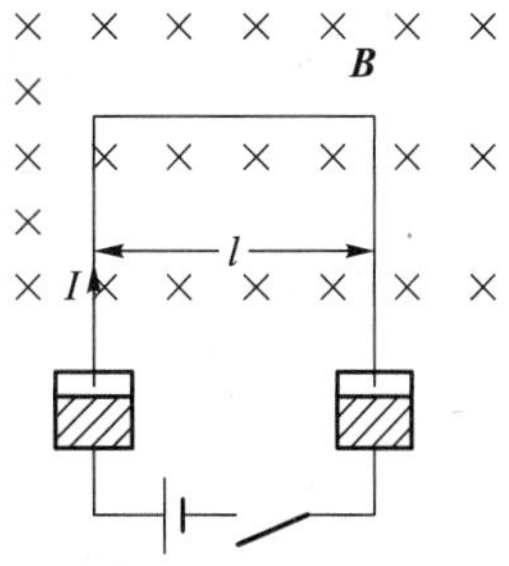

图 3-22 习题 3-23 用图

解 瞬时电流为 I 时，长为 l 的导线所受到的安培力大小为 $F=BIl$，此力在 $\mathrm{d}t$ 时间内的冲量为 $BIl\mathrm{d}t$. 从接通电源到 U 形导线端点离开水银槽这段时间内，安培力的冲量为

$$\int F\mathrm{d}t=\int BIl\mathrm{d}t=Bl\int I\mathrm{d}t=Blq$$

对于轻质导线，可忽略重力，则该力的冲量使 U 形导线获得动量. 设导线端点离开水槽时的速度为 v，根据动量定理有

$$Blq=mv$$

由上式可得导线端点离开水槽时的速率为

$$v=\frac{Blq}{m}$$

则导线动能为

$$E_{\mathrm{k}}=\frac{1}{2}mv^2=\frac{B^2l^2q^2}{2m}$$

导线到达高度 h，则其势能为 $E_{\mathrm{p}}=mgh$，由机械能守恒可得

$$mgh=\frac{B^2l^2q^2}{2m}$$

则电流脉冲的电荷量为

$$q=\frac{m}{Bl}\sqrt{2gh}$$

3-24

在电视显像管的电子束中,电子能量为 1.2×10^4 eV,这个显像管的安放位置使电子水平地由南向北运动. 该处地球磁场的竖直分量向下,大小为 5.5×10^{-5} T. (1) 电子束受地磁场的影响将偏向什么方向? (2) 电子束在显像管内由南向北通过 20 cm 时将偏移多远?

解 (1) 电子束受洛伦兹力作用,向东偏转(图 3-23 中向右偏转).

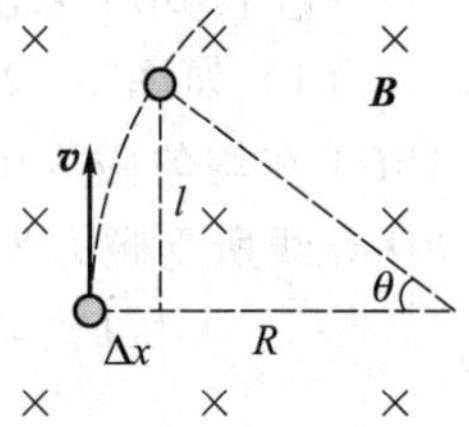

图 3-23 习题 3-24 图

(2) 电子的运动速度为 $v=\sqrt{\dfrac{2E_k}{m}}$. 电子在洛伦兹力的作用下,做匀速率圆周运动,其半径为

$$R=\frac{mv}{eB}=\frac{m}{eB}\sqrt{\frac{2E_k}{m}}$$

$$=\frac{9.1\times10^{-31}\ \text{kg}}{(1.6\times10^{-19}\ \text{C})\times(5.5\times10^{-5}\ \text{T})}\sqrt{\frac{2\times(1.2\times10^4\ \text{eV})\times(1.6\times10^{-19}\ \text{J/eV})}{9.1\times10^{-31}\ \text{kg}}}$$

$$=6.72\ \text{m}$$

则电子束的偏移距离为

$$\Delta x=R-\sqrt{R^2-l^2}=[6.72-\sqrt{(6.72)^2-(0.2)^2}]\ \text{m}\approx2.98\times10^{-3}\ \text{m}$$

3-25

在 $B=0.1$ T 的匀强磁场中入射一个能量为 2.0×10^3 eV 的正电子,正电子速度与磁场方向夹角为 89°,路径成螺旋线,其轴线在磁感应强度 $\boldsymbol{B}$ 的方向. 求该螺旋线运动的周期 T,螺距 h 和半径 r.

解 正电子速率为

$$v=\sqrt{\frac{2E_k}{m}}$$

$$=\sqrt{\frac{2\times(2\times10^3\ \text{eV})\times(1.6\times10^{-19}\ \text{J/eV})}{9.11\times10^{-31}\ \text{kg}}}$$

$$=2.7\times10^7\ \text{m/s}$$

螺旋运动的周期为

$$T=\frac{2\pi m}{eB}=\frac{2\times3.14\times(9.11\times10^{-31}\ \text{kg})}{(1.6\times10^{-19}\text{C})\times(0.1\ \text{T})}$$

$$=3.6\times10^{-10}\ \text{s}$$

螺距为

$$h=v\cos 89°T$$

$$=(2.7\times10^7\ \text{m/s})\times\cos 89°\times(3.6\times10^{-10}\ \text{s})$$

$$=1.7\times10^{-4}\ \text{m}$$

半径为

$$r=\frac{mv\sin 89°}{eB}$$

$$=\frac{(9.11\times10^{-31}\ \text{kg})\times(2.7\times10^7\ \text{m/s})\times\sin 89°}{(1.6\times10^{-19}\ \text{C})\times(0.1\ \text{T})}$$

$$=1.3\times10^{-3}\ \text{m}$$

3-26

北京正负电子对撞机中的储存环周长为 240 m，若动量为 1.49×10^{-18} kg·m/s 的电子在该储存环中做轨道运动，求偏转磁场的磁感应强度.

解 由回旋半径公式

$$R=\frac{mv}{eB}=\frac{p}{eB}$$

可得偏转磁场的磁感应强度为

$$B=\frac{p}{eR}=\frac{1.49\times10^{-18}\ \text{kg}\cdot\text{m/s}}{(1.6\times10^{-19}\ \text{C})\times(240\ \text{m})/(2\pi)}=0.244\ \text{T}$$

3-27

如图 3-24 所示，在霍耳效应实验中，宽 1.0 cm，长 4.0 cm，厚 1.0×10^{-3} cm 的导体沿长度方向载有 3.1 A 的电流. 当磁感应强度 $B=1.5$ T 的磁场垂直地通过该薄导体时，在导体宽度两端产生 1.0×10^{-5} V 的霍耳电压. 求：(1) 载流子的漂移速度；(2) 载流子数密度；(3) 若载流子为电子，试判断霍耳电压的极性.

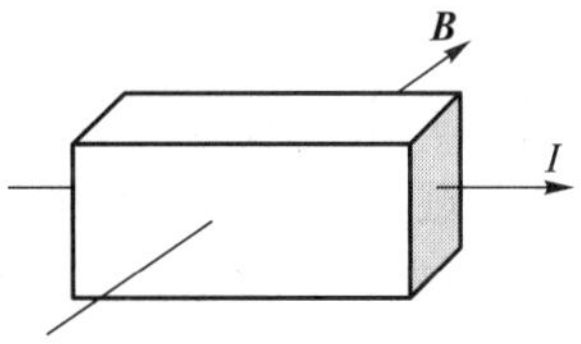

图 3-24 习题 3-27 用图

解 (1) 设导体宽度为 h，厚度为 b，霍耳电压为 U_H，则霍耳电场场强大小为

$$E_H=\frac{U_H}{h}$$

载流子的漂移速率为

$$v_D=\frac{E_H}{B}=\frac{U_H}{hB}=\frac{1.0\times10^{-5}\ \text{V}}{(1.0\times10^{-2}\ \text{m})\times(1.5\ \text{T})}=6.7\times10^{-4}\ \text{m/s}$$

(2) 载流子数密度

$$n=\frac{IB}{ebU_H}=\frac{(3.1\ \text{A})\times(1.5\ \text{T})}{(1.6\times10^{-19}\ \text{C})\times(1.0\times10^{-5}\ \text{m})\times(1.0\times10^{-5}\ \text{V})}=2.9\times10^{29}\ \text{m}^{-3}$$

(3) 若载流子为电子，电子的运动方向与电流方向相反，则图中霍耳电压的极性为上负下正.

3-28

利用霍耳元件可以测量磁场的磁感应强度. 设一霍耳元件用金属材料制成，其厚度为 0.15 mm，载流子数密度为 10^{24} m^{-3}. 将霍耳元件放入待测磁场中，测得霍耳电压为 42 μV，电流为 10 mA，求待测磁场的磁感应强度的大小.

解 由霍耳电压 $U_H=\dfrac{IB}{nqb}$，得

$$B=\frac{nqbU_H}{I}=\frac{(10^{24}\ \text{m}^{-3})\times(1.6\times10^{-19}\ \text{C})\times(0.15\times10^{-3}\ \text{m})\times(42\times10^{-6}\ \text{V})}{10\times10^{-3}\ \text{A}}=0.1\ \text{T}$$

3-29

如图 3-25 所示，一磁导率为 μ_1 的无限长圆柱形直导线，半径为 R_1，其中均匀地流有电流 I，导线外包一层磁导率为 μ_2 的圆柱形均匀磁介质，其外半径为 R_2. 求磁场强度和磁感应强度的分布.

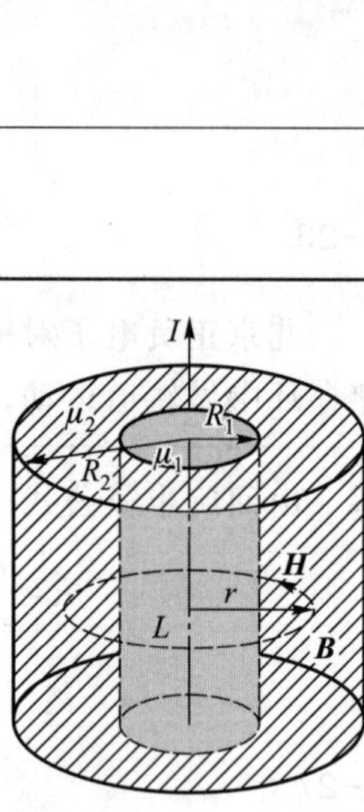

图 3-25 习题 3-29 用图

解 由于电流分布及介质分布都具有轴对称性，因此其激发的磁场也具有轴对称性. 如图 3-25 所示，选择半径为 r、圆心在轴上的圆形环路 L，其绕行方向与圆柱内电流方向成右手螺旋关系. 在该环路 L 上，磁场强度 $\boldsymbol{H}$ 大小相同，方向均沿切线方向，即与圆柱内电流方向成右手螺旋关系. 应用 $\boldsymbol{H}$ 的环路定理可求得各区域的磁场强度和磁感应强度的分布.

根据 $\boldsymbol{H}$ 的环路定理有

$$\oint_L \boldsymbol{H}\cdot \mathrm{d}\boldsymbol{l}=\oint_L H\mathrm{d}l=H\cdot 2\pi r=\sum I_{0内}$$

式中 $\sum I_{0内}$ 是环路所包围的自由电流.

当 $r<R_1$ 时 $\quad \sum I_{0内}=\dfrac{\pi r^2}{\pi R_1^2}I$

故

$$H=\frac{r}{2\pi R_1^2}I$$

$$B=\mu_1 H=\frac{\mu_1 r}{2\pi R_1^2}I$$

当 $R_1<r<R_2$ 时 $\quad \sum I_{0内}=I$

故

$$H=\frac{I}{2\pi r}$$

$$B=\mu_2 H=\frac{\mu_2 I}{2\pi r}$$

当 $r>R_2$ 时

$$H=\frac{I}{2\pi r}$$

$$B=\mu_0 H=\frac{\mu_0 I}{2\pi r}$$

磁感应强度 $\boldsymbol{B}$ 与磁场强度 $\boldsymbol{H}$ 方向相同，均与电流方向成右手螺旋关系.

3-30

一无限长均匀密绕直螺线管，其内部充满相对磁导率为 μ_r 的各向同性的均匀顺磁介质. 设螺线管单位长度上的线圈匝数为 n，导线中通有电流 I. 求管内的磁感应强度 $\boldsymbol{B}$ 及磁介质表面的面磁化电流密度 $\boldsymbol{j}'$.

解 由对称性可知，该螺线管内部的磁场均匀且与管内的轴线平行，磁场方向与电流方向满足右手螺旋关系，管外磁场为零. 当其内充满各向同性的均匀磁介质时，磁介质被均匀磁化，介质表面出现磁化电流 I'，如图 3-26(a) 中虚线所示. 磁化电流也将产生磁场，其磁场如同一无限长载流螺线管的磁场，因此管内的合磁场仍为均匀磁场，而且 $\boldsymbol{B}$ 和 $\boldsymbol{H}$ 均与管内的轴线平行，管外磁场仍为零. 我们利用 $\boldsymbol{H}$ 的环路定理先计算管内的磁场强度 $\boldsymbol{H}$，然后再计算磁感应强度 $\boldsymbol{B}$，最后计算磁介质表面的面磁化电流密度 $\boldsymbol{j}'$.

在管内任取一点 P，过 P 点选如图 3-26(b) 所示的矩形环路 L，$\boldsymbol{H}$ 沿环路的线积分为

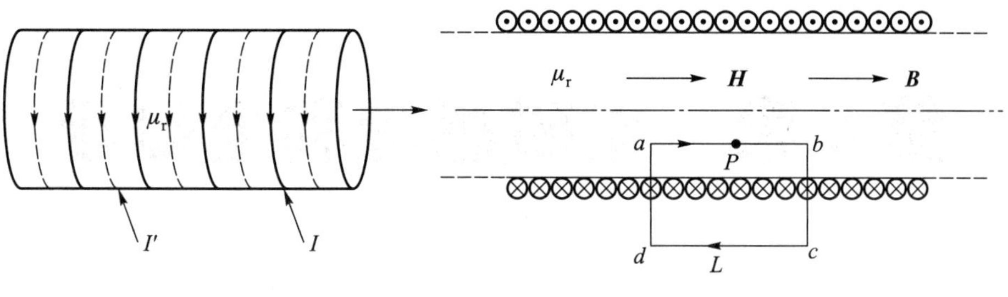

图 3-26　习题 3-30 用图

$$\oint_L \boldsymbol{H}\cdot \mathrm{d}\boldsymbol{l}=\int_a^b \boldsymbol{H}\cdot \mathrm{d}\boldsymbol{l}+\int_b^c \boldsymbol{H}\cdot \mathrm{d}\boldsymbol{l}+\int_c^d \boldsymbol{H}\cdot \mathrm{d}\boldsymbol{l}+\int_d^a \boldsymbol{H}\cdot \mathrm{d}\boldsymbol{l}$$

在 bc 和 da 段，$\boldsymbol{H}$ 或者为零，或者与 $\mathrm{d}\boldsymbol{l}$ 方向垂直；在 cd 段，$\boldsymbol{H}=0$，因此上式中等号右端第二、第三、第四项均为零. 在 ab 段 $\boldsymbol{H}$ 与 $\mathrm{d}\boldsymbol{l}$ 同向，且 $\boldsymbol{H}$ 的大小处处相等，所以有

$$\oint_L \boldsymbol{H}\cdot \mathrm{d}\boldsymbol{l}=\int_a^b \boldsymbol{H}\cdot \mathrm{d}\boldsymbol{l}=H|ab|$$

穿过闭合回路 L 所围面积的自由电流为 $nI|ab|$. 由 $\boldsymbol{H}$ 的环路定理得

$$H|ab|=nI|ab|$$

$$H=nI$$

$$B=\mu_0\mu_r H=\mu_0\mu_r nI$$

$\boldsymbol{B}$ 和 $\boldsymbol{H}$ 的方向相同，均与电流方向成右手螺旋关系. 上式表明，有磁介质时螺线管内的磁感应强度是真空时的 μ_r 倍.

螺线管内磁化强度矢量为

$$\boldsymbol{M}=\frac{\boldsymbol{B}}{\mu_0}-\boldsymbol{H}=(\mu_r-1)\boldsymbol{H}$$

对于顺磁质 $\mu_r>1$，$\boldsymbol{M}$ 与 $\boldsymbol{H}$ 同向. 由于在磁介质表面 $\boldsymbol{M}$ 与表面平行，则面磁化电流密度的大小为

$$j'=M=(\mu_r-1)nI$$

对于顺磁质 $\mu_r>1$，$j'>0$，说明磁化电流方向和自由电流方向相同. 面磁化电流密度的方向满足

$$\boldsymbol{j}'=\boldsymbol{M}\times\boldsymbol{e}_n$$

式中 $\boldsymbol{e}_n$ 为介质表面外法线方向的单位矢量.

第 4 章　电磁感应和电磁场

4.1　内容提要

1. 法拉第电磁感应定律

电磁感应现象：当穿过闭合导体回路所围面积的磁通量发生变化时，回路中就会产生电流的现象称为电磁感应现象，相应的电流称为感应电流. 产生感应电流的本质是回路中出现了感应电动势.

法拉第电磁感应定律：导体回路中感应电动势的大小与穿过回路的磁通量的时间变化率成正比，其数学表达式为

$$\mathscr{E}=-\frac{\mathrm{d}\Phi}{\mathrm{d}t}=-\frac{\mathrm{d}}{\mathrm{d}t}\int_S \boldsymbol{B}\cdot\mathrm{d}\boldsymbol{S}$$

对于 N 匝导线构成的线圈，穿过各匝回路的总磁通量 $\Psi=\sum_{i=1}^{N}\Phi_i$ 称为全磁通，当穿过各匝回路的磁通量都相等时，N 匝线圈中全磁通 $\Psi=N\Phi$，称为磁链. 此时，回路中的总感应电动势可表示为

$$\mathscr{E}=-\frac{\mathrm{d}\Psi}{\mathrm{d}t}=-N\frac{\mathrm{d}\Phi}{\mathrm{d}t}$$

2. 楞次定律

楞次定律的表述可以归结为“感应电流的效果总是反抗引起它的原因”. 在具体的电磁感应现象中，楞次定律又可以通过以下两种不同的方式表述出来.

通量表述：闭合回路中感应电流的方向，总是使它所激发的磁场来阻止引起感应电流的磁通量的变化.

力表述：运动导体上的感应电流受的安培力总是反抗（或阻碍）导体的运动.

楞次定律的实质是产生感应电流的过程必须遵守能量守恒定律. 利用楞次定律可以很方便地判断感应电动势及感应电流的方向，它说明了法拉第电磁感应定律表达式中的负号.

3. 动生电动势

在电磁感应现象中，单纯由导体运动产生的感应电动势称为动生电动势. 产生动生电动势的非静电起源的作用力是洛伦兹力. 当导体棒 ab 在磁场中运动时，导体棒 ab 中产生的动生电动

势为

$$\mathscr{E}=\int_b^a(\boldsymbol{v}\times\boldsymbol{B})\cdot \mathrm{d}\boldsymbol{l}$$

如果整个导体回路都在磁场中运动,回路中产生的动生电动势为

$$\mathscr{E}=\oint_L(\boldsymbol{v}\times\boldsymbol{B})\cdot \mathrm{d}\boldsymbol{l}$$

计算动生电动势时,通常先选定积分路径正方向,然后在运动导线上任意截取一段矢量线元 $\mathrm{d}\boldsymbol{l}$($\mathrm{d}\boldsymbol{l}$ 方向沿积分路径方向),计算出线元 $\mathrm{d}\boldsymbol{l}$ 上的动生电动势 $\mathrm{d}\mathscr{E}=(\boldsymbol{v}\times\boldsymbol{B})\cdot\mathrm{d}\boldsymbol{l}$,然后积分求得整个导线上的动生电动势 $\mathscr{E}$ 的值. 电动势的方向由其正负决定,若 $\mathscr{E}>0$,则 $\mathscr{E}$ 的方向与积分路径方向相同;若 $\mathscr{E}<0$,则 $\mathscr{E}$ 的方向与积分路径方向相反.

在动生电动势中,总的洛伦兹力不做功,洛伦兹力只起能量转化的作用.

4. 感生电动势与感生电场

感生电动势:导体或导体回路在磁场中固定不动,而磁场随时间发生变化时,在导体或导体回路内产生的电动势叫感生电动势. 根据电动势的定义及法拉第电磁感应定律,感生电动势的表达式为

$$\mathscr{E}=\oint_L E_\mathrm{k}\cdot\mathrm{d}\boldsymbol{l}=-\frac{\mathrm{d}\Phi}{\mathrm{d}t}$$

感生电场对电荷的作用力是产生感生电动势的非静电力.

感生电场:变化的磁场在其周围激发的电场,称为感生电场,用 $\boldsymbol{E}_\mathrm{k}$ 表示,感生电场是非保守力场. 感生电场的性质可由如下环路定理和高斯定理给出.

$$\oint_L\boldsymbol{E}_\mathrm{k}\cdot\mathrm{d}\boldsymbol{l}=-\int_S\frac{\partial\boldsymbol{B}}{\partial t}\cdot\mathrm{d}\boldsymbol{S}$$

$$\oint_S\boldsymbol{E}_\mathrm{k}\cdot\mathrm{d}\boldsymbol{S}=0$$

这说明感生电场是非保守力场、涡旋场. 环路定理中的负号表明来源于法拉第电磁感应定律,说明了感应电场 $\boldsymbol{E}_\mathrm{k}$ 方向与磁场变化率 $\partial\boldsymbol{B}/\partial t$ 的方向之间满足左手螺旋关系.

5. 自感

自感:由于电路自身电流变化而在自身回路中激发感应电动势的现象称为自感现象,相应的感应电动势称为自感电动势.

自感:
$$L=\frac{\Psi}{I},\quad L=-\mathscr{E}_L\bigg/\frac{\mathrm{d}I}{\mathrm{d}t}$$

自感 L 是描述线圈"电磁惯性"的一个物理量. 在非铁磁质的情况下,自感 L 与线圈的几何形状、大小、匝数及周围磁介质有关,与线圈中的电流无关. 计算自感系数时,一般先假设线圈中通有电流 I,计算该电流所产生的磁场,然后计算该磁场通过自身线圈的全磁通,再利用自感 L 的定义求全磁通与电流的比值,即可求出 L.

自感电动势:
$$\mathscr{E}_L=-L\frac{\mathrm{d}I}{\mathrm{d}t}$$

6. 互感

互感:由一个电路中电流变化,引起在相邻电路中产生感应电动势的现象,称为互感现象. 在

互感现象中产生的感应电动势称为互感电动势.

两线圈的互感：
$$M=\frac{\boldsymbol{\Psi}_{21}}{I_1}=\frac{\boldsymbol{\Psi}_{12}}{I_2}$$

在非铁磁质的情况下，互感 M 只与两回路的结构(如形状、大小、匝数)、相对位置及周围磁介质的情况有关，而与回路中的电流无关. 计算互感 M 时，一般先假设某一回路中通过电流 I，计算该电流所产生的磁场，然后计算该磁场通过另一回路的全磁通，最后利用 M 的定义式求全磁通与电流的比值，即可得到互感 M.

两回路中的互感电动势：$\mathscr{E}_{12}=-M\dfrac{\mathrm{d}I_2}{\mathrm{d}t}$ 或 $\mathscr{E}_{21}=-M\dfrac{\mathrm{d}I_1}{\mathrm{d}t}$

7. 磁场的能量

磁场的能量可以看成是储存在通电线圈这样的电路元件中的，自感为 L 的电感线圈中流过电流 I 时所储存的能量为

$$W_{\mathrm{m}}=\frac{1}{2}LI^2$$

载流线圈中储存的能量通常又称为自感磁能. 在电流相同的情况下，自感 L 越大的线圈，自感磁能也越大.

磁场的能量可以看成是储存在空间磁场中的，与磁感应强度 B 相对应的磁能密度及空间磁场所包含的总能量由下面两式给出.

磁场能量密度：
$$w_{\mathrm{m}}=\frac{1}{2}\frac{B^2}{\mu}=\frac{1}{2}BH=\frac{1}{2}\mu H^2$$

磁场的能量：
$$W_{\mathrm{m}}=\int_V w_{\mathrm{m}}\mathrm{d}V=\int_V\frac{1}{2}BH\mathrm{d}V$$

8. 位移电流

位移电流对应于空间电位移矢量的变化，只要通过某截面的电位移通量随时间变化，就有流过该截面的位移电流，位移电流的本质是变化的电场.

位移电流：通过电场中某一截面的电位移通量随时间的变化率，其数学表达式为

$$I_{\mathrm{d}}=\int_S\frac{\partial\boldsymbol{D}}{\partial t}\cdot\mathrm{d}\boldsymbol{S}=\frac{\mathrm{d}\boldsymbol{\Phi}_{\mathrm{d}}}{\mathrm{d}t}$$

位移电流密度矢量：空间任意一点处电位移矢量随时间的变化率，其数学表达式为

$$\boldsymbol{J}_{\mathrm{d}}=\frac{\partial\boldsymbol{D}}{\partial t}$$

位移电流的引入，深刻地揭示了变化的电场与磁场间的内在联系. 麦克斯韦通过位移电流的假设，很好地解决了恒定电流的安培环路定理用于非恒定电流时出现的矛盾，将恒定电流的安培环路定理推广到了非恒定电流.

9. 全电流的安培环路定理

全电流：如果空间既存在传导电流，又存在位移电流，麦克斯韦从激发磁场的角度考虑，将它们之和定义为全电流，即

$$I_{\mathrm{s}}=I_{\mathrm{c}}+I_{\mathrm{d}}$$

上式中 I_s 为全电流，I_c 为传导电流，I_d 为位移电流. 相应地，全电流密度矢量可表示为

$$\boldsymbol{J}_s=\boldsymbol{J}_c+\frac{\partial \boldsymbol{D}}{\partial t}$$

上式中 $\boldsymbol{J}_s$、$\boldsymbol{J}_c$ 和 $\frac{\partial \boldsymbol{D}}{\partial t}$ 分别为全电流、传导电流和位移电流的电流密度矢量. 全电流的电流线构成闭合的曲线，全电流是恒定连续的，它满足如下条件：

$$\oint_S \left(\boldsymbol{J}_c+\frac{\partial \boldsymbol{D}}{\partial t}\right)\cdot \mathrm{d}\boldsymbol{S}=0$$

全电流的安培环路定理：磁场强度 $\boldsymbol{H}$ 沿磁场中任一闭合回路的线积分在数值上等于穿过以该闭合回路为边界的任意曲面的全电流的代数和，其数学表达式为

$$\oint_L \boldsymbol{H}\cdot \mathrm{d}\boldsymbol{l}=I_c+\int_S \frac{\partial \boldsymbol{D}}{\partial t}\cdot \mathrm{d}\boldsymbol{S}=\int_S\left(\boldsymbol{J}_c+\frac{\partial \boldsymbol{D}}{\partial t}\right)\cdot \mathrm{d}\boldsymbol{S}$$

普遍意义的安培环路定理的本质是变化的电场激发磁场，它是电磁学的基本方程之一. 如果空间只存在变化的电场，与变化电场相联系的磁场为

$$\oint_L \boldsymbol{B}\cdot \mathrm{d}\boldsymbol{l}=\mu_0\varepsilon_0\frac{\mathrm{d}}{\mathrm{d}t}\int_S \boldsymbol{E}\cdot \mathrm{d}\boldsymbol{S}$$

10. 麦克斯韦方程组

感生电场和位移电流的引入使电场和磁场自然且彻底地联系了起来，变化的磁场激发涡旋电场，变化的电场也激发涡旋磁场. 变化的电场和变化的磁场密切联系，构成了一个统一的电磁场整体. 1865 年麦克斯韦将电磁场的规律加以总结和推广，归纳出一组完全反映宏观电磁场规律的方程组，称为麦克斯韦方程组，其积分形式为

$$\oint_S \boldsymbol{D}\cdot \mathrm{d}\boldsymbol{S}=\int_V \rho \mathrm{d}V=q_0$$

$$\oint_L \boldsymbol{E}\cdot \mathrm{d}\boldsymbol{l}=-\int_S \frac{\partial \boldsymbol{B}}{\partial t}\cdot \mathrm{d}\boldsymbol{S}$$

$$\oint_S \boldsymbol{B}\cdot \mathrm{d}\boldsymbol{S}=0$$

$$\oint_L \boldsymbol{H}\cdot \mathrm{d}\boldsymbol{l}=I_c+\int_S \frac{\partial \boldsymbol{D}}{\partial t}\cdot \mathrm{d}\boldsymbol{S}$$

麦克斯韦方程组中的各个量是通过介质的性质相互联系的，三个介质方程是麦克斯韦方程组的辅助方程，在各向同性的介质中，介质方程的形式为

$$\boldsymbol{D}=\varepsilon_0\varepsilon_r\boldsymbol{E}$$

$$\boldsymbol{B}=\mu_0\mu_r\boldsymbol{H}$$

$$\boldsymbol{J}=\sigma\boldsymbol{E}$$

对于处在电磁场中以速度 $\boldsymbol{v}$ 运动的带电粒子 q，还将受到电磁场的作用力 $\boldsymbol{F}_L$：

$$\boldsymbol{F}_L=q\boldsymbol{E}+q\boldsymbol{v}\times\boldsymbol{B}$$

上式常被称为洛伦兹力公式.

以上麦克斯韦方程组、介质方程以及洛伦兹力公式，构成了完整的电磁场方程，结合初始条

件和边界条件,原则上就可以解决经典电磁学的所有问题.

11. 电磁波

1865 年,麦克斯韦在建立电磁场理论的同时预言了电磁波的存在,这一预言于 1888 年被赫兹通过电磁振荡实验证实. 平面电磁波的波动方程:

$$\frac{\partial^2 \boldsymbol{E}}{\partial x^2}=\varepsilon_0\mu_0\frac{\partial^2 \boldsymbol{E}}{\partial t^2}$$

$$\frac{\partial^2 \boldsymbol{B}}{\partial x^2}=\varepsilon_0\mu_0\frac{\partial^2 \boldsymbol{B}}{\partial t^2}$$

真空中电磁波的传播速度:

$$c=\frac{1}{\sqrt{\varepsilon_0\mu_0}}=3\times10^8\ \mathrm{m/s}$$

电磁波中电矢量 $\boldsymbol{E}$ 和磁矢量 $\boldsymbol{B}$ 在大小之间满足如下关系:

$$\sqrt{\varepsilon}E=\frac{B}{\sqrt{\mu}}$$

电磁波的能量密度:

$$w=w_{\mathrm{e}}+w_{\mathrm{m}}=\frac{1}{2}\varepsilon E^2+\frac{1}{2}\mu H^2=\varepsilon E^2=\frac{B^2}{\mu}$$

电磁波的能流密度矢量,即玻印廷矢量 $\boldsymbol{S}$:

$$\boldsymbol{S}=\boldsymbol{E}\times\boldsymbol{H}$$

4.2 习题解答

4-1

如图 4-1 所示,相距为 d 的两长直导线间放置一长为 l,宽为 b 的共面线框,线框左侧边与相邻导线相距为 a,两长直导线中的电流大小均为 $I=I_0\sin\omega t$(I_0 和 ω 是正的常量),且始终保持反向. 求线框上的感应电动势.

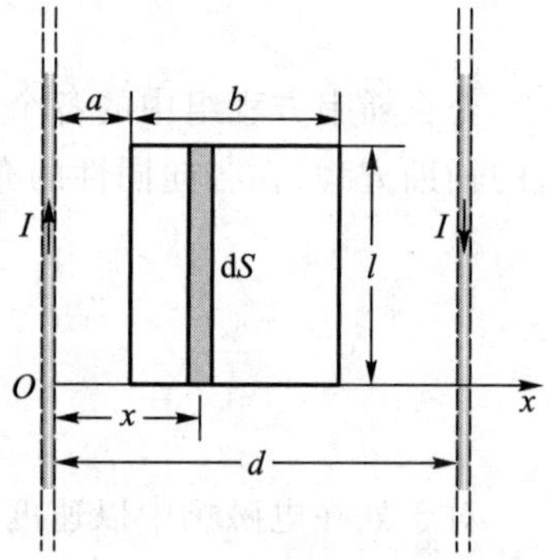

图 4-1 习题 4-1 用图

解 如图 4-1 所示,建立 Ox 坐标轴,在线框所围面积上 x 位置处取一宽度为 $\mathrm{d}x$ 的面元 $\mathrm{d}S=l\mathrm{d}x$,则 x 位置处磁感应强度的大小为

$$B=\frac{\mu_0 I}{2\pi x}+\frac{\mu_0 I}{2\pi(d-x)}$$

通过整个线框所围面积的磁通量为

$$\Phi=\int_a^{a+b}Bl\mathrm{d}x=\int_a^{a+b}\left[\frac{\mu_0 I}{2\pi x}+\frac{\mu_0 I}{2\pi(d-x)}\right]l\mathrm{d}x$$

$$=\frac{\mu_0 Il}{2\pi}\ln\frac{a+b}{a}+\frac{\mu_0 Il}{2\pi}\ln\frac{d-a}{d-a-b}$$

由法拉第电磁感应定律可得感应电动势为

$$\mathscr{E}=-\frac{\mathrm{d}\Phi}{\mathrm{d}t}=-\frac{\mu_0 I_0 l\omega}{2\pi}\cos\omega t\left(\ln\frac{a+b}{a}+\ln\frac{d-a}{d-a-b}\right)$$

4-2

半径为 R 的线圈在磁感应强度为 $\boldsymbol{B}$ 的地磁场中以角速度 ω 旋转，线圈匝数为 N. 求线圈中产生的感应电动势是多少？可产生的最大感应电动势是多少？何时出现最大感应电动势？

解　此题中磁感应强度 $\boldsymbol{B}$ 和线圈面积 S 都不发生变化，但它们之间的夹角会随时间发生变化. 设在某一时刻 t，$\boldsymbol{B}$ 与线圈面积法线方向的夹角为 θ，此时穿过线圈的磁链为

$$\Psi=N\Phi=N\boldsymbol{B}\cdot\boldsymbol{S}=NBS\cos\theta$$

根据法拉第电磁感应定律，可得线圈中的感应电动势为

$$\mathscr{E}=-\frac{\mathrm{d}\Psi}{\mathrm{d}t}=-N\frac{\mathrm{d}\Phi}{\mathrm{d}t}=NBS\sin\theta\frac{\mathrm{d}\theta}{\mathrm{d}t}=NBS\omega\sin\theta$$

当 $\sin\theta=1$，即 $\theta=\frac{\pi}{2}$ 时，$\mathscr{E}$ 取最大值，为 $\mathscr{E}_{\max}=NBS\omega$，此时线圈面法线与地磁场垂直.

4-3

如图 4-2 所示，载流长直导线中电流为 I，一矩形线圈以速度 $\boldsymbol{v}$ 向右平动，线圈长为 l，宽为 a，匝数为 N，其左侧边与导线距离为 d，求线圈中的感应电动势.

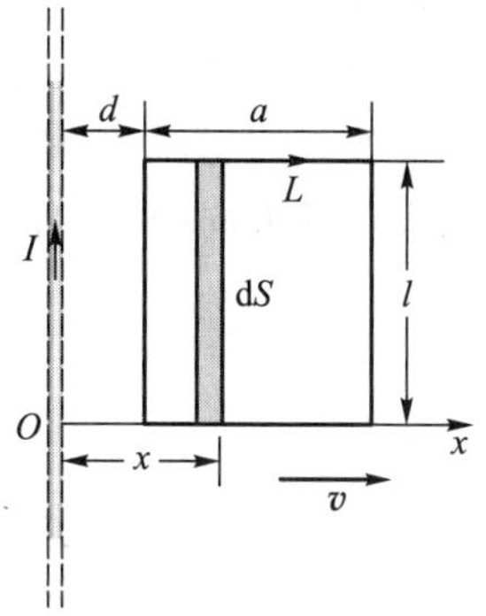

图 4-2　习题 4-3 用图

解　如图 4-2 所示，建立 Ox 坐标轴，选取的顺时针方向为回路 L 的绕行方向，在线圈所围面积内 x 位置处取一宽度为 $\mathrm{d}x$ 的面元 $\mathrm{d}S=l\mathrm{d}x$，则通过线圈所围面积的磁链为

$$\Psi=N\int\boldsymbol{B}\cdot\mathrm{d}\boldsymbol{S}=N\int_d^{d+a}\frac{\mu_0 I}{2\pi x}l\mathrm{d}x$$

$$=\frac{\mu_0 NIl}{2\pi}\ln\frac{d+a}{d}$$

由题意可知，线圈水平向右运动，其与导线间距 d 将随时间变化，且 d 随时间的变化率即为线圈运动速度 v，故可得线圈中的感应电动势为

$$\mathscr{E}=-\frac{\mathrm{d}\Psi}{\mathrm{d}t}=-\frac{\mu_0 NIl}{2\pi}\cdot\frac{d}{d+a}\cdot\left(-\frac{a}{d^2}\right)\cdot\frac{\mathrm{d}d}{\mathrm{d}t}$$

$$=\frac{\mu_0 NIlav}{2\pi d(d+a)}$$

上式中 $\mathscr{E}>0$，说明 $\mathscr{E}$ 的方向与 L 的绕行方向相同，即为顺时针方向.

4-4

要从真空仪器的金属部件上清除出气体，可采用感应加热的方法. 如图 4-3 所示，将需要加热的电子管阳极放置在长为 $L=20\ \mathrm{cm}$ 的均匀密绕长直螺线管内，电子管阳极是截面半径为 $r=4\ \mathrm{mm}$，长为 $l(l\ll L)$ 而管壁极薄的空心圆筒，电阻为 $R=5\times10^{-3}\ \Omega$. 均匀密绕长直螺线管匝数 $N=30$ 匝，通高频电流 $I=25\sin\omega t$，$\omega=2\pi\times10^{5}\ \mathrm{Hz}$，求电子管阳极圆筒中产生的感应电流的最大值.

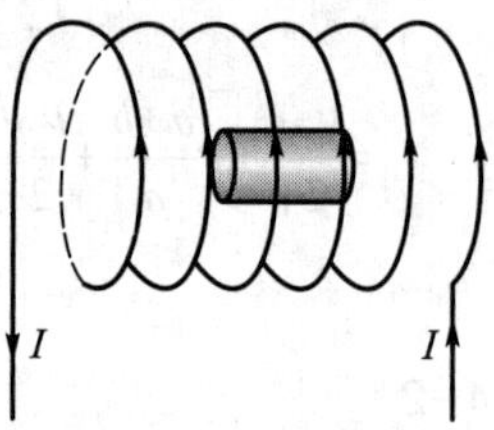

图 4-3 习题 4-4 用图

解 圆筒所在处磁感应强度为

$$B=\mu_0 nI=\mu_0\frac{N}{L}I$$

通过圆筒截面上的磁通量为

$$\Phi=BS=\pi r^2\mu_0\frac{N}{L}I$$

根据法拉第电磁感应定律，可得圆筒上的感应电动势为

$$\mathscr{E}=-\frac{\mathrm{d}\Phi}{\mathrm{d}t}=-\frac{\pi r^2\mu_0 N}{L}\frac{\mathrm{d}I}{\mathrm{d}t}=-\frac{25\pi r^2\mu_0 N}{L}\omega\cos\omega t$$

相应的感应电流为

$$I=\frac{\mathscr{E}}{R}=-\frac{25\pi r^2\mu_0 N}{LR}\omega\cos\omega t$$

感应电流最大值为

$$I_{\max}=\frac{25\omega\pi r^2\mu_0 N}{LR}=29.7\ \mathrm{A}$$

4-5

如图 4-4(a) 所示，载有恒定电流 I 的长直导线旁有一半圆环导线 CD，半径为 R. 环面与直导线垂直，且半圆环两端点连线的延长线与直导线相交. 半圆环以速度 v 沿平行于直导线中的电流的方向(即垂直纸面向外)平移. 求半圆环上的感应电动势，哪端电势高？

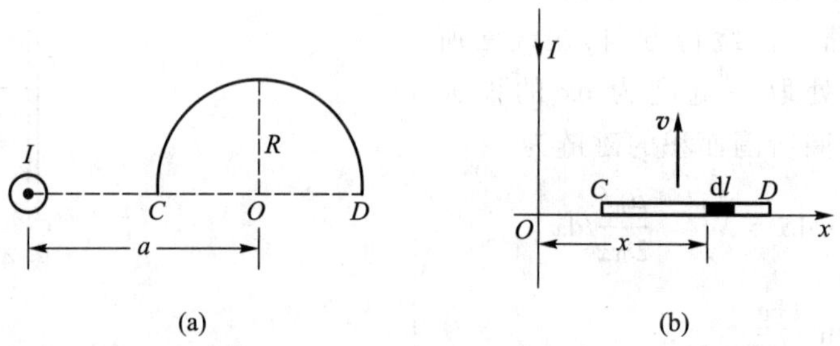

图 4-4 习题 4-5 用图

解 设想用一条直导线把 C、D 两点连接起来，构成一个闭合回路. 当该闭合回路以速度 v 平行于长直导线运动时，穿过闭合回路内的磁通量始终为 0，即有 $\frac{\mathrm{d}\Phi}{\mathrm{d}t}=0$，根据法拉第电磁感应定律，该闭合回路中的感应电动势为零. 由此可以判断：导体半圆环中的感应电动势与直导线 CD 中的感应电动势大小相等，但两者在回路中的方向正好相反，相互抵消. 又由于导体半圆环和直导线 CD 都在做切割磁感线

的运动，在它们内部产生的感应电动势都为动生电动势. 因此，可通过求解直导线 CD 中的动生电动势来得到导体半圆环中的动生电动势.

如图 4-4(b)所示，在直导线中距离电流线 x 处取一线元 $\mathrm{d}\boldsymbol{l}$(长度为 $\mathrm{d}x$)，方向为 $C\rightarrow D$，由动生电动势的定义式，可得直导线中的 $\mathscr{E}_{\overline{CD}}$ 为

$$\mathscr{E}_{\overline{CD}}=\int(\boldsymbol{v}\times\boldsymbol{B})\cdot\mathrm{d}\boldsymbol{l}=-\int_{a-R}^{a+R}Bv\mathrm{d}x$$

$$=-\int_{a-R}^{a+R}\frac{\mu_0 I}{2\pi x}v\mathrm{d}x=-\frac{\mu_0 Iv}{2\pi}\ln\frac{a+R}{a-R}$$

可以看出 $\mathscr{E}_{\overline{CD}}<0$，说明 $\mathscr{E}_{\overline{CD}}$ 与 $\mathrm{d}\boldsymbol{l}$ 方向相反，应为 $D\rightarrow C$，即 C 端电势高. 半圆环内的动生电动势与上述结果相同，其大小为

$$\mathscr{E}_{\text{半圆弧}}=\frac{\mu_0 Iv}{2\pi}\ln\frac{a+R}{a-R}$$

方向沿着半圆弧由 $D\rightarrow C$.

4-6

如图 4-5 所示，载流长直导线与一长为 L 的导体棒 OM 共面，棒以角速度 ω 绕端点 O 转动，O 点至导线的距离为 r_0. 试分别求棒转至如图 4-5 所示与导线平行时和垂直时，棒中的动生电动势.

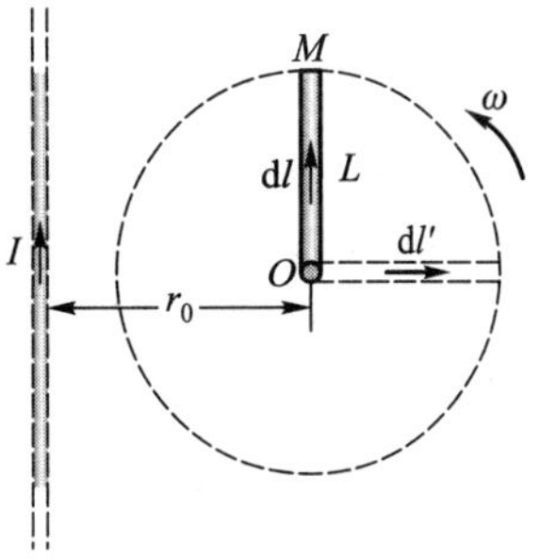

图 4-5　习题 4-6 用图

解　当导体棒转至与导线平行时，载流长直导线在导体棒上各点产生的磁场 $\boldsymbol{B}$ 皆相同，且 $\boldsymbol{v}\perp\boldsymbol{B}$，但导体棒上各点的速度大小不同，因此在导体棒上距 O 点 l 处任取一有向线元 $\mathrm{d}\boldsymbol{l}$，如图 4-5 所示，该线元速度为 $v=l\omega$，此时导体棒上的动生电动势为

$$\mathscr{E}=\int_0^L(\boldsymbol{v}\times\boldsymbol{B})\cdot\mathrm{d}\boldsymbol{l}=-\int_0^L vB\mathrm{d}l$$

$$=-\int_0^L\frac{\mu_0 I\omega l}{2\pi r_0}\mathrm{d}l=-\frac{\mu_0 I\omega L^2}{4\pi r_0}$$

其中 $\mathscr{E}<0$，说明电动势的方向为 $M\rightarrow O$，即 O 端电势高.

当导体棒转至与导线垂直时，导体棒上不仅磁场大小不同，而且各点速度大小也不同. 同样，在导体棒上距离 O 点 l'处任取有向线元 $\mathrm{d}\boldsymbol{l}'$，如图 4-5 所示，该线元速度为 $v=l'\omega$，此时载流长直导线在线元 $\mathrm{d}\boldsymbol{l}'$处产生的磁场大小为

$$B=\frac{\mu_0 I}{2\pi(r_0+l')}$$

由动生电动势的定义式可得此时导体棒上的动生电动势为

$$\mathscr{E}=\int_0^L(\boldsymbol{v}\times\boldsymbol{B})\cdot\mathrm{d}\boldsymbol{l}'=-\int_0^L vB\mathrm{d}l'$$

$$=-\int_0^L\frac{\mu_0 I\omega l'}{2\pi(r_0+l')}\mathrm{d}l'=-\frac{\mu_0 I\omega}{2\pi}\left(L-r_0\ln\frac{L+r_0}{r_0}\right)$$

分析可知，$\mathscr{E}<0$，电动势的方向仍为 $M\rightarrow O$，O 端为正极.

4-7

如图 4-6 所示，金属棒 OA 在均匀磁场 $\boldsymbol{B}$ 中绕通过 O 点的垂直轴 Oz 做锥形匀角速旋转，棒 OA 长 l_0，与 Oz 轴夹角为 θ，旋转角速度为 ω. 磁场方向沿 Oz 轴向，求 OA 两端的电势差.

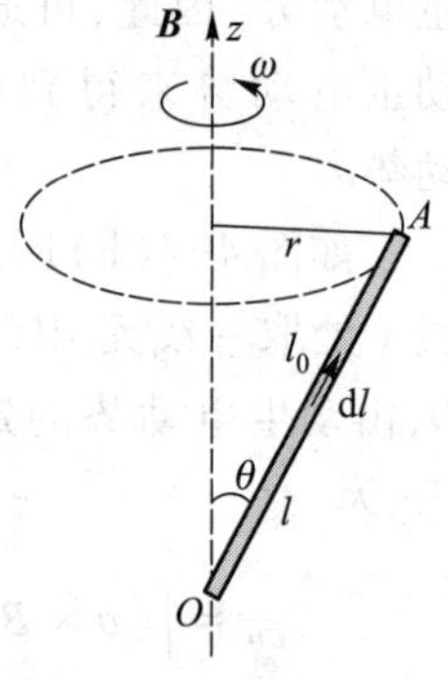

图 4-6 习题 4-7 用图

解 在金属棒 OA 上距 O 点为 l 处取一有向线元 $\mathrm{d}\boldsymbol{l}$，如图 4-6 所示，线元 $\mathrm{d}\boldsymbol{l}$ 的速度大小为 $v=\omega l\sin\theta$，其方向垂直于磁场 $\boldsymbol{B}$，由右手螺旋定则可知 $\boldsymbol{v}\times\boldsymbol{B}$ 矢量的方向水平向右，与线元 $\mathrm{d}\boldsymbol{l}$ 的夹角为 $\frac{\pi}{2}-\theta$，由动生电动势的定义式可得金属棒 OA 上的动生电动势为

$$\begin{aligned}\mathscr{E}&=\int_0^A(\boldsymbol{v}\times\boldsymbol{B})\cdot\mathrm{d}\boldsymbol{l}\\&=\int_0^{l_0}vB\cos\left(\frac{\pi}{2}-\theta\right)\mathrm{d}l\\&=\int_0^{l_0}l\omega B\sin^2\theta\mathrm{d}l\\&=\frac{1}{2}\omega Bl_0^2\sin^2\theta\end{aligned}$$

$\mathscr{E}>0$，电动势的方向为 $O\to A$，即 A 端电势高.

4-8

半径为 a 的半圆形刚性线圈，在均匀磁场 $\boldsymbol{B}$ 中以角速度 ω 绕 OO' 轴匀速转动，当线圈平面转至如图 4-7 所示的位置(线圈平面与 $\boldsymbol{B}$ 平行)时，求：(1) 线圈中感应电流的方向；(2) 感应电动势 $\mathscr{E}_{AOD}$ 和 $\mathscr{E}_{DCA}$ 的大小.

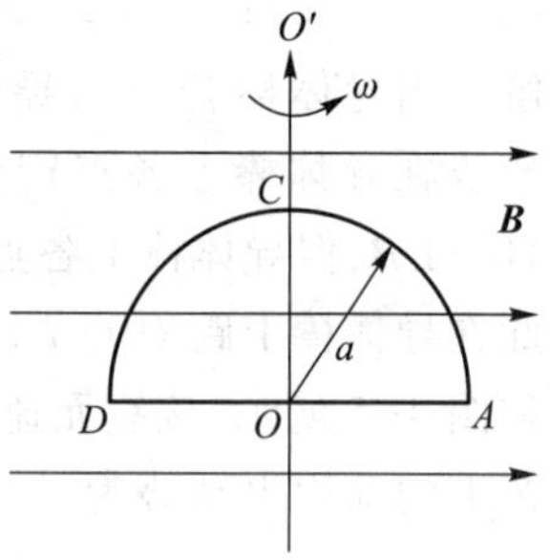

图 4-7 习题 4-8 用图

解 (1) 当线圈平面转至如图 4-7 所示位置时，沿着与顺时针线圈回路构成右手螺旋的方向穿过线圈回路的磁通量正好减小到 0，且沿着相反方向穿过线圈回路的磁通量即将增加，根据楞次定律可知，感应电流方向应使其产生磁场阻止穿过线圈回路磁通量的上述变化，因此线圈中感应电流应沿着顺时针方向，即为沿着 $AODCA$ 的方向.

(2) 线圈绕 OO' 轴转动过程中，AOD 边不切割磁感应线，因此 $\mathscr{E}_{AOD}=0$，导线 DCA 中的电动势，就等于整个线圈回路中的感应电动势，即 $\mathscr{E}_{DCA}=\mathscr{E}_{DCAOD}$.

整个线圈回路中产生的感应电动势 $\mathscr{E}_{DCAOD}$ 可根据法拉第电磁感应定律求得. 设 $t=0$ 时，线圈平面与磁场垂直(即面法线方向与磁场方向相同)，则 t 时刻，穿过线圈回路的磁通量为

$$\Phi=BS\cos\omega t$$

线圈中感应电动势的大小为

$$|\mathscr{E}_{DCAOD}|=\left|-\frac{\mathrm{d}\Phi}{\mathrm{d}t}\right|=|BS\omega\sin\omega t|$$

当线圈平面转至与 $\boldsymbol{B}$ 平行时，$\sin\omega t=1$，由此可得 $\mathscr{E}_{DCA}$ 的大小为

$$\mathscr{E}_{DCA}=|\mathscr{E}_{DCAOD}|=|BS\omega\sin\omega t|=\frac{1}{2}B\pi a^2\omega$$

4-9

如图 4-8 所示，等边三角形平面回路 $ACDA$ 放在磁感应强度为 $\boldsymbol{B}$ 的均匀磁场中，磁场方向垂直于回路平面. 回路上的 CD 段为滑动导线，它以匀速 $\boldsymbol{v}$ 远离 A 端运动，并始终保持回路是等边三角形. 设滑动导线 CD 距 A 端的垂直距离为 x，且 $t=0$ 时，$x=0$. 试求在下述两种不同的磁场情况下，回路中的感应电动势 $\mathscr{E}$ 和时间 t 的关系.(1) $\boldsymbol{B}=\boldsymbol{B}_0$ = 常矢量；(2) $\boldsymbol{B}=\boldsymbol{B}_0 t$，$\boldsymbol{B}_0$ = 常矢量.

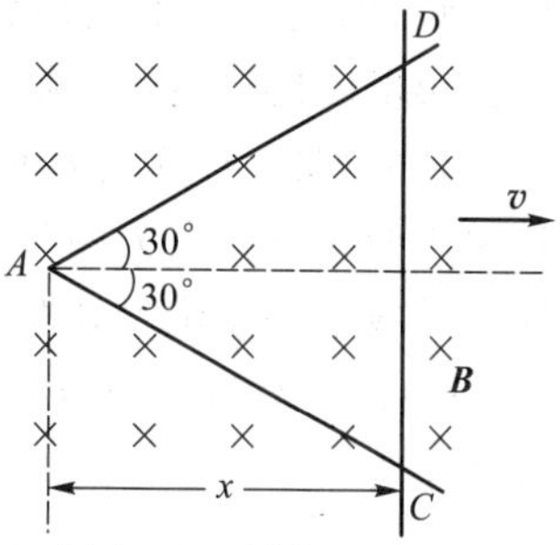

图 4-8　习题 4-9 用图

解　(1) 由于磁场不随时间变化，且回路中只有导线 CD 在磁场中滑动，因此回路的感应电动势 $\mathscr{E}$ 就等于导线 CD 上产生的动生电动势 $\mathscr{E}_{CD}$，即有

$$\mathscr{E}=\mathscr{E}_{CD}=(\boldsymbol{v}\times\boldsymbol{B})\cdot\overrightarrow{CD}=vB|CD|$$

由几何关系有 $|CD|=2x\tan 30°=\dfrac{2\sqrt{3}}{3}x$，且 $x=vt$，代入上式得

$$\mathscr{E}=\frac{2\sqrt{3}}{3}v^2B_0t$$

回路的感应电动势 $\mathscr{E}$ 的方向与由 C 到 D 的方向一致，即为沿回路逆时针方向.

(2) 此时磁场随时间变化，因此当 CD 导线滑动时，回路中的感应电动势包括因 CD 导线运动产生的动生电动势 $\mathscr{E}_1$ 以及整个回路上因磁场变化而产生的感生电动势 $\mathscr{E}_2$.

CD 导线上产生的动生电动势 $\mathscr{E}_1$ 与第一问的结果相似，只是将其中的 B_0 换为 B_0t，即为

$$\mathscr{E}_1=\frac{2\sqrt{3}}{3}v^2B_0t^2$$

其方向任为由 C 到 D 的方向.

选择顺时针方向为回路绕行的正向，由感生电动势的定义结合法拉第电磁感应定律，得整个回路上因磁场变化而产生的感生电动势 $\mathscr{E}_2$ 为

$$\mathscr{E}_2=\oint_L \boldsymbol{E}_k\cdot d\boldsymbol{l}=-\int_S\frac{\partial \boldsymbol{B}}{\partial t}\cdot d\boldsymbol{S}$$

$$=-\int_S\frac{\partial B}{\partial t}dS=-\frac{d\boldsymbol{B}}{dt}\cdot\boldsymbol{S}_\triangle=-B_0S_\triangle$$

$$=-B_0x^2\tan 30°=-\frac{\sqrt{3}}{3}v^2B_0t^2$$

负号表示感生电动势 $\mathscr{E}_2$ 的方向沿着逆时针方向，即与动生电动势 $\mathscr{E}_1$ 的方向相同，因此回路中产生的总电动势 $\mathscr{E}$ 等于动生电动势 $\mathscr{E}_1$ 与感生电动势 $\mathscr{E}_2$ 之和，即

$$\mathscr{E}=\mathscr{E}_1+\mathscr{E}_2=\sqrt{3}v^2B_0t^2$$

其沿着逆时针方向.

4-10

如图 4-9 所示，真空中一长直导线通有电流 $I(t)=I_0e^{-\lambda t}$ (式中 I_0、λ 为常量，t 为时间)，有一带滑动边的矩形导线框与长直导线平行共面，二者相距 a，矩形线框的滑动边(长度为 b)与长直导线垂直，且以匀速 $\boldsymbol{v}$ 沿平行于长直导线方向滑动，若忽略线框中的自感电动势，并设开始时滑动边与对边重合. 求任意时刻 t 在矩形线框内的感应电动势的大小和方向.

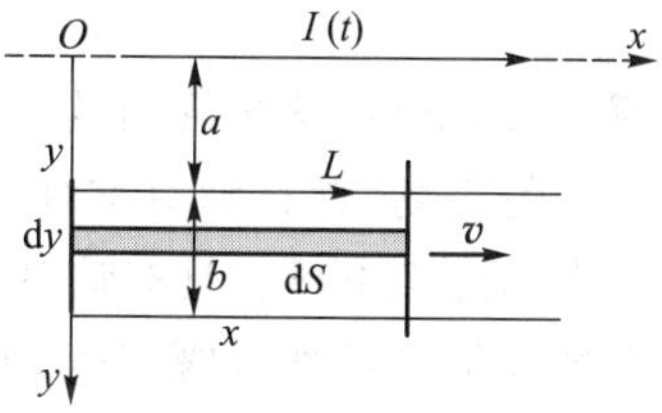

图 4-9　习题 4-10 用图

解 虽然这里回路中的总电动势既包含动生电动势，也包含感生电动势，但是也可以利用法拉第电磁感应定律直接进行求解

建立如图 4-9 所示的 Oxy 坐标系，并设回路 L 的绕行方向为顺时针方向. 某时刻 t，在矩形导线框中 y 位置处取一宽度为 $\mathrm{d}y$ 的面元 $\mathrm{d}S=x(t)\,\mathrm{d}y$，载流长直导线在此处的磁感应强度大小为

$$B=\frac{\mu_0 I}{2\pi y}$$

通过 $\mathrm{d}S$ 的磁通量 $\mathrm{d}\Phi=\boldsymbol{B}\cdot\mathrm{d}\boldsymbol{S}$，通过整个矩形线框的磁通量为

$$\Phi(t)=\int_S \boldsymbol{B}\cdot\mathrm{d}\boldsymbol{S}=\int_a^{a+b}\frac{\mu_0 I(t)}{2\pi y}x(t)\,\mathrm{d}y=\frac{\mu_0}{2\pi}I(t)\,x(t)\ln\frac{a+b}{a}$$

上式中，$I(t)$ 随时间变化，且 $x=vt$，由法拉第电磁感应定律可得回路中的感应电动势为

$$\begin{aligned}\mathscr{E}&=-\frac{\mathrm{d}\Phi(t)}{\mathrm{d}t}\\&=-\frac{\mu_0}{2\pi}\left[\frac{\mathrm{d}I(t)}{\mathrm{d}t}x(t)+I(t)\frac{\mathrm{d}x(t)}{\mathrm{d}t}\right]\ln\frac{a+b}{a}\\&=\frac{\mu_0}{2\pi}I_0 v\mathrm{e}^{-\lambda t}(\lambda t-1)\ln\frac{a+b}{a}\end{aligned}$$

上式中磁通量对时间 t 微分时得到两项，其中第一项与变化的磁场有关，对应于感生电动势，第二项与滑动边的运动有关，对应于动生电动势. 所得结果中当 $\lambda t>1$ 时，$\mathscr{E}>0$，线框内的感应电动势为顺时针方向；当 $\lambda t<1$ 时，$\mathscr{E}<0$，线框内的感应电动势为逆时针方向.

4-11

如图 4-10(a)所示，在半径为 R 的载流长直螺线管内，磁感应强度为 $\boldsymbol{B}$ 的均匀磁场以恒定的变化率 $\dfrac{\mathrm{d}B}{\mathrm{d}t}$ 随时间增加. 试求在螺线管内外的感生电场分布.

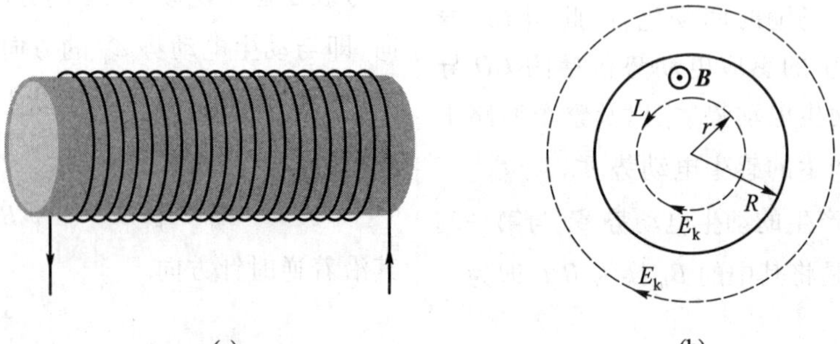

图 4-10 习题 4-11 用图

解 载流长直螺线管内的磁场为圆柱形分布的均匀磁场，具有轴对称性，因而磁场变化所激发的感生电场也具有轴对称性，感生电场的电场线是一系列以螺线管轴线为中心的同心圆，感生电场 $\boldsymbol{E}_k$ 在同一圆周线上大小相等，方向沿圆周切线方向. 如图 4-10(b)所示，选取以螺线管轴线为中心半径为 r 的圆形环路 L，其方向为逆时针方向，圆形环路 L 所围面积的正法线方向与磁场方向相同.

由感生电场的环路定理

$$\oint_L \boldsymbol{E}_k \cdot d\boldsymbol{l} = -\int_S \frac{\partial \boldsymbol{B}}{\partial t} \cdot d\boldsymbol{S}$$

可得当 $0<r\leqslant R$ 时,有

$$E_k \cdot 2\pi r = -\pi r^2 \frac{dB}{dt}$$

由此可得螺线管内感生电场的大小为

$$E_k = -\frac{r}{2}\frac{dB}{dt}$$

由题意可知,$\frac{dB}{dt}>0$,则有 $E_k<0$,这说明感生电场 $\boldsymbol{E}_k$ 的方向与所选逆时针环路正向相反,为顺时针方向.

当 $r>R$ 时,由于螺线管外的磁感应强度处处为零,有

$$E_k \cdot 2\pi r = -\pi R^2 \frac{dB}{dt}$$

由此可得螺线管外感生电场大小为

$$E_k = -\frac{R^2}{2r}\frac{dB}{dt}$$

同理可知,感生电场 $\boldsymbol{E}_k$ 的方向仍是顺时针方向. 可以看出,在两种情形下感生电场的方向都与$\frac{d\boldsymbol{B}}{dt}$的方向满足左手螺旋关系.

4-12

在无限长螺线管中,均匀分布着变化的磁场 $\boldsymbol{B}(t)$,该磁场变化率为$\frac{dB}{dt}=k(k>0$,且为常量),方向与螺线管轴线平行,如图 4-11 所示. 现在其中放置一直角型导线 abc,若已知螺线管截面半径为 R,$|ab|=l$,试求:(1) 螺线管中的感生电场;(2) $|ab|$,$|bc|$两段导线中的感生电动势.

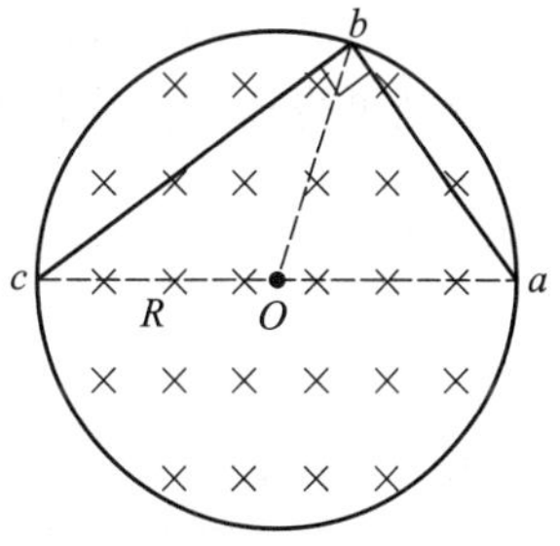

图 4-11 习题 4-12 用图

解 (1) 磁场为圆柱形分布的均匀磁场,具有轴对称性,因而磁场变化所激发的感生电场也具有轴对称性,感生电场的电场线是一系列以螺线管轴线为中心的同心圆. 在磁场中选取圆心在 O 点,半径为 $r(r<R)$ 的圆形环路,方向沿顺时针方向,由感生电场的环路定理

$$\oint_L E_k \cdot d\boldsymbol{l} = -\int_S \frac{\partial \boldsymbol{B}}{\partial t} \cdot dS$$

可得

$$E_k \cdot 2\pi r = -\pi r^2 \frac{dB}{dt} = -\pi r^2 k$$

$$E_k = -\frac{rk}{2} \quad (r<R)$$

由于 $k>0$,所以 $E_k<0$,即感生电场 E_k 的方向与所选顺时针环路方向相反,为逆时针方向.

(2) 连接 Oa、Ob、Oc,在回路 $OabO$ 中,选取逆时针方向为绕行方向,则通过该回路的磁通量为

$$\Phi = -BS = -\frac{1}{2}lBh = -\frac{1}{2}lB\sqrt{R^2-\frac{l^2}{4}}$$

由法拉第电磁感应定律,可得回路中总的感应电动势为

$$\mathscr{E} = \mathscr{E}_{ab}+\mathscr{E}_{bO}+\mathscr{E}_{Oa} = -\frac{d\Phi}{dt} = \frac{l}{2}\sqrt{R^2-\frac{l^2}{4}}\frac{dB}{dt}$$

$$= \frac{kl}{2}\sqrt{R^2-\frac{l^2}{4}}$$

由于边 Oa 和 bO 上为圆形磁场区域的半径,Oa 和 bO 边处处与磁场变化产生的感生电场 $\boldsymbol{E}_k$ 垂直,因此有 $\mathscr{E}_{bO}=\mathscr{E}_{Oa}=0$,由此可得

$$\mathscr{E}_{ab}=\mathscr{E}=\frac{kl}{2}\sqrt{R^2-\frac{l^2}{4}}$$

由于 $\mathscr{E}_{ab}>0$，说明其方向与所选逆时针积分方向相同，故可判断 b 端电势高.

同理可得

$$\mathscr{E}_{bc}=\frac{kl}{2}\sqrt{R^2-\frac{l^2}{4}}$$

其方向由 b 指向 c，即 c 端电势高.

4-13

如图 4-12 所示，截面为矩形的均匀密绕螺绕环，内外半径分别为 R_1 和 R_2，厚度为 h，共有 N 匝线圈，求该螺绕环的自感.

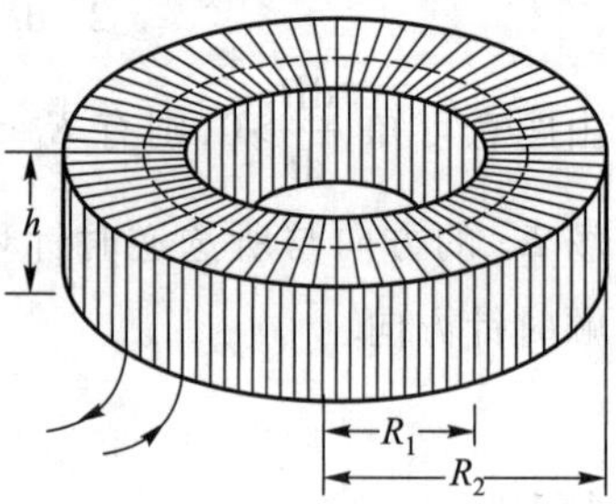

图 4-12　习题 4-13 用图

解　设螺绕环中通有电流 I，由安培环路定理可得螺绕环内的磁感应强度为

$$B=\frac{\mu_0 NI}{2\pi r}$$

在螺绕环线圈截面上距离螺绕环环心 r 处取一宽度为 $\mathrm{d}r$、高度为 h 的面元 $\mathrm{d}S$，通过面积分到可得通过螺绕环的全磁通为

$$\Psi=N\Phi=N\int_S \boldsymbol{B}\cdot\mathrm{d}\boldsymbol{S}=\int_{R_1}^{R_2}\frac{\mu_0 N^2 I}{2\pi r}h\mathrm{d}r=\frac{\mu_0 N^2 hI}{2\pi}\ln\frac{R_2}{R_1}$$

由自感的定义，可得螺绕环的自感为

$$L=\frac{\Psi}{I}=\frac{\mu_0 N^2 h}{2\pi}\ln\frac{R_2}{R_1}$$

4-14

两条平行的输电线，横截面都是半径为 a 的圆面，中心相距为 d，电流沿两输电线一去一回，若两导线内部的磁场均可略去不计，求两输电线间单位长度上的自感.

解　两输电线可以看成是无限长载流直导线，电流一去一回构成回路. 首先计算通过两导线间单位长度内的磁通量. 如图 4-13 所示，建立 Ox 坐标轴，在两导线间坐标 x 处取宽为 $\mathrm{d}x$、长为 l 的面积元 $\mathrm{d}S$，设导线中流过的电流为 I，则面元 $\mathrm{d}S$ 处的磁感应强度大小为

$$B=\frac{\mu_0 I}{2\pi x}+\frac{\mu_0 I}{2\pi(d-x)}$$

通过两导线间长为 l 的矩形面积的磁通量为

$$\Phi=\int_a^{d-a}B\mathrm{d}S=\int_a^{d-a}\left[\frac{\mu_0 Il}{2\pi x}+\frac{\mu_0 Il}{2\pi(d-x)}\right]\mathrm{d}x=\frac{\mu_0 Il}{\pi}\ln\frac{d-a}{a}$$

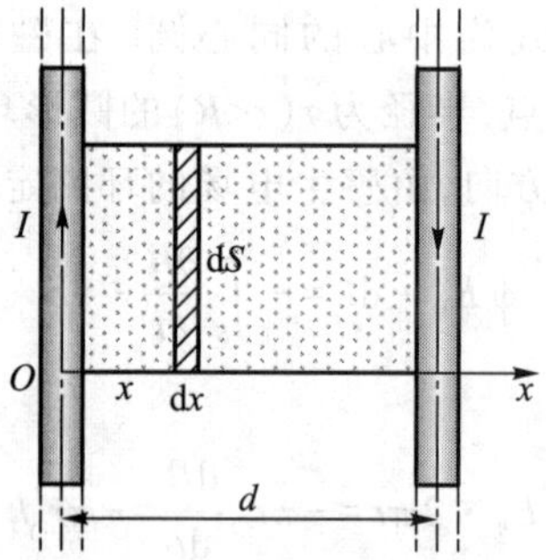

图 4-13　习题 4-14 用图

两输电线间单位长度上的自感为

$$L=\frac{\Phi}{Il}=\frac{\mu_0}{\pi}\ln\frac{d-a}{a}$$

4-15

一长直螺线管的导线中通入 10.0 A 的恒定电流时，通过每匝线圈的磁通量为 20 μWb；当电流以 4.0 A/s 的速率变化时，产生的自感电动势是 3.2 mV. 求该螺线管的自感与总匝数.

解　螺线管的自感为

$$L=\mathscr{E}\Big/\frac{\mathrm{d}I}{\mathrm{d}t}=3.2\times10^{-3}/4.0\ \mathrm{H}=0.8\times10^{-3}\ \mathrm{H}$$

由 $L=\dfrac{\Psi}{I}=\dfrac{N\Phi}{I}$，得总匝数为

$$N=\frac{LI}{\Phi}=0.8\times10^{-3}\times10.0/(20\times10^{-6})=400(\text{匝})$$

4-16

无限长直导线和一矩形线框，如图 4-14(a)所示放置，它们同在纸面内，彼此绝缘，线框短边与长直导线平行，线框的尺寸如图所示，且$\dfrac{b}{c}=3$.（1）求直导线和线框的互感；（2）若长直导线中通以电流 $I=I_0\sin\omega t$，求线框中的互感电动势；（3）若线框中通以电流 $I=I_0\sin\omega t$，求直导线中的互感电动势.

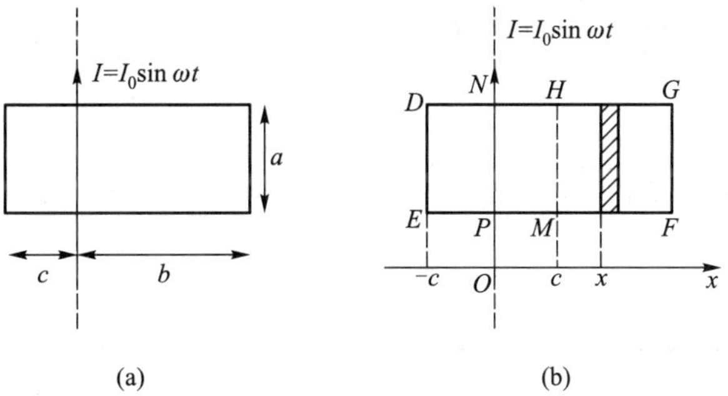

图 4-14　习题 4-16 用图

解　(1) 设长直导线为回路 2(在无穷远处构成回路)，矩形线框为回路 1，两回路间的互感相等，即 $M_{12}=M_{21}$. 由于矩形线框的面积有限，容易计算通过其所围面积的磁通量，所以可设长直导线中通以电流 I，通过计算其产生磁场通过矩形线框的磁通量，然后利用互感的定义求出 M.

如图 4-14(b)所示，由载流长直导线磁场的对称性可知，通过矩形 $DNPE$ 和矩形 $NHMP$（面积相等）的磁通量大小相等、方向相反、互相抵消. 因此通过整个矩形线框的磁通量即为通过矩形 $HGFM$ 面积上的磁通量. 建立 Ox 坐标轴，在线框中坐标为 x 处取宽度为 $\mathrm{d}x$ 的面元 $\mathrm{d}S$，穿过面元 $\mathrm{d}S$ 的磁通量为

$$\mathrm{d}\Phi=\boldsymbol{B}\cdot\mathrm{d}\boldsymbol{S}=\frac{\mu_0 I}{2\pi x}\cdot a\mathrm{d}x$$

通过整个矩形线框的磁通量为

$$\Phi=\int_S\mathrm{d}\Phi=\int_c^b\frac{\mu_0 Ia}{2\pi x}\mathrm{d}x=\frac{\mu_0 Ia}{2\pi}\ln\frac{b}{c}$$

由互感的定义得

$$M=\frac{\Phi}{I}=\frac{\mu_0 a}{2\pi}\ln\frac{b}{c}=\frac{\mu_0 a}{2\pi}\ln 3$$

(2) 当长直导线中通以电流 $I=I_0\sin\omega t$，设 $I_2=I$，由互感电动势公式计算矩形线框中的互感电动势 $\mathscr{E}_{12}$ 为

$$\mathscr{E}_{12}=-M\frac{dI_2}{dt}=-\frac{\mu_0 a}{2\pi}\ln 3\cdot\frac{d}{dt}(I_0\sin\omega t)$$

$$=-\frac{\mu_0 a I_0\omega}{2\pi}\ln 3\cdot\cos\omega t$$

(3) 当线框中通以电流 $I=I_0\sin\omega t$，设 $I_1=I$，由互感电动势公式计算直导线中的互感电动势 $\mathscr{E}_{21}$ 为

$$\mathscr{E}_{21}=-M\frac{dI_1}{dt}=-\frac{\mu_0 a I_0\omega}{2\pi}\ln 3\cdot\cos\omega t$$

4-17

如图 4-15 所示，截面为矩形的螺绕环，总匝数为 N，内外半径分别为 R_1 和 R_2，厚度为 h，沿环的轴线拉一根直导线，求直导线与螺绕环的互感.

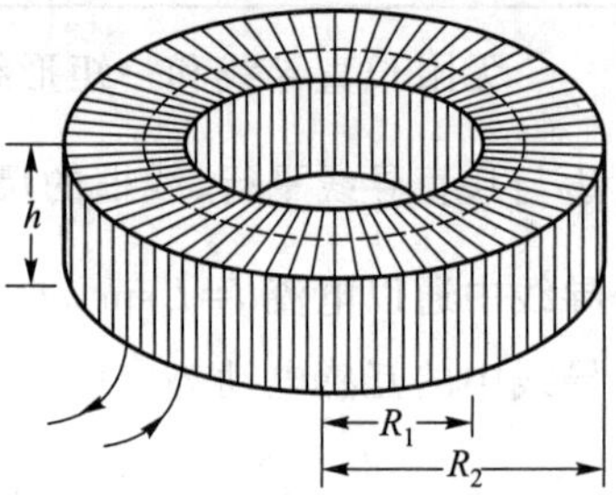

图 4-15 习题 4-17 用图

解 当直导线中通电流 I 时，其产生磁场穿过螺绕环矩形截面的磁通量为

$$\Phi=\int_S \boldsymbol{B}\cdot d\boldsymbol{S}=\int_{R_1}^{R_2}\frac{\mu_0 I}{2\pi r}h\,dr=\frac{\mu_0 hI}{2\pi}\ln\frac{R_2}{R_1}$$

则互感为

$$M=\frac{\Psi}{I}=\frac{N\Phi}{I}=\frac{\mu_0 Nh}{2\pi}\ln\frac{R_2}{R_1}$$

4-18

如图 4-16 所示，大、小两个圆环形线圈同轴平行放置，大线圈半径为 R，由 N_1 匝细导线密绕而成；小线圈半径为 r，由 N_2 匝细导线密绕而成. 两线圈相距为 d，由于 r 很小，所以可认为大线圈在小线圈处产生的磁场是均匀的. 求：(1) 两线圈的互感；(2) 当小线圈中的电流变化率 $\frac{dI}{dt}=k$ 时，大线圈内磁通量的变化率.

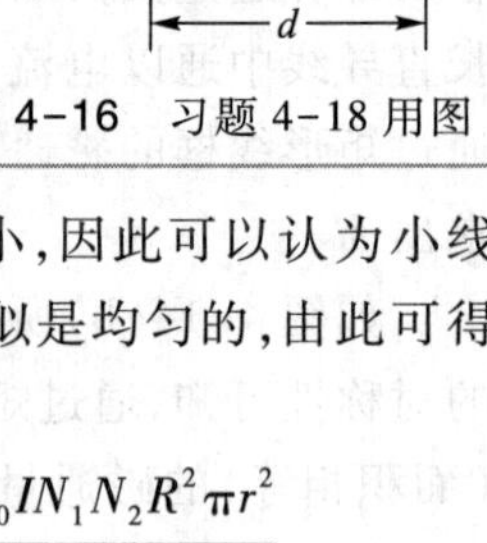

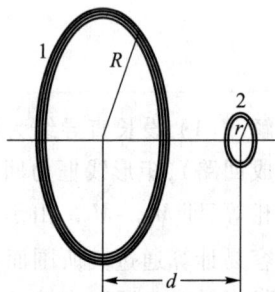

图 4-16 习题 4-18 用图

解 (1) 设小线圈为回路 2，大线圈为回路 1. 当大线圈中通有电流 I 时，该电流在小线圈处产生的磁感应强度为

$$B_1=\frac{\mu_0 IR^2N_1}{2(R^2+d^2)^{3/2}}$$

由于小线圈的半径 r 很小，因此可以认为小线圈所在位置处的磁场近似是均匀的，由此可得通过小线圈的磁链为

$$\Psi_{21}=N_2B_1S=\frac{\mu_0 IN_1N_2R^2\pi r^2}{2(R^2+d^2)^{3/2}}$$

两线圈的互感为

$$M=\frac{\Psi_{21}}{I}=\frac{\mu_0 N_1 N_2 R^2 \pi r^2}{2(R^2+d^2)^{3/2}}$$

（2）当小线圈中电流变化率$\frac{\mathrm{d}I}{\mathrm{d}t}=k$时，在大线圈中引起的磁链的变化率为

$$\frac{\mathrm{d}\Psi_{12}}{\mathrm{d}t}=M\frac{\mathrm{d}I}{\mathrm{d}t}$$

大线圈内磁通量的变化率为

$$\frac{\mathrm{d}\Phi_{12}}{\mathrm{d}t}=\frac{1}{N_1}\frac{\mathrm{d}\Psi_{12}}{\mathrm{d}t}=\frac{1}{N_1}M\frac{\mathrm{d}I}{\mathrm{d}t}=\frac{\mu_0 N_2 R^2 \pi r^2 k}{2(R^2+d^2)^{3/2}}$$

4-19

如图 4-17 所示，两线圈自感分别为 L_1 和 L_2，它们之间的互感为 M，现将两线圈串联，证明：（1）当两线圈顺接时，即 2、3 端相连，1、4 端接入电路，整个回路的等效自感为 $L=L_1+L_2+2M$；（2）当两线圈反接时，即 2、4 端相连，1、3 端接入电路，整个回路的等效自感为 $L=L_1+L_2-2M$.

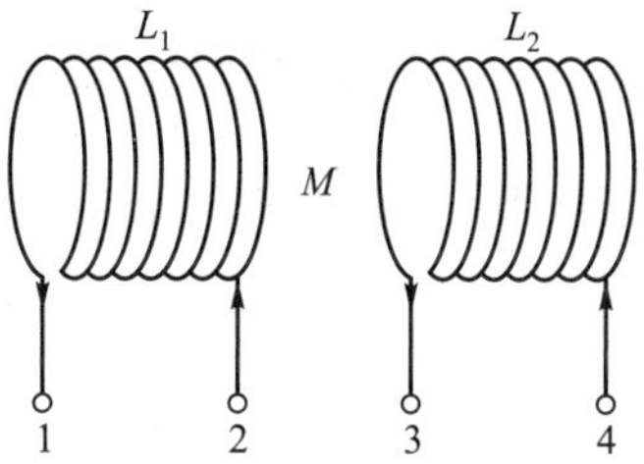

图 4-17　习题 4-19 用图

证明　（1）两线圈顺接，当有电流 I 通过时，线圈 1、2 中电流分别产生的磁场在线圈 1 和线圈 2 位置处的方向都相同，因此该电流 I 产生的磁场穿过两线圈的总磁链为

$$\Psi=\Psi_1+\Psi_{12}+\Psi_2+\Psi_{21}$$

其中

$$\Psi_1=L_1 I,\quad \Psi_{12}=MI,\quad \Psi_2=L_2 I,\quad \Psi_{21}=MI$$

由此可得穿过两线圈的总磁链为

$$\Psi=(L_1+L_2+2M)I$$

由于两线圈顺接后可看作是构成了一个回路，由自感的定义式 $\Psi=LI$，可得顺接回路的自感为

$$L=L_1+L_2+2M$$

（2）两线圈反接，当有电流 I 通过时，线圈 1 中电流和线圈 2 中电流产生的磁场在两线圈位置处的方向正好相反，因此该电流 I 产生的磁场穿过两线圈的总磁链为

$$\Psi=\Psi_1-\Psi_{12}+\Psi_2-\Psi_{21}$$

同样，由两线圈各自自感的定义式和两线圈间互感的定义式，可得穿过两线圈的总磁链为

$$\Psi=(L_1+L_2-2M)I$$

由于两线圈反接后可看作是构成了一个回路，由自感的定义式 $\Psi=LI$，可得反接回路的自感为

$$L=L_1+L_2-2M$$

4-20

无限长直导线流过电流 I 时，其截面各处的电流密度均相等. 试证明导线内单位长度内所储存的磁能为 $\mu I^2/16\pi$.

证明　设导线半径为 R，在导线内取以导线轴线为中心、半径为 r、厚为 $\mathrm{d}r$ 的单位长度的圆筒形薄壳. 薄壳处的磁感应强度大小为

$$B=\frac{\mu I r}{2\pi R^2}$$

单位长度导线上储存的磁能为

$$W_m=\int_V \frac{B^2}{2\mu_0}\mathrm{d}V$$

$$=\int_0^R \frac{1}{2\mu_0}\cdot\left(\frac{\mu Ir}{2\pi R^2}\right)^2\cdot 2\pi r\mathrm{d}r\cdot 1=\frac{\mu I^2}{16\pi}$$

4-21

由中心导体圆柱和外层导体圆筒组成的同轴电缆,内外半径分别为 R_1 和 R_2,筒和圆柱间充以电介质,电介质和金属的 μ_r 均可取为1,电流从中心圆柱流出,从外层圆筒流回,求此电缆通过电流 I 时,单位长度内储存的磁能及单位长度电缆的自感.

解 单位长度内储存的磁能为

$$W_m=\int_V w_m\mathrm{d}V=\int_V \frac{1}{2\mu_0}B^2\mathrm{d}V$$

$$=\int_0^{R_1}\frac{1}{2\mu_0}\cdot\left(\frac{\mu_0 Ir}{2\pi R_1^2}\right)^2\cdot 2\pi r\mathrm{d}r\cdot 1+\int_{R_1}^{R_2}\frac{1}{2\mu_0}\cdot\left(\frac{\mu_0 I}{2\pi r}\right)^2\cdot 2\pi r\mathrm{d}r\cdot 1$$

$$=\frac{\mu_0 I^2}{4\pi}\left(\frac{1}{4}+\ln\frac{R_2}{R_1}\right)$$

由 $W_m=\frac{1}{2}LI^2$,可得电缆单位长度的自感为

$$L=\frac{\mu_0}{2\pi}\left(\frac{1}{4}+\ln\frac{R_2}{R_1}\right)$$

4-22

半径为 R 的圆形平板真空电容器,两极板间场强按 $E=E_0\cos\omega t$ 振荡. 若电容器内的电场在空间均匀分布,且忽略电场边缘效应. 求:(1) 两极板间的位移电流;(2) 两极板内、外的磁感应强度 $\boldsymbol{B}$.

解 (1) 由位移电流的定义,两极板间的位移电流为

$$I_d=\frac{\mathrm{d}\Phi_d}{\mathrm{d}t}=S\frac{\mathrm{d}D}{\mathrm{d}t}=\varepsilon_0 S\frac{\mathrm{d}E}{\mathrm{d}t}=-\varepsilon_0\pi R^2 E_0\omega\sin\omega t$$

(2) 位移电流在两圆柱形板间均匀分布,具有轴对称性,故位移电流所激发的磁场也具有轴对称性,其磁感线为一系列以两极板中心连线为轴线的同心圆,方向与位移电流方向构成右手螺旋关系.

在电容器内,取半径为 $r(r\leqslant R)$ 的圆形积分回路 L_1,如图4-18所示,根据全电流的安培环路定理:

$$\oint_L \boldsymbol{H}\cdot\mathrm{d}\boldsymbol{l}=\int_S\frac{\partial \boldsymbol{D}}{\partial t}\cdot\mathrm{d}\boldsymbol{S}$$

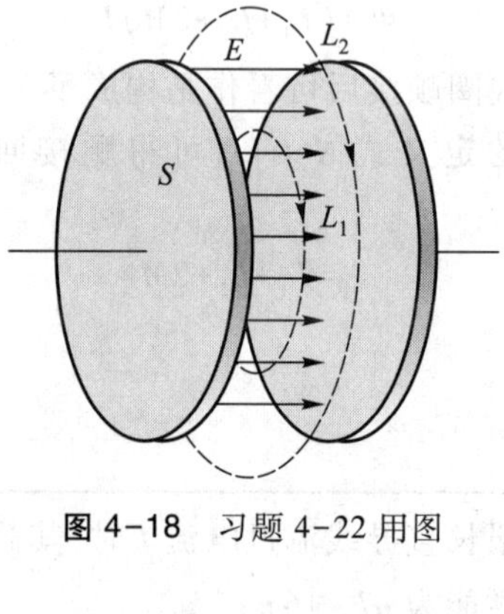

图4-18 习题4-22用图

可得

$$H\cdot 2\pi r=\pi r^2\frac{\partial D}{\partial t}$$

又由 $B=\mu_0 H, D=\varepsilon_0 E$,可得在 $r\leqslant R$ 的空间内

磁感应强度为

$$B=\frac{1}{2}\mu_0\varepsilon_0 r\frac{\partial E}{\partial t}=-\frac{1}{2}\mu_0\varepsilon_0 rE_0\omega\sin\ \omega t$$

在电容器外，取半径为 $r(r>R)$ 的圆形积分回路 L_2，如图 4-18 所示，此时安培环路所包围的位移电流即为两极板间的位移电流 I_d，根据全电流的安培环路定理，有

$$H\cdot 2\pi r=I_d=\pi R^2\frac{\partial D}{\partial t}=-\varepsilon_0\pi R^2E_0\omega\sin\ \omega t$$

由此可得在 $r>R$ 的空间中磁感应强度为

$$B=-\frac{1}{2r}\mu_0\varepsilon_0R^2\omega E_0\sin\ \omega t$$

4-23

有一平行圆形极板组成的电容器，电容为 1×10^{-12} F，若在其两端加上频率为 50 Hz、峰值为 1.74×10^5 V 的交变电压，计算极板间的位移电流最大值.

解　极板间 $\boldsymbol{E}$ 通量为

$$\Phi_e=ES=\frac{\sigma S}{\varepsilon_0}=\frac{Q}{\varepsilon_0}=\frac{CU}{\varepsilon_0}$$

极板间位移电流为

$$I_d=\varepsilon_0\frac{d\Phi_e}{dt}=C\frac{dU}{dt}$$

极板间的位移电流最大值为

$$\begin{aligned}I_{d,max}&=2\pi\nu CU_{max}\\&=2\pi\times50\times1\times10^{-12}\times1.74\times10^5\ \text{A}\\&=5.5\times10^{-5}\ \text{A}\end{aligned}$$

4-24

已知电台的平均辐射功率为 $\overline{P}$，假设辐射能流均匀地分布在以电台为球心的半球面上，试求距离电台 r 处的玻印廷矢量的平均值.

解　电台的平均辐射功率 $\overline{P}$ 为单位时间内辐射的能量，距离电台 r 处的玻印廷矢量的平均值则为单位时间内通过垂直于电磁波传播方向上单位面积能量的平均值，由此可得距离电台 r 处的玻印廷矢量的平均值为

$$\overline{S}=\frac{\overline{P}}{2\pi r^2}$$

第 四 卷

近 代 物 理

第1章　狭义相对论力学基础

1.1　内容提要

1. 绝对时空观和伽利略变换

绝对时空观:时间和空间是绝对的,各自独立存在,与物质运动无关.

伽利略坐标变换:

$$x'=x-ut,\quad y'=y,\quad z'=z,\quad t'=t$$

其中(x,y,z,t)和(x',y',z',t')分别为事件在参考系S和S′中的时空坐标,S′系相对于S系以速度$u\boldsymbol{i}$做匀速直线运动($\boldsymbol{i}$为沿x轴正方向的单位矢量).

伽利略速度变换:

$$v_x'=v_x-u,\quad v_y'=v_y,\quad v_z'=v_z$$

其中(v_x,v_y,v_z)和(v_x',v_y',v_z')分别为质点相对于S系和S′系运动的速度分量.

伽利略相对性原理:在不同惯性系中牛顿定律具有相同的形式,无论通过什么力学实验,都无法判断做相对运动的两个惯性系哪个是静止的,哪个是运动的.

2. 狭义相对性原理和光速不变原理

狭义相对性原理:物理定律在所有惯性系中都具有相同的形式,即所有惯性系都是等价的,不存在任何特殊的绝对惯性系.

光速不变原理:在任何惯性系中真空光速都等于c,即无论光源和观察者如何运动,测得的真空光速都相等.

3. 时间延缓

固有时:在某一惯性系中,同一地点先后发生的两个事件的时间间隔叫固有时,又叫原时. 与之相对应的在其他有相对运动的参考系中测得的这两个事件的时间间隔叫两地时.

时间延缓:运动时钟变慢的效应,与在不同参考系中的不同两地时相比,在相对静止的参考系中的固有时最短,固有时总是小于两地时,其关系为

$$\Delta t=\frac{\Delta t'}{\sqrt{1-u^2/c^2}}$$

其中,$\Delta t'$是由相对静止的参考系中的一个时钟测得,为固有时,Δt为存在相对运动的参考系

中由不同地点处的两个时钟测得，为两地时. $\Delta t'<\Delta t$，似乎是相对静止参考系中的一只钟在相对于其他参考系运动时走得慢了，因此时间延缓效应也称为钟慢效应. 时间延缓是一种相对效应.

4. 长度收缩

固有长度：在相对于棒静止的惯性系中测得的棒长为固有长度，也叫原长. 在相对于棒运动的惯性系（该惯性系沿棒长方向运动）中测得的棒长为运动长度.

长度收缩：指的是运动的棒比静止的棒长度缩短的现象. 与所有运动长度相比，固有长度最长，固有长度总是大于运动长度，其关系为

$$l=l'\sqrt{1-u^2/c^2}$$

其中，l'是相对于棒静止的参考系中测得的棒长，为固有长度，l 为相对于棒运动的参考系中测得的棒长，为运动长度. 长度收缩也是一种相对效应.

5. 同时性的相对性

沿两个惯性系相对运动方向上不同地点发生的两个事件，若在一个惯性系 S′同时发生，则在另一个惯性系 S 中观测不同时发生，位于相对运动方向后方的那个事件先发生，其时间差正比于相对运动速度 u 和两事件在同时发生参考系中的固有间距 $\Delta x'$，为

$$\Delta t=t_2-t_1=\frac{\Delta x' u/c^2}{\sqrt{1-u^2/c^2}}$$

同时性的相对性是相对论中最本质的时空效应，它是光速不变原理的直接结果，同时性的相对性也直接导致了相对论中的时间延缓效应和长度收缩效应.

6. 洛伦兹坐标变换

$$x'=\frac{x-ut}{\sqrt{1-u^2/c^2}},\quad y'=y,\quad z'=z,\quad t'=\frac{t-\dfrac{u}{c^2}x}{\sqrt{1-u^2/c^2}}$$

其中(x,y,z,t)和(x',y',z',t')分别为事件在惯性系 S 和 S′中的时空坐标，惯性系 S′相对于惯性系 S 以速度 $u\boldsymbol{i}$ 做匀速直线运动. 时间和空间不可分割，构成四维时空，这是相对论时空观.

当 $u\ll c$ 时，洛伦兹坐标变换转化为伽利略坐标变换，说明牛顿力学是相对论在参考系相对速度 u 很小时的近似理论.

7. 因果律

相对论承认因果关系. 在不同的参考系中观测，虽然不存在因果关系的两个事件发生的时间顺序可能颠倒，但是存在因果关系的两个事件发生的时间顺序则不能颠倒.

8. 相对论速度变换

$$v_x'=\frac{v_x-u}{1-\dfrac{uv_x}{c^2}},\quad v_y'=\frac{v_y\sqrt{1-u^2/c^2}}{1-\dfrac{uv_x}{c^2}},\quad v_z'=\frac{v_z\sqrt{1-u^2/c^2}}{1-\dfrac{uv_x}{c^2}}$$

其中(v_x,v_y,v_z)和(v_x',v_y',v_z')分别为质点相对于惯性系 S 和 S′运动的速度分量. 当惯性系和质点低速运动，即 $u\ll c$，$v_x\ll c$ 时，相对论速度变换转化为伽利略速度变换.

9. 相对论质量(质速关系)

$$m=\frac{m_0}{\sqrt{1-v^2/c^2}}$$

其中,m 称为相对论质量或运动质量,m_0为静止质量,v 为质点相对于惯性系的运动速率.

10. 相对论动量

$$\boldsymbol{p}=m\boldsymbol{v}=\frac{m_0\boldsymbol{v}}{\sqrt{1-v^2/c^2}}$$

11. 质能关系

$$E=mc^2$$

它是狭义相对论中最有意义的结果,它说明一定的质量相当于一定的能量,而一定的能量也相当于一定的质量. 质能关系将质量和能量,这两个物质不可分割的基本属性,统一了起来,也将能量守恒定律和质量守恒定律统一了起来.

质量亏损:在核反应中会出现反应前后静止质量减小的现象.

$$\Delta E=\Delta m_0c^2$$

减小的静止质量以粒子动能的形式释放出来,因此核反应过程中往往伴随着巨大能量的释放.

12. 相对论动能

$$E_{\mathrm{k}}=E-E_0=mc^2-m_0c^2$$

其中,$E_0=m_0c^2$称为静止能量,$E=mc^2$称为相对论能量或总能量.

13. 相对论能量和动量的关系

$$E^2=p^2c^2+m_0^2c^4$$

*14. 广义相对论

广义相对性原理:在一切参考系中,物理定律都有相同的形式.

等效原理:惯性力和引力等效.

1915 年爱因斯坦在黎曼空间建立的爱因斯坦场方程,标志着广义相对论理论体系的完成. 爱因斯坦场方程表明物质和时空是统一的,由物质的运动及其分布可以决定时空的结构,由已知的时空结构也可以推算出物质的运动. 爱因斯坦广义相对论把非惯性系、引力场和弯曲空间统一起来,继承了狭义相对论的合理内容,将相对论物理学推广到非惯性系,同时解决了引力问题.

广义相对论的实验验证:水星近日点的进动、光线在引力场中的弯曲、光谱线的引力红移、引力波等.

1.2 习题解答

1-1

在以 0.999 8c 的速度匀速行驶的飞船中，一乘客举了一下手，飞船上测量，用了 1 s 的时间. 问地球上测量，该乘客举手用时多少？若地球上的人举了一下手，地球上测量用时 1 s，问飞船上测量用时多少？

解 在飞船参考系中，乘客举手的过程在同一地点发生，所以时间间隔（1 s）是原时；地球参考系观测这一过程，时间间隔是两地时. 所以地球上测量，乘客举手用时为

$$\Delta t=\frac{\Delta t'}{\sqrt{1-u^2/c^2}}=\frac{1}{\sqrt{1-0.999\ 8^2}}\ \text{s}=50\ \text{s}$$

若地球上的人举了一下手，地球上测量用时 1 s，这个 1 s 是原时；飞船上测量，这个过程用时为 50 s，是两地时.

1-2

在 S 系中同一地点先后发生两个事件，其时间间隔为 2 s. 在 S′系中观测，两事件的时间间隔为 3 s. 求在 S′系中这两个事件的空间间隔.

解 在 S 系中两事件同地发生，时间间隔 $\Delta t=2$ s 为原时，在 S′系中的相应时间间隔 $\Delta t'=3$ s 为两地时. 由时间延缓关系式

$$\Delta t'=\frac{\Delta t}{\sqrt{1-u^2/c^2}}$$

可得相对运动速度 u 为

$$u=c\sqrt{1-(\Delta t/\Delta t')^2}$$

因此，S′系中两个事件的空间间隔

$$\begin{aligned}\Delta x'&=u\Delta t'=c\Delta t'\sqrt{1-(\Delta t/\Delta t')^2}\\&=3\times10^8\times3\times\sqrt{1-(2/3)^2}\ \text{m}\\&=6.71\times10^8\ \text{m}\end{aligned}$$

1-3

两个宇宙飞船，彼此以 0.98c 的相对速率相向飞过对方. 飞船 1 中的观察者测得飞船 2 的长度为飞船 1 长度的 2/5. 求：(1) 飞船 1 与飞船 2 的静止长度之比；(2) 飞船 2 中的观察者测得飞船 1 的长度与飞船 2 长度之比.

解 (1) 在两飞船参考系中测量两飞船的长度，各量的意义如下表所示.

参考系	测量对象	
	飞船 1 长度	飞船 2 长度
飞船 1 参考系（S 系）	L_1（原长）	L_2
飞船 2 参考系（S′系）	L_1'	L_2'（原长）

根据已知条件，有

$$L_2/L_1 = 2/5$$

根据长度收缩公式，有

$$L_1' = L_1\sqrt{1-u^2/c^2}, \quad L_2 = L_2'\sqrt{1-u^2/c^2}$$

所以飞船 1 与飞船 2 的静止长度之比

$$\frac{L_1}{L_2'} = \frac{L_1}{L_2}\sqrt{1-u^2/c^2} = \frac{5}{2}\times\sqrt{1-0.98^2} = \frac{1}{2}$$

（2）飞船 2 中的观察者测得飞船 1 的长度与飞船 2 长度之比

$$\frac{L_1'}{L_2'} = \frac{L_1\sqrt{1-u^2/c^2}}{L_2/\sqrt{1-u^2/c^2}} = \frac{L_1}{L_2}\times(1-u^2/c^2)$$

$$= \frac{5}{2}\times(1-0.98^2) = \frac{1}{10}$$

在本题中，明确被测物体、测量者所在的参考系是非常重要的.

1-4

在 S 系中，一根静止的棒长度为 l，与 x 轴夹角为 θ，求它在 S′系中的长度和与 x'轴的夹角. 已知 S′系以速度 u 沿 x 轴方向相对于 S 系匀速运动（如图 1-1 所示）.

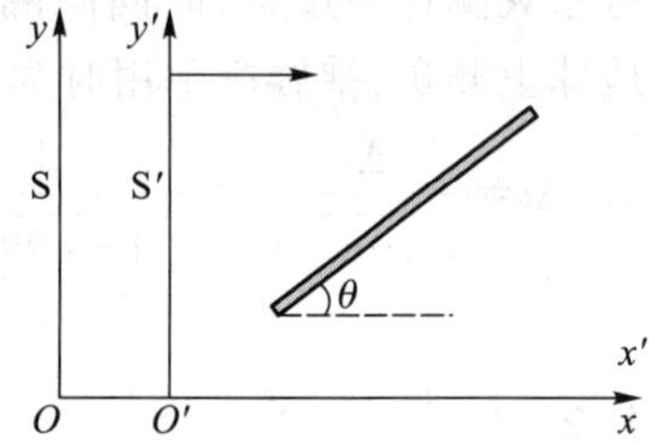

图 1-1　习题 1-4 用图

解　在 S 系中，棒长 l 为原长，在 S′系中棒长沿 x'方向的分量发生收缩，沿 y'方向的分量长度不变，即

$$\Delta x' = \Delta x\sqrt{1-u^2/c^2} = l\cos\theta\sqrt{1-u^2/c^2}$$

$$\Delta y' = \Delta y = l\sin\theta$$

在 S′系中棒长则为

$$l' = \sqrt{(\Delta x')^2+(\Delta y')^2} = l\sqrt{1-u^2\cos^2\theta/c^2}$$

l'与 x'轴的夹角为

$$\theta' = \arctan\frac{\Delta y'}{\Delta x'} = \arctan\frac{\tan\theta}{\sqrt{1-u^2/c^2}}$$

1-5

在距地面 6 000 m 处宇宙射线与高层大气相互作用，产生了一个平均固有寿命为 2×10^{-6} s 的 μ 子，该 μ 子以 $0.998c$ 的速率朝地面运动.（1）地面上的观测者测定它在衰变以前能够走过多长的平均距离？它能否到达地面？（2）对相对于 μ 子静止的观测者来说，μ 子产生处离地面多远？它在衰变以前能否到达地面？

解　设地面参考系为 S 系，相对于 μ 子静止的参考系为 S′系.

（1）μ 子的平均固有寿命 $\Delta t' = 2\times10^{-6}$ s 是 S′系中的原时，在 S 系中的平均寿命（两地时）为

$$\Delta t = \frac{\Delta t'}{\sqrt{1-u^2/c^2}} = \frac{2\times10^{-6}}{\sqrt{1-0.998^2}}\ \mathrm{s} = 3.164\times10^{-5}\ \mathrm{s}$$

所以地面上的观测者测得它在衰变以前能够走过的平均距离为

$$d = u\Delta t = 0.998\times3\times10^8\times3.164\times10^{-5}\ \mathrm{m}$$

$$= 9\ 473\ \mathrm{m} > 6\ 000\ \mathrm{m}$$

所以 μ 子在其寿命内能够到达地面.

（2）μ 子产生处到地面的距离 $l = 6\ 000$ m 是 S 系中的原长，在 S′系中相应的长度（运动

长度）即为相对于 μ 子静止的观测者测得 μ 子产生处离地面的距离

$$l'=l\sqrt{1-u^2/c^2}=6\ 000\times\sqrt{1-0.998^2}\ \text{m}=379\ \text{m}$$

在 S′系中观测，距离为 l' 的地面以 $0.998c$ 的速度"向静止的 μ 子袭来"，$l'/0.998c=1.27\times10^{-6}$ s 后到达 μ 子处．因为这一时间小于 S′系 μ 子寿命（固有寿命），所以地面能够与 μ 子相撞，或者说 μ 子在其寿命内能够到达地面．

μ 子到达地面是一个客观事实，在哪个参考系观测都不能改变这一事实，可见，相对论是承认因果律的．

1-6

惯性系 S 中的观测者测得一个在 $x=100$ km，$y=10$ km，$z=1$ km 处，$t=5\times10^{-4}$ s 时的闪光．若惯性系 S′相对于 S 系以 $u=-0.8c$ 的速度沿 x 轴运动，求 S′系的观测者测得这一闪光的时空坐标（x'，y'，z'，t'）．

解　利用洛伦兹坐标变换，可得 S′系的时空坐标

$$x'=\frac{x-ut}{\sqrt{1-\frac{u^2}{c^2}}}=\frac{100-(-0.8\times3\times10^5)\times5\times10^{-4}}{\sqrt{1-0.8^2}}\ \text{km}=367\ \text{km}$$

$$y'=y=10\ \text{km}$$

$$z'=z=1\ \text{km}$$

$$t'=\frac{t-\frac{u}{c^2}x}{\sqrt{1-\frac{u^2}{c^2}}}=\frac{5\times10^{-4}-\frac{-0.8}{3\times10^5}\times100}{\sqrt{1-0.8^2}}\ \text{s}=1.28\times10^{-3}\ \text{s}$$

1-7

惯性系 S 中的观测者测得两个事件的时空坐标分别为：$x_1=6\times10^4$ m，$y_1=0$，$z_1=0$，$t_1=2\times10^{-4}$ s；$x_2=1.2\times10^5$ m，$y_2=0$，$z_2=0$，$t_2=1\times10^{-4}$ s．如果惯性系 S′中的观测者测得这两个事件同时发生，求 S′系相对于 S 系运动的速度是多少？惯性系 S′系中的观测者测得这两个事件发生的空间间隔是多少？

解　S′系中两个事件同时发生，意味着 $t_1'=t_2'$，根据洛伦兹变换，可得

$$t_2'-t_1'=\frac{(t_2-t_1)-\frac{u}{c^2}(x_2-x_1)}{\sqrt{1-\frac{u^2}{c^2}}}=\frac{(1-2)\times10^{-4}\ \text{s}-\frac{u}{c^2}\times(12-6)\times10^4\ \text{m}}{\sqrt{1-\frac{u^2}{c^2}}}=0$$

解得 $u=-c/2$，即 S′系相对于 S 系以一半光速沿 $-x$ 方向运动．把它代入洛伦兹变换，得 S′系中两个事件的空间间隔

$$x_2'-x_1'=\frac{(x_2-x_1)-u(t_2-t_1)}{\sqrt{1-u^2/c^2}}=\frac{(12-6)\times10^4-(-0.5\times3\times10^8)\times(1-2)\times10^{-4}}{\sqrt{1-0.5^2}}\ \text{m}=5.2\times10^4\ \text{m}$$

1-8

原长为 L' 的飞船以速度 u 相对于地面做匀速直线运动. 有个小球从飞船的尾部运动到头部,宇航员测得小球的速度恒为 v',求:(1) 宇航员测得小球运动所需的时间;(2) 地面观测者测得小球运动所需的时间.

解 建立两个参考系,地面为 S 系,飞船为 S′ 系. 设定两个事件,事件 1 为小球开始运动,它在两系中的时空坐标为 (x_1,t_1) 和 (x_1',t_1');事件 2 为小球结束运动,时空坐标为 (x_2,t_2) 和 (x_2',t_2').

(1) S′系中小球运动所需的时间

$$\Delta t'=t_2'-t_1'=\frac{x_2'-x_1'}{v'}=\frac{\Delta x'}{v'}=\frac{L'}{v'}$$

(2) 根据洛伦兹变换,S 系中小球运动所需的时间

$$\Delta t=\frac{\Delta t'+\dfrac{u}{c^2}\Delta x'}{\sqrt{1-u^2/c^2}}=\frac{\dfrac{L'}{v'}+\dfrac{u}{c^2}L'}{\sqrt{1-u^2/c^2}}=\left(\frac{1}{v'}+\frac{u}{c^2}\right)\frac{L'}{\sqrt{1-u^2/c^2}}$$

Δt 还可以用另一种方法求出. 首先,根据洛伦兹速度变换,小球相对于 S 系的运动速度为

$$v=\frac{v'+u}{1+\dfrac{uv_x}{c^2}}$$

其次,在 S 系中观测,小球由飞船尾部运动到头部走过的距离为

$$\Delta x=\frac{\Delta x'+u\Delta t'}{\sqrt{1-u^2/c^2}}=\frac{L'+uL'/v'}{\sqrt{1-u^2/c^2}}$$

需要注意的是,这个距离不等于 $L=L'\sqrt{1-u^2/c^2}$,因为事件 1 和事件 2 在 S 系中观测并非同时发生,所以它们的空间间隔 Δx 就不是飞船的运动长度 L(L 需要在 S 系中同时测量飞船首位坐标来得到). 最后可以得到

$$\Delta t=\frac{\Delta x}{v}=\left(\frac{1}{v'}+\frac{u}{c^2}\right)\frac{L'}{\sqrt{1-u^2/c^2}}$$

显而易见,第一种方法比较简单,物理意义也比较明确.

1-9

一发射台向东西两侧距离均为 d 的两个接收站 E 和 W 发射无线电信号,今有一飞机以速度 v 沿发射台与两接收站的连线方向由西向东飞行(如图 1-2 所示). 求在飞机上测得两接收站收到发射台同一信号的时间间隔. 哪个接收站先收到信号?

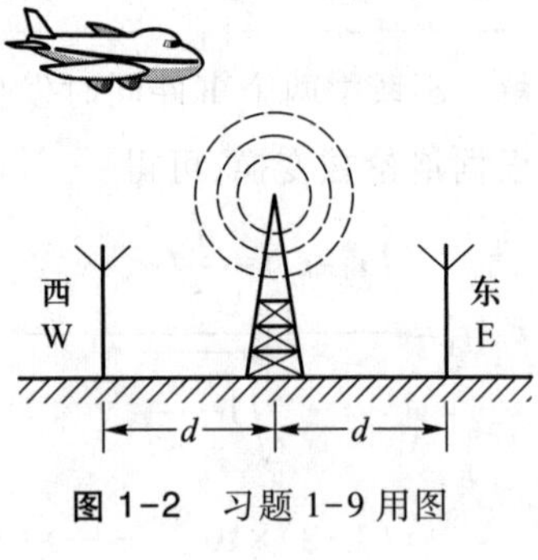

图 1-2 习题 1-9 用图

解 设地面参考系为 S 系,飞机参考系为 S′ 系. 接收站 E 和 W 接收同一信号这两个事件在两个参考系中的时空坐标分别为 (x_E,t_E),(x_W,t_W) 和 (x_E',t_E'),(x_W',t_W'). 在 S 系中两事件同时发生,即

$$\Delta t=t_E-t_W=\frac{d}{c}-\frac{d}{c}=0$$

由洛伦兹坐标变换公式，可得在 S′系中的时间间隔

$$\Delta t'=t'_E-t'_W=\frac{\Delta t-\frac{v}{c^2}(x_E-x_W)}{\sqrt{1-v^2/c^2}}=\frac{-2vd}{c^2\sqrt{1-v^2/c^2}}$$

即在 S′系中两事件不同时发生，负号表示接收站 E 先收到信号.

1-10

一根米尺沿长度方向相对于观测者以 0.6c 的速度运动. 观测者测量米尺掠过面前要多长时间？

解　在米尺参考系中，米尺静止，$\Delta x'=1$ m 是固有长度. 在观测者参考系中测得的米尺长度 Δx 为运动长度，由长度收缩公式(1-28)，有

$$\Delta x=\Delta x'\sqrt{1-u^2/c^2}=1\ \text{m}\times\sqrt{1-0.6^2}=0.8\ \text{m}$$

在观测者参考系中，米尺掠过观测者的时间为

$$\Delta t=\frac{\Delta x}{u}=\frac{0.8\ \text{m}}{0.6\times3\times10^8\ \text{m/s}}=4.44\times10^{-9}\ \text{s}$$

这里实际上提供了测量棒的运动长度的另外一种方法：测出运动的棒两端先后掠过固定点的时间间隔 Δt(是固有时)，$u\Delta t$ 就是棒的运动长度.

下面给出本题的另外一种解法. 在米尺参考系中，观察者掠过静止米尺的时间为

$$\Delta t'=\frac{\Delta x'}{u}=\frac{1\ \text{m}}{0.6\times3\times10^8\ \text{m/s}}=\frac{5}{9}\times10^{-8}\ \text{s}$$

$\Delta t'$由位于米尺首尾的两个时钟测得，为两地时. 在观察者参考系中，这个掠过的过程变为米尺掠过静止观察者的过程，过程时间间隔 Δt 为固有时，由时间延缓公式，有

$$\Delta t=\Delta t'\sqrt{1-u^2/c^2}=\frac{5}{9}\times10^{-8}\ \text{s}\times\sqrt{1-0.6^2}$$
$$=4.44\times10^{-9}\ \text{s}$$

从本题可以看出，在同一个惯性系内，质点匀速运动的距离、速度和时间仍然满足“距离＝速度×时间”的简单公式，而不管讨论的是相对论问题还是牛顿力学问题. 这一点往往被初学者忽略，从而造成概念模糊和解题繁难，需引起注意. 另外，在同一个惯性系内，光的运行也满足“光程＝真空光速×时间”，但是需明确，不同的惯性系内具有同样的真空光速.

1-11

牛郎星距离地球约 16 l.y.，如果宇宙飞船以 0.97c 的速度匀速飞向牛郎星，那么用飞船上的钟测量，多长时间抵达牛郎星？

解　方法一：在地球参考系(S 系)中测量，牛郎星到地球的距离 $l=16$ l.y.是原长，那么在宇宙飞船参考系(S′系)中测量，这个距离为

$$l'=l\sqrt{1-u^2/c^2}=16\times\sqrt{1-0.97^2}\ \text{l.y.}=3.89\ \text{l.y.}$$

所以用飞船上的钟测量，经过

$$\Delta t'=\frac{l'}{u}=\frac{3.89\ \text{l.y.}}{0.97c}\approx4\ \text{a}$$

后，“牛郎星抵达飞船”，或者说飞船抵达牛郎星.

方法二：在地球参考系(S 系)中测量，宇宙飞船到达牛郎星所需要的时间为

$$\Delta t=\frac{l}{u}$$

在宇宙飞船参考系(S′系)中观测,飞船出发和到达两个事件发生在同地,即 $\Delta t'$为原时,有

$$\Delta t=\frac{\Delta t'}{\sqrt{1-u^2/c^2}}$$

所以

$$\Delta t'=\Delta t\sqrt{1-u^2/c^2}=\frac{l\sqrt{1-u^2/c^2}}{u}$$

$$=\frac{16\times\sqrt{1-0.97^2}}{0.97}\ \text{a}\approx 4\ \text{a}$$

1-12

假想飞船 A 和 B 分别以 $0.6c$ 和 $0.8c$ 的速度相对地面向东飞行. 地面上某地先后发生两个事件,在飞船 A 上观测,时间间隔为 5 s,那么在飞船 B 上观测,相应的时间间隔为多少?

解 两事件在地面系同地发生,地面时间间隔为固有时. 由于两飞船飞行速度不同,所以在其上观测到不同的两地时. 由飞船 A 相对于地面飞行的速度 $u_A=0.6c$ 以及飞船 A 上的两地时 $\Delta t_A=5$ s,得固有时

$$\Delta t_E=\Delta t_A\sqrt{1-u_A^2/c^2}=5\ \text{s}\times\sqrt{1-0.6^2}=4\ \text{s}$$

再由飞船 B 相对于地面飞行的速度 $u_B=0.8c$ 得飞船 B 上的时间间隔(两地时)

$$\Delta t_B=\frac{\Delta t_E}{\sqrt{1-u_B^2/c^2}}=\frac{4\ \text{s}}{\sqrt{1-0.8^2}}=6.67\ \text{s}$$

由此可见,固有时确实比所有运动时都短.

1-13

一飞船飞过地球参考系中的一个观测站,当飞船船首正好经过观测站时,船首发出一闪光,当飞船船尾经过观测站时,船尾发出一闪光. 地球参考系中的观测者测得两次闪光之间的时间间隔是 75 ns,在飞船参考系中飞船的长度为 30 m. 求:(1) 飞船相对于地球参考系的运动速度;(2) 在飞船参考系中测得的两次闪光的时间间隔.

解 (1) 由于两次闪光分别发生在飞船的船首和尾,因此地球参考系中可根据两次闪光之间的时间间隔和飞船相对于地球参考系的运动速度 u 计算得到飞船的长度为 75 ns · u,此为地球参考系中测得的飞船长度,为运动长度. 由已知条件,飞船的原长为 30 m,由长度收缩公式,有

$$30\ \text{m}\times\sqrt{1-u^2/c^2}=75\ \text{ns}\times u$$

由上式可解得飞船相对于地球参考系的运动速度 $u=0.8c$.

(2) 地球参考系中测得的两次闪光的时间间隔 Δt 为地球参考系位于观测站处的一个时钟测得的,为固有时,飞船参考系中测得的两次闪光的时间间隔 $\Delta t'$是由位于船首和船尾的两个时钟测得的,为两地时,由时间延缓公式,有

$$\Delta t'=\frac{75\ \text{ns}}{\sqrt{1-u^2/c^2}}=\frac{75\ \text{ns}}{\sqrt{1-0.64}}=125\ \text{ns}$$

即飞船参考系中测得的两次闪光的时间间隔是 125 ns.

1-14

一飞船相对于地球静止时长为 36 m，当它离开地球飞向其他星球时，地球参考系的观测者测得其长度为 27 m，地球参考系中还观测到飞船上的一位宇航员锻炼了 20 min，求宇航员自己认为自己锻炼了多长时间？

解　飞船相对于地球静止时的长度为 36 m，此为原长，当它离开地球前往其他星球时，地面观测者测得的长度 27 m 为运动长度，由长度收缩公式，有

$$36\ \text{m}\times\sqrt{1-u^2/c^2}=27\ \text{m}$$

地面观测者观测到飞船上一位宇航员锻炼了 20 min，此为两地时，宇航员自己测得的锻炼时间 $\Delta t'$ 为原时，由时间延缓公式，有

$$\Delta t'=20\ \text{min}\times\sqrt{1-u^2/c^2}=20\ \text{min}\times\frac{27}{36}$$

$$=15\ \text{min}$$

即宇航员认为自己锻炼了 15 min.

*1-15

一飞船以速度 $u=0.6c$ 飞离地球，它发射一个无线电信号，经地球反射，40 s 后飞船才收到返回信号. 求飞船发射信号时、地球反射信号时、飞船接收到信号时，分别在飞船、地球上测量的飞船与地球之间的距离.

解　首先在飞船参考系中进行讨论：在飞船系中，飞船不动位于 A 点，地球以 $u=0.6c$ 的速度离开飞船，飞船发射信号时、地球反射信号时、飞船接收到信号时，地球分别位于 B、C、D 点，如图 1-3 所示.

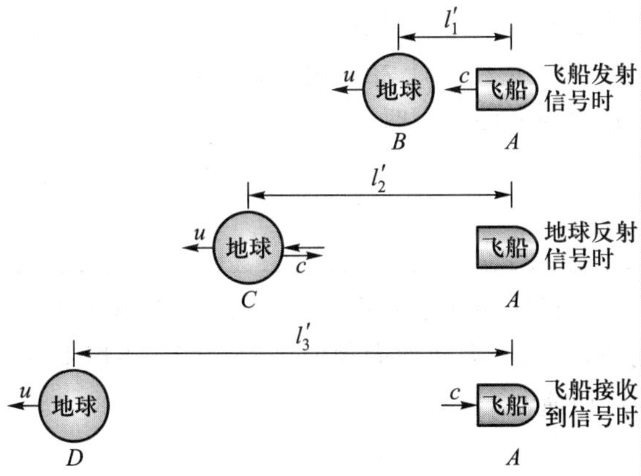

图 1-3　习题 1-15 用图（飞船参考系中观测）

由于地球在 C 点处反射信号后，信号将原路返回飞船，而飞船上测得从发射信号到接收返回信号的时间为 40 s，因此信号往返各用了 20 s 时间，由此可得地球反射信号时飞船与地球之间的距离为

$$l_2'=|AC|=20c\quad(\text{SI 单位})$$

又由于信号从发射到被地球反射以及从被地球反射到返回分别都用了 20 s 的时间，由图 1-3 可以看出，这两段时间里地球向前运动的距离分别为

$$|BC|=|CD|=0.6c\times20=12c$$

由此可得，飞船发射信号时和飞船接收到信号时，地球与飞船之间的距离为

$$l_1'=|AC|-|BC|=8c,$$

$$l_3'=|AC|+|CD|=32c$$

这里我们首先计算得到了在飞船参考系中测得的，飞船发射信号时、地球反射信号时以及飞船接收到信号时，地球与飞船之间的距离分别为 $8c$、$20c$ 以及 $32c$.

然后再在地球参考系中进行讨论：这里讨论的是两个彼此间有相对运动的物体（飞船和地球）之间某一时刻在各自参考系中的对应

距离，现在已经知道了飞船系在不同时刻测得的地球和飞船之间的距离，若要求地球系中的相对应距离，由例题 1-8 的结果可知，在飞船发射信号和接收到信号时，飞船系（飞船不动）中观测者同时刻度了地球的位置（在 B 点和 D 点处），测得地球与飞船的距离分别为 $l_1'=8c$ 和 $l_3'=32c$，则这两个时刻（以飞船上发生的事件为时间参考点）在地球参考系中的相应距离为

$$l_1=\frac{l_1'}{\sqrt{1-u^2/c^2}}=\frac{8c}{\sqrt{1-0.6^2}}=10c$$

$$l_3=\frac{l_3'}{\sqrt{1-u^2/c^2}}=\frac{32c}{\sqrt{1-0.6^2}}=40c$$

而在地球反射信号时，飞船系中也刻度了地球的位置（在 C 点处），测得地球与飞船的距离为 $l_2'=20c$，则此时（以地球上发生的事件为时间参考点）在地球系中的相应距离为

$$l_2=l_2'\cdot\sqrt{1-u^2/c^2}=20c\times\sqrt{1-0.6^2}=16c$$

即在地球参考系中测得的，飞船发射信号时、地球反射信号时以及飞船接收到信号时，飞船与地球之间的距离分别为 $10c$、$16c$ 以及 $40c$（SI 单位）.

1-16

A、B 两地相距 120 km，在 A 地 0 时 0 分 0 秒有一火车启动，在 B 地 0 时 0 分 0.000 3 秒发生一次闪电. 求在以 $0.8c$ 的速度沿 A 到 B 方向飞行的飞船中，观测到的这两个事件的时间间隔. 哪一个事件先发生？

解　在地面参考系中，$x_B-x_A=120\ \text{km}$，$t_B-t_A=0.000\,3\ \text{s}$（A 地事件先发生），则在飞船参考系中

$$t_B'-t_A'=\frac{(t_B-t_A)-\dfrac{u}{c^2}(x_B-x_A)}{\sqrt{1-\dfrac{u^2}{c^2}}}$$

$$=\frac{0.000\,3-\dfrac{0.8}{3\times10^5}\times120}{\sqrt{1-0.8^2}}\ \text{s}$$

$$=-3.3\times10^{-5}\ \text{s}<0$$

负号表示 B 地事件先发生. 可见，飞船参考系时序发生了颠倒，相对论允许这样没有因果关系的两事件发生时序颠倒.

1-17

地球上的观测者发现，一艘以速率 $0.6c$ 向东航行的宇宙飞船将在 5 s 后同一个以速率 $0.8c$ 向西飞行的彗星相撞.（1）飞船上的观测者观测，彗星以多大速率向他们接近？（2）飞船上的观测者测量，还有多少时间允许他们离开航线避免相撞？

解　（1）设地球参考系为 S 系，飞船参考系为 S′系，S′系相对于 S 系的速度为 $u=0.6c$. S 系中的观测者测得彗星的速度为 $v_x=-0.8c$，则根据相对论速度变换，飞船（S′系）上的观测者测得彗星的速度为

$$v_x'=\frac{v_x-u}{1-\dfrac{uv_x}{c^2}}=\frac{-0.8c-0.6c}{1-0.6\times(-0.8)}=-0.946c$$

（2）地球上的观测者发现 5 s 后飞船与彗星相撞，发现之初为事件 1，相撞为事件 2，

时间间隔为 $\Delta t=5$ s. 对于飞船上的观测者来说，事件 1 和事件 2 都发生在飞船上，时间间隔 $\Delta t'$是原时，所以

$$\Delta t'=\Delta t\sqrt{1-u^2/c^2}=5\times\sqrt{1-0.6^2}\ \text{s}=4\ \text{s}$$

即飞船上的观测者测量，还有 4 s 的时间允许他们离开航线避免相撞.

1-18

若一个电子的能量为 2.0 MeV，则该电子的动能、动量、速率和运动质量各为多少？已知电子的静止能量约为 0.51 MeV.

解　已知电子的静止能量 $E_0=m_0c^2=0.51$ MeV，总能量 $E=mc^2=2.0$ MeV，则该电子的动能为

$$E_k=E-E_0=(2.0-0.51)\ \text{MeV}=1.49\ \text{MeV}$$

由能量和动量的关系式 $E^2=p^2c^2+E_0^2$ 得电子动量

$$p=\sqrt{E^2-E_0^2}/c=\sqrt{2.0^2-0.51^2}\ \text{MeV}/c=1.94\ \text{MeV}/c$$

由能量公式 $E=\dfrac{E_0}{\sqrt{1-v^2/c^2}}$得电子速率

$$v=c\sqrt{1-E_0^2/E^2}=c\sqrt{1-0.51^2/2.0^2}=0.967c$$

电子的运动质量为

$$m=E/c^2=2.0\ \text{MeV}/c^2$$

1-19

设快速运动的介子能量为 3 000 MeV，而这种介子在静止时的能量为 100 MeV. 若其固有寿命为 2×10^{-6} s，求它从生成到消失的过程中的运动距离.

解　由 $E=\dfrac{E_0}{\sqrt{1-v^2/c^2}}$得介子的运动速度为

$$v=c\sqrt{1-\frac{E_0^2}{E^2}}$$

故运动寿命为

$$\Delta t=\frac{\tau_0}{\sqrt{1-v^2/c^2}}=\frac{E}{E_0}\tau_0$$

其中 τ_0 为介子的固有寿命. 所以介子从生成到消失的过程中的运动距离为

$$v\Delta t=c\sqrt{1-\frac{E_0^2}{E^2}}\tau_0\frac{E}{E_0}=c\tau_0\sqrt{\frac{E^2}{E_0^2}-1}=3\times10^8\times2\times10^{-6}\times\sqrt{\frac{3\ 000^2}{100^2}-1}\ \text{m}=1.799\times10^4\ \text{m}$$

1-20

热核反应 ${}_1^2\text{H}+{}_1^3\text{H}\rightarrow{}_2^4\text{He}+{}_0^1\text{n}$ 中各粒子的静止质量为：氘 $m_D=3.343\ 7\times10^{-27}$ kg，氚 $m_T=5.004\ 9\times10^{-27}$ kg，氦 $m_{He}=6.642\ 5\times10^{-27}$ kg，中子 $m_n=1.675\ 0\times10^{-27}$ kg，问这种热核反应中 1 kg 反应原料完全反应所释放的能量是多少？

解 该热核反应的质量亏损为

$$\begin{aligned}\Delta m_0 &= (m_D+m_T)-(m_{He}+m_n)\\ &=(3.343\ 7+5.004\ 9-6.642\ 5-1.675\ 0)\times10^{-27}\ \text{kg}\\ &=0.031\ 1\times10^{-27}\ \text{kg}\end{aligned}$$

反应释放的能量为

$$\begin{aligned}\Delta E &= \Delta m_0 c^2 = 0.031\ 1\times10^{-27}\times(3\times10^8)^2\ \text{J}\\ &=2.799\times10^{-12}\ \text{J}\end{aligned}$$

1 kg 反应原料完全反应所释放的能量为

$$\begin{aligned}\frac{\Delta E}{m_D+m_T} &= \frac{2.799\times10^{-12}}{(3.343\ 7+5.004\ 9)\times10^{-27}}\ \text{J/kg}\\ &=3.35\times10^{14}\ \text{J/kg}\end{aligned}$$

这一数值是 1 kg 优质煤完全燃烧所释放热量（约 2.93×10^7 J/kg）的 1.15×10^7 倍.

1-21

最强的宇宙射线具有 50 J 的能量，如这一射线是由一个质子形成的，则这一质子的速率与光速相差多少？

解 由 $E=\dfrac{m_0c^2}{\sqrt{1-v^2/c^2}}$ 得

$$c^2-v^2=(c+v)(c-v)=\frac{m_0^2c^6}{E^2}$$

因为 $v\approx c$，$c+v\approx 2c$，所以

$$2c(c-v)=\frac{m_0^2c^6}{E^2}$$

最后得

$$\begin{aligned}c-v &= \frac{m_0^2c^5}{2E^2}=\frac{(1.67\times10^{-27})^2\times(3\times10^8)^5}{2\times50^2}\ \text{m/s}\\ &=1.36\times10^{-15}\ \text{m/s}\end{aligned}$$

可见，粒子的能量越高，其运动速度越快，越接近于真空光速，但是不能超过真空光速.

1-22

一个静止的原子核同时向两相反的方向射出两个质子，两者速度均为 0.5c. 求：(1) 每个质子相对于原子核参考系的动量和能量；(2) 一个质子相对于另一个质子所在参考系中的动量和能量. 结果用质子静止质量 m_0 和真空光速 c 表示.

解 (1) 质子相对于原子核参考系的动量和能量为

$$p=\frac{m_0v}{\sqrt{1-v^2/c^2}}=\frac{m_0\cdot0.5c}{\sqrt{1-0.5^2}}=0.58m_0c$$

$$E=\frac{m_0c^2}{\sqrt{1-v^2/c^2}}=\frac{m_0c^2}{\sqrt{1-0.5^2}}=1.15m_0c^2$$

(2) 一个质子相对于另一个质子处于静止的参考系的运动速度为

$$v'=\frac{v-u}{1-\dfrac{uv}{c^2}}=\frac{0.5c-(-0.5c)}{1-0.5\times(-0.5)}=0.8c$$

所以动量和能量为

$$p=\frac{m_0v'}{\sqrt{1-v'^2/c^2}}=\frac{m_0\cdot0.8c}{\sqrt{1-0.8^2}}=1.33m_0c$$

$$E=\frac{m_0c^2}{\sqrt{1-v'^2/c^2}}=\frac{m_0c^2}{\sqrt{1-0.8^2}}=1.67m_0c^2$$

由此可见，在不同的参考系中考察同一个粒子，它的动量和能量是不相等的，所以相对论质量也是不相等的.

*1-23

静止质量为 m_0 的原子，发射一个能量为 $h\nu$ 的光子而反冲，求该原子发射光子后的静止质量.

解　用 m_0' 和 m' 表示该原子发射光子后的静止质量和运动质量，由动量守恒

$$\frac{h\nu}{c}-m'v=0$$

得反冲原子的运动速度

$$v=\frac{h\nu}{m'c}$$

由能量守恒

$$m_0c^2=h\nu+m'c^2$$

得

$$m'=m_0-\frac{h\nu}{c^2}$$

所以反冲原子的静止质量就为

$$m_0'=m'\sqrt{1-\frac{v^2}{c^2}}=\sqrt{m'^2\left(1-\frac{h^2\nu^2}{m'^2c^4}\right)}$$

$$=\sqrt{m'^2-\frac{h^2\nu^2}{c^4}}=\sqrt{\left(m_0-\frac{h\nu}{c^2}\right)^2-\frac{h^2\nu^2}{c^4}}$$

$$=m_0\sqrt{1-\frac{2h\nu}{m_0c^2}}$$

可见，原子发射光子后的静止质量 m_0' 和运动质量 m' 都比发射前的静止质量 m_0 减小了，氢原子发光时就是这样.

1-24

一静止长方体质量为 m，体积为 V，如果此长方体沿一棱边方向以速度 v 相对于观测者运动，那么观测者测得长方体的密度为多少？

解　运动长方体的质量为

$$m'=\frac{m}{\sqrt{1-v^2/c^2}}$$

长方体沿运动方向的棱边发生收缩，其他方向的棱边长度不变，因此体积为

$$V'=V\sqrt{1-v^2/c^2}$$

由此得到长方体密度

$$\rho'=\frac{m'}{V'}=\frac{m}{V(1-v^2/c^2)}$$

1-25

静止质量均为 m_0 的两个粒子 A 和 B 以速度 v 沿相反方向运动，碰撞后合成为一个大粒子. 求这个大粒子的静止质量.

解　两粒子碰撞过程中动量守恒

$$m_Av-m_Bv=m'v'$$

两粒子的运动质量相等 $m_A=m_B=m_0/\sqrt{1-v^2/c^2}$，所以合成的大粒子的速度 $v'=0$，大粒子的运动质量与静止质量相等 $m'=m_0'$.

再由能量守恒

$$m_Ac^2+m_Bc^2=m'c^2$$

得 $m'=m_A+m_B$，因此大粒子的静止质量为

$$m_0'=m_A+m_B=\frac{2m_0}{\sqrt{1-v^2/c^2}}>2m_0$$

碰撞后静止质量增加了,这是由于原来两个粒子有动能,它们也对应一份质量,这份质量转化为附加的静止质量.

1-26

极高速运动粒子碰撞产生复合粒子,然后复合粒子可能再分裂为基本粒子,复合粒子的静止能量越大,越有利于产生丰富的基本粒子. 1988 年北京正负电子对撞机利用电子对撞,获得了 τ 粒子质量的最新数据,并证实了 ξ 粒子的存在. 2005 年在美国"相对论性重离子对撞机"(RHIC)中,以接近光速运行的金原子核相互对撞,成功地使夸克和胶子从质子和中子中释放出来,模拟了宇宙大爆炸最初几微秒的状态.(1) 在 RHIC 内部以相同速度对撞的金核中平均每个质子或中子的能量高达 $E=100\ \text{GeV}$,而质子或中子的静止能量仅约为 $E_0=1\ \text{GeV}$,问能量 E 中有多少能够转化为复合粒子的静止能量?(2) 早期粒子物理研究用高速质子撞击静止质子靶,利用相对论动力学原理证明,有 $2E_0\sqrt{1+\dfrac{E_k}{2E_0}}$(其中 E_k 为入射质子的动能)的能量转化为复合粒子的静止能量. 如果入射质子的能量仍为 $E=100\ \text{GeV}$,求此转化能量.(3) 通过比较上面两问中的数值结果,说明为什么现代高能粒子物理研究多采用两高速粒子对撞的方式而不采用高速粒子轰击静止粒子的方式.

解 (1) 100 GeV. 两金核以相同速度碰撞,形成的复合粒子静止,全部能量都转换为复合粒子的静止能量.

(2) 入射质子的能量为

$$E=E_0+E_k=\sqrt{E_0^2+p^2c^2}$$

与静止质子碰撞后形成复合粒子,复合粒子的能量为

$$E'=\sqrt{E_0'^2+p'^2c^2}$$

利用能量守恒和动量守恒

$$E+E_0=E',\quad p=p'$$

解得复合粒子的静止能量

$$E_0'=2E_0\sqrt{1+\frac{E_k}{2E_0}}$$

代入 $E_0=1\ \text{GeV}$, $E_k=100\ \text{GeV}-1\ \text{GeV}=99\ \text{GeV}$,得 $E_0'=14.2\ \text{GeV}$.

(3) 对撞情形比直接撞击静止粒子情形有更多的能量转化为复合粒子的静止能量,因此有利于产生更多的高能基本粒子,能量利用更有效.

第 2 章　微观粒子的波粒二象性

2.1　内容提要

1. 黑体辐射

绝对黑体：任何温度下对任何波长的电磁辐射都能全部吸收的物体，称为绝对黑体，简称黑体.

普朗克能量子假设：简谐振子的能量是量子化的，在发射辐射或吸收辐射时，能量只能是以 $h\nu$ 成整数倍跳跃式地变化，其中，$h\nu$ 称为能量子；$h=6.626\ 070\ 15\times10^{-34}$ J · s，称为普朗克常量.

谐振子能量：$E=nh\nu\quad(n=1,2,3,\cdots)$.

普朗克黑体辐射公式：$M_\lambda(T)=\dfrac{2\pi hc^2}{\lambda^5}\dfrac{1}{e^{\frac{hc}{\lambda kT}}-1}$.

2. 光电效应

(外)光电效应：光照射到金属表面，使电子从金属表面逸出的现象.

光电效应的截止电压 U_a：$\dfrac{1}{2}m_e v_m^2=eU_a$.

光电效应的截止频率 ν_0：$\nu_0=\dfrac{A}{h}$.

3. 光的波粒二象性

爱因斯坦光量子假说：在真空中，频率为 ν（波长为 λ）的一束光是一粒粒以速率 c 传播的粒子流，这种粒子称为光量子（后改称光子），光量子具有整体性.

光子的能量：$\varepsilon=h\nu$.

光子的动量：$p=mc=\dfrac{\varepsilon}{c}=\dfrac{h}{\lambda}$.

爱因斯坦光电效应方程：$\dfrac{1}{2}m_e v_m^2=h\nu-A$.

光电效应是电子一次性吸收光子，作用过程遵守能量守恒.

4. 康普顿效应

康普顿效应：X 射线等被物质散射发生波长变长的现象. 可以将束缚较弱的外层电子看成静止的自由电子，用光子和静止的自由电子间的碰撞解释. 作用过程遵守能量守恒和动量守恒.

波长改变量 $\Delta\lambda$ 与散射角 φ 的关系：

$$\Delta\lambda=\lambda-\lambda_0=\lambda_C(1-\cos\varphi)$$

式中，$\lambda_C=\dfrac{h}{m_e c}=2.426\ 310\ 235\ 38(76)\times10^{-3}\ \text{nm}$，称为电子的康普顿波长.

5. 氢原子光谱

广义巴耳末公式（或称为里德伯公式）：

$$\sigma=R_\infty\left(\frac{1}{m^2}-\frac{1}{n^2}\right)\quad(m=1,2,3,\cdots;n=m+1,m+2,m+3,\cdots)$$

式中，σ 称为波数；$R_\infty=1.097\ 373\ 156\ 815\ 7(12)\times10^7\ \text{m}^{-1}$，称为里德伯常量；$m=1,2,3,4,5$ 表示的谱线系分别称为莱曼系（紫外线）、巴耳末系（可见光）、帕邢系（红外线）、布拉开系（远红外线）和普丰德系（远红外线）.

6. 玻尔原子理论

玻尔频率条件：

$$h\nu=|E_f-E_i|$$

式中，E_i 和 E_f 分别是初末两个定态的能量值.

氢原子的能量：

$$E_n=-\frac{m_e e^4}{2(4\pi\varepsilon_0)^2\hbar^2}\cdot\frac{1}{n^2}\approx\frac{-13.6\ \text{eV}}{n^2}\quad(n=1,2,3,\cdots)$$

激发能：从基态跃迁到激发态时，所需的能量.

7. 粒子的波动性

德布罗意假设：实物粒子也具有波动性. 与实物粒子相联系的波称为德布罗意波或物质波. 与质量为 m，速度为 v 的实物粒子相联系的德布罗意波的频率 ν 和波长 λ 分别为

$$\nu=\frac{E}{h}=\frac{mc^2}{h}$$

$$\lambda=\frac{h}{p}=\frac{h}{mv}$$

此假设很快被 C.J.戴维孙、L.A.革末和 G.P.汤姆孙利用电子衍射实验所证实.

8. 波函数

量子力学假设：微观粒子的状态用波函数 $\boldsymbol{\Psi}(\boldsymbol{r},t)$ 描述，其模的平方 $|\boldsymbol{\Psi}(\boldsymbol{r},t)|^2=\boldsymbol{\Psi}^*(\boldsymbol{r},t)$. $\boldsymbol{\Psi}(\boldsymbol{r},t)$ 代表粒子出现的（相对）概率密度，表示 t 时刻在空间坐标 $\boldsymbol{r}$ 附近单位体积内粒子出现的概率.

波函数的归一化条件：$\int_{-\infty}^{\infty}|\boldsymbol{\Psi}(\boldsymbol{r},t)|^2\mathrm{d}V=1$.

波函数的标准条件：单值、有限和连续.

波函数的归一化：$\psi(x)=C\phi(x)$

$$C=\frac{1}{\sqrt{\int_{-\infty}^{\infty}|\phi(x)|^2\mathrm{d}x}}$$

态叠加原理：若 $\Psi_1(\boldsymbol{r},t)$, $\Psi_2(\boldsymbol{r},t)$, $\Psi_3(\boldsymbol{r},t)$, …代表体系一系列不同的可能状态，则它们的线性组合 $\Psi(\boldsymbol{r},t)=C_1\Psi_1(\boldsymbol{r},t)+C_2\Psi_2(\boldsymbol{r},t)+C_3\Psi_3(\boldsymbol{r},t)+\cdots$ 也是该体系的一个可能状态，其中 $C_1,C_2,C_3,\cdots$ 为任意复常数.

9. 不确定关系

若两个物理量的乘积与普朗克常量 h 有相同量纲(J·s)，则称为共轭量. 凡是共轭量都满足不确定关系，它是波粒二象性的反映.

位置和动量不确定关系：

$$\Delta x\cdot\Delta p_x\geqslant\frac{\hbar}{2},\quad \Delta y\cdot\Delta p_y\geqslant\frac{\hbar}{2},\quad \Delta z\cdot\Delta p_z\geqslant\frac{\hbar}{2}$$

能量和时间不确定关系：

$$\Delta E\cdot\Delta t\geqslant\frac{\hbar}{2}$$

2.2　习题解答

2-1

钨的逸出功是 4.54 eV，钡的逸出功是 2.50 eV，分别计算钨和钡的截止频率. 哪一种金属可以用作可见光范围内的光电管阴极材料？

解　由逸出功和截止频率的关系式

$$\nu_0=\frac{A}{h}$$

可得

$$\nu_{0钨}=\frac{A_{钨}}{h}=\frac{4.54\times1.6\times10^{-19}}{6.63\times10^{-34}}\ \mathrm{Hz}=1.10\times10^{15}\ \mathrm{Hz}$$

$$\nu_{0钡}=\frac{A_{钡}}{h}=\frac{2.50\times1.6\times10^{-19}}{6.63\times10^{-34}}\ \mathrm{Hz}=6.03\times10^{14}\ \mathrm{Hz}$$

可见光的频率范围为 $4\times10^{14}\sim7\times10^{14}$ Hz，所以钡可以用作可见光范围内的光电管阴极材料.

2-2

钠的逸出功是 2.29 eV，其截止频率和相应的波长是多少？今用波长为 500 nm 的光照射钠表面，求截止电压和光电子的最大初速度. 若入射光的强度是 2.0 W·m^{-2}，则平均每秒有多少光子撞击单位面积的金属表面？

解　钠的截止频率为

$$\nu_{0钠}=\frac{A_钠}{h}=\frac{2.29\times1.6\times10^{-19}}{6.63\times10^{-34}}\ \text{Hz}$$
$$=5.53\times10^{14}\ \text{Hz}$$

对应的红限波长为

$$\lambda_m=\frac{c}{\nu_{0钠}}=\frac{3\times10^8}{5.53\times10^{14}}\ \text{m}=5.42\times10^{-7}\ \text{m}$$
$$=542\ \text{nm}$$

根据爱因斯坦光电效应方程$\frac{1}{2}m_e v_m^2=h\nu-A$,以及光电子的最大初动能与截止电压的关系式 $E_k=\frac{1}{2}m_e v_m^2=eU_a$,可得截止电压为

$$U_a=\frac{E_k}{e}=\frac{h\frac{c}{\lambda}-A}{e}=\frac{\frac{6.63\times10^{-34}\times3\times10^8}{500\times10^{-9}\times1.6\times10^{-19}}-2.29}{1}\ \text{V}$$
$$=0.20\ \text{V}$$

光电子的最大初速度为

$$v_m=\sqrt{\frac{2eU_a}{m_e}}=\sqrt{\frac{2\times1.6\times10^{-19}\times0.20}{9.11\times10^{-31}}}\ \text{m}$$
$$=2.65\times10^5\ \text{m}$$

平均每秒撞击单位面积的金属表面的光子数为

$$N=\frac{P}{h\nu}=\frac{P\lambda}{hc}=\frac{2.0\times500\times10^{-9}}{6.63\times10^{-34}\times3\times10^8}\ \text{m}^{-2}$$
$$=5.03\times10^{18}\ \text{m}^{-2}$$

2-3

在某次光电效应实验中,测得入射光的波长 λ 和某金属截止电压 U_a 的数据如下:

λ/nm	253.6	283.0	303.9	330.2	366.3	435.8
U_a/V	2.60	2.11	1.81	1.47	1.10	0.57

(1) 在坐标纸上作出 U_a-ν 图线;(2) 利用图线求出该金属的光电效应红限频率和波长;(3) 利用图线求出普朗克常量.

解　(1) 由波长和频率的对应关系 $\lambda=\frac{c}{\nu}$,可得

λ/nm	253.6	283.0	303.9	330.2	366.3	435.8
$\nu/(10^{14}$ Hz)	11.83	10.60	9.87	9.09	8.19	6.88

以频率 ν 为横轴,截止电压 U_a 为纵轴,画出 U_a-ν 曲线如图 2-1 所示.

(2) 曲线 U_a-ν 与横轴的交点即为该金属的截止频率,由图线可读出该金属的截止频率为

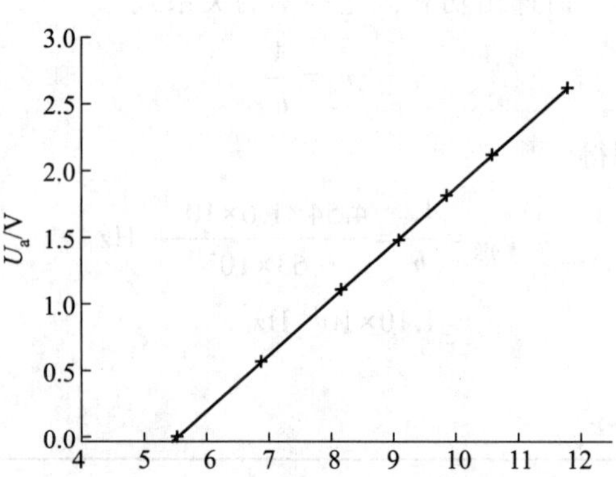

图 2-1　习题 2-3 解答用图

$$\nu_0 = 5.53\times10^{14}\ \text{Hz}$$

其光电效应的红限波长为

$$\lambda_m = \frac{c}{\nu_0} = \frac{3\times10^8}{5.53\times10^{14}}\ \text{m} = 542\ \text{nm}$$

（3）由图求得直线的斜率为

$$K = 4.12\times10^{-5}\ \text{V}\cdot\text{s}$$

可得普朗克常量 h 为

$$h = eK = 6.60\times10^{-34}\ \text{J}\cdot\text{s}$$

2-4

如图 2-2 所示，真空中一系统，M 为金属板，其红限波长为 $\lambda_m = 260$ nm，场强大小为 $E = 5\times10^3\ \text{V}\cdot\text{m}^{-1}$ 的均匀电场与磁感应强度大小为 $B = 0.005$ T 的均匀磁场相互垂直. 若用单色紫外线照射该金属板 M，发现有光电子放出，其中最大速度的光电子可以匀速直线地穿过相互垂直的均匀电场和均匀磁场区域. 求：（1）光电子的最大速度 v_m；（2）单色紫外线的波长 λ.

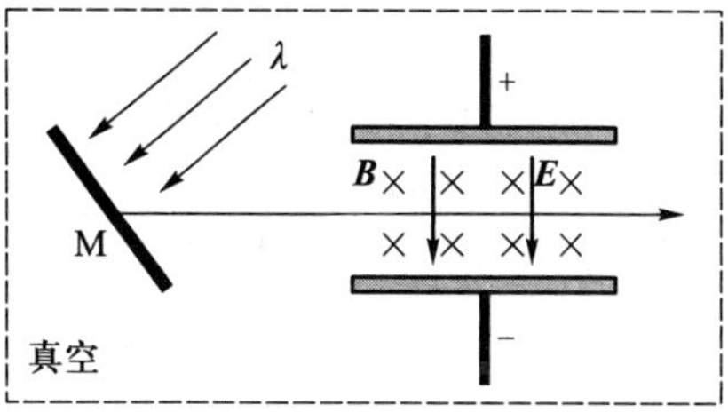

图 2-2　习题 2-4 用图

解　（1）由题意知，速度最大光电子所受的静电场力与洛伦兹力方向相反，大小相等，即

$$eE = ev_m B$$

所以，光电子的最大速度为

$$v_m = \frac{E}{B} = \frac{5\times10^3}{0.005}\ \text{m}\cdot\text{s}^{-1} = 10^6\ \text{m}\cdot\text{s}^{-1}$$

（2）由爱因斯坦光电效应方程 $\frac{hc}{\lambda} = \frac{hc}{\lambda_m} + \frac{1}{2}m_e v_m^2$，则入射的单色紫外线的波长为

$$\lambda = \frac{\lambda_m}{1 + \frac{1}{2}\frac{m_e v_m^2 \lambda_m}{hc}}$$

$$= \frac{260\times10^{-9}}{1 + \frac{1}{2}\times\frac{9.1\times10^{-31}\times(10^6)^2\times260\times10^{-9}}{6.63\times10^{-34}\times3\times10^8}}\ \text{m}$$

$$= 163\ \text{nm}$$

2-5

试求波长为下列数值的光子的能量、动量及质量.（1）波长为 1 500 nm 的红外线；（2）波长为 500 nm 的可见光；（3）波长为 20 nm 的紫外线；（4）波长为 0.15 nm 的 X 射线.

解　（1）对于波长为 1 500 nm 的红外线，其光子的能量、动量及质量分别为

$$\varepsilon = h\frac{c}{\lambda} = \frac{6.63\times10^{-34}\times3\times10^8}{1\ 500\times10^{-9}\times1.6\times10^{-19}}\ \text{eV} = 0.83\ \text{eV}$$

$$p = \frac{h}{\lambda} = \frac{6.63\times10^{-34}}{1\ 500\times10^{-9}}\ \text{kg}\cdot\text{m}\cdot\text{s}^{-1}$$

$$= 4.42\times10^{-28}\ \text{kg}\cdot\text{m}\cdot\text{s}^{-1}$$

$$m = \frac{h}{c\lambda} = \frac{6.63\times10^{-34}}{3\times10^8\times1\ 500\times10^{-9}}\ \text{kg} = 1.47\times10^{-36}\ \text{kg}$$

（2）对于波长为 500 nm 的可见光，其光子的能量、动量及质量分别为

$$\varepsilon = h\frac{c}{\lambda} = \frac{6.63\times10^{-34}\times3\times10^8}{500\times10^{-9}\times1.6\times10^{-19}}\ \text{eV} = 2.49\ \text{eV}$$

$$p=\frac{h}{\lambda}=\frac{6.63\times10^{-34}}{500\times10^{-9}}\ \text{kg}\cdot\text{m}\cdot\text{s}^{-1}$$

$$=1.33\times10^{-27}\ \text{kg}\cdot\text{m}\cdot\text{s}^{-1}$$

$$m=\frac{h}{c\lambda}=\frac{6.63\times10^{-34}}{3\times10^{8}\times500\times10^{-9}}\ \text{kg}=4.42\times10^{-36}\ \text{kg}$$

（3）对于波长为 20 nm 的紫外线，其光子的能量、动量及质量分别为

$$\varepsilon=h\frac{c}{\lambda}=\frac{6.63\times10^{-34}\times3\times10^{8}}{20\times10^{-9}\times1.6\times10^{-19}}\ \text{eV}=62.2\ \text{eV}$$

$$p=\frac{h}{\lambda}=\frac{6.63\times10^{-34}}{20\times10^{-9}}\ \text{kg}\cdot\text{m}\cdot\text{s}^{-1}$$

$$=3.32\times10^{-26}\ \text{kg}\cdot\text{m}\cdot\text{s}^{-1}$$

$$m=\frac{h}{c\lambda}=\frac{6.63\times10^{-34}}{3\times10^{8}\times20\times10^{-9}}\ \text{kg}=1.11\times10^{-34}\ \text{kg}$$

（4）对于波长为 0.15 nm 的 X 射线，其光子的能量、动量及质量分别为

$$\varepsilon=h\frac{c}{\lambda}=\frac{6.63\times10^{-34}\times3\times10^{8}}{0.15\times10^{-9}\times1.6\times10^{-19}}\ \text{eV}$$

$$=8.29\times10^{3}\ \text{eV}$$

$$p=\frac{h}{\lambda}=\frac{6.63\times10^{-34}}{0.15\times10^{-9}}\ \text{kg}\cdot\text{m}\cdot\text{s}^{-1}$$

$$=4.42\times10^{-24}\ \text{kg}\cdot\text{m}\cdot\text{s}^{-1}$$

$$m=\frac{h}{c\lambda}=\frac{6.63\times10^{-34}}{3\times10^{8}\times0.15\times10^{-9}}\ \text{kg}=1.47\times10^{-32}\ \text{kg}$$

由计算结果可看出，波长最短的 X 射线的光子的能量和动量及质量均更大.

2-6

一束 X 射线光子的波长为 6×10^{-3} nm，与一个电子发生正碰，其散射角为 180°. 问：（1）X 射线光子波长的变化是多少？（2）被碰电子的反冲动能是多少？

解 （1）将散射角 $\varphi=180°$代入康普顿散射公式可求出波长的改变量为

$$\Delta\lambda=\lambda-\lambda_0=\frac{h}{m_e c}(1-\cos\varphi)$$

$$=0.002\ 43(1-\cos180°)\ \text{nm}$$

$$=4.86\times10^{-3}\ \text{nm}$$

（2）入射光子的能量为

$$\varepsilon_0=\frac{hc}{\lambda_0}=\frac{6.626\times10^{-34}\times3\times10^{8}}{6.0\times10^{-12}\times1.6\times10^{-19}}\ \text{eV}=207\ \text{keV}$$

散射光子的能量为

$$\varepsilon=\frac{hc}{\lambda}=\frac{hc}{\lambda_0+\Delta\lambda}$$

$$=\frac{6.626\times10^{-34}\times3\times10^{8}}{(6+4.86)\times10^{-12}\times1.6\times10^{-19}}\ \text{eV}$$

$$=114\ \text{keV}$$

至于被碰电子，根据能量守恒，它所获得的动能等于入射光子与散射光子的能量之差，即

$$E_k=\varepsilon_0-\varepsilon=(207-114)\ \text{keV}=93\ \text{keV}$$

2-7

在康普顿散射实验中，设入射在石蜡上的 X 射线的波长为 0.070 8 nm，则在 π/2 和 π 方向上所散射的 X 射线波长和反冲电子的动能各是多少？

解 由康普顿散射公式

$$\Delta\lambda=\lambda-\lambda_0=\frac{h}{m_e c}(1-\cos\varphi)=\lambda_C(1-\cos\varphi)$$

则有

$$\lambda=\frac{h}{m_e c}(1-\cos\varphi)+\lambda_0=\lambda_C(1-\cos\varphi)+\lambda_0$$

$$\lambda_{\pi/2}=\left[2.43\times10^{-3}\left(1-\cos\frac{\pi}{2}\right)+0.070\ 8\right]\text{ nm}$$
$$=0.073\ 2\text{ nm}$$
$$\lambda_{\pi}=[2.43\times10^{-3}(1-\cos\pi)+0.070\ 8]\text{ nm}$$
$$=0.075\ 7\text{ nm}$$

对于反冲电子，根据能量守恒，它所获得的能量 E_k 等于入射光子损失的能量，即

$$E_{k,\frac{\pi}{2}}=h\frac{c}{\lambda_0}-h\frac{c}{\lambda}=\frac{hc\Delta\lambda}{\lambda\lambda_0}$$
$$=\frac{6.63\times10^{-34}\times3\times10^{8}\times2.43\times10^{-3}\times10^{-9}}{0.070\ 8\times10^{-9}\times0.073\ 2\times10^{-9}\times1.6\times10^{-19}}\text{ eV}$$
$$=583\text{ eV}$$
$$E_{k,\pi}=h\frac{c}{\lambda_0}-h\frac{c}{\lambda}=\frac{hc\Delta\lambda}{\lambda\lambda_0}$$
$$=\frac{6.63\times10^{-34}\times3\times10^{8}\times2\times2.43\times10^{-3}\times10^{-9}}{0.070\ 8\times10^{-9}\times0.075\ 6\times10^{-9}\times1.6\times10^{-19}}\text{ eV}$$
$$=1.13\times10^{3}\text{ eV}$$

2-8

波长为 $\lambda_0=0.01$ nm 的 X 射线射在碳上，从而产生康普顿效应. 在与入射方向成 90°角的方向观察时，求：(1) 散射波长；(2) 反冲电子的动能与动量.

解　(1) 将 $\varphi=90°$ 代入康普顿散射公式得散射光的波长偏移量为

$$\Delta\lambda=\lambda_C(1-\cos\varphi)$$
$$=2.43\times10^{-3}\times10^{-9}(1-\cos 90°)\text{ m}$$
$$=0.002\ 43\text{ nm}$$

所以散射光的波长为

$$\lambda=\lambda_0+\Delta\lambda=(0.01+0.002\ 43)\text{ nm}$$
$$=0.012\ 43\text{ nm}$$

(2) 由能量守恒可知，反冲电子获得的动能 E_k 就是散射光子失去的能量，即

$$E_k=h\nu_0-h\nu=hc\left(\frac{1}{\lambda_0}-\frac{1}{\lambda}\right)=\frac{hc\Delta\lambda}{\lambda_0\lambda}$$
$$=\frac{6.63\times10^{-34}\times3\times10^{8}\times0.002\ 43\times10^{-9}}{0.01\times10^{-9}\times0.012\ 43\times10^{-9}}\text{ J}$$
$$=3.89\times10^{-15}\text{ J}=2.43\times10^{4}\text{ eV}$$

根据动量守恒的矢量关系，如图 2-3 所示，有

$$\boldsymbol{p}_0=\boldsymbol{p}+m\boldsymbol{v}$$

反冲电子的动量大小为

$$mv=\sqrt{p_0^2+p^2}=\sqrt{\left(\frac{h}{\lambda_0}\right)^2+\left(\frac{h}{\lambda}\right)^2}=6.63\times10^{-34}\cdot$$
$$\sqrt{\left(\frac{1}{0.01\times10^{-9}}\right)^2+\left(\frac{1}{0.012\ 43\times10^{-9}}\right)^2}\text{ kg}\cdot\text{m}\cdot\text{s}^{-1}$$
$$=8.5\times10^{-23}\text{ kg}\cdot\text{m}\cdot\text{s}^{-1}$$

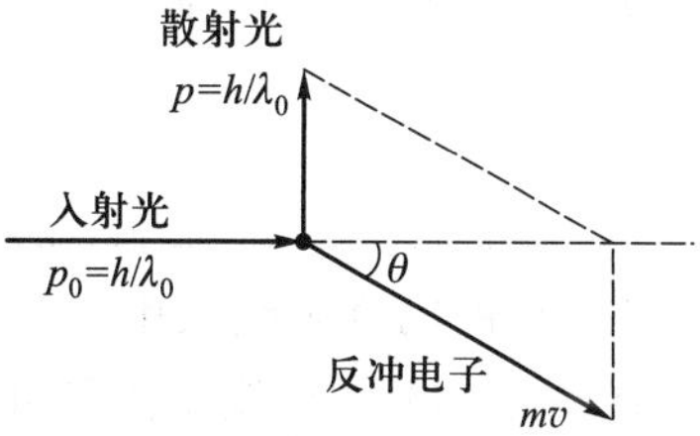

图 2-3　习题 2-8 解答用图

反冲电子运动方向偏离入射 X 射线的夹角 θ 满足

$$\cos\theta=\frac{p_0}{mv}=\frac{h/\lambda_0}{\sqrt{\left(h/\lambda_0\right)^2+\left(h/\lambda\right)^2}}=\frac{\lambda}{\sqrt{\lambda_0^2+\lambda^2}}$$
$$=\frac{0.012\ 43}{\sqrt{0.01^2+0.012\ 43^2}}=0.78$$

可求解出 $\theta=38.8°$.

*2-9

1959 年，庞德(R.V.Pound)和瑞布卡(Q.A.Rebka)在哈佛塔做了著名的"引力紫移"实验.他们把发射 14.4 keV 的 γ 光子的 ^{57}Co 放射源放在塔顶，在塔底测量它射来的 γ 光子的频率 ν'，发现比在塔顶的频率 ν 高了. 已知塔高 22.6 m，利用光子在重力场中的能量守恒关系计算 $\Delta\nu/\nu$.

解 频率为 ν 的光子具有质量

$$m=\frac{h\nu}{c^2}$$

光子受到地球引力的作用，因此具有重力势能 mg. 取塔底的重力势能为零，则光子在重力场中的能量守恒关系为

$$h\nu+\frac{h\nu}{c^2}gH=h\nu'$$

式中，g 为重力加速度，H 为塔高，并用光子在塔顶时的质量 $h\nu/c^2$ 近似代表光子的平均质量. 由上式可以得到

$$\frac{\Delta\nu}{\nu}=\frac{\nu'-\nu}{\nu}=\frac{gH}{c^2}=\frac{9.8\times22.6}{9\times10^{16}}=2.46\times10^{-15}$$

与他们实验测量的结果

$$\frac{\Delta\nu}{\nu}=(2.57\pm0.26)\times10^{-15}$$

是符合的. 如果把 γ 光子源放在塔底而在塔顶测量，那么观测到的就应是"引力红移"了.

2-10

氢原子光谱的巴耳末线系中，有一光谱线的波长为 434 nm. (1) 与这一谱线相应的光子能量为多少 eV？(2) 该谱线是由能级 E_n 跃迁到能级 E_k 产生的，n 和 k 各为多少？(3) 最高能级为 E_5 的大量氢原子，最多可以发射几个线系？共几条谱线？在氢原子能级图中表示出来，并说明波长最短的是哪一条谱线？

解 (1) 波长为 434 nm 的光子能量为

$$\varepsilon=h\nu=\frac{hc}{\lambda}=\frac{6.63\times10^{-34}\times3\times10^{8}}{434\times10^{-9}\times1.6\times10^{-19}}\ \text{eV}=2.86\ \text{eV}$$

(2) 对于巴耳末线系，$k=2$，跃迁前后的能级 $E_n>E_k$，其中

$$E_k=\frac{1}{k^2}E_1=\frac{1}{2^2}E_1=-\frac{13.6}{4}\ \text{eV}=-3.4\ \text{eV}$$

根据玻尔频率条件 $h\nu=E_n-E_k$，则

$$E_n=\frac{E_1}{n^2}=E_k+h\nu$$

可得

$$n=\sqrt{\frac{E_1}{E_k+h\nu}}=\sqrt{\frac{-13.6}{-3.4+2.86}}=5$$

(3) 最高能级为 E_5 的大量氢原子，最多可以发射 4 个线系，共 10 条谱线包括莱曼系 4 条，巴耳末系 3 条，帕邢系 2 条，布拉开系 1 条，如图 2-4 所示. 其中，波长最短的是莱曼系中由 $n=5$ 跃迁到 $n=1$ 的谱线.

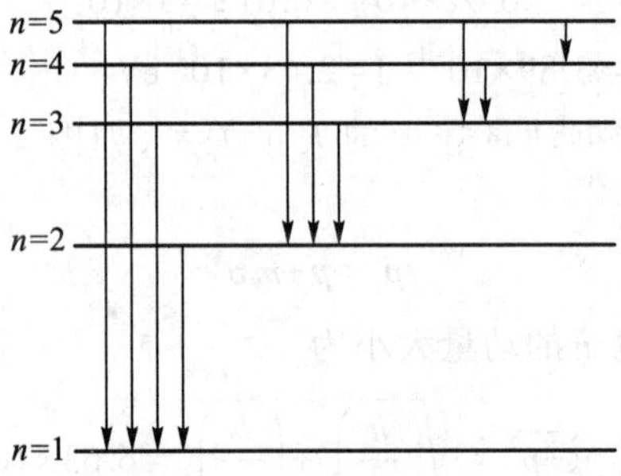

图 2-4 习题 2-10 解答用图

2-11

氢原子的基态电离能为 13.6 eV,当氢原子处于第一激发态时电离能是多少？具有该能量的光子的波长属于光谱带的哪一部分？

解　当氢原子处于第一激发态时电离能为

$$E=E_{\infty}-E_2=0-\frac{1}{2^2}E_1=\left[0-\left(\frac{-13.6}{4}\right)\right]\ \text{eV}$$

$$=3.4\ \text{eV}$$

光子的波长为

$$\lambda=\frac{hc}{E}=\frac{6.63\times10^{-34}\times3\times10^{8}}{3.4\times1.6\times10^{-19}}\ \text{m}=3.66\times10^{-7}\ \text{m}$$

$$=366\ \text{nm}$$

该光子的波长属于紫外光谱带.

2-12

当氢原子从某初始状态跃迁到激发能(从基态到激发态所需的能量)为 $\Delta E=10.19$ eV 的状态时,所发射出的光子的波长为 $\lambda=486$ nm,试求该初始状态的能量和主量子数.

解　所发射光子的能量为

$$\varepsilon=\frac{hc}{\lambda}=\frac{6.63\times10^{-34}\times3\times10^{8}}{486\times10^{-9}\times1.6\times10^{-19}}\ \text{eV}=2.56\ \text{eV}$$

氢原子处于激发能为 10.19 eV 的能级时,其能量为

$$E_k=E_1+\Delta E=(-13.6+10.19)\ \text{eV}=-3.41\ \text{eV}$$

氢原子在初始状态时的能量为

$$E_n=\varepsilon+E_k=(2.56-3.41)\ \text{eV}=-0.85\ \text{eV}$$

该初始状态的主量子数为

$$n=\sqrt{\frac{E_1}{E_n}}=\sqrt{\frac{-13.6}{-0.85}}=4$$

2-13

假定氢原子原是静止的,则氢原子从 $n=3$ 的激发状态直接通过辐射跃迁到基态时的反冲速度约为多大？

解　氢原子从 $n=3$ 跃迁到基态 $n=1$ 所辐射光的波长为

$$\lambda=\frac{c}{\nu}=\frac{ch}{E_3-E_1}$$

$$=\frac{3\times10^{8}\times6.63\times10^{-34}}{(1/9-1)\times(-13.6\times1.6\times10^{-19})}\ \text{m}$$

$$=1.028\times10^{-7}\ \text{m}$$

氢原子辐射光子前后动量守恒,则

$$p_{\text{H}}=p_{\text{光}}=\frac{h}{\lambda}$$

而氢原子的反冲速率为

$$v=\frac{p}{m_{\text{H}}}=\frac{h}{m_{\text{H}}\lambda}$$

$$=\frac{6.63\times10^{-34}}{1.67\times10^{-27}\times1.027\times10^{-7}}\ \text{m}\cdot\text{s}^{-1}$$

$$=4\ \text{m}\cdot\text{s}^{-1}$$

2-14

当电子的德布罗意波长等于其康普顿波长时,求:(1) 电子动量;(2) 电子速率与光速的比值.

解 (1) 根据德布罗意公式和康普顿波长的定义,依题意有

$$\lambda=\frac{h}{p}=\lambda_C=\frac{h}{m_e c}=2.43\times10^{-3}\ \text{nm}$$

所以电子动量为

$$p=\frac{h}{\lambda_C}=\frac{6.63\times10^{-34}}{2.43\times10^{-3}\times10^{-9}}\ \text{kg}\cdot\text{m}\cdot\text{s}^{-1}$$
$$=2.73\times10^{-22}\text{kg}\cdot\text{m}\cdot\text{s}^{-1}$$

(2) 由式$\frac{h}{p}=\frac{h}{m_e c}$,有

$$p=m_e c$$

由相对论动量表达式

$$p=\frac{m_e v}{\sqrt{1-\frac{v^2}{c^2}}}$$

可得

$$c=\frac{v}{\sqrt{1-\frac{v^2}{c^2}}}$$

电子速率与光速的比值为

$$\frac{v}{c}=\frac{\sqrt{2}}{2}$$

2-15

设一质子和一电子具有相同的德布罗意波长 1.00 nm. (1) 它们的动量分别是多少?(2) 它们的相对论性总能量分别是多少?

解 (1) 根据德布罗意公式,由于质子和电子的德布罗意波长相同,它们的动量都等于

$$p=\frac{h}{\lambda}=\frac{6.63\times10^{-34}}{1.00\times10^{-9}}\ \text{kg}\cdot\text{m}\cdot\text{s}^{-1}=6.63\times10^{-25}\ \text{kg}\cdot\text{m}\cdot\text{s}^{-1}$$

(2) 电子的相对论总能量为

$$E_e=\sqrt{(pc)^2+(m_0c^2)^2}=\sqrt{(6.63\times10^{-25}\times3\times10^8)^2+(9.11\times10^{-31}\times9\times10^{16})^2}\ \text{J}$$
$$=8.20\times10^{-14}\ \text{J}=5.12\times10^5\ \text{eV}$$

质子的相对论总能量为

$$E_p=\sqrt{(pc)^2+(m_0c^2)^2}=\sqrt{(6.63\times10^{-25}\times3\times10^8)^2+(1.67\times10^{-27}\times9\times10^{16})^2}\ \text{J}$$
$$=1.50\times10^{-10}\ \text{J}=9.38\times10^8\ \text{eV}$$

2-16

若电子和光子的波长均为 0.20 nm,则它们的动量和动能各为多少?

解 由德布罗意公式可知,电子和光子的动量相同,都为

$$p=\frac{h}{\lambda}=\frac{6.63\times10^{-34}}{0.20\times10^{-9}}\ \text{kg}\cdot\text{m}\cdot\text{s}^{-1}$$

$$=3.32\times10^{-24}\ \text{kg}\cdot\text{m}\cdot\text{s}^{-1}$$

电子的动能为

$$E=\frac{p^2}{2m_e}=\frac{(3.32\times10^{-24})^2}{2\times9.11\times10^{-31}\times1.6\times10^{-19}}\ \text{eV}$$

$$=37.8\ \text{eV}$$

光子的动能为

$$E=h\nu=\frac{hc}{\lambda}=\frac{6.63\times10^{-34}\times3\times10^8}{0.20\times10^{-9}\times1.6\times10^{-19}}\ \text{eV}$$

$$=6.22\ \text{keV}$$

2-17

当电子的动能等于其静止能量时,其德布罗意波长是多少?

解　电子的总能量为

$$E=E_k+E_0=2E_0$$

即

$$mc^2=2m_ec^2$$

所以

$$m=2m_e$$

由相对论质速关系

$$m=\frac{m_e}{\sqrt{1-v^2/c^2}}$$

即

$$2=\frac{1}{\sqrt{1-v^2/c^2}}$$

解得

$$v=\frac{\sqrt{3}c}{2}$$

当电子的质量 $m=2m_e$ 时,它的德布罗意波长为

$$\lambda=\frac{h}{p}=\frac{h}{mv}=\frac{h}{2m_e\cdot\sqrt{3}c/2}=\frac{1}{\sqrt{3}}\frac{h}{m_ec}$$

2-18

在磁感应强度大小为 $B=0.025$ T 的均匀磁场中,α 粒子沿半径为 $R=0.83$ cm 的圆形轨道运动.(1) 求其德布罗意波长(α 粒子的质量 $m_\alpha=6.64\times10^{-27}$ kg);(2) 若使质量 $m=0.1$ g 的小球以与 α 粒子相同的速率运动,则其波长为多少?

解　(1) α 粒子所带电荷量 $q=2e$,在匀强磁场中受洛伦兹力作用做圆周运动,由牛顿运动方程

$$qvB=\frac{m_\alpha v^2}{R}$$

即

$$m_\alpha v=qRB=2eRB$$

故 α 粒子的德布罗意波长为

$$\lambda_\alpha=\frac{h}{m_\alpha v}=\frac{h}{2eRB}$$

$$=\frac{6.63\times10^{-34}}{2\times1.6\times10^{-19}\times0.83\times10^{-2}\times0.025}\ \text{m}$$

$$=1.00\times10^{-11}\ \text{m}=1.00\times10^{-2}\ \text{nm}$$

(2) 由上一问可得

$$v=\frac{2eRB}{m_\alpha}$$

质量为 m 的小球的德布罗意波长为

$$\lambda=\frac{h}{mv}=\frac{h}{2eRB}\frac{m_\alpha}{m}=\frac{m_\alpha}{m}\cdot\lambda_\alpha$$

$$=\frac{6.64\times10^{-27}}{0.1\times10^{-3}}\times1.00\times10^{-11}\ \text{m}$$

$$=6.64\times10^{-34}\ \text{m}$$

2-19

已知一自由电子的波函数为 $\psi(x)=A\cos(5.0\times10^{10}x)$，式中 x 的单位为 m. 求：(1) 自由电子的德布罗意波长；(2) 自由电子的动量；(3) 自由电子的动能.

解 (1) 根据自由电子的德布罗意波长和波矢的关系可以得到

$$\lambda=\frac{2\pi}{k}=\frac{2\times3.14}{5\times10^{10}}\ \text{m}=1.26\times10^{-10}\ \text{m}=0.126\ \text{nm}$$

(2) 根据自由电子的动量和波长的关系可得到

$$p=m_e v=\frac{h}{\lambda}=\frac{6.63\times10^{-34}}{1.26\times10^{-10}}\ \text{kg}\cdot\text{m}\cdot\text{s}^{-1}=5.26\times10^{-24}\ \text{kg}\cdot\text{m}\cdot\text{s}^{-1}$$

(3) 自由电子的动能

$$E=\frac{m_e v^2}{2}=\frac{(m_e v)^2}{2m_e}=\frac{(5.26\times10^{-24})^2}{2\times9.11\times10^{-31}\times1.60\times10^{-19}}\ \text{eV}=94.9\ \text{eV}$$

2-20

铀核的线度为 7.2×10^{-15} m，求其中一个核子(质子或中子)的速度的不确定度.

解 由于核子在铀核中，所以核子的位置不确定度为

$$\Delta x=7.2\times10^{-15}\ \text{m}$$

由不确定关系可得核子的速度不确定度为

$$\Delta v=\frac{\hbar}{m\Delta x}=\frac{6.63\times10^{-34}}{2\times3.14\times1.67\times10^{-27}\times7.2\times10^{-15}}\ \text{m}\cdot\text{s}^{-1}=8.8\times10^{6}\ \text{m}\cdot\text{s}^{-1}$$

2-21

波长为 300 nm 的光子，其波长的测量精度为 10^{-5} m，测量其位置的绝对误差不能小于多少？

解 由德布罗意关系 $p=\dfrac{h}{\lambda}$ 可得

$$\Delta p=\frac{h}{\lambda^2}\cdot\Delta\lambda=\frac{6.626\times10^{-34}\times1\times10^{-5}}{9\times10^{-14}}\ \text{kg}\cdot\text{m}\cdot\text{s}^{-1}=7.362\times10^{-26}\ \text{kg}\cdot\text{m}\cdot\text{s}^{-1}$$

由不确定关系

$$\Delta x\approx\frac{h}{\Delta p}=\frac{6.626\times10^{-34}}{7.362\times10^{-26}}\ \text{m}=9.0\times10^{-9}\ \text{m}$$

测量位置的绝对误差不能小于 9.0×10^{-9} m.

2-22

处于激发态的原子很不稳定，它会很快返回低能态而放出光子，一般的平均寿命为 $\tau=10^{-8}$ s. 试根据不确定关系估算光谱线频率的宽度.

解　根据能量和时间的不确定关系

$$\Delta E\Delta t\geqslant \hbar/2$$

式中，$\Delta t=10^{-8}$ s，$\Delta E=h\Delta\nu$，光谱线的宽度可由频率的最小不确定值表征，即

$$\Delta\nu=\frac{1}{4\pi\Delta t}=\frac{1}{4\pi\times 1.0\times 10^{-8}}\ \text{Hz}=8.0\times 10^{6}\ \text{Hz}$$

注意：ΔE 为激发态原子的能量不确定量，也是辐射出光子能量的不确定量.（根据玻尔的半经典理论，由于能级值是准确值，因此光谱线极细而没有宽度.）

2-23

中性 π 介子（π^0）是很不稳定的，它的平均寿命只有 8.4×10^{-17} s. 求 π^0 介子的质量的不确定度.

解　根据能量和时间的不确定关系 $\Delta E\Delta t\geqslant\dfrac{\hbar}{2}$

及 $\Delta E=\Delta mc^2$，可得

$$\Delta mc^2\Delta t\geqslant\frac{\hbar}{2}$$

即

$$\Delta m\geqslant\frac{\hbar}{2\Delta tc^2}=\frac{6.63\times10^{-34}}{2\times2\pi\times8.4\times10^{-17}\times(3\times10^{8})^2}\ \text{kg}$$

$$=6.98\times10^{-36}\ \text{kg}$$

*2-24

作为“不确定关系”实验的一部分，小明正在用球杆击打一个高尔夫球并测量它的速度. 同时，他的同学小白把时空结构搞乱了. 令小白惊奇的是，他打开了一个通往另一个世界的孔洞. 小明和高尔夫球都被吸进这个孔洞，进入了另一个世界. 在这个新世界中，普朗克常量为 $h=0.6$ J·s，小明测得这个高尔夫球的质量为 0.30 kg，速度为（20.0±1.0） m·s^{-1}.（1）在这个新世界中，这个运动的高尔夫球的位置的不确定度是多少？（2）这个高尔夫球的德布罗意波长是多少？（3）小明会观察到什么现象？

解　（1）$\Delta p=m\Delta v=0.30\times1.0\ \text{kg}\cdot\text{m}\cdot\text{s}^{-1}=0.30\ \text{kg}\cdot\text{m}\cdot\text{s}^{-1}$

$$\Delta x\Delta p\geqslant\frac{h}{2\pi}$$

取等号估算，有

$$\Delta x=\frac{h}{2\pi\times\Delta p}=\frac{0.6}{2\times3.14\times0.30}\ \text{m}=0.32\ \text{m}$$

（2）$\lambda=\dfrac{h}{p}=\dfrac{h}{mv}=\dfrac{0.6}{0.30\times20.0}\ \text{m}=0.1\ \text{m}$

（3）在这个新的世界中，由于高尔夫球的波长与球杆的尺寸可比拟，布雷特可能会看到高尔夫球在球杆处发生衍射而绕过球杆.

第 3 章 薛定谔方程及其应用

3.1 内容提要

1. 薛定谔方程

薛定谔方程：$\mathrm{i}\hbar\dfrac{\partial\Psi(\boldsymbol{r},t)}{\partial t}=\hat{H}\Psi(\boldsymbol{r},t)$

式中，哈密顿算符 $\hat{H}=-\dfrac{\hbar^2}{2m}\nabla^2+U(x,y,z,t)$

定态条件：$U(x,y,z,t)$不随时间变化.

一维定态薛定谔方程：$-\dfrac{\hbar^2}{2m}\dfrac{\partial^2\psi}{\partial x^2}+U\psi=E\psi$

式中，ψ 为粒子的定态波函数，E 为粒子的能量. 此微分方程是线性的，波函数 ψ 满足叠加原理.

2. 一维无限深方势阱中的粒子

能量本征值：

$$E_n=\frac{\pi^2\hbar^2}{2ma^2}n^2\quad(n=1,2,3,\cdots)$$

粒子的德布罗意波长：

$$\lambda_n=\frac{2a}{n}\quad(n=1,2,3,\cdots)$$

能量本征波函数：$\psi_n(x)=\begin{cases}\sqrt{\dfrac{2}{a}}\sin\dfrac{n\pi}{a}x\quad(n=1,2,3,\cdots) & (0<x<a)\\ 0 & (x\leqslant 0,x\geqslant a)\end{cases}$

每一个能量本征态 ψ_n 都对应一个驻波，阱壁是驻波的波节.

3. 势垒贯穿

隧道效应：在势垒高度和宽度有限的情况下，粒子有一定的概率穿透势垒而逸出.

势垒穿透系数：$T=T_0\mathrm{e}^{-\frac{2a}{\hbar}\sqrt{2m(U_0-E)}}$

式中，a 为势垒宽度，U_0为势垒高度，E 为入射粒子能量.

4. 简谐振子

能量本征值：$E_n=\left(n+\frac{1}{2}\right)\hbar\omega$，量子数 $n=0,1,2,\cdots$.

零点能：$E_0=\frac{1}{2}\hbar\omega$.

5. 氢原子

能量本征波函数

$$\psi_{nlm_l}(r,\theta,\varphi)=R_{nl}(r)Y_{lm_l}(\theta,\varphi)$$

式中，主量子数 $n=1,2,3,\cdots$，它大体上决定原子中电子的能量

$$E_n=-\frac{m_e e^4}{2(4\pi\varepsilon_0)^2\hbar^2}\frac{1}{n^2}\approx-13.6\times\frac{1}{n^2}\ \text{eV}\quad(n=1,2,3,\cdots)$$

当 n 一定，原子中电子有 $2n^2$ 个可能状态.

角量子数 $l=0,1,2,\cdots,n-1$，它决定电子绕核运动的角动量的大小

$$L=\sqrt{l(l+1)}\,\hbar$$

当主量子数 n 相同，L 可有 n 个不同角动量值. 当 n、l 一定，原子中电子有 $2(2l+1)$ 个可能状态.

轨道磁量子数 $m_l=0,\pm1,\pm2,\cdots,\pm l$，它决定电子绕核运动的角动量在外磁场中的 $(2l+1)$ 种空间指向.

$$L_z=m_l\hbar$$

当 n、l、m_l 一定，原子中电子有 2 个可能状态.

6. 电子自旋

电子自旋是电子的内禀性质，其自旋角动量大小为

$$S=\sqrt{s(s+1)}\,\hbar=\sqrt{\frac{3}{4}}\,\hbar$$

式中，s 为自旋量子数，只有 $\frac{1}{2}$ 这一个值.

电子自旋角动量在空间某一方向的投影为

$$S_z=m_s\hbar$$

式中，m_s 只能取 $+\frac{1}{2}$ 和 $-\frac{1}{2}$ 两个值，称为自旋磁量子数.

电子自旋磁矩在空间 z 方向的投影为

$$\mu_{s,z}=\pm\frac{e\hbar}{2m_e}$$

其大小为 $\mu_B=\frac{e}{2m_e}\hbar=9.27\times10^{-24}\ \text{J}\cdot\text{T}^{-1}$，称为玻尔磁子.

7. 多电子原子中电子的排布

电子的状态：由 n、l、m_l、m_s 四个量子数决定.

泡利不相容原理：在一个原子中不可能有两个或两个以上的电子具有完全相同的 4 个量子数 n、l、m_l、m_s.

能量最低原理:电子总是优先处于可能的最低能级.

基态原子中电子的排布:由能量最低原理和泡利不相容原理决定.

原子壳层:把 $n=1,2,3,4,5,6,\cdots$ 的电子壳层,分别称为 K,L,M,N,O,P,…(主)壳层;把 $l=0,1,2,3,4,\cdots$ 的支壳层,分别以 s,p,d,f,g,…,表示.

*8. 激光

激光:是由受激辐射产生,需要在发光材料中造成粒子数布居反转以及光学谐振腔产生光放大.激光的特点是相干光,具有能量集中、单色性好和方向性强的特点.

3.2 习题解答

3-1

设有一电子在宽为 0.20 nm 的一维无限深方势阱中,(1) 求电子在最低能级的能量;(2) 当电子处于第一激发态($n=2$)时,在势阱何处出现的概率最小?其值为多少?

解 (1) 根据一维无限深方势阱内粒子的能量公式,可知电子在最低能级($n=1$)的能量为

$$E_1=\frac{\pi^2\hbar^2}{2m_e a^2}n^2$$

$$=\frac{3.14^2\times(1.05\times10^{-34})^2}{2\times9.11\times10^{-31}\times(0.20\times10^{-9})^2\times1.6\times10^{-19}}\ \text{eV}$$

$$=9.32\ \text{eV}$$

(2) 当电子处于第一激发态($n=2$)时,电子在势阱内出现的概率为

$$|\psi_2|^2=\left|\sqrt{\frac{2}{a}}\sin\frac{2\pi}{a}x\right|^2=\frac{2}{a}\sin^2\frac{2\pi}{a}x$$

对 x 求导,导数为零处即为电子在势阱中出现的概率取极值的地方

$$\frac{\mathrm{d}|\psi_2|^2}{\mathrm{d}x}=\frac{8\pi}{a^2}\sin\frac{2\pi}{a}x\cos\frac{2\pi}{a}x=\frac{4\pi}{a^2}\sin\frac{4\pi}{a}x$$

$$=0$$

由此取极值有

$$x=\frac{ka}{4}\quad(k=0,1,2,\cdots)$$

由已知条件可知:$x=0$ nm,0.10 nm,0.20 nm 处电子出现的概率最小,其值均为零.

3-2

在线度为 1.0×10^{-5} m 的细胞中有许多质量为 $m=1.0\times10^{-17}$ kg 的生物粒子,若将生物粒子看作是在一维无限深方势阱中运动的微观粒子,试估算该粒子的 $n_1=100$ 和 $n_2=101$ 的能级和它们之间的能级差各是多大?

解

$$E_{100}=\frac{\pi^2\hbar^2}{2ma^2}n_1^2=\frac{3.14^2\times(1.05\times10^{-34})^2}{2\times1.0\times10^{-17}\times(1.0\times10^{-5})^2}\times100^2\ \text{J}=5.4\times10^{-37}\ \text{J}$$

$$E_{101}=\frac{\pi^2\hbar^2}{2ma^2}n_2^2=\frac{3.14^2\times(1.05\times10^{-34})^2}{2\times1.0\times10^{-17}\times(1.0\times10^{-5})^2}\times101^2\ \mathrm{J}=5.5\times10^{-37}\ \mathrm{J}$$

$$\Delta E=E_{101}-E_{100}=(5.5-5.4)\times10^{-37}\ \mathrm{J}=1.0\times10^{-38}\ \mathrm{J}$$

3-3

质量为 m 的电子处于宽为 a 的一维无限深方势阱中,其能量取值和波函数表示如下

$$E_n=\frac{n^2\pi^2\hbar^2}{2m_e a^2},\psi_n(x)=\begin{cases}\sqrt{\frac{2}{a}}\sin\frac{n\pi}{a}x & (0<x<a)\\ 0 & (x\leqslant0,x\geqslant a)\end{cases}\quad(n=1,2,3,\cdots)$$

该电子吸收 $\Delta E=\frac{3\pi^2\hbar^2}{2m_e a^2}$ 能量后由低能级向高能级跃迁. 分别求跃迁前、后在 $0<x<a/4$ 区间内发现电子的概率.

解　由能级公式可判断出,电子由 $n=1$ 状态跃迁至 $n=2$ 状态. 跃迁前($n=1$)在 $0<x<a/4$ 区间内发现电子的概率为

$$P_1=\int_0^{a/4}|\psi_1|^2\mathrm{d}x=\int_0^{a/4}\left|\sqrt{\frac{2}{a}}\sin\frac{\pi x}{a}\right|^2\mathrm{d}x$$

$$=\frac{1}{4}-\frac{1}{2\pi}\approx0.09$$

跃迁后($n=2$)在 $0<x<a/4$ 区间内发现电子的概率为

$$P_2=\int_0^{a/4}|\psi_2|^2\mathrm{d}x=\int_0^{a/4}\left|\sqrt{\frac{2}{a}}\sin\frac{2\pi x}{a}\right|^2\mathrm{d}x$$

$$=0.25$$

3-4

在宽度为 $a=0.1$ nm 的一维无限深方势阱中电子的定态波函数为 $\psi_n(x)=\sqrt{\frac{2}{a}}\sin\frac{n\pi x}{a}$. 求:(1) 欲使电子从基态跃迁到第一激发态所需的能量;(2) 在基态时,电子在 $x=0$ 到 $x=a/3$ 之间被找到的概率.

解　(1) 根据一维无限深方势阱内粒子的能量公式,可得电子从基态跃迁到第一激发态所需的能量为

$$\Delta E=E_2-E_1=\frac{4\pi^2\hbar^2}{2m_e a^2}-\frac{\pi^2\hbar^2}{2m_e a^2}=\frac{3\pi^2\hbar^2}{2m_e a^2}$$

$$=\frac{3\times3.14^2\times(1.05\times10^{-34})^2}{2\times9.11\times10^{-31}\times(0.1\times10^{-9})^2\times1.6\times10^{-19}}\ \mathrm{eV}$$

$$=111.86\ \mathrm{eV}$$

(2) 在基态时,电子在 $x=0$ 到 $x=a/3$ 之间被找到的概率为

$$P_1=\int_0^{a/3}|\psi_1|^2\mathrm{d}x=\int_0^{a/3}\left|\sqrt{\frac{2}{a}}\sin\frac{\pi x}{a}\right|^2\mathrm{d}x$$

$$=\frac{1}{3}-\frac{1}{2\pi}\sin\frac{2\pi}{3}\approx0.2$$

3-5

一维无限深方势阱中的粒子的波函数在边界处为零,其定态为驻波. 试根据德布罗意关系式和驻波条件证明:该粒子定态动能是量子化的,求出量子化能级和最小动能公式(不考虑相对论效应).

解 设粒子被禁闭在长度为 a 的一维箱中运动形成驻波,根据驻波条件有

$$a=n\frac{\lambda_n}{2}\quad (n=1,2,3,\cdots)$$

由德布罗意关系式可知

$$p_n=\frac{h}{\lambda_n}$$

所以定态动能为量子化的,量子化能级为

$$E_n=\frac{p_n^2}{2m}=\frac{(h/\lambda_n)^2}{2m}=\frac{h^2}{2m\lambda_n^2}$$

$$=\frac{h^2}{2m\,(2a/n)^2}$$

$$=\frac{n^2h^2}{8ma^2}\quad (n=1,2,3,\cdots)$$

最小动能公式为

$$E_1=\frac{h^2}{8ma^2}$$

量子化能级或为

$$E_n=n^2E_1\quad (n=1,2,3,\cdots)$$

3-6

如图 3-1 所示,一粒子被限制在相距为 L 的两个不可穿透的壁之间,描写粒子状态的波函数为 $\psi=cx(L-x)$,式中,c 为待定常量,求在 $0\sim L/3$ 区间发现粒子的概率.

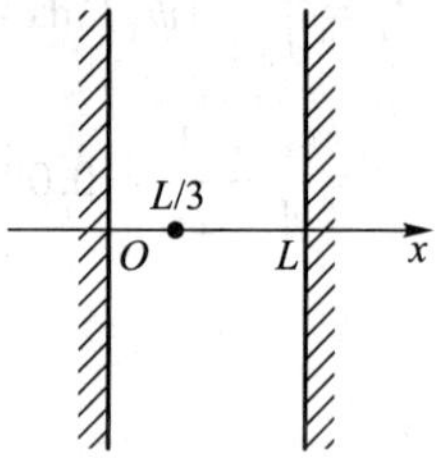

图 3-1 习题 3-6 用图

解 由波函数的归一化条件

$$\int_0^L|\psi|^2\mathrm{d}x=\int_0^L c^2x^2\,(L-x)^2\mathrm{d}x=\frac{1}{30}c^2L^5=1$$

由此解得

$$c=\sqrt{\frac{30}{L^5}}$$

归一化的波函数为

$$\psi=\sqrt{\frac{30}{L^5}}x(L-x)$$

在 $0\sim L/3$ 区间发现粒子的概率为

$$P=\int_0^{L/3}|\psi|^2\mathrm{d}x=\int_0^{L/3}\frac{30}{L^5}x^2\,(L-x)^2\mathrm{d}x=\frac{17}{81}$$

$$=0.21$$

3-7

已知一维运动的粒子的波函数为

$$\psi(x)=\begin{cases}Axe^{-\lambda x} & (x\geqslant 0)\\ 0 & (x<0)\end{cases}$$

式中,常量 $\lambda>0$. 试求:(1) 归一化常数 A;(2) 粒子出现的概率密度;(3) 粒子出现的概率最大的位置.(提示:积分公式 $\int_0^{\infty}x^2e^{-ax}\mathrm{d}x=2/a^3$.)

解 (1) 由归一化条件可知

$$1=\int_{-\infty}^{\infty}\psi^2(x)\,\mathrm{d}x=A^2\int_0^{\infty}x^2\mathrm{e}^{-2\lambda x}\mathrm{d}x=\frac{A^2}{4\lambda^3}$$

由此得

$$A=2\lambda\sqrt{\lambda}$$

(2) 当 $x\geqslant 0$ 时,归一化后的波函数为 $\psi(x)=2\lambda\sqrt{\lambda}\,x\mathrm{e}^{-\lambda x}$,则粒子出现的概率密度为

$$P=|\psi(x)|^2=4\lambda^3x^2\mathrm{e}^{-2\lambda x}$$

当 $x<0$ 时,归一化后的波函数为 $\psi(x)=0$,则粒子出现的概率密度为

$$P=|\psi(x)|^2=0$$

综合上述情况,粒子出现的概率密度为

$$P=|\psi(x)|^2=\begin{cases}4\lambda^3x^2\mathrm{e}^{-2\lambda x} & (x\geqslant 0)\\ 0 & (x<0)\end{cases}$$

(3) 导数为零的地方为粒子出现的概率极值处,求概率密度对 x 的导数

$$\frac{\mathrm{d}P}{\mathrm{d}x}=4\lambda^3 2x\mathrm{e}^{-2\lambda x}+4\lambda^3x^2(-2\lambda)\mathrm{e}^{-2\lambda x}=4\lambda^3\mathrm{e}^{-2\lambda x}x(2-2\lambda x)=0$$

则有

$$x=0 \text{ 或 } x=\frac{1}{\lambda}$$

当 $x=0$ 时,$\psi=0$,为极小处;当 $x=\frac{1}{\lambda}$时,$\psi=2\sqrt{\lambda}\,\mathrm{e}^{-1}$,为极大处.

3-8

设处于基态的原子,其外层电子刚好充满 M 壳层. 试问这是何种元素的原子? 写出其电子组态.

解 M 层($n=3$)可容纳电子数为

$$2n^2=2\times 3^2=18$$

又根据经验公式 $n+0.7l$,其值越小,能级越低. 电子先填入 4s,后填入 3d. 故此种元素为

$$\mathrm{Zn}:1s^22s^22p^63s^23p^64s^23d^{10}$$

$$\mathrm{Cu}:1s^22s^22p^63s^23p^64s^13d^{10}$$

3-9

(1) 当主量子数 $n=6$ 时,角量子数 l 有多少种可能取值? (2) 当 $l=4$ 时,轨道磁量子数 m_l 的可能取值是什么? (3) 使角动量的 z 分量为 $3\hbar$ 的 l 最小值是多少?

解 (1) 当主量子数 n 为 6 时,角量子数的可能取值为 $l=0,1,2,3,4,5$. 有 6 种可能取值.

(2) 当 $l=4$ 时,轨道磁量子数的可能取值为 $m_l=0,\pm1,\pm2,\pm3,\pm4$.

(3) 使角动量的 z 分量为 $3\hbar$ 的 l 的最小值是 3.

3-10

写出锂($Z=3$)、硼($Z=5$)和氩($Z=18$)原子在基态时的电子组态.

解 锂($Z=3$)原子在基态时的电子组态为 $1s^2 2s$.

硼($Z=5$)原子在基态时的电子组态为 $1s^2 2s^2 2p$.

氩($Z=18$)原子在基态时的电子组态为 $1s^2 2s^2 2p^6 3s^2 3p^6$.

第4章 固体中的电子

4.1 内容提要

1. 金属自由电子气模型

自由电子气模型:把金属中的价电子看作三维无限深方势阱中的自由电子的理想模型.

薛定谔方程: $$-\frac{\hbar^2}{2m}\left(\frac{\partial^2\psi}{\partial x^2}+\frac{\partial^2\psi}{\partial y^2}+\frac{\partial^2\psi}{\partial z^2}\right)+U\psi=E\psi$$

其中 m 是自由电子质量,势能 $U=\begin{cases}0 & (\text{金属内})\\ \infty & (\text{金属外})\end{cases}$.

2. 自由电子气模型中电子能量取分立值

在边长为 a 的立方体金属中,在 x,y,z 三个方向都有德布罗意驻波存在,满足

$$n_x\frac{\lambda_x}{2}=a,\quad n_y\frac{\lambda_y}{2}=a,\quad n_z\frac{\lambda_z}{2}=a$$

其中 n_x,n_y,n_z 称为自由电子在三个方向的量子数,分别独立地取 1,2,3,…这些正整数. 所以自由电子的动量取

$$p_x=\frac{h}{2a}n_x,\quad p_y=\frac{h}{2a}n_y,\quad p_z=\frac{h}{2a}n_z$$

自由电子的能量取下面分立值

$$E=\frac{p^2}{2m}=\frac{p_x^2+p_y^2+p_z^2}{2m}=\frac{\pi^2\hbar^2}{2ma^2}\left(n_x^2+n_y^2+n_z^2\right)$$

3. 自由电子气模型中电子的量子态

电子的量子态:用三个量子数(n_x,n_y,n_z)的组合表示电子的轨道状态,用自旋量子数 $m_s=\pm1/2$ 表示电子的自旋状态,用四个量子数(n_x,n_y,n_z,m_s)的组合表示自由电子气模型中电子的量子态,不同的组合表示不同的量子态.

电子填充这些量子态时遵循泡利不相容原理和能量最低原理,每个量子态最多填充一个电子.

单位体积金属内自由电子能量小于 E 的量子态数为

$$n_s=\frac{1}{3\pi^2}\left(\frac{2m}{\hbar^2}\right)^{3/2}E^{3/2}$$

4. 简并与简并度

简并:多个量子态取同一个能量值(能级)的现象.

简并度:与一个能级对应的量子态数目.

5. 费米能量

金属中量子态数是无限的,而电子数是有限的,电子由低向高填充能级时占据的最高能级叫费米能级,相应的能量叫费米能量.

$T=0$ K 时的费米能量

$$E_{\mathrm{F}}=(3\pi^2)^{2/3}\frac{\hbar^2}{2m}n^{2/3}$$

其中 n 为自由电子数密度.

费米速度:与费米能量对应的电子速度 $v_{\mathrm{F}}=\sqrt{2E_{\mathrm{F}}/m}$.

费米温度:与费米能量对应的电子温度 $T_{\mathrm{F}}=E_{\mathrm{F}}/k$.

6. 态密度

单位体积固体在能量 E 附近单位能量区间中的量子态数.

金属内自由电子的态密度

$$g(E)=\frac{\mathrm{d}n_{\mathrm{s}}}{\mathrm{d}E}=\frac{(2m)^{3/2}}{2\pi^2\hbar^3}E^{1/2}$$

7. 费米-狄拉克分布

电子占据量子态的概率

$$f(E)=\frac{1}{1+\mathrm{e}^{(E-E_{\mathrm{F}})/kT}}$$

其中 T 为热力学温度.

在能量 E 附近单位能量区间内的电子数密度

$$\frac{\mathrm{d}n}{\mathrm{d}E}=g(E)f(E)$$

8. 固体能带

当 N 个原子聚集成固体时,由于原子间的相互作用,原来孤立原子的每个能级都分裂为 N 个靠得很近的能级,这个能量取值几乎连续的带状能量范围称为能带. 能带理论适用于导体、绝缘体和半导体.

电子填充能带中的能级时也遵循泡利不相容原理和能量最低原理.

轨道角量子数为 l 的能级分裂成的能带,最多可容纳的电子数为 $2(2l+1)N$ 个.

能带可以发生重叠.

9. 能带结构

价带:$T=0$ K 时电子刚好填充完毕的那个能带,是有电子存在的最高能带,一般由价电子占据.

导带:$T=0$ K 时有空量子态存在的能带,导带中的电子能够导电.

禁带：能带间没有能级存在的能量区域，电子不能进入禁带.

10. 固体能带特征和导电机制

导体：价带被电子部分填充，价带也是导带. 电子容易在价带内跃迁，因此容易导电.

绝缘体：$T=0$ K 时价带是满带，导带是空带，价带与导带间的禁带较宽. 电子不易通过热激发由价带跃迁进入导带. 电子不能在价带内跃迁，也不易向导带内跃迁，因此不能导电.

半导体：$T=0$ K 时价带是满带，导带是空带，价带与导带间的禁带较窄. 电子容易通过热激发、光激发和电激发等方式由价带跃迁进入导带，因此电子能在价带和导带内跃迁，半导体能够导电.

11. 半导体导电

空穴：半导体中价带电子跃迁进入导带中，而在价带中留下的空量子态空穴等效为带正电的粒子.

半导体中有导带电子和价带空穴两种载流子. 载流子是导电物体中参与导电的带电粒子.

12. 半导体分类

半导体分为本征半导体（纯净半导体）和杂质半导体，杂质半导体又分为 n 型（电子型）半导体和 p 型（空穴型）半导体.

本征半导体：导带电子和价带空穴数量相同.

n 型半导体：由于掺入少量 5 价元素，所以导带电子大大多于价带空穴.

p 型半导体：由于掺入少量 3 价元素，所以价带空穴大大多于导带电子.

杂质半导体导电能力强于本征半导体.

13. pn 结

p 型半导体和 n 型半导体接触形成的薄层结构. pn 结有整流作用，即单向导电性.

*14. 半导体的应用

利用半导体 pn 结的电子器件主要有二极管、晶体管、光电池、结型激光器、集成电路、电荷耦合器件等.

4.2 习题解答

4-1

已知铜的摩尔质量为 63.54 g/mol，密度为 8 960 kg/m^3. 设每个铜原子贡献一个价电子，求铜中的自由电子数密度. 该值为标准状况下理想气体分子数密度的多少倍？

解　每个铜原子贡献一个价电子，所以铜中自由电子数密度与原子数密度相等，即为

$$n_e=n_a=\frac{\rho N_A}{M}=\frac{8\,960\times6.023\times10^{23}}{0.063\,54}\ \mathrm{m^{-3}}=8.493\times10^{28}\ \mathrm{m^{-3}}$$

该值为标准状况下理想气体分子数密度的

$$\frac{8.493\times10^{28}}{6.023\times10^{23}/0.022\,4}=3.16\times10^3（倍）$$

4-2

已知锌是二价金属，摩尔质量为 65.38 g/mol，密度为 7 140 kg/m^3，计算锌的费米能量、费米速度和费米温度. 具有此费米能量的电子的德布罗意波长是多少？

解 锌是二价金属，每个锌原子贡献 2 个价电子，所以锌中自由电子数密度是原子数密度的 2 倍，即

$$n_e = 2n_a = 2\frac{\rho N_A}{M} = 2\times\frac{7\,140\times6.022\times10^{23}}{0.065\,38}\ \text{m}^{-3}$$

$$= 1.315\times10^{29}\ \text{m}^{-3}$$

所以费米能量为

$$E_F = (3\pi^2 n_e)^{2/3}\cdot\frac{\hbar^2}{2m}$$

$$= (3\pi^2\times1.315\times10^{29})^{2/3}\frac{(1.054\times10^{-34})^2}{2\times9.11\times10^{-31}}\ \text{J}$$

$$= 1.51\times10^{-18}\ \text{J} = 9.42\ \text{eV}$$

费米速度为

$$v_F = \sqrt{\frac{2E_F}{m}} = \sqrt{\frac{2\times1.51\times10^{-18}}{9.11\times10^{-31}}}\ \text{m/s}$$

$$= 1.82\times10^6\ \text{m/s}$$

费米温度为

$$T_F = \frac{E_F}{k} = \frac{1.51\times10^{-18}}{1.38\times10^{-23}}\ \text{K} = 1.09\times10^5\ \text{K}$$

德布罗意波长为

$$\lambda = \frac{h}{p} = \frac{h}{\sqrt{2mE_F}}$$

$$= \frac{6.63\times10^{-34}}{\sqrt{2\times9.11\times10^{-31}\times1.51\times10^{-18}}}\ \text{m}$$

$$= 4.00\times10^{-10}\ \text{m} = 0.400\ \text{nm}$$

4-3

中子星由费米中子气组成. 典型的中子星的密度约为 5×10^{16} kg/m^3，求中子星内中子的费米能量和费米速度.

解 中子的能量分布像金属中的自由电子一样，其费米能量为

$$E_F = (3\pi^2 n)^{2/3}\frac{\hbar^2}{2m}$$

$$= \left(3\pi^2\,\frac{5\times10^{16}}{1.67\times10^{-27}}\right)^{2/3}\frac{(1.054\times10^{-34})^2}{2\times1.67\times10^{-27}}\ \text{J}$$

$$= 3.07\times10^{-12}\ \text{J} = 19.2\ \text{MeV}$$

利用牛顿力学，可得费米速度

$$v_F = \sqrt{\frac{2E_F}{m}} = \sqrt{\frac{2\times3.07\times10^{-12}}{1.67\times10^{-27}}}\ \text{m/s}$$

$$= 6.06\times10^7\ \text{m/s}$$

利用相对论，有

$$(E_F+m_0c^2)^2 = p^2c^2+m_0^2c^4,\quad p = \frac{m_0 v}{\sqrt{1-v^2/c^2}}$$

可得费米速度

$$v_F = \left[1+\frac{1}{(1+E_F/m_0c^2)^2-1}\right]^{-1/2} c$$

$$= 5.97\times10^7\ \text{m/s}$$

此处利用相对论和非相对论得到的费米速度差别不大，仅相差 1/60 左右.

4-4

边长为 a 的立方体金属颗粒中的电子可看作处于三维无限深方势阱中.(1) 三个方向的德布罗意波长 λ_x、λ_y、λ_z应满足什么条件?(2) 推导系统电子能量公式.(3) 若颗粒中含有 9 个电子,试求费米能量(用公式表示).

解 (1) $n_x\dfrac{\lambda_x}{2}=a,\quad n_y\dfrac{\lambda_y}{2}=a,\quad n_z\dfrac{\lambda_z}{2}=a$

其中 $n_x,n_y,n_z=1,2,3,\cdots$分别为三个方向的量子数.

(2) 在三个方向分别利用德布罗意公式 $p=h/\lambda=2\pi\hbar/\lambda$,可得电子动量在各方向的分量

$$p_x=\frac{\pi\hbar}{a}n_x,\quad p_y=\frac{\pi\hbar}{a}n_y,\quad p_z=\frac{\pi\hbar}{a}n_z$$

因此电子能量为

$$E=\frac{p^2}{2m}=\frac{1}{2m}(p_x^2+p_y^2+p_z^2)=\frac{\pi^2\hbar^2}{2ma^2}(n_x^2+n_y^2+n_z^2)$$

(3) 因为每个空间状态(n_x,n_y,n_z)最多占有两个电子,所以能量较低的空间状态(1,1,1),(2,1,1),(1,2,1),(1,1,2)各占据两个电子,共 8 个电子. 第 9 个电子等概率占据空间状态(2,2,1)或(2,1,2)或(1,2,2),由此费米能量为

$$E_F=\frac{\pi^2\hbar^2}{2ma^2}\left(2^2+2^2+1^2\right)=\frac{9\pi^2\hbar^2}{2ma^2}$$

4-5

在自由电子气模型中,由 $T=0$ K 下自由电子按能量分布函数(见教材例 4-1)计算自由电子按速率分布函数,并用此分布函数计算平均速率、方均根速率和平均能量. 已知费米能量 E_F 和费米速率 v_F.

解 已知 $T=0$ K 下自由电子按能量分布函数

$$g_E(E)=\frac{dN_E}{dE}=\begin{cases}CE^{1/2} & (E\leqslant E_F)\\ 0 & (E>E_F)\end{cases}$$

其中常量 $C=\dfrac{(2m)^{3/2}V}{2\pi^2\hbar^3}$. 利用 $E=\dfrac{1}{2}mv^2$, $dE=mvdv$ 可得自由电子按速率分布函数

$$g_v(v)=\frac{dN_v}{dv}=\frac{dN_E}{dE/mv}=\begin{cases}Av^2 & (v\leqslant v_F)\\ 0 & (v>v_F)\end{cases}$$

其中常量 $A=\dfrac{m^3V}{\pi^2\hbar^3}$. 由此分布函数可计算平均速率、方均根速率和平均能量

$$\bar{v}=\frac{\int v dN_v}{\int dN_v}=\frac{\int_0^{v_F}vg_v(v)dv}{\int_0^{v_F}g_v(v)dv}=\frac{\int_0^{v_F}Av^3dv}{\int_0^{v_F}Av^2dv}=\frac{3}{4}v_F$$

$$\sqrt{\overline{v^2}}=\sqrt{\frac{\int v^2dN_v}{\int dN_v}}=\sqrt{\frac{\int_0^{v_F}v^2g_v(v)dv}{\int_0^{v_F}g_v(v)dv}}=\sqrt{\frac{\int_0^{v_F}Av^4dv}{\int_0^{v_F}Av^2dv}}=\sqrt{\frac{3}{5}}v_F$$

$$\bar{E}=\frac{1}{2}m\overline{v^2}=\frac{1}{2}m\frac{3}{5}v_F^2=\frac{3}{5}E_F$$

4-6

利用习题 4-1 的数据和教材例 4-1 的结果,计算泡利不相容原理突然失效时,1 kg 铜的自由电子释放的能量(当然没有任何办法使泡利不相容原理突然失效).

解 粒子不服从泡利不相容原理时,它们都取最低能量即零,所以假设泡利不相容原理突然失效时,自由电子释放的能量为

$$N\overline{E}=\frac{3}{5}nVE_{\mathrm{F}}=\frac{3}{5}(3\pi^2)^{2/3}n^{5/3}\frac{\hbar^2}{2m_{\mathrm{e}}}\frac{m}{\rho}$$

$$=\frac{3}{5}(3\pi^2)^{2/3}\frac{(1.054\times10^{-34})^2}{2\times9.11\times10^{-31}}(8.503\times10^{28})^{5/3}\frac{1}{8\ 960}\ \mathrm{J}=6.425\times10^{6}\ \mathrm{J}$$

这说明,受泡利不相容原理限制的微观粒子存在着相应的相互作用能,它不是带电粒子之间的库仑势能,更不是万有引力势能,它是经典物理没有的一种相互作用能,称为交换能.

4-7

把费米电子气当作理想气体,利用理想气体压强公式和教材表 4-1 的数据计算铜的自由电子产生的压强,它是标准状态下大气压强的多少倍?

解 在热学中理想气体压强公式表示为

$$p=\frac{2}{3}n\,\overline{\varepsilon}_{\mathrm{t}}$$

把它应用于费米电子气,其中 n 为电子数密度,$\overline{\varepsilon}_{\mathrm{t}}$ 为电子平均平动动能,它与费米能量的关系为$\overline{\varepsilon}_{\mathrm{t}}=\frac{3}{5}E_{\mathrm{F}}$(见教材例 4-1),代入教材中表 4-1 数据,得铜内自由电子气压强

$$p=\frac{2}{5}nE_{\mathrm{F}}$$

$$=\frac{2}{5}\times8.49\times10^{28}\times7.05\times1.6\times10^{-19}\ \mathrm{Pa}$$

$$=3.83\times10^{10}\ \mathrm{Pa}=3.78\times10^{5}\ \mathrm{atm}$$

是标准状态大气压强的 37.8 万倍.

4-8

在 $T=0$ K 和 300 K 时位于费米能量上方 50 meV 的一个量子态被占据的概率是多少?

解 在 $T=0$ K 时,位于费米能量以上的量子态全空,所以位于费米能量上方 50 meV 的量子态被占有的概率是零. 在 $T=300$ K 时,根据费米-狄拉克分布,位于费米能量上方 50 meV 的量子态被占据的概率是

$$f(E)=\frac{1}{1+\mathrm{e}^{(E-E_{\mathrm{F}})/kT}}$$

$$=\left[1+\exp\left(\frac{0.05\times1.6\times10^{-19}}{1.38\times10^{-23}\times300}\right)\right]^{-1}$$

$$=0.126$$

4-9

某温度时在费米能量上方 10 meV 处的一个量子态的占据概率是 0.09，那么在费米能量下方 10 meV 处的一个量子态的占据概率是多少？

解　温度为 T 时在费米能量上方 10 meV 处的一个量子态被电子占据的概率是

$$f_1=\frac{1}{1+e^{10\ \mathrm{meV}/kT}}=0.09$$

设该温度在费米能量下方 10 meV 处的一个量子态的占据概率是

$$f_2=\frac{1}{1+e^{-10\ \mathrm{meV}/kT}}$$

令 $x=e^{10\ \mathrm{meV}/kT}$，则

$$f_1+f_2=\frac{1}{1+x}+\frac{1}{1+x^{-1}}=\frac{1}{1+x}+\frac{x}{1+x}=1$$

所以 $f_2=1-f_1=1-0.09=0.91$.

4-10

金刚石和硅晶体的禁带宽度分别为 5.5 eV 和 1.2 eV.（1）禁带上缘（即导带底）E_2 和下缘（即价带顶）E_1 的能级上的电子数 N_2 和 N_1 之比近似符合玻耳兹曼分布，即 $N_2/N_1=e^{-(E_2-E_1)/kT}$. 求 300 K 时的该比值. 结果说明什么问题？（2）使价带电子越过禁带进入导带所需光照的最大波长各是多少？它们各处于电磁波的哪一波段？

解　（1）对于金刚石，该比值为

$$\frac{N_2}{N_1}=e^{-(E_2-E_1)/kT}=\exp\left(-\frac{5.5\times1.6\times10^{-19}}{1.38\times10^{-23}\times300}\right)$$

$$=4.9\times10^{-93}$$

对于硅晶体，该比值为

$$\frac{N_2}{N_1}=e^{-(E_2-E_1)/kT}=\exp\left(-\frac{1.2\times1.6\times10^{-19}}{1.38\times10^{-23}\times300}\right)$$

$$=7.2\times10^{-21}$$

这说明，在常温下，金刚石内没有电子从价带热激发至导带，所以没有自由电子，是绝缘体；而硅晶体内有少量电子能够热激发至导带（例如对 1 mol 硅，约有 $4\times6.02\times10^{23}\times7.2\times10^{-21}=1.7\times10^4$ 个电子进入导带），是半导体.

（2）对于金刚石，使价带电子越过禁带进入导带所需光照的最大波长是

$$\lambda=\frac{c}{\nu}=\frac{hc}{E_g}=\frac{6.63\times10^{-34}\times3.0\times10^8}{5.5\times1.6\times10^{-19}}\ \mathrm{m}$$

$$=2.26\times10^{-7}\ \mathrm{m}=226\ \mathrm{nm}$$

处于紫外波段.

对于硅晶体，这一波长为

$$\lambda=\frac{hc}{E_g}=\frac{6.63\times10^{-34}\times3.0\times10^8}{1.2\times1.6\times10^{-19}}\ \mathrm{m}$$

$$=10.36\times10^{-7}\ \mathrm{m}=1\ 036\ \mathrm{nm}$$

处于红外波段.

4-11

费米-狄拉克分布函数［见教材式（4-11）］适用于金属，也适用于半导体和绝缘体. 在本征半导体中，费米能级在禁带的中间位置（费米能级不必是一个可以占据的能级）.（1）已知半导体锗的禁带宽度为 0.67 eV，分别计算 300 K 时导带底被占据和价带顶不被占据的概

率.(2) 已知绝缘体金刚石的禁带宽度为 5.5 eV,分别计算 300 K 时导带底被占据和价带顶不被占据的概率.

与习题 4-10 的结果比较,说明了什么问题?

解 (1) 对于半导体锗,导带底被占据的概率为

$$f_1=\frac{1}{1+e^{(E-E_F)/kT}}=\frac{1}{1+e^{(E_g/2)/kT}}$$
$$=\left[1+\exp\left(\frac{0.67\times1.6\times10^{-19}}{2\times1.38\times10^{-23}\times300}\right)\right]^{-1}$$
$$=2.38\times10^{-6}$$

因为电子由价带被热激发至导带,且费米能级位于禁带中心,所以导带底被占据和价带顶被占据的概率之和应为 1(参考习题 4-9 的解答),或者说价带顶不被占据的概率与导带底被占据的概率相等,即 2.38×10^{-6}.

(2) 对于绝缘体金刚石,导带底被占据和价带顶不被占据的概率均为

$$f_2=\frac{1}{1+e^{(E-E_F)/kT}}=\frac{1}{1+e^{(E_g/2)/kT}}$$
$$=\left[1+\exp\left(\frac{5.5\times1.6\times10^{-19}}{2\times1.38\times10^{-23}\times300}\right)\right]^{-1}$$
$$=6.97\times10^{-47}$$

结果说明,金刚石的价电子全部位于价带,导带内没有电子,故不导电;锗内有较多的价带电子热激发进入导带,故能够导电,而且与硅比较,激发率更高,导电性能更强.

4-12

氯化钾晶体对可见光是透明的,对波长为 140 nm 的紫外线来说,此晶体是透明的还是不透明的? 已知氯化钾晶体的禁带宽度为 7.6 eV.

解 氯化钾晶体对可见光是透明的,这说明氯化钾晶体不吸收可见光,即可见光的光子能量太低,不足以把价带电子激发至导带. 对波长为 140 nm 的紫外线来说,其光子能量为

$$E=\frac{hc}{\lambda}=\frac{6.63\times10^{-34}\times3.0\times10^{8}}{140\times10^{-9}}\ \text{J}$$
$$=1.42\times10^{-18}\ \text{J}=8.9\ \text{eV}>7.6\ \text{eV}$$

这一光子能够被晶体吸收,并把电子激发至导带,因此氯化钾晶体对该紫外线是不透明的. 同理,冰对可见光是透明的,其禁带宽度应大于 $hc/400\ \text{nm}=3.1\ \text{eV}$,其中 400 nm 是可见光中波长最短的紫光的波长.

4-13

660 keV 的 γ 射线穿过锗(禁带宽度为 0.67 eV),可以产生多少电子-空穴对?

解 如果 660 keV 的能量全部被价带电子吸收,成为导带电子,则跃迁的电子数就是产生的电子-空穴对数目,即$\dfrac{660\times10^{3}}{0.67}=9.85\times10^{5}$.

4-14

硅晶体的禁带宽度为 1.2 eV. 适量掺入磷后，施主能级和硅的导带底的能级差为 0.045 eV. 计算此掺杂半导体能吸收的光的最大波长.

解　掺入磷后，不仅硅的价带电子能被光激发至导带，而且施主能级的电子也能被激发至导带. 由于施主能级和硅的导带底的能级差 ΔE_D 较小[参见教材图 4-14(b)]，故此掺杂半导体能吸收的最大波长为

$$\lambda_{max}=\frac{hc}{\Delta E_D}=\frac{6.63\times10^{-34}\times3.0\times10^{8}}{0.045\times1.6\times10^{-19}}\ \text{m}$$
$$=2.76\times10^{-5}\ \text{m}=27.6\ \mu\text{m}$$

4-15

室温下纯硅中自由电子和自由空穴数密度均约为 $n_0=10^{16}\ \text{m}^{-3}$. 如果用掺铝的方法使其自由空穴数密度增大 10^6 倍，则多大比例的硅原子应被铝原子取代？这样 1 g 硅需掺入多少铝？已知硅的密度为 2.33 g/cm^3.

解　按要求掺铝后自由空穴密度增加

$$\Delta n=10^6 n_0=10^{22}\ \text{m}^{-3}$$

每个铝原子贡献一个自由空穴，因此要掺入的铝原子数密度为 $10^{22}\ \text{m}^{-3}$，以取代同样数量的硅原子. 未掺杂时硅原子的数密度为

$$n_{Si}=\frac{\rho_{Si}N_A}{M_{Si}}=\frac{2.33\times10^3\times6.023\times10^{23}}{28.1\times10^{-3}}\ \text{m}^{-3}$$
$$=4.99\times10^{28}\ \text{m}^{-3}$$

所以需要取代的硅原子的比例为

$$\frac{\Delta n}{n_{Si}}=\frac{10^{22}}{4.99\times10^{28}}=2.0\times10^{-7}$$

半导体硅的体积为 m_{Si}/ρ_{Si}，掺入铝的原子数为 $m_{Si}\Delta n/\rho_{Si}$，质量为

$$m_{Al}=\frac{m_{Si}\Delta n}{\rho_{Si}N_A}M_{Al}=\frac{10^{-3}\times10^{22}\times27.0\times10^{-3}}{2.33\times10^3\times6.02\times10^{23}}\ \text{kg}$$
$$=1.9\times10^{-10}\ \text{kg}=0.19\ \mu\text{g}$$

掺入如此微量的杂质就可使半导体的导电性能发生很大改进.

4-16

半导体化合物硒化镉(CdSe)是广泛用于制作发光二极管的材料，其能隙宽度为 1.8 eV，这种发光二极管所发出的光的波长是多少？是什么颜色的光？

解　发光二极管发光是导带电子跃迁至价带时发生的，由能隙(禁带)宽度可求出发光波长

$$\lambda=\frac{c}{\nu}=\frac{hc}{E_g}=\frac{6.63\times10^{-34}\times3\times10^{8}}{1.8\times1.6\times10^{-19}}\ \text{m}=6.9\times10^{-7}\ \text{m}=6.9\times10^{2}\ \text{nm}$$

该光为红光.

第 5 章　原子核物理

5.1　内容提要

1. 原子核的基本性质

原子核由质子和中子组成. 质子数 Z、中子数 N 和质量数 A 满足 $A=Z+N$.

原子核的质量通常用原子质量单位 u 来表示. 原子质量单位定义为中性碳原子 ^{12}C 质量的 1/12,即

$$1\ \mathrm{u}=1.660\ 539\ 040\times10^{-27}\ \mathrm{kg}=931.494\ \mathrm{MeV}/c^2$$

原子核的半径:$R=r_0A^{1/3}$,$r_0=1.2$ fm.

原子核的自旋:自旋量子数为 I. 核的自旋角动量在 z 方向的投影为

$$I_z=m_I\hbar\quad(m_I=-I,-I+1,\cdots,I-1,I)$$

核磁子:$\mu_{\mathrm{N}}=\dfrac{e\hbar}{2m_{\mathrm{p}}}=5.050\ 78\times10^{-27}\ \mathrm{J/T}=3.152\ 45\times10^{-8}\ \mathrm{eV/T}$

原子核的磁矩在 z 方向的投影为

$$\mu_z=g_I\mu_{\mathrm{N}}m_I$$

其中 g_I 称为原子核的 g 因子,是一个纯数,不同的核有不同的 g 因子.

2. 原子核的结合能

当把原子核分解成单个的质子和中子时,必须要给原子核提供的能量,也是单个核子结合成原子核时所释放的能量. 原子核的总结合能与核子数之比,称为核子的平均结合能,或比结合能.

3. 核力

核力与电荷无关,是强相互作用,短程力,具有饱和性,与自旋有关.

4. 放射性衰变规律

放射性核素按指数规律衰变

$$N(t)=N_0\mathrm{e}^{-\lambda t}$$

其中 λ 是衰变常量,代表一个原子核在单位时间内衰变的概率.

原子核的数目因衰变减少到原来数目 N_0 的一半所需要的时间称为半衰期.

半衰期 $T_{1/2}$、平均寿命 τ 和衰变常量 λ 之间满足

$$\tau=\frac{1}{\lambda}=1.44T_{1/2}$$

放射性活度 A 是单位时间内发生衰变的原子核数目

$$A(t)=-\frac{\mathrm{d}N(t)}{\mathrm{d}t}=\lambda N(t)=\lambda N_0\mathrm{e}^{-\lambda t}=A_0\mathrm{e}^{-\lambda t}$$

活度常用单位:1 Ci = 3.7×10^{10} Bq.

5. α 衰变

α 衰变一般地表示为

$$_{Z}^{A}\mathrm{X}\longrightarrow{}_{Z-2}^{A-4}\mathrm{Y}+\alpha$$

母核 X 放出 α 粒子,即氦原子核 $^4\mathrm{He}$,生成子核 Y. 这是原子核内的 α 粒子穿透势垒而逸出的现象. 逸出的 α 粒子的动能越大,α 衰变的半衰期越短.

在 α 衰变中释放出来的能量就是 α 粒子的动能和子核的反冲动能,定义为衰变能,用 E_0 表示,即

$$E_0=[m'_{\mathrm{X}}-(m'_{\mathrm{Y}}+m'_{\mathrm{He}})]c^2$$

其中 m'_{X}、m'_{Y} 和 m'_{He} 分别为 X、Y 和氦的原子质量. 要发生 α 衰变,衰变能必须大于零,因此母核原子的静止质量必须大于子核原子和氦原子静止质量之和.

6. β 衰变

β 衰变包括 β^- 衰变,可一般表示为

$$_{Z}^{A}\mathrm{X}\longrightarrow{}_{Z+1}^{A}\mathrm{Y}+\mathrm{e}^-+\bar{\nu}_{\mathrm{e}}$$

β^+ 衰变,可一般表示为

$$_{Z}^{A}\mathrm{X}\longrightarrow{}_{Z-1}^{A}\mathrm{Y}+\mathrm{e}^++\nu_{\mathrm{e}}$$

和电子俘获,可一般表示为

$$_{Z}^{A}\mathrm{X}+\mathrm{e}^-\longrightarrow{}_{Z-1}^{A}\mathrm{Y}+\nu_{\mathrm{e}}$$

由于原子核内不存在单个的电子或正电子,所以 β 衰变都是核内质子与中子相互转换的结果.

7. γ 衰变

处于激发态的原子核在向低激发态或基态跃迁时,会放出 γ 光子,一般可表示为

$$_{Z}^{A}\mathrm{X}^*\longrightarrow{}_{Z}^{A}\mathrm{X}+\gamma$$

其中“ * ”表示原子核的激发态.

8. 核反应

核反应通常指具有一定能量的粒子(包括原子核、质子、中子、α 粒子或者 γ 光子等)轰击原子核引起核的变化的过程,一般可表示为

$$\mathrm{a}+\mathrm{X}\longrightarrow\mathrm{Y}+\mathrm{b}$$

Q 值:核反应释放的能量.

$$Q=(m'_{\mathrm{a}}+m'_{\mathrm{X}}-m'_{\mathrm{b}}-m'_{\mathrm{Y}})c^2$$

$Q>0$ 的是放能反应,$Q<0$ 的是吸能反应.

引发吸能反应所需的入射粒子的最小动能称为该反应的阈能.

9. 核裂变

核裂变是重核被中子撞击分裂成两个束缚更紧密的中等质量的核并释放能量的过程. 裂变

过程释放中子,可引发链式反应. 维持链式反应所需的裂变材料的最小质量称为临界质量. 在核反应堆中,需使用慢化剂使中子减速.

10. 核聚变

核聚变是两个轻核结合成质量较大的核并释放能量的过程. 聚变反应需要在高温下进行,因此也被称为热核反应. 轻核聚变是太阳和其他恒星能量的来源. 高温等离子体可以通过磁约束和惯性约束来实现受控的核聚变.

5.2 习题解答

5-1

地球的质量为 5.98×10^{24} kg. (1) 求核物质的密度,以 $\mathrm{kg/m^3}$ 为单位;(2) 如果地球的密度等于核物质的密度,地球的半径将是多少?

解 (1) 对于质量数为 A 的原子核,其质量为 $m=A\mathrm{u}$,核的半径为

$$R=(1.2\times10^{-15}\ \mathrm{m})\times A^{1/3}$$

因此核物质的密度为

$$\rho=\frac{m}{V}=\frac{A\mathrm{u}}{\dfrac{4\pi}{3}R^3}=\frac{3\times A\times1.66\times10^{-27}\ \mathrm{kg}}{4\times3.14\times(1.2\times10^{-15}\ \mathrm{m})^3\times A}$$

$$=2.3\times10^{17}\ \mathrm{kg/m^3}$$

与 A 无关.

(2) 地球的质量为

$$m_{\mathrm{E}}=\rho V=\frac{4\pi}{3}\rho R^3$$

当地球具有核物质的密度时,它的半径将为

$$R=\left(\frac{3m_{\mathrm{E}}}{4\pi\rho}\right)^{1/3}=\left(\frac{3\times5.98\times10^{24}\ \mathrm{kg}}{4\times3.14\times2.3\times10^{17}\ \mathrm{kg/m^3}}\right)^{1/3}$$

$$=184\ \mathrm{m}$$

5-2

要使 α 粒子恰好"接触" ^{238}U 核的表面,它的初始动能是多少?

解 α 粒子的质量数为 4,其半径为

$$R_\alpha=(1.2\times10^{-15}\ \mathrm{m})\times4^{1/3}=1.9\times10^{-15}\ \mathrm{m}$$

^{238}U 核的质量数为 238,其半径为

$$R_{\mathrm{U}}=(1.2\times10^{-15}\ \mathrm{m})\times238^{1/3}=7.4\times10^{-15}\ \mathrm{m}$$

如果这两个粒子恰好相"接触",它们之间的库仑势能应等于 α 粒子的初始动能,所以

$$E_{\mathrm{k}\alpha}=\frac{q_\alpha q_{\mathrm{U}}}{4\pi\varepsilon_0 r}=\frac{2\times92\times(1.6\times10^{-19}\ \mathrm{C})^2}{4\times3.14\times(8.85\times10^{-12}\ \mathrm{C^2/N\cdot m^2})\times(1.9+7.4)\times10^{-15}\ \mathrm{m}}$$

$$=4.56\times10^{-12}\ \mathrm{J}=28\ \mathrm{MeV}$$

5-3

^{14}N 原子的质量是 14.003 074 u. 计算^{14}N 原子核的核子平均结合能.

解 ^{14}N 原子核包含 7 个质子和 7 个中子,所以它的结合能为

$$E_B = \Delta mc^2 = (7m'_{1_H}+7m_n-m'_{14_N})c^2$$
$$=(7\times1.007\ 825\ \mathrm{u}+7\times1.008\ 665\ \mathrm{u}-14.003\ 074\ \mathrm{u})\times(931.5\ \mathrm{MeV/u}/c^2)\times c^2$$
$$=104.7\ \mathrm{MeV}$$

因此^{14}N 原子核的核子平均结合能为 (104.7 MeV)/14 = 7.48 MeV.

5-4

^{4}He 和^{8}Be 原子的质量分别是 4.002 603 u 和 8.005 305 u. (1) 证明^{8}Be 原子核不稳定,能够衰变为 2 个 α 粒子;(2) ^{12}C 原子核能够衰变为 3 个 α 粒子吗? 为什么?

解 (1) ^{8}Be 原子核的结合能为

$$E_B = \Delta mc^2 = (2m'_{4_{He}}-m'_{8_{Be}})c^2$$
$$=(2\times4.002\ 603\ \mathrm{u}-8.005\ 305\ \mathrm{u})\times(931.5\ \mathrm{MeV/u}/c^2)\times c^2$$
$$=-0.092\ \mathrm{MeV}$$

由于结合能是负值,因此^{8}Be 原子核不稳定.

(2) ^{12}C 原子核的结合能为

$$E_B = \Delta mc^2 = (3m'_{4_{He}}-m'_{12_C})c^2$$
$$=(3\times4.002\ 603\ \mathrm{u}-12.000\ 000\ \mathrm{u})\times(931.5\ \mathrm{MeV/u}/c^2)\times c^2$$
$$=7.3\ \mathrm{MeV}$$

由于结合能是正值,因此^{12}C 原子核是稳定的,不能衰变为 3 个 α 粒子.

5-5

^{4}He 和^{232}U 原子的质量分别是 4.002 603 u 和 232.037 146 u. 当^{232}U 原子核发出一个动能为 5.32 MeV 的 α 粒子时,这一反应的子核是哪个核素? 忽略子核的反冲动能,子核的中性原子的原子质量约为多少?

解 由质量守恒可得子核的质量数为

$$A=232-4=228$$

由电荷守恒可得子核的电荷数为

$$Z=92-2=90$$

因此子核是$^{228}_{90}$Th.

如果忽略子核的反冲动能,则 α 粒子的动能为

$$E_\alpha = (m'_{232_U}-m'_{228_{Th}}-m'_{4_{He}})c^2$$

因此

$$5.32\ \mathrm{MeV} = (232.037\ 146\ \mathrm{u}-m'_{228_{Th}}-4.002\ 603\ \mathrm{u})\times(931.5\ \mathrm{MeV/u}/c^2)\times c^2$$

所以

$$m'_{228_{Th}} = 228.028\ 83\ \mathrm{u}$$

5-6

^{23}Ne 和 ^{23}Na 原子的质量分别是 22.994 5 u 和 22.989 8 u. 当 ^{23}Ne 衰变为 ^{23}Na 时,发出的电子的最大动能是多少?最小动能是多少?在这两种情况下,发出的中微子的能量是多少?

解 如果衰变过程中不产生中微子,则发出的电子的动能最大. 忽略 ^{23}Na 的反冲动能,电子的最大动能为

$$E_e=(m'_{^{23}Ne}-m'_{^{23}Na})c^2$$
$$=(22.994\ 5\ u-22.989\ 8\ u)\times(931.5\ MeV/u/c^2)\times c^2$$
$$=4.4\ MeV$$

当衰变过程产生中微子,并且中微子带走全部的动能,则放出的电子最有最小动能为 0.

衰变产生的电子和中微子的动能之和来自质量亏损,所以发出的中微子的能量在上述两种情况下分别是 0 和 4.4 MeV.

5-7

一种放射性材料每分钟衰变 1 280 次,6 h 以后每分钟衰变 320 次. 这种放射性材料的半衰期是多少?

解 放射性活度

$$A(t)=A_0e^{-\lambda t}$$

$$320\ min^{-1}=(1\ 280\ min^{-1})e^{-\lambda(6\ h)}$$

因此衰变常量

$$\lambda=0.231\ h^{-1}$$

半衰期

$$T_{1/2}=\frac{0.693}{\lambda}=\frac{0.693}{0.231\ h^{-1}}=3.0\ h$$

5-8

碘的同位素 ^{131}I 在医学上用于甲状腺功能的诊断. 如果患者服用了 632 μg 的 ^{131}I,计算 ^{131}I 在下列各时间的放射性活度:(1) 刚服用时;(2) 1.0 h 后检查甲状腺时;(3) 180 d 后. (^{131}I 的半衰期为 8.020 7 d,摩尔质量为 131 g/mol.)

解 ^{131}I 的半衰期为

$$T_{1/2}=(8.020\ 7\ d)\times(86\ 400\ s/d)$$
$$=6.93\times10^5\ s$$

衰变常量为

$$\lambda=\frac{0.693}{T_{1/2}}=\frac{0.693}{6.93\times10^5\ s}=1.000\times10^{-6}\ s^{-1}$$

$t=0$ 时的放射性原子核数目为

$$N_0=\frac{(632\times10^{-6}\ g)}{131\ g/mol}\times(6.02\times10^{23}\ mol^{-1})$$
$$=2.90\times10^{18}$$

(1) 刚服用时,$t=0$,放射性活度为

$$A_0=\lambda N_0=(1.000\times10^{-6}\ s^{-1})\times2.90\times10^{18}$$
$$=2.90\times10^{12}\ s^{-1}$$

(2) 1.0 h 后,$t=3\ 600$ s,放射性活度为

$$A(t)=A_0e^{-\lambda t}$$
$$=(2.90\times10^{12}\ s^{-1})\times e^{-(1.000\times10^{-6}\ s^{-1})\times(3\ 600\ s)}$$
$$=2.89\times10^{12}\ s^{-1}$$

(3) 180 d 后,$t=1.555\times10^7$ s,放射性活度为

$$A(t)=A_0e^{-\lambda t}$$
$$=(2.90\times10^{12}\ s^{-1})\times e^{-(1.000\times10^{-6}\ s^{-1})\times(1.555\times10^7\ s)}$$
$$=5.12\times10^5\ s^{-1}$$

5-9

铷的同位素^{87}Rb通过 β 衰变成为稳定的^{87}Sr,半衰期为 4.75×10^{10} a,可以用来测定岩石和化石的年龄. 一块含有古生物化石的岩石中^{87}Sr与^{87}Rb的比例为 0.016 0. 假设岩石形成时其中不存在^{87}Sr,计算这些化石的年龄.

解　由于^{87}Sr稳定,而且在岩石形成时其中不存在^{87}Sr,所以每一个衰变的^{87}Rb目前是^{87}Sr. 因此有

$$N_{^{87}\mathrm{Sr}}=(N_{^{87}\mathrm{Rb}}+N_{^{87}\mathrm{Sr}})\mathrm{e}^{-\lambda t}$$

即

$$\frac{N_{^{87}\mathrm{Sr}}}{N_{^{87}\mathrm{Rb}}+N_{^{87}\mathrm{Sr}}}=\mathrm{e}^{-\frac{0.693}{T_{1/2}}t}$$

$$0.015\ 75=\mathrm{e}^{-\frac{0.693}{4.75\times10^{10}\ \mathrm{a}}t}$$

则化石的年龄为 $t=2.845\times10^{11}$ a.

5-10

^{7}Be在大气层的上层产生以后降落到地球的表面,半衰期为 53 d. 如果在植物叶子上测得^{7}Be的放射性活度为 250 Bq,还要等多长时间它的放射性活度才能降为 10 Bq? 估算叶子上^{7}Be的初始质量.

解　衰变常量为

$$\lambda=\frac{0.693}{T_{1/2}}=\frac{0.693}{53\ \mathrm{d}}=\frac{0.693}{4\ 579\ 200\ \mathrm{s}}=1.51\times10^{-7}\ \mathrm{s}^{-1}$$

放射性活度为

$$A(t)=A_0\mathrm{e}^{-\lambda t}$$

因此

$$t=\frac{1}{\lambda}\ln\frac{A_0}{A}=\frac{1}{1.51\times10^{-7}\ \mathrm{s}^{-1}}\ln\frac{250\ \mathrm{s}^{-1}}{10\ \mathrm{s}^{-1}}$$

$$=2.13\times10^{7}\ \mathrm{s}=246\ \mathrm{d}$$

叶子上^{7}Be的初始数目为

$$N_0=\frac{A_0}{\lambda}=\frac{250\ \mathrm{s}^{-1}}{1.51\times10^{-7}\ \mathrm{s}^{-1}}=1.65\times10^{9}$$

则叶子上^{7}Be的初始质量为

$$m=\frac{1.65\times10^{9}}{6.02\times10^{23}\ \mathrm{mol}^{-1}}\times7\ \mathrm{g/mol}$$

$$=1.92\times10^{-14}\ \mathrm{g}$$

$$=1.92\times10^{-17}\ \mathrm{kg}$$

5-11

一块古木片含有 190 g 的碳,放射性活度为 5.0 Bq. 假设大气中^{14}C与^{12}C的比例为 1.3×10^{-12},计算此古木片的年龄.

解　^{14}C的半衰期为

$$T_{1/2}=(5\ 730\ \mathrm{a})\times(3.154\times10^{7}\ \mathrm{s/a})$$

$$=1.81\times10^{11}\ \mathrm{s}$$

^{14}C的衰变常量为

$$\lambda=\frac{0.693}{T_{1/2}}=\frac{0.693}{1.81\times10^{11}\ \mathrm{s}}=3.83\times10^{-12}\ \mathrm{s}^{-1}$$

古木片存活时^{14}C原子核的数目为

$$N_0=\frac{6.02\times10^{23}\ \mathrm{mol}^{-1}}{12\ \mathrm{g/mol}}\times(190\ \mathrm{g})\times1.3\times10^{-12}$$

$= 1.24\times10^{13}$

则古木片中^{14}C 的初始放射性活度为

$$A_0 = \lambda N_0 = (3.83\times10^{-12}\ s^{-1})\times1.24\times10^{13} = 47.5\ s^{-1}$$

由 $A(t)=A_0 e^{-\lambda t}$ 可得

$$t = \frac{1}{\lambda}\ln\frac{A_0}{A} = \frac{1}{3.83\times10^{-12}\ s^{-1}}\ln\frac{47.5\ s^{-1}}{5.0\ s^{-1}} = 5.87\times10^{11}\ s = 1.9\times10^4\ a$$

所以古木片的年龄为 19 000 a.

5-12

在^{14}N(α,p)^{17}O 反应中,入射的 α 粒子的动能为 7.68 MeV.(1) 这一反应能否发生?(2) 如果反应能够发生,反应产物的总动能是多少?(^{17}O 原子的质量为 16.999 131 u.)

解 (1) $^{14}_{7}N(\alpha,p)^{17}_{8}O$ 反应的 Q 值为

$$Q = (m'_{^{14}N}+m'_{^4He}-m'_{^1H}-m'_{^{17}O})c^2$$
$$=(14.003\ 074\ u+4.002\ 603\ u-1.007\ 825\ u-16.999\ 131\ u)\times(931.5\ MeV/u/c^2)\times c^2$$
$$=-1.191\ MeV.$$

由于 $E_{k\alpha}=7.68$ MeV,$E_{k\alpha}+Q>0$,所以这一反应能够发生.

(2) 反应产物的总动能为

$$E_k = E_{k\alpha}+Q = 7.68\ MeV-1.191\ MeV = 6.49\ MeV$$

5-13

在核反应^{6}Li(d,p)X 中,(1) X 是哪一个核素?(2)这一反应的 Q 值是多少?是吸能反应,还是放能反应?

解 (1) 由质量守恒可得子核的质量数为

$$A=6+2-1=7$$

由电荷守恒可得子核的电荷数为

$$Z=3+1-1=3$$

因此子核是$^{7}_{3}$Li.

(2) ^{6}Li(d,p)^{7}L 反应的 Q 值为

$$Q = (m'_{^6Li}+m'_{^2H}-m'_{^1H}-m'_{^7Li})c^2$$
$$=(6.015\ 122\ u+2.014\ 102\ u-1.007\ 825\ u-7.016\ 004\ u)\times(931.5\ MeV/u/c^2)\times c^2$$
$$=5.025\ MeV$$

因为 $Q>0$,所以这一反应是放能反应.

5-14

利用能量守恒定律和动量守恒定律证明入射的质子必须具有 3.23 MeV 的动能才能使核反应^{13}C (p,n)^{13}N 发生.(见主教材例 5-7.)

解 ^{13}C (p,n)^{13}N 反应的 Q 值为

$$Q = (m'_{^{13}C}+m'_{^1H}-m'_{n}-m'_{^{13}N})c^2$$
$$=(13.003\ 354\ u+1.007\ 825\ u-13.005\ 738\ u-1.008\ 665\ u)\times(931.5\ MeV/u/c^2)\times c^2$$
$$=-3.003\ MeV$$

反应产物的动能为

$$E_{kn}+E_{kN}=E_{kp}+Q$$

由于反应物的动能远远小于静能量 m_0c^2，因此可以采用非相对论来处理：

$$E_k=\frac{1}{2}mv^2=\frac{p^2}{2m}$$

两个产物粒子以相同的速率沿入射粒子运动方向一起运动时，入射粒子的动能最小. 当靶粒子静止时，根据动量守恒有

$$p_p=p_n+p_N=(m_n+m_N)v$$

$$E_{kp}=\frac{p_p^2}{2m_p}=\frac{(m_n+m_N)^2v^2}{2m_p}$$

$$=\frac{(m_n+m_N)}{m_p}\cdot\left(\frac{1}{2}m_nv^2+\frac{1}{2}m_Nv^2\right)$$

$$=\frac{m_n+m_N}{m_p}\cdot(E_{kn}+E_{kN})$$

代入反应产物的动能表达式可得

$$\frac{m_p}{m_n+m_N}E_{kp}=E_{kp}+Q$$

因此

$$E_{kp}=Q\cdot\frac{m_n+m_N}{m_p-m_n-m_N}$$

$$=(-3.003\ \text{MeV})\cdot\frac{1\ \text{u}+13\ \text{u}}{1\ \text{u}-1\ \text{u}-13\ \text{u}}$$

$$=3.23\ \text{MeV}$$

5-15

假设一栋房屋年平均消耗的电功率是 300 W. 如果用 ^{235}U 裂变来提供这栋房屋一年的用电量，^{235}U 的初始质量是多少？（假设每一次裂变释放的能量是 200 MeV，效率是 100%. ）

解　如果效率是 100%，那么全年用电量需要的 ^{235}U 裂变次数为

$$n=\frac{Pt}{200\ \text{MeV}}$$

$$=\frac{(300\ \text{W})\times(3.16\times10^7\ \text{s})}{(200\ \text{MeV})\times(1.60\times10^{-13}\ \text{J/MeV})}$$

$$=2.96\times10^{20}$$

每一次裂变消耗一个 ^{235}U 原子，因此 ^{235}U 的初始质量是

$$m=\frac{2.96\times10^{20}}{6.02\times10^{23}\ \text{mol}^{-1}}\times(235\ \text{g/mol})$$

$$=0.116\ \text{g}$$

5-16

如果裂变反应中释放出的中子的能量为 1.0 MeV，每一次与慢化剂中的原子核碰撞失去一半的能量，中子经过多少次碰撞可以达到它的热运动能量？$\left(\frac{3}{2}kT=0.040\ \text{eV}.\right)$

解　设碰撞次数为 n，则

$$E_n=E_0\left(\frac{1}{2}\right)^n$$

$$0.040\ \text{eV}=(1.0\times10^6\ \text{eV})\left(\frac{1}{2}\right)^n$$

所以碰撞次数为

$$n=25$$

5-17

假设一栋房屋一年平均需要 300 W 的电能. 如果采用教材中式(5-39b)中的聚变反应来为这栋房屋提供一年的电能,所需氘燃料的最小质量是多少?

解 如果效率是 100%,那么全年用电量需要的聚变反应次数为

$$n=\frac{Pt}{3.23\ \mathrm{MeV}}=\frac{(300\ \mathrm{W})\times(3.16\times10^{7}\ \mathrm{s})}{(3.23\ \mathrm{MeV})\times(1.60\times10^{-13}\ \mathrm{J/MeV})}=1.83\times10^{22}$$

每一次聚变需要消耗 2 个氘原子,因此需要消耗的氘燃料的最小质量为

$$m=\frac{1.83\times10^{22}\times2}{6.02\times10^{23}\ \mathrm{mol^{-1}}}\times(2\ \mathrm{g/mol})=0.122\ \mathrm{g}$$

5-18

如果把水中含有的氘用于主教材中式(5-39a)中的聚变反应,计算 1.00 kg 的水中含有的能量并与燃烧 1.0 kg 汽油所产生的能量(约 5×10^{7} J)相比较(设 0.015%的水分子含有氘原子).

解 1.00 kg 的水中含有的氘原子核的数目为

$$N=\frac{1.00\times10^{3}\ \mathrm{g}}{18\ \mathrm{g/mol}}\times(6.02\times10^{23}\ \mathrm{mol^{-1}})\times2\times0.015\times10^{-2}=1.00\times10^{22}$$

2 个氘核释放 4.00 MeV 的能量,所以聚变反应释放的总能量为

$$E=1.00\times10^{22}\times(4.00\ \mathrm{MeV})\times(1.60\times10^{-13}\ \mathrm{J/MeV})\div2=3.20\times10^{9}\ \mathrm{J}$$

这一能量是燃烧 1.0 kg 汽油所产生能量的 64 倍.